全国高等职业教育规划教材

PLC应用技术

黄有全　李桂平　王敏昌　编著

机械工业出版社

本书主要内容包括电气控制电路应用、西门子 S7-200 PLC 介绍、西门子 PLC 编程软件应用、PLC 控制电动机电路设计、机械手臂控制程序设计、步进电动机控制电路设计、PLC 网络控制系统设计、三菱 PLC 及其生产线控制电路设计等。

本书以熟练掌握 PLC 基本控制系统的电路设计、控制程序设计方法和系统分析调试方法为目的，可作为高职高专院校电气自动化、机电一体化技术等专业的教材，也可供从事 PLC 应用系统设计、调试和维护的工程技术人员自学，还可以作为培训教材使用。

为配合教学，本书配有电子课件，读者可以登录机械工业出版社教材服务网 www.cmpedu.com 免费注册后下载，或联系编辑索取（QQ：1239258369，电话（010）88379739）。

图书在版编目（CIP）数据

PLC 应用技术 / 黄有全，李桂平，王敏昌编著. --北京：机械工业出版社，2012.3
全国高等职业教育规划教材
ISBN 978-7-111-34390-5

Ⅰ. ①P… Ⅱ. ①黄… ②李… ③王… Ⅲ. ①可编程序控制器—高等职业教育—教材 Ⅳ. ①TM571.6

中国版本图书馆 CIP 数据核字（2012）第 025168 号

机械工业出版社（北京市百万庄大街 22 号　邮政编码 100037）
责任编辑：吴鸣飞
责任印制：杨　曦

北京双青印刷厂印刷

2012 年 7 月第 1 版 · 第 1 次印刷
184mm×260mm · 17 印张 · 421 千字
0001－3000 册
标准书号：ISBN 978-7-111-34390-5
定价：36.00 元

凡购本书，如有缺页、倒页、脱页，由本社发行部调换

电话服务
社服务中心：（010）88361066
销售一部：（010）68326294
销售二部：（010）88379649
读者购书热线：（010）88379203

网络服务
门户网：http://www.cmpbook.com
教材网：http://www.cmpedu.com

全国高等职业教育规划教材机电类专业
编委会成员名单

出版说明

根据《教育部关于以就业为导向深化高等职业教育改革的若干意见》中提出的高等职业院校必须把培养学生动手能力、实践能力和可持续发展能力放在突出的地位，促进学生技能的培养，以及教材内容要紧密结合生产实际，并注意及时跟踪先进技术的发展等指导精神，机械工业出版社组织全国近60所高等职业院校的骨干教师对在2001年出版的“面向21世纪高职高专系列教材”进行了全面的修订和增补，并更名为“全国高等职业教育规划教材”。

本系列教材是由高职高专计算机专业、电子技术专业和机电专业教材编委会分别会同各高职高专院校的一线骨干教师，针对相关专业的课程设置，融合教学中的实践经验，同时吸收高等职业教育改革的成果而编写完成的，具有“定位准确、注重能力、内容创新、结构合理和叙述通俗”的编写特色。在几年的教学实践中，本系列教材获得了较高的评价，并有多个品种被评为普通高等教育“十一五”国家级规划教材。在修订和增补过程中，除了保持原有特色外，针对课程的不同性质采取了不同的优化措施。其中，核心基础课的教材在保持扎实的理论基础的同时，增加实训和习题；实践性较强的课程强调理论与实训紧密结合；涉及实用技术的课程则在教材中引入了最新的知识、技术、工艺和方法。同时，根据实际教学的需要对部分课程进行了整合。

归纳起来，本系列教材具有以下特点：

1）围绕培养学生的职业技能这条主线来设计教材的结构、内容和形式。

2）合理安排基础知识和实践知识的比例。基础知识以“必需、够用”为度，强调专业技术应用能力的训练，适当增加实训环节。

3）符合高职学生的学习特点和认知规律。对基本理论和方法的论述要容易理解、清晰简洁，多用图表来表达信息；增加相关技术在生产中的应用实例，引导学生主动学习。

4）教材内容紧随技术和经济的发展而更新，及时将新知识、新技术、新工艺和新案例等引入教材。同时注重吸收最新的教学理念，并积极支持新专业的教材建设。

5）注重立体化教材建设。通过主教材、电子教案、配套素材光盘、实训指导和习题及解答等教学资源的有机结合，提高教学服务水平，为高素质技能型人才的培养创造良好的条件。

由于我国高等职业教育改革和发展的速度很快，加之我们的水平和经验有限，因此在教材的编写和出版过程中难免出现问题和错误。我们恳请使用这套教材的师生及时向我们反馈质量信息，以利于我们今后不断提高教材的出版质量，为广大师生提供更多、更适用的教材。

机械工业出版社

前　言

PLC 广泛应用于企业生产设备的控制，目前已基本取代了传统的继电器控制电路。“PLC 应用技术”是机电类专业的专业核心课程，是从事工业生产设备的设计、测试、安装调试和维护等岗位的工程技术人员必须掌握的核心技术。

本书主要由 3 部分组成。第 1 部分是第 1 章，主要介绍常用检测、执行器件的工作原理和使用方法，以及广泛应用的三相异步电动机的起动、制动等基本控制电路，是 PLC 应用技术的基础。

第 2 部分包含第 2～7 章，以西门子 S7-200 PLC 为对象，讲解可编程序控制器的原理及应用方法。第 2 章介绍 S7-200 PLC 的一些基础知识，重点讲解它的结构、工作原理和工作方式。第 3 章介绍 S7-200 PLC 编程软件在程序编辑、调试和监控等方面的应用。第 4 章以交流电动机为控制载体，全面介绍 PLC 的基本指令和常用功能指令，用控制实例的方式讲解 S7-200 PLC 的基本逻辑指令系统及其使用方法。本章先采用以指令执行对比逻辑运算过程的方法讲解基本指令执行过程，便于初学者理解；然后介绍常用典型电路及环节的编程，最后讲解 PLC 基本控制程序的简单设计方法。本章是学习 PLC 的重点。第 5 章重点讲解顺序功能图的基本概念，以企业典型控制过程为载体，介绍将顺序功能图转换为程序的 3 种方法，并介绍了顺序功能图在气动机械手臂项目中的具体使用。第 6 章以步进电动机为控制载体，讲解 S7-200 PLC 的功能指令，讲解子程序、中断、高速计数和 PID 的应用。第 7 章介绍工业通信网络基础知识后，讲解西门子 S7-200 PLC 的通信网络及其配置，并以 PPI 网络控制系统的设计与调试为载体，讲解网络读写指令的使用、网络的配置方法，同时介绍了自由口协议网络。

第 3 部分是第 8 章，介绍了三菱 FX_{2N} 系列 PLC 的基本结构、基本指令和部分功能指令的使用方法，说明了三菱编程软件的应用，给出了三菱 PLC 在生产线上的控制电路及分析。

本书由黄有全、李桂平、王敏昌编著。本书正式出版前作为校本教材在国家示范性高职学院长沙民政职业技术学院自动化专业和机电一体化专业经过 3 轮教学使用，老师和学生们对教材中存在的问题提出了宝贵的修改和补充意见，对此，编者深表感谢。感谢郭淳芳老师对全书的仔细校阅。感谢谭海波工程师等人为本书提供的控制电路案例。本书部分章节参考了一些已出版的文献，这些文献已在参考文献中列出，在此向文献的作者表示衷心的感谢！

由于编者水平有限，书中难免有不足之处，敬请专家和广大读者给予指正。

编　者

目　录

出版说明
前言
第1章　电气控制电路应用 …………… 1
1.1　常用电气控制器件 ……………… 1
1.1.1　低压电器概述 ……………… 1
1.1.2　开关电器及主令电器 …………… 3
1.1.3　接触器 ……………………… 7
1.1.4　继电器 ……………………… 9
1.1.5　熔断器 ……………………… 13
1.2　电气图的识读 ……………………… 14
1.2.1　电气图的符号 ……………… 14
1.2.2　电气图的分类 ……………… 16
1.2.3　电气原理图的绘制规则 ………… 16
1.2.4　电气图的基本读图方法 ………… 17
1.3　电气控制的基本方法 ……………… 18
1.3.1　自锁控制 …………………… 18
1.3.2　互锁控制 …………………… 19
1.3.3　多地控制电路 ……………… 20
1.3.4　点动控制电路 ……………… 21
1.4　电动机起动控制 ………………… 22
1.4.1　三相笼型异步电动机的直接起动控制 ……………………… 22
1.4.2　三相笼型异步电动机的减压起动控制 ……………………… 25
1.5　三相异步电动机制动控制 ……… 28
1.6　思考与练习 ……………………… 31
第2章　西门子S7-200 PLC介绍 ……………………… 32
2.1　PLC基础知识 …………………… 32
2.1.1　概述 ………………………… 32
2.1.2　PLC的基本组成 …………… 33
2.1.3　PLC的输入输出接口电路 ……… 34
2.1.4　PLC的编程器 ……………… 37
2.1.5　PLC的分类、特点、应用及发展 ……………………… 37
2.2　PLC工作机理 ……………………… 40
2.2.1　PLC的工作过程 …………… 40
2.2.2　PLC的主要技术指标 ……………… 41
2.3　西门子S7-200系列PLC ……… 42
2.3.1　S7-200系列CPU224型PLC的结构 ……………………… 43
2.3.2　扩展功能模块 …………………… 46
2.4　S7-200 PLC的内部元器件 ……… 48
2.4.1　数据存储类型 ………………… 48
2.4.2　编址方式 ……………………… 49
2.4.3　寻址方式 ……………………… 50
2.4.4　元件功能及地址分配 …………… 51
2.5　思考与练习 ……………………… 54
第3章　西门子PLC编程软件应用 ……………………… 55
3.1　西门子PLC编程软件介绍 ……………………… 55
3.1.1　STEP 7-Mirco/WIN 40的安装 ……………………… 55
3.1.2　STEP 7-Mirco/WIN40窗口组件 ……………………… 56
3.1.3　编程准备 ……………………… 64
3.2　STEP 7-Micro/WIN 40编程应用 ……………………… 65
3.2.1　编程元素及项目组件 …………… 65
3.2.2　梯形图程序的输入 ……………… 66
3.2.3　数据块编辑 …………………… 68
3.2.4　符号表操作 …………………… 68
3.3　通信 ……………………………… 70
3.3.1　通信网络的配置 ……………… 70
3.3.2　上载、下载 …………………… 70

3.4 程序的调试与监控 …… 71
3.4.1 选择工作方式 …… 71
3.4.2 程序状态显示 …… 72
3.4.3 状态图显示 …… 73
3.4.4 执行有限次扫描 …… 75
3.4.5 查看交叉引用 …… 75
3.5 项目管理 …… 77
3.5.1 打印 …… 77
3.5.2 复制项目 …… 77
3.5.3 导入文件 …… 77
3.5.4 导出文件 …… 78
3.6 思考与练习 …… 78
第 4 章 PLC 控制电动机电路设计 …… 79
4.1 PLC 程序设计语言 …… 79
4.2 基本指令分析与应用 …… 80
4.2.1 基本位操作指令 …… 80
4.2.2 PLC 控制电动机电路 …… 88
4.2.3 编程注意事项及编程技巧 …… 92
4.3 定时器指令 …… 95
4.3.1 定时器指令介绍 …… 95
4.3.2 真空设备控制电路 …… 98
4.4 计数器指令 …… 100
4.4.1 计数器指令介绍 …… 100
4.4.2 声光报警器 …… 102
4.5 比较指令 …… 103
4.6 数据处理指令 …… 104
4.6.1 数据传送指令 …… 104
4.6.2 字节交换、字节立即读写指令 …… 106
4.6.3 移位指令 …… 107
4.7 算术运算、逻辑运算指令分析 …… 109
4.7.1 算术运算指令 …… 109
4.7.2 逻辑运算指令 …… 112
4.7.3 递增、递减指令 …… 113
4.8 PLC 控制电动机电路 …… 114
4.8.1 PLC 控制电动机Y-△起动运行 …… 114
4.8.2 步进电动机调速控制 …… 116
4.9 程序控制类指令 …… 120
4.9.1 END、STOP、WDR 指令 …… 120
4.9.2 循环、跳转指令 …… 121
4.9.3 子程序调用及子程序返回指令 …… 122
4.10 思考与练习 …… 124
第 5 章 机械手臂控制程序设计 …… 126
5.1 顺序功能图绘制与顺序控制程序设计 …… 126
5.1.1 顺序功能图绘制 …… 126
5.1.2 顺序功能图的基本结构 …… 128
5.1.3 顺序功能图中转换实现的基本原则 …… 131
5.1.4 绘制顺序功能图时的注意事项 …… 131
5.1.5 顺序控制设计法的本质 …… 131
5.2 顺序功能图的编程方法 …… 132
5.2.1 复位置位编程方法 …… 132
5.2.2 使用起保停电路的编程方法 …… 137
5.2.3 步进顺序控制指令编程法 …… 141
5.3 机械手臂控制程序 …… 143
5.3.1 气缸及电磁阀 …… 143
5.3.2 机械手臂的工作过程 …… 145
5.3.3 机械手臂控制顺序功能图设计 …… 149
5.4 思考与练习 …… 150
第 6 章 步进电动机控制电路设计 …… 151
6.1 立即类指令 …… 151
6.2 中断指令 …… 151
6.2.1 中断源 …… 151
6.2.2 中断指令 …… 153
6.2.3 中断程序 …… 154
6.2.4 程序举例 …… 154
6.3 高速计数器 …… 155
6.3.1 占用输入/输出端子 …… 156
6.3.2 高速计数器的工作模式 …… 156

6.3.3 高速计数器的控制字和状态字 …… 160
6.3.4 高速计数器指令及应用 …… 160
6.4 高速脉冲输出 …… 163
6.4.1 高速脉冲的结构 …… 163
6.4.2 高速脉冲的使用 …… 166
6.5 步进电动机精确定位控制 …… 169
6.5.1 步进电动机驱动器 …… 169
6.5.2 步进电动机精确定位控制程序设计 …… 174
6.6 PID 控制 …… 178
6.6.1 PID 指令 …… 178
6.6.2 PID 控制功能的应用 …… 180
6.7 时钟指令 …… 183
6.8 思考与练习 …… 184
第 7 章 PLC 网络控制系统设计 …… 186
7.1 通信网络基础 …… 186
7.1.1 数据通信方式 …… 186
7.1.2 网络概述 …… 189
7.2 S7-200 PLC 的网络与通信 …… 191
7.2.1 S7-200 PLC 网络部件 …… 191
7.2.2 S7-200 PLC 通信协议 …… 194
7.3 PPI 通信网络控制系统设计 …… 199
7.3.1 PPI 网络控制任务 …… 199
7.3.2 网络设置 …… 200
7.3.3 网络读/写指令 …… 201
7.3.4 PPI 网络控制程序设计与调试 …… 207
7.4 自由口协议网络实现 …… 208
7.4.1 自由口协议网络基础 …… 208
7.4.2 自由口协议网络实现 …… 212
7.5 思考与练习 …… 215
第 8 章 三菱 PLC 及其生产线控制电路设计 …… 217
8.1 三菱 FX_{2N} 系列 PLC …… 217
8.1.1 三菱 FX_{2N} PLC 简介 …… 217
8.1.2 三菱 FX_{2N} 系列 PLC 型号含义 …… 217
8.1.3 FX_{2N} PLC 性能规格 …… 218
8.1.4 常用特殊辅助继电器 …… 220
8.1.5 FX_{2N} PLC 内部继电器介绍 …… 220
8.2 三菱 FX_{2N} 系列 PLC 指令 …… 227
8.2.1 基本指令 …… 227
8.2.2 FX_{2N} PLC 功能指令 …… 232
8.3 三菱 PLC 编程软件 SWOPC-FXGP/WIN-C 的使用 …… 239
8.3.1 主要功能与系统配置 …… 239
8.3.2 梯形图程序的生成与编辑 …… 239
8.3.3 指令表的生成与编辑 …… 243
8.3.4 PLC 的操作 …… 243
8.3.5 PLC 的监控与测试 …… 245
8.3.6 编程软件与 PLC 的参数设置 …… 246
8.4 三菱 FX_{2N} PLC 控制生产线电路分析 …… 246
8.4.1 电动机的正反转运行控制 …… 246
8.4.2 PLC 控制生产线电路分析 …… 247
8.5 思考与练习 …… 254
附录 …… 256
附录 A 西门子 S7-200 系列 PLC 指令一览表 …… 256
附录 B FX_{2N} 系列 PLC 功能指令一览表 …… 259
参考文献 …… 264

第1章　电气控制电路应用

1.1　常用电气控制器件

凡是能自动或手动接通和断开电路，并对电路进行切换、控制、保护、检测、变换和调节的元件统称为电器。按工作电压高低可将电器分为高压电器和低压电器两大类。高压电器是指额定电压为 3kV 及以上的电器，低压电器是指交流电压 1200V 或直流电压 1500V 以下的电器。低压电器是电力拖动自动控制系统的基本组成元件。

1.1.1　低压电器概述

1．低压电器的分类

低压电器种类繁多、构造各异、功能多样，分类的方法也有多种。

（1）按控制作用分类

1）执行电器，用来完成某种动作或传递功率，如电磁铁。

2）控制电器，用来控制电路的通断，如开关、继电器。

3）主令电器，用来控制其他自动电器的动作，以发出控制“指令”，如按钮、转换开关等。

4）保护电器，用来保护电源、电路及用电设备，使它们不致在短路、过载状态下运行，免遭损坏，如熔断器、热继电器等。

（2）按动作方式分类

1）自动切换电器，是按照信号或某个物理量的变化而自动动作的电器，如接触器、继电器等。

2）非自动电器，是通过人力操作而动作的电器，如开关、按钮等。

（3）按动作原理分类

1）电磁式电器，是根据电磁铁的原理工作的电器，如接触器、继电器等。

2）非电磁式电器，是依靠外力（人力或机械力）或某种非电量的变化而动作的电器，如行程开关、按钮、速度继电器、热继电器等。

2．低压电器的基本结构

低压电器一般都由感受部件和执行部件这两个基本部分组成。感受部件能感受外界的信号，作出有规律的反应。在自动切换电器中，感受部件大多由电磁机构组成；在手控电器中，感受部件通常为操作手柄等。执行部件会根据指令执行电路的接通、切断等任务，如触头和灭弧系统。对于自动开关类的低压电器，还具有中间（传递）部分，它的任务是把感受部件和执行部件两部分联系起来，使它们协调一致，按一定规律动作。

（1）电磁机构

电磁机构是电气元器件的感受部件，它的作用是将电磁能转换成为机械能并带动触头闭合或断开，如图 1-1 所示。它通常采用电磁铁的形式，由电磁线圈、静铁心（铁心）、动铁心（衔铁）等组成，其中动铁心与动触头支架相连。电磁线圈通电时产生磁场，使动、静铁心磁化互相吸引，当动铁心被吸引向静铁心时，与动铁心相连的动触头也被拉向静触头，令其闭合接通电路。电磁线圈断电后，磁场消失，动铁心在复位弹簧作用下回到原位，并牵动动、静触头分断电路。

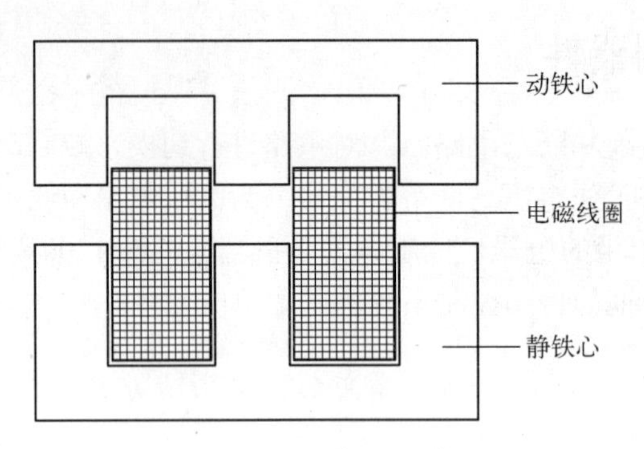

图 1-1　电磁机构示意图

电磁铁有各种结构形式，铁心有 E 形、U 形，动作方式有直动式、转动式。它们有不同的机电性能，适用于不同的场合。电磁铁按励磁电流可分为直流电磁铁和交流电磁铁。直流电磁铁在稳定状态下通过恒定磁通，铁心中没有磁滞损耗和涡流损耗，只有线圈产生热量损耗。因此，直流电磁铁的铁心是用整块钢材或工程纯铁制成的，电磁线圈没有骨架，且做成细长形以增加它和铁心直接接触的面积，这样有利于线圈热量从铁心散发出去。交流电磁铁中通过交变磁通，铁心中有磁滞损耗和涡流损耗，铁心和线圈都产生热量损耗。因此，交流电磁铁的铁心一般用硅钢片叠成以减小铁损，并且将线圈制成粗短形，由线圈骨架把它和铁心隔开，以免铁心的热量传给线圈使其过热而烧坏。

由于交流电磁铁的磁通是交变的，线圈磁场对衔铁的吸引力也是交变的。当交变电流过零时，线圈磁通为零，对衔铁的吸引力也为零，衔铁在复位弹簧作用下将产生释放趋势，这就使动、静铁心之间的吸引力随着交流电的变化而变化，从而产生振动和噪声，加速动、静铁心接触面积的磨损，引起结合不良，严重时还会使触头烧蚀。为了消除这一弊端，在铁心柱面的一部分嵌入一只铜环（称为短路环），如图 1-2 所示。短路环相当于变压器二次绕组，在线圈通入交流电时，不仅线圈产生磁通，短路环中的感应电流也将产生磁通。短路环相当于纯电感电路，由相位关系可知，线圈电流磁通与短路环感应电流磁通不同时为零，即电源输入的交变电流通过零值时，短路环感应电流不为零。此时，它的磁场对衔铁起着吸引作用，从而克服了衔铁被释放的趋势，使衔铁在通电过程总是处于吸合状态，明显减小了振动和噪声。所以短路环又叫做减振环，它通常由铜、康铜或镍铬合

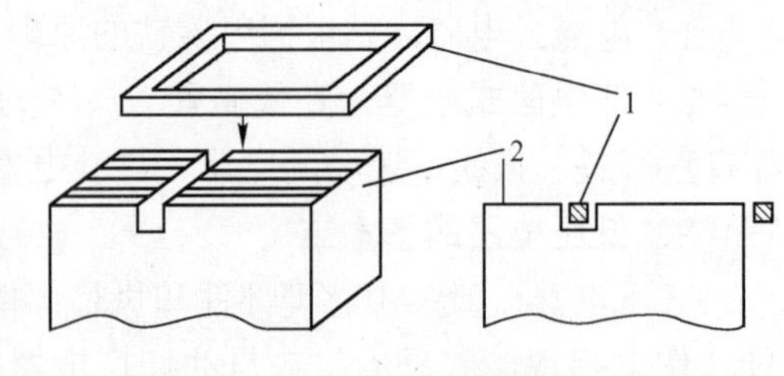

图 1-2　铁心上的短路环

1—短路环　2—硅钢片

金制成。

电磁铁的线圈按接入电路的方式可以分为电压线圈和电流线圈。电压线圈并联在电源两端，获得额定电压时线圈吸合，其电流值由电路电压和线圈本身的电阻或阻抗决定。由于线圈匝数多、导线细、电流较小而匝间电压高，所以一般用绝缘性能好的漆包线绕制。电流线圈串联在主电路中，当主电路的电流超过其动作值时吸合，其电流值不取决于线圈的电阻或阻抗，而取决于电路负载的大小。由于主电路的电流一般比较大，所以线圈导线比较粗，匝数较少，通常用紫铜条或粗的紫铜线绕制。

（2）触头系统

触头系统属于执行部件，按功能不同可分为主触头和辅助触头两类。主触头用于接通和分断主电路；辅助触头用于接通和分断辅助电路，还能起互锁和联锁作用。小型触头一般用银合金制成，大型触头用铜材料制成。

触头系统按形状不同分为桥式触头和指形触头。桥式触头分为点接触桥式触头和面接触桥式触头。其中点接触桥式触头适用于工作电流不大、接触电压较小的场合，如辅助触头；面接触桥式触头的载流容量较大，多用于小型交流接触器主触头。指形触头接触区为直线，触头闭合时产生滚动接触，适用于动作频繁、负荷电流大的场合。

触头按位置可分为静触头和动触头。静触头固定不动，动触头能由联杆带着移动。触头通常以其初始位置，即“常态”位置来命名。对电磁式电器来说，“常态”位置是指电磁铁线圈未通电时的位置；对非电量电器来说，“常态”位置是指没有受外力作用时的位置。动断触头（又称常闭触头）是指常态时元器件的动、静触头是相互闭合的；动合触头（又称常开触头）是指常态时元器件的动、静触头是分开的。

（3）灭弧装置

各种有触头的电器都是通过触头的闭合、断开来接通、断开电路的，其触头在闭合和断开的瞬间（包括熔体在熔断时）都会在触头间隙中产生弧状的火花。这种由电气原因造成的火花称为电弧。触头间的电压越高，电弧就越大；负载的电感越大，断开时的火花也越大。在断开电路时产生的电弧，一方面使电路仍然保持导通状态，延迟了电路的开断；另一方面会烧损触头，缩短电器的使用寿命。因此，要采取一些必要的措施来灭弧。

1.1.2 开关电器及主令电器

1. 开关电器

低压开关主要用做隔离、转换以及接通和分断电路，常作为机床电路的电源开关，或用于局部照明电路的控制，以及小容量电动机的起动、停止和正反转控制等。

常用的低压开关类电器包括刀开关、组合开关和断路器等。

（1）刀开关

普通刀开关是一种结构简单应用广泛的手控低压电器，主要类型有负荷开关（如开启式负荷开关和封闭式负荷开关）和板形刀开关。刀开关广泛用于照明电路和小容量（5.5kW）、不频繁起动的动力电路的控制电路中，其主要结构如图 1-3 所示。

刀开关安装时，瓷底应与地面垂直，手柄向上，这样易于灭弧，不得倒装或平装。倒装时手柄可能因自重落下而引起误合闸，危及人身和设备安全。

刀开关的主要技术参数有额定电流、额定电压、极数、控制容量等。

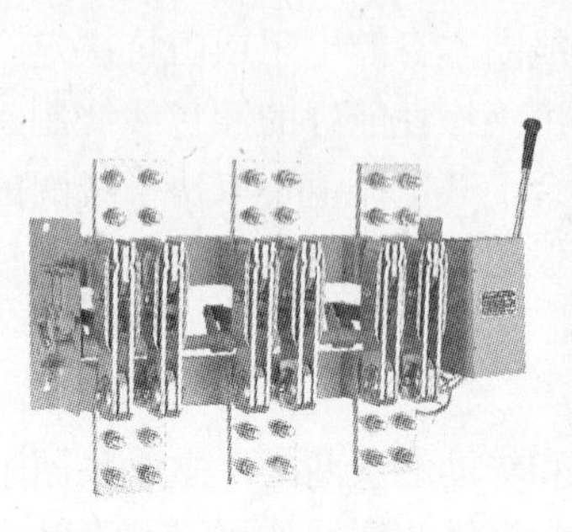
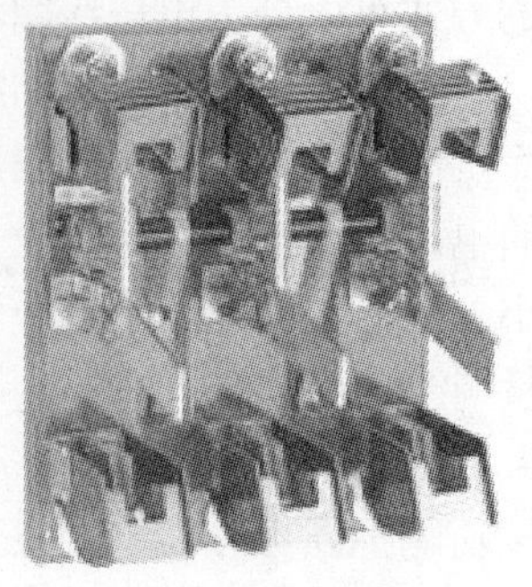
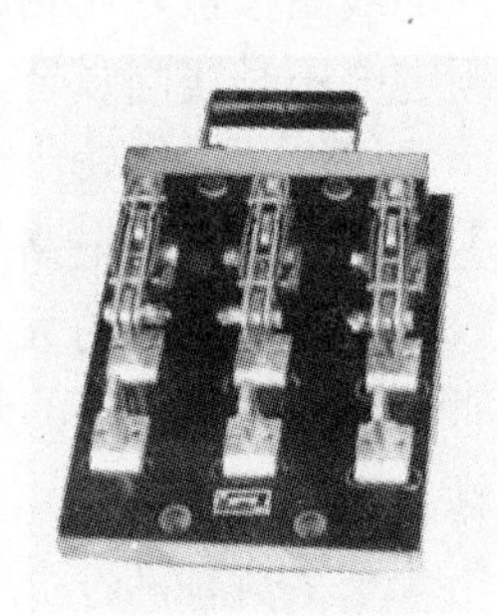

图 1-3　刀开关

（2）组合开关

组合开关又称转换开关，如图 1-4 所示。它实际上是一种特殊的刀开关，只不过一般刀开关的操作手柄是在垂直于安装面的平面内向上或向下转动，而组合开关的操作手柄则是在平行于安装面的平面内向左或向右转动而已。组合开关多用在机床电气控制线路中作为电源的引入开关，也可以不频繁地接通和断开电路、换接电源和负载，以及控制 5kW 以下小容量电动机的正反转和星三角起动等。

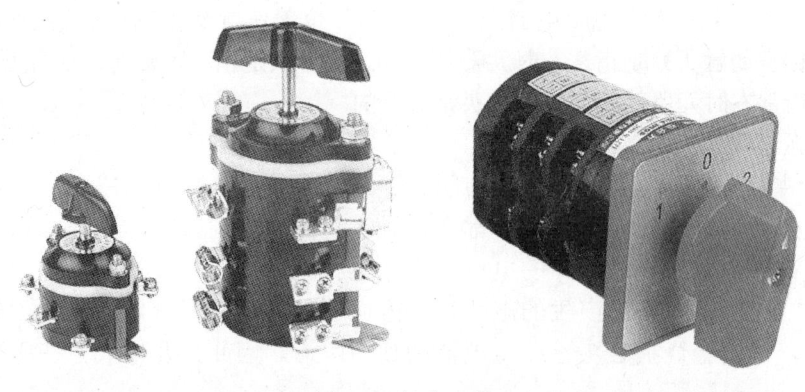

图 1-4　组合开关

组合开关内部有三对静触头，分别用三层绝缘板相隔，各自附有连接线路的接线柱。三个动触头互相绝缘，与各自的静触头对应，套在共同的绝缘杆上。绝缘杆的一端装有操作手柄或转动手柄，可完成三组触头之间的断开、闭合或切换。开关内装有速断弹簧，用以加速开关的分断速度。

如果组合开关用于控制电动机正反转，从正转切换到反转的过程中，必须先经过停止位置，待电动机停止后，再切换到反转位置。组合开关本身不带过载和短路保护装置，在它控制的电路中，必须另外加装保护设备。

（3）断路器

断路器集控制和多种保护功能于一身，除能完成接通和分断电路外，还能对电路或电气设备发生的短路、过载、欠电压等故障进行保护。它的动作参数可以根据用电设备的要求人为调整，使用方便可靠。通常断路器按照结构可分为装置式和万能式两类。下面以装置式断路器为例进行介绍。

1）断路器的结构及原理。装置式断路器一般用做配电线路的保护开关、电动机及照明电路的控制开关等，其外形如图 1-5 所示。装置式断路器主要由触头系统、灭弧装置、自动与手动操作机构、脱扣器、外壳等组成。

脱扣器是断路器的主要保护装置，包括电磁脱扣器（用于短路保护）、热脱扣器（用于过载保护）、欠电压脱扣器，以及由电磁脱扣器和热脱扣器组合而成的复式脱扣器等。电磁脱扣器的线圈串联在主电路中，若电路或设备短路，主电路电流增大，线圈磁场增强，吸动衔铁使操作机构动作，断开主触头分断主电路而起到短路保护作用。电磁脱扣器有调节螺钉，可以根据用电设备的容量和使用条件手动调节脱扣器动作电流的大小。

图 1-5　装置式断路器

热脱扣器是一个双金属片热继电器，它的发热元件串联在主电路中。当电路过载时，过载电流使发热元件温度升高，双金属片受热弯曲，顶动自动操作机构动作，断开主触头，切断主电路而起过载保护作用。热脱扣器也有调节螺钉，可以根据需要调节脱扣电流的大小。

2）断路器的技术参数。断路器的主要技术参数有额定电压、额定电流、极数、脱扣器类型及额定电流、脱扣器整定电流、主触头与辅助触头的分断能力和动作时间等。

（4）剩余电流断路器

剩余电流断路器能在发生人身触电或漏电时迅速切断电源，保障人身安全，防止触电事故。有的剩余电流断路器还兼有过载、短路保护的作用，用于不频繁起停的电动机。

剩余电流断路器按工作原理分为电压型剩余电流断路器和电流型剩余电流断路器（包括电磁式、电子式）等，常用的主要是电流型。这里主要介绍电磁式电流型剩余电流断路器。

电磁式电流型剩余电流断路器由主开关、测试电路、电磁式漏电脱扣器和零序电流互感器组成。正常工作时，不论三相负载是否平衡，通过零序电流互感器主电路的三相电流相量之和等于零，故其二次绕组中无感应电动势产生，剩余电流断路器工作于闭合状态。如果发生漏电或触电事故，三相电流之和便不再等于零，而等于某一电流值 I_s。I_s 会通过人体、大地、变压器中性点形成回路，这样零序电流互感器二次绕组中会产生与 I_s 对应的感应电动势，加到脱扣器上。当 I_s 达到一定值时，脱扣器动作，推动主开关的锁扣，分断主电路。

2．主令电器

主令电器是指在电气自动控制系统中用来发出信号指令的电器。它的信号指令将通过继电器、接触器和其他电器的动作接通和分断被控制电路，以实现对电动机和其他生产机械的远距离控制。常用的主令电器有按钮开关（简称按钮）、行程开关、接近开关、万能转换开关、主令控制器等。

（1）按钮

按钮是一种手动控制电器。它只能短时接通或分断 5A 以下的小电流电路，向其他电器发出指令性的电信号，控制其他电器动作。由于按钮载流量小，不能直接用于控制主电路的通断。常用按钮的外形如图 1–6 所示。

图 1-6　常用按钮的外形

图 1-7 是按钮的结构示意图和符号，主要由按钮帽、复位弹簧、常闭触头、常开触头、接线柱及外壳等组成。图 1-7a 中 1、2 是常闭触头，3、4 是常开触头，5 是复位弹簧，6 是按钮帽。图 1-7b 为图文符号。

按照按钮的触头结构、数量和用途的不同，它又分为停止按钮（常闭按钮）、起动按钮（常开按钮）和复合按钮（既有常闭触头，又有常开触头）。图 1-7 所示的即为复合按钮，在按下按钮帽使其动作时，首先断开常闭触头，再通过一定行程后才接通常开触头；松开按钮帽时，复位弹簧先将常开触头分断，通过一定行程后常闭触头才闭合。

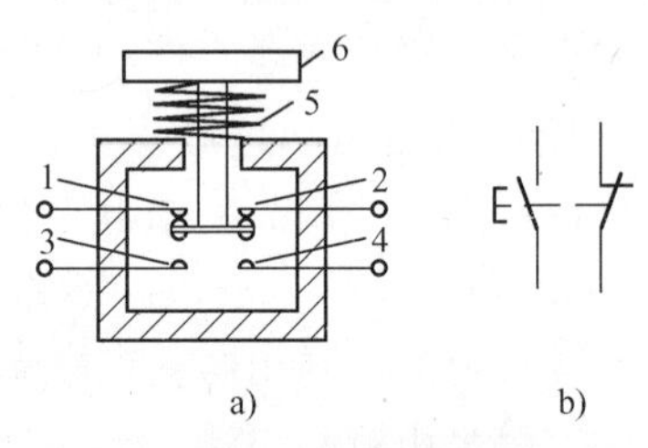

图 1-7　按钮的结构示意图和符号
a) 结构　b) 符号

控制按钮的主要技术参数有规格、结构形式、触头对数和按钮颜色等。选择使用时应从使用场合、所需触头数及按钮帽的颜色等因素考虑。一般红色表示停止，绿色表示起动，黄色表示干预。

（2）行程开关

行程开关又称为限位开关或位置开关，它利用生产机械运动部件的碰撞，使其内部触头动作来分断或切换电路，从而控制生产机械的行程、位置，或改变其运动状态。

为了适应生产机械对行程开关的碰撞，行程开关有不同的结构形式，常用的碰撞部分有直动式（按钮式）和滚动式（旋转式）。其中滚动式又有单滚轮式和双滚轮式两种。常用行程开关的外形和符号如图 1-8 所示。

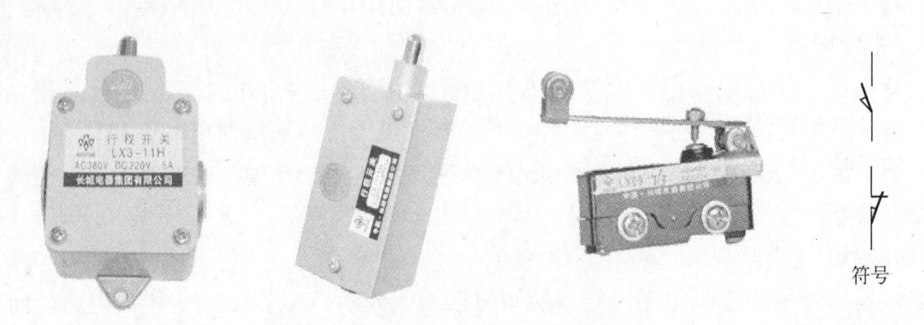

图 1-8　常用行程开关的外形和符号

当生产机械撞块碰触行程开关滚轮时，传动杠杆和转轴一起转动，转轴上的凸轮推动推杆使微动开关动作，接通常开触头，分断常闭触头，指令生产机械停车、反转或变速。对于单滚轮自动复位的行程开关，只要生产机械撞块离开滚轮，复位弹簧能将已动作的部分恢复到动作前的位置，为下一次动作做好准备。有双滚轮的行程开关在生产机械碰撞第一个滚轮时，内部微动开关动作，发出信号指令，但生产机械撞块离开滚轮后不能自动复位，必须等生产机械碰撞第二个滚轮时才能复位。

行程开关的主要技术参数有额定电压、额定电流、触头切换时间、动作角度或工作行程、触头数量、结构形式和操作频率等。

（3）万能转换开关

万能转换开关是具有更多操作位置和触头、能够接通多个电路的一种手动控制电器。由于它的档位多、触头多，可控制多个电路，能适应复杂线路的要求，故有“万能”之称。

万能转换开关的结构是由多层凸轮及与之对应的触头底座叠装而成。每层触头底座内有一对或三对触头与凸轮配合。操作时手柄带动转轴与凸轮同步转动，凸轮的转动即可驱动触头系统的分断与闭合，从而实现被控制电路的分断与接通。须注意的是，由于凸轮形状的不同，手柄位于同一位置时，有的触头闭合，有的则处于分断。

表征万能转换开关特性的参数有额定电压、额定电流、手柄形式、触头座数、触头对数、触头座排列形式、定位特征代号、手柄定位角度等。

1.1.3 接触器

接触器是一种用来频繁接通和断开交、直流主电路及大容量控制电路的自动切换电器。它具有低压释放保护功能，可进行频繁操作，实现远距离控制，是电力拖动自动控制线路中使用最广泛的电器元件。因它不具备短路保护作用，常和熔断器、热继电器等保护电器配合使用。接触器按电流种类通常分为交流接触器和直流接触器两类。

1. 接触器的工作原理

交流接触器的主要部分是电磁系统、触头系统和灭弧装置，其结构如图 1-9 所示，外形如图 1-10 所示。接触器是利用电磁吸力工作的，主要由电磁机构和触头系统组成。电磁机构通常包括吸引线圈、铁心和衔铁三部分。图 1-9 为接触器的结构示意图与符号，图 1-9a 中，1、2、3、4 是静触头，5、6 是动触头，7、8 是吸引线圈，9、10 分别是动、静铁心，11 是弹簧。图 1-9b 中，1、2 之间是常闭触头，3、4 之间是常开触头，7、8 之间是线圈。

交流接触器有得电状态（动作状态）和失电状态（释放状态）两种工作状态。如图 1-9b 所示，接触器主触头的动触头装在与衔铁相连的绝缘连杆上，其静触头则固定在壳体上。当线圈得电后，线圈产生磁场，使静铁心产生电磁吸力，将衔铁吸合。衔铁带动动触头动作，使常闭触头断开，常开触头闭合，断开或接通相关电路。当线圈失电时，电磁吸力消失，衔铁在弹簧的作用下释放，各触头随之复位。

交流接触器有三对常开的主触头，它的额定电流较大，用来控制大电流主电路的通断。它还有两对常开辅助触头和两对常闭辅助触头，它们的额定电流较小，一般为 5A，用来接通或分断小电流的控制电路。

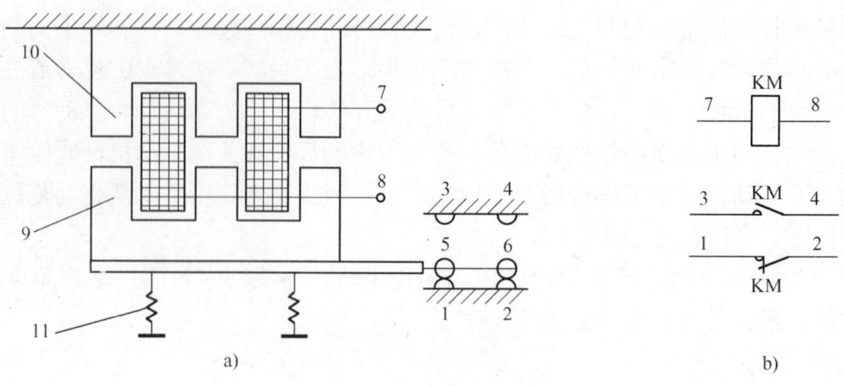

图 1-9　交流接触器结构和符号

a) 结构　b) 符号

图 1-10　交流接触器外形

直流接触器的结构和工作原理基本上与交流接触器相同，与之不同的是电磁铁系统。触头系统中，直流接触器主触头常采用滚动接触的指形触头，通常为一对或两对。灭弧装置中，由于直流电弧比交流电弧难熄灭，直流接触器常采用磁吹灭弧。

2．接触器的主要技术参数

常用的交流接触器有 CJ10、CJ12 系列，常用的直流接触器有 CZ0 系列。

1）额定电压。接触器铭牌上的额定电压是指主触头的额定电压，交流接触器的额定电压有 127V、220V、380V、500V，直流接触器的有 110V、220V、440V。

2）额定电流。接触器铭牌上的额定电流是指主触头的额定电流，有 5A、10A、20A、40A、60A、100A、150A、250A、400A、600A。

3）吸引线圈的额定电压。交流接触器有 36V、110V、127V、220V、380V，直流接触器有 24V、48V、220V、440V。

4）电气寿命和机械寿命（以万次表示）。

5）额定操作频率（以次/h 表示）。

6）主触头和辅助触头数目。

3．接触器的选择

1）根据接触器控制的负载的性质来选择接触器的类型。

2）接触器的额定电压不得低于被控制电路的最高电压。

3）接触器的额定电流应大于被控制电路的最大电流。对于电动机负载有下列经验公式

$$I_C=KP_N/U_N$$

式中，I_C 为接触器的额定电流；P_N 为电动机的额定功率；U_N 为电动机的额定电压；K 为经验系数，一般取 1～1.4。

接触器在频繁起动、制动和正反转的场合时，一般其额定电流降一个等级来选用。

4）电磁线圈的额定电压应与所接控制电路的电压相一致。

5）接触器的触头数量和种类应满足主电路和控制线路的要求。

1.1.4 继电器

继电器是一种根据电量（电流、电压）或非电量（时间、速度、温度、压力等）的变化自动接通和断开电路，以完成控制或保护任务的电器。

虽然继电器和接触器都可以自动接通或断开电路，但是它们仍有很多不同之处。继电器可以对各种电量或非电量的变化做出反应，而接触器只有在一定的电压信号下动作；继电器用于切换小电流的控制电路，而接触器则用来控制大电流电路。因此，继电器触点容量较小（不大于 5A），且无灭弧装置。

继电器用途广泛，种类繁多，按反应的参数可分为电流继电器、电压继电器、中间继电器、时间继电器、热继电器和速度继电器等；按动作原理可分为电磁式、电动式、电子式和机械式等。其中电压继电器、电流继电器、中间继电器均为电磁式继电器。电磁式继电器的结构和动作原理与接触器大致相同，但电磁式继电器的体积较小，动作灵敏，没有庞大的灭弧装置，且触点的种类和数量也较多。

1．电流继电器

电流继电器的线圈与被测电路串联，用来对电路中电流的变化做出反应。为不影响电路工作情况，其线圈匝数少、导线粗、线圈阻抗小。

电流继电器又有欠电流继电器和过电流继电器之分。欠电流继电器的吸引电流为额定电流的 30%～65%，释放电流为额定电流的 10%～20%。因此，在电路正常工作时，其衔铁是吸合的。只有当电流降低到某一程度时，继电器释放，输出信号。过电流继电器在电路正常工作时不动作，当电流超过某一整定值时才动作，整定范围通常为 1.1～4 倍额定电流。当接于主电路的线圈为额定值时，过电流继电器所产生的电磁引力不能克服反作用弹簧的作用力，继电器不动作，常闭触点闭合，维持电路正常工作。一旦通过线圈的电流超过整定值，线圈电磁力将大于弹簧反作用力，静铁心吸引衔铁使其动作，分断常闭触点，切断控制回路，保护了电路和负载。过电流继电器的外形和符号如图 1-11 所示。

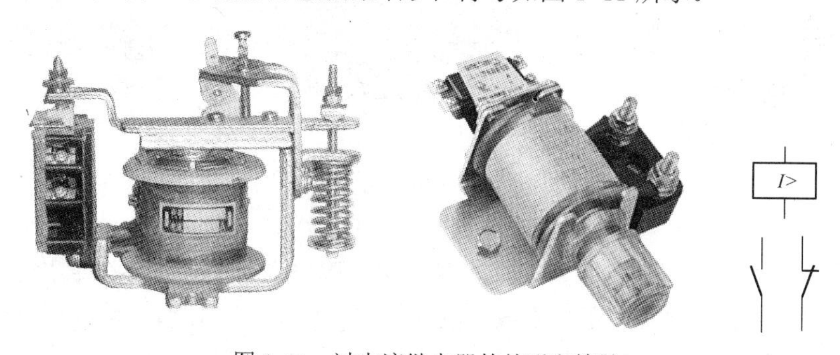

图 1-11　过电流继电器的外形和符号

2. 电压继电器

电压继电器的结构与电流继电器相似，不同的是电压继电器的线圈为电压线圈，匝数多、导线细、阻抗大。

根据动作电压值的不同，电压继电器有过电压继电器、欠电压继电器和零电压继电器之分。过电压继器在电压为额定值的 110%～115%以上时动作，欠电压继电器为额定值的 40%～70%时动作，而零电压继电器当电压降至额定值的 5%～25%时动作。

3. 中间继电器

中间继电器实际上是一种电压继电器，但它的触点对数多，触点容量较大，动作灵敏。其主要用途是当其他继电器的触点对数或触点容量不够时，可借助中间继电器来扩大它们的触点数和触点容量，起到中间转换作用。图 1-12 为中间继电器的外形。

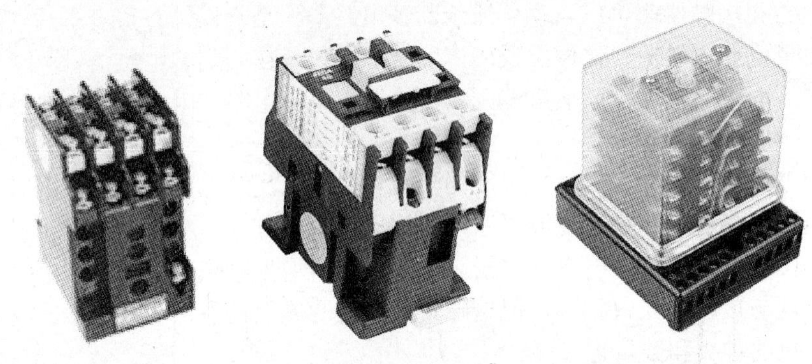

图 1-12　中间继电器的外形

4. 时间继电器

时间继电器是利用电磁原理或机械原理实现触点延时闭合或延时断开的自动控制电器。常用的种类有电磁式、空气阻尼式、电动式和晶体管式。常用时间继电器的外形如图 1-13 所示。这里主要介绍应用广泛、结构简单、价格低廉且延时范围大的空气阻尼式时间继电器。

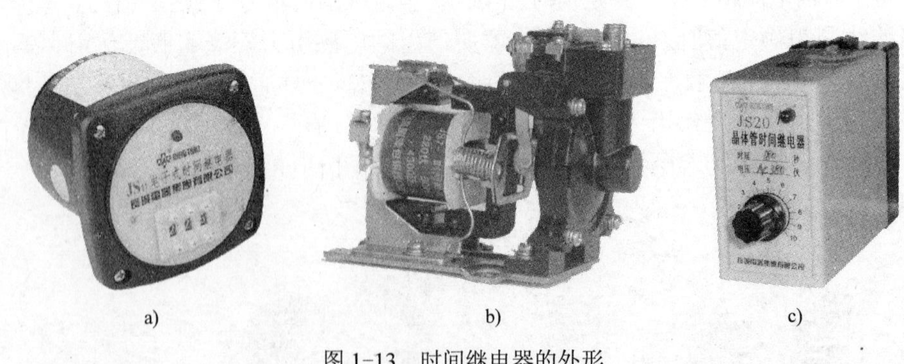

a)　　b)　　c)

图 1-13　时间继电器的外形

a) 电子式　b) 空气阻尼式　c) 晶体管式

空气阻尼式时间继电器又叫气囊式时间继电器，是利用空气阻尼的原理获得延时的。它由电磁系统、延时机构和触点三部分组成。电磁机构为直动式双 E 型，触点系统是借用 LX5 型微动开关，延时机构采用气囊式阻尼器，其结构如图 1-14 所示。

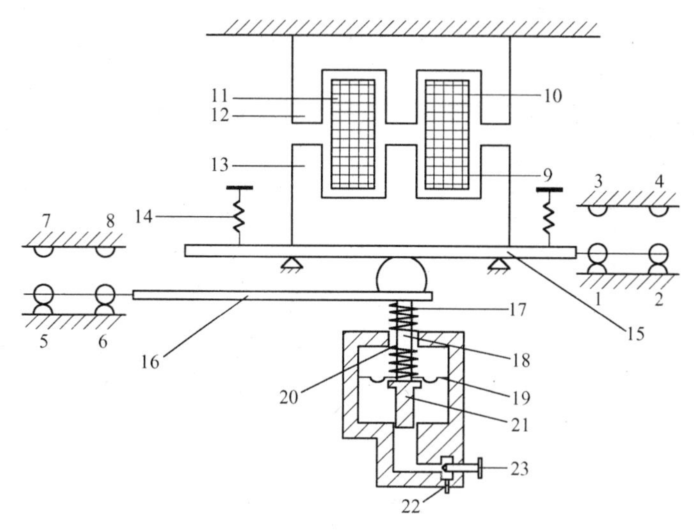

图 1-14　空气阻尼式时间继电器的结构

在图 1-14 中，当线圈 11 通电时，电磁力克服弹簧 14 的反作用拉力而迅速将衔铁向上吸合，衔铁 13 带动杠杆 15 使常闭触点 1、2 断开，常开触点 3、4 闭合。

电磁机构可以是交流的也可以是直流的。触点包括瞬时触点和延时触点两种。空气式时间继电器可以做成通电延时，也可以做成断电延时。

常用的时间继电器有 JS7、JS23 系列，主要技术参数有瞬时触点数量、延时触点数量、触点额定电压、触点额定电流、线圈电压及延时范围等。

时间继电器的文字符号为 KT，图形符号如图 1-15 所示。

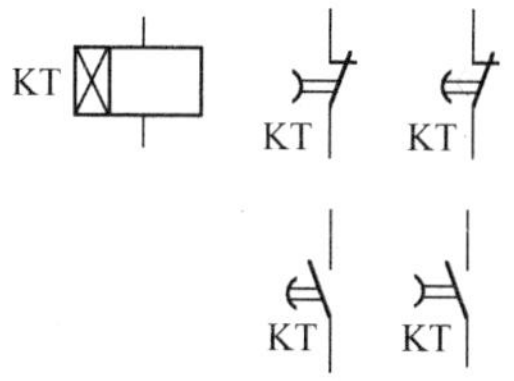

KT　KT　KT　KT　KT

图 1-15　时间继电器的图形符号

5．热继电器

热继电器是利用电流的热效应原理工作的保护电器，在电路中用做电动机的过载保护。电动机在实际运行中常遇到过载情况，若过载不大、时间较短、绕组温升不超过允许范围，是可以的。但过载时间较长，绕组温升超过了允许值，将会加剧绕组老化，缩短电动机的使用寿命，严重时会烧毁电动机的绕组。因此，凡是长期运行的电动机必须设置过载保护。

热继电器种类很多，应用最广泛的是基于双金属片的热继电器，其外形如图 1-16 所示，结构如图 1-17 所示，主要由热元件、双金属片和触点等部分组成。热继电器的常闭触点串联在被保护的二次回路中，它的热元件由电阻值不高的电热丝或电阻片绕成，串联在电动机或其他用电设备的主电路中。靠近热元件的双金属片是用两种膨胀系数不同的金属用机械辗压而成的，为热继电器的感测元件。

热继电器的工作原理如图 1-17 所示。双金属片 2 与热元件 1 串接在接触器负载端（电动机电源端）的主回路中。当电动机正常运行时，热元件产生的热量虽能使双金属片弯曲，但还不足以使继电器动作。当电动机过载时，流过热元件的电流增大，热元件产生的热量增加，使双金属片产生的弯曲位移增大，双金属片 2 推动导板 3，3 与推杆将触点 4（即串接在接触器线圈回路的热继电器常闭触点）分开，以切断电路保护电动机。

图 1-16 热继电器外形

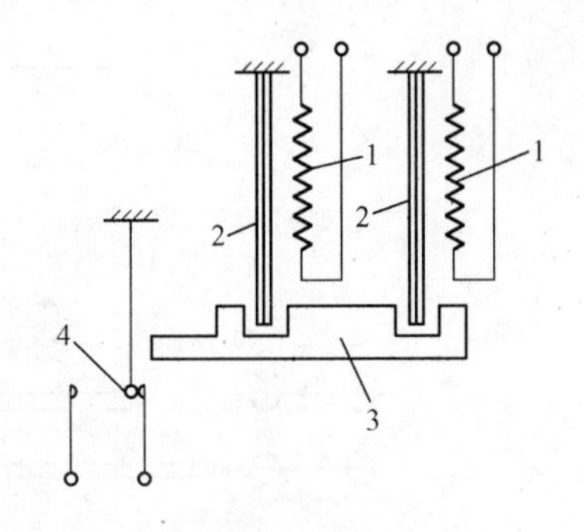

图 1-17 热继电器的结构图

1—热元件 2—双金属片 3—导板 4—触点

热继电器在保护形式上分为两相保护和三相保护两类。两相保护式的热继电器内装有两个发热元件，分别串入三相电路中的两相，常用于三相电压和三相负载平衡的电路。三相保护式热继电器内装有三个发热元件，分别串入三相电路中的每一相，其中任意一相过载，都会使热继电器动作，常用于三相电源严重不平衡或三相负载严重不平衡的场合。

热继电器的主要技术参数有额定电压、额定电流、相数、热元件编号、整定电流及整定电流调节范围等。整定电流是指热元件能够长期通过而不致于引起热继电器动作的电流值。

常用的热继电器有 JR20、JRS1 及 JR0、JR10、JR15、JR16 等系列。

热继电器的图形符号如图 1-18 所示。

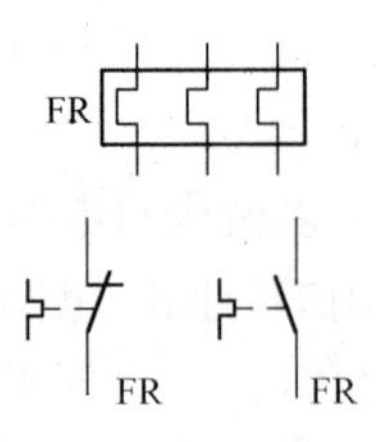

图 1-18 热继电器的图形符号

6．速度继电器

速度继电器又叫反接制动继电器，主要用于笼型异步电动机的反接制动控制。它主要由转子、定子和触点 3 部分组成。转子是一个圆柱形永久磁铁，定子是一个笼形空芯圆环，由硅钢片叠成，并装有笼型绕组。

速度继电器转子的轴与被控制电动机的轴连接，而定子空套在转子上。当电动机转动时，速度继电器的转子随之转动，定子内的短路导体便切割磁场，产生感应电动势，从而产生电流；此电流与旋转的转子磁场作用产生转矩，使定子开始转动；当转到一定角度时，装在轴上的摆锤推动簧片动作，使常闭触点断开，常开触点闭合。当电动机转速低于某一值时，定子产生的转矩减小，触点在弹簧作用下复位。

一般速度继电器的动作转速为 120r/min，触点的复位转速在 100r/min 以下，转速在 3000～3600r/min 以内能可靠工作。

速度继电器的符号如图 1-19 所示。

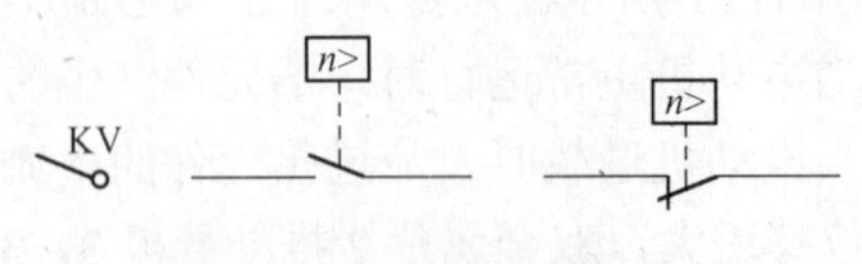

图 1-19 速度继电器的符号

1.1.5 熔断器

熔断器是一种最简单有效的保护电器。在使用时，熔断器串接在要保护的电路中，作为电路及用电设备的短路和严重过载保护，主要用做短路保护。

熔断器主要由熔体（俗称保险丝）和安装熔体的熔管（或熔座）两部分组成。熔体由易熔金属材料铅、锡、锌、银、铜及其合金制成，通常做成丝状或片状。熔管是装熔体的外壳，由陶瓷、绝缘钢纸或玻璃纤维制成，在熔体熔断时兼有灭弧作用。

熔断器的熔体与被保护的电路串联。当电路正常工作时，熔体允许通过一定大小的电流而不熔断。当电路发生短路或严重过载时，熔体中流过很大的故障电流，当电流产生的热量达到熔体的熔点时，熔体熔断切断电路，从而实现保护目的。

电流通过熔体产生的热量与电流的平方和电流通过的时间成正比。因此，电流越大，则熔体熔断的时间越短，这称为熔断器的反时限保护特性。

熔断器主要包括插入式、螺旋式、管式等几种形式，使用时应根据线路要求、使用场合和安装条件来选择。

熔断器主要技术参数有额定电压、额定电流、熔体额定电流、额定分断能力等。

熔断器的文字符号用 FU 表示，常用熔断器的外形和符号如图 1-20 所示。

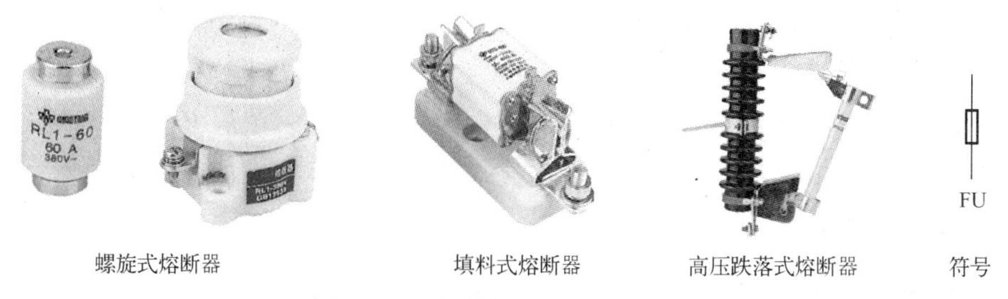

图 1-20 常用熔断器的外形和符号

低压电动机的熔断器在选型和使用方面有下列注意事项。

1. 选型问题

1）如果预期短路电流不是太大（如小于 4kA），从经济性角度出发，可优先选用 RM10、RL6、RL7 系列的熔断器。一方面，用户可以方便地自行拆装熔体；另一方面，它们既可用做短路保护又可用做过载保护。

2）如果预期短路电流较大，应选用分断能力较高的熔断器，如 RT12、RT14、RT15 系列的熔断器。

3）保护电动机的熔断器一般不要求有较大容量和限流作用，而是希望熔化系数适当小些。所以，宜选用锌质熔体和铅锡合金熔体。

2. 参数选择

1）熔断器的额定电压应符合电动机的运行电压。熔断器的工作电压与其熔管长度及绝缘强度有关。不能把熔断器用在高于其额定电压的回路中去，也不能把大熔片装到小熔断管中去。

2）熔断器的额定电流应大于电动机回路长期通过的最大工作电流，其壳体的载流部分和接触部分不会因通过工作电流而损坏。熔断器的额定电流不得小于熔件的额定电流。

3）熔断器的极限断路电流应大于流过的最大短路电流，用以保证切断故障电流时不致烧毁熔断器。

4）熔件的额定电流应按下列三个条件选择。

① 按正常工作条件选择：电动机起动电流可达$(4\sim8)I_{eD}$，起动持续时间约为 5～10s。在此条件下，熔断器应既不老化，也不能熔断。

具体的熔断器特性应按生产厂家供给的曲线由实验得知，熔断器的额定电流约为最大通过电流的一半时可满足上述要求。

熔体的额定电流可按下式选择

$$I_{e\cdot rj} \geqslant I_q / K$$

式中，I_q为电动机起动电流，一般为$(4\sim8)I_{eD}$，即为电动机额定电流的 4～8 倍；K 为比例系数，一般取值为 1.5～2.5；对不经常起动的电动机 K 取 2.5；对频繁起动的电动机 K 应取 1.5；绕线式电动机起动电流较小，所取系数可降低为 1.25。

② 应按与控制电器在时间上相互配合选择：当熔断器与电磁接触器配合使用时，应保证熔断器先切断短路或过载电流，接触器在其后空载断开。

③ 按保证上下级保护之间的选择性要求：要保证选择性，必须使下级保护的动作时间小于上级保护，上级保护的动作值大于下级保护。

1.2 电气图的识读

电气图以各种图形、符号和图线等形式来表示电气系统中各电气设备、装置、元器件的相互连接关系。电气图是联系设计、生产、维修人员的工程语言，能正确、熟练地识读电气图是从业人员必备的基本技能。

1.2.1 电气图的符号

为了表达电气控制系统的设计意图，便于分析系统的工作原理，安装、调试和检修控制系统，必须采用统一的图形符号和文字符号来表达电气控制系统。国家标准局参照国际电工委员会（IEC）颁布一系列有关文件，如 GB/T 4728—2005～2008《电气简图用图形符号》、GB/T 5226—2002～2008《机械安全　机械电气设备》和 GB/T 6988—2006～2008《电气技术用文件的编制》等。

电气线路中常用元器件的图形符号如表 1-1 所示。

表 1-1　电气线路中常用元器件的图形符号

名　称	图形符号	名　称	图形符号
端子	○	二极管	
接地（一般符号）		晶体管	或
保护接地		交流发电机	G ～

（续）

名　　称	图形符号	名　　称	图形符号
功能等电位联结	 或	交流电动机	 M ~
电阻器		三相笼型异步电动机	 M 3~
电容器		双绕组变压器（一般符号）	 或
电流互感器（一般符号）	 或	继电器线圈（一般符号）	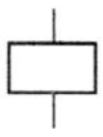
开关（一般符号）		缓慢吸合继电器线圈	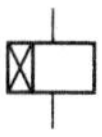
隔离开关		缓慢释放继电器线圈	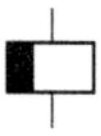
负荷隔离开关		过电流继电器	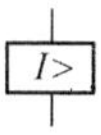 $I>$
断路器		欠电压继电器	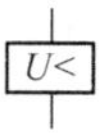 $U<$
带常开触点的位置开关		热继电器驱动器件	
带常闭触点的位置开关		热继电器	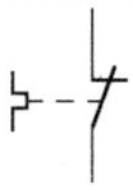
自动复位的手动按钮开关	 E	熔断器	
延时闭合的常开触点		电流表	A
延时断开的常开触点		电压表	V
延时闭合的常闭触点		操作器件	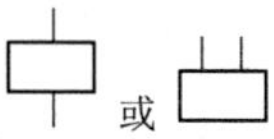 或
延时断开的常闭触点		灯（一般符号）	
接触器			

1.2.2 电气图的分类

由于电气图描述的对象复杂，应用领域广泛，表达形式多种多样，因此表示一项电气工程或一种电器装置的电气图有多种，它们以不同的表达方式反映工程问题的不同侧面，但又有一定的对应关系，有时需要对照起来阅读。按用途和表达方式的不同，电气图可以分为以下几种。

1. 电气系统图和框图

电气系统图和框图是用符号或带注释的框概略表示系统的组成、各组成部分相互关系及其主要特征的图样，它比较集中地反映了所描述工程对象的规模。

2. 电气原理图

电气原理图是为了便于阅读与分析控制线路，根据简单、清晰的原则，采用电器元件展开的形式绘制而成的图样。它包括所有电器元件的导电部件和接线端点，但并不按照电器元件的实际布置位置来绘制，也不反映电器元件的大小。其作用是便于详细了解工作原理，指导系统或设备的安装、调试与维修。电气原理图是电气图中最重要的种类之一，也是识图的难点和重点。

3. 电器布置图

电器布置图主要是用来表明电气设备上所有电器元件的实际位置，为生产机械电气控制设备的制造、安装提供必要的资料。通常电器布置图与电器安装接线图组合在一起，既起到电器安装接线图的作用，又能清晰表示出电器的布置情况，如图 8-45 所示。

4. 电器安装接线图

电器安装接线图是为了安装电气设备和电器元件进行配线或检修电器故障服务的。它是用规定的图形符号，按各电器元件相对位置绘制的实际接线图。它清楚地表示了各电器元件的相对位置和它们之间的电路连接，所以安装接线图不仅要把同一电器的各个部件画在一起，而且各个部件的布置要尽可能符合这个电器的实际情况，但对比例和尺寸没有严格要求。电器安装接线图不仅要画出控制柜内部之间的电器连接，还要画出电器柜外电器的连接。电器安装接线图中的回路标号是电器设备之间、电器元件之间、导线与导线之间的连接标记，它的文字符号和数字符号应与原理图中的标号一致，如图 8-47 所示。

5. 功能图

功能图的作用是提供绘制电气原理图或其他有关图样的依据，它表示理论的或理想的电路关系而不涉及实现方法。

6. 电器元件明细表

电器元件明细表是把成套装置、设备中各组成元器件（包括电动机）的名称、型号、规格、数量列成表格，供准备材料及维修使用。

1.2.3 电气原理图的绘制规则

电气系统图和框图对于从整体上理解系统或装置的组成和主要特征十分重要，然而，要让用户详细理解电气作用原理，进行电气接线，分析和计算电路特征，还必须有另外一种图，这就是电气原理图。下面以图 1-21 所示的电气原理图为例，介绍电气原理图的绘制规则。

电气原理图有以下绘制规则。

1）原理图一般分主电路和辅助电路两部分。主电路就是大电流从电源流到电动机的路径，辅助电路包括控制电路、照明电路、信号电路及保护电路等，由继电器和接触器的线圈、继电器的触点、接触器的辅助触头、按钮、照明灯、信号灯、控制变压器等电气元器件组成。

2）控制系统内的全部电机、电器和其他器械的带电部件，都应在原理图中表示出来。

3）原理图中各电气元器件不画实际的外形图，而采用国家规定的统一标准图形符号。文字符号也要符合国家标准规定。

4）原理图中，各个电气元器件和部件在控制线路中的位置应根据便于阅读的原则安排。同一元器件的各个部件可以不画在一起。例如，接触器、继电器的线圈和触点可以不画在一起。同一元器件的不同部件使用同一文字符号标示。

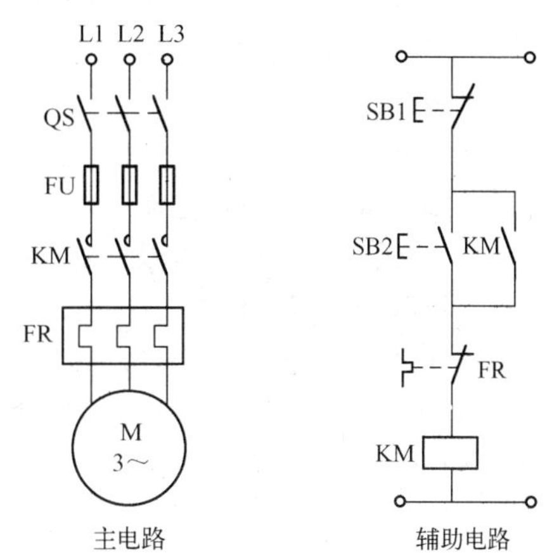

图 1-21　三相笼型异步电动机运行电气原理图

5）图中元器件和设备的可动部分都按没有通电和没有外力作用时的开闭状态画出。例如，继电器的触点、接触器的触头按吸引线圈不通电时的状态画；万能转换开关按手柄处于零位时的状态画；按钮、行程开关的触头按不受外力作用时的状态画等。

6）原理图的绘制应布局合理、排列均匀。为了便于看图，可以水平布置，也可以垂直布置。

7）电气元器件应按功能布置，并尽可能按水平顺序排列，其布局顺序应该是从上到下，从左到右。电路垂直布置时，类似项目宜横向对齐；水平布置时，类似项目应纵向对齐。例如，图 1-21 中，线圈属于类似项目，由于线路采用垂直布置，所以接触器线圈应横向对齐。

8）电气原理图中，有直接联系的十字交叉导线连接点，要用黑圆点表示；无直接联系的十字交叉导线连接点不画黑圆点。

1.2.4　电气图的基本读图方法

电气图是由许多电气元器件按一定要求连接而成的，可以表达生产机械电气控制系统的结构、原理等设计意图，便于电气元器件和设备的安装、调整、使用和维修。因此，必须能看懂电气图，特别是电气原理图。下面主要介绍电气原理图的阅读方法。

在阅读电气原理图以前，必须对控制对象有所了解，尤其对机、电、液（或气）配合得比较密切的生产机械，要搞清其全部传动过程，并按照“从左到右、自上而下”的顺序进行分析。

任何一台设备的电气控制线路，总是由主电路和辅助电路两大部分组成，而辅助电路又可分为若干个基本电路或环节（如点动、正反转、减压起动、制动、调速等）。分析电路时，通常首先从主电路入手。

1. 分析主电路

分析主电路时，首先应了解设备各运动部件和机构采用几台电动机拖动，然后按照顺序，从每台电动机主电路中接触器主触头的连接方式，可分析判断出主电路的工作方式，如电动机是否有正反转控制、是否采用减压起动、是否有制动控制、是否有调速控制等。

2．分析控制电路

分析完主电路后，再从主电路中寻找接触器主触头的文字符号，在控制电路中找到相应的控制环节，根据设备对控制电路的要求和各种基本电路的知识，按照顺序逐步深入了解各个具体的电路由哪些元器件组成、它们之间的联系及动作的过程等。如果控制电路比较复杂，可将其分成几个部分来分析。

3．分析其他辅助电路

其他辅助电路主要包括电源显示、工作状态显示、照明和故障报警等部分。它们大多由控制电路中的元器件控制，所以要对照控制电路进行分析。

4．分析联锁和保护环节

任何机械生产设备对安全性和可靠性都有很高的要求，因此控制电路中设置有一系列电气保护和必要的电气联锁。分析联锁和保护环节可结合机械设备生产过程的实际需求及主电路中各电动机的互相配合过程进行。

5．总体检查

经过“化整为零”的局部分析，理解每一个电路的工作原理以及各部分之间的控制关系后，再采用“集零为整”的方法，检查各个控制电路，查看是否有遗漏。特别要从整体角度进一步检查和理解各控制环节之间的联系，分析电路中每个电气元器件的功能和作用。

1.3 电气控制的基本方法

电气控制又称为继电接触器控制，它是由接触器、继电器、按钮、行程开关等组成的控制系统，能实现电力拖动系统的起动、反向、制动、调速和保护，实现生产过程自动化。由于它具有结构简单、维护调整方便、价格低廉等优点，因此是目前应用广泛、最基本的一种控制方式。

实际的控制电路是千差万别的，但它们都遵循一定的原则和规律，只要通过典型控制电路的分析研究，掌握其规律，就能够阅读控制线路和设计控制电路。

1.3.1 自锁控制

图 1-21 是最典型的交流电动机单向运行的控制电路。起动按钮 SB2、停止按钮 SB1、接触器 KM 的线圈及其常开辅助触头构成控制回路。

按下 SB2，交流接触器 KM 线圈得电，与 SB2 并联的 KM 常开辅助触头闭合，使接触器线圈有两条支路通电。这样即使松开 SB2，接触器 KM 的线圈仍可通过自己的辅助触头继续通电。这种依靠接触器自身辅助触头使线圈保持通电的现象称为自锁（或自保）。这一起自锁作用的辅助触头称为自锁触头。

停车时，按下停止按钮 SB1 即可断开控制电路。此时，KM 线圈失电，KM 常开辅助触头释放。松开 SB1 后，SB1 虽能复位，但接触器线圈已不能再依靠自锁触头通电。

自锁控制的另一个作用是实现欠电压和失电压保护。在图 1-21 中，当电网电压消失（如停电）后又重新恢复供电时，不重新按起动按钮，电动机就不能起动，这就构成了失电压保护。它可防止在电源电压恢复时，电动机突然起动而造成设备和人身事故。另外，当电网电压较低时，只要电压达到接触器的释放电压，接触器的衔铁将释放，主触点和辅助触点都断开，可防止电动机在低电压下运行，实现欠电压保护。

实际上，上述所说的自锁控制并不局限在接触器上，在控制电路中电磁式中间继电器也常用自锁控制。

1.3.2 互锁控制

在生产加工过程中，往往要求电动机能够实现可逆运转，如机床工作台的前进与后退、主轴的正转与反转、起重机吊钩的上升与下降等，这就要求正反转控制，电路如图1-22所示。

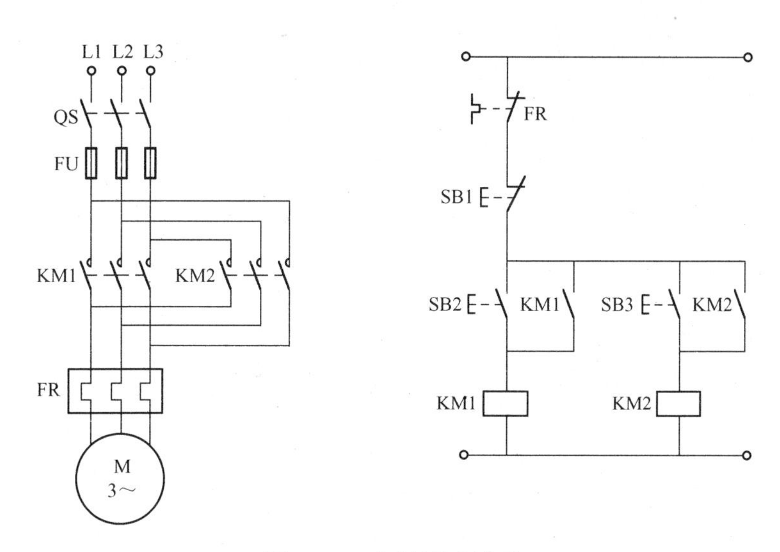

图1-22 正反转控制电路

图 1-22 所示的控制电路虽然可以完成正反转的控制任务，但这个电路是有缺点的。按下正转按钮 SB2 时，KM1 线圈得电并自锁，接通正转电源，电动机正转。若发生误操作，在电动机正转的同时又按下反转按钮 SB3，KM2 线圈得电并自锁，接通反转电源，此时在主电路中将发生电源短路事故。

为了避免上述事故的发生，就要求保证两个接触器不能同时工作。这种在同一时间里两个接触器只允许一个工作的控制作用称为互锁或联锁。图 1-23 为带接触器联锁保护的正反转控制电路。在正、反两个接触器中互串一个对方的常闭触头，这对常闭触头称为互锁触头或联锁触头。这样当按下正转起动按钮 SB2 时，正转接触器 KM1 线圈得电，主触头闭合，电动机正转；与此同时，由于 KM1 的常闭辅助触头断开而切断了反转接触器 KM2 的线圈电路，因此，即使误操作按下反转起动按钮 SB3 也不会使反转接触器的线圈得电。同理，在反转接触器 KM2 动作后，也保证了正转接触器 KM1 的线圈电路断开。

但是，图 1-23 所示的电路也有个缺点，即在正转过程中要求反转时，必须先按下停止按钮 SB1，让 KM1 线圈失电，互锁触头 KM1 闭合，这样才能按反转按钮使电动机反转，这给操作带来了不方便。为了解决这个问题，在生产上常采用复合按钮和接触器双重互锁的控制电路，如图 1-24 所示。

图 1-24 中，保留了由接触器常闭触头组成的互锁——电气互锁，又添加了由按钮 SB2 和 SB3 的常闭触头组成的互锁——机械互锁。这样，当电动机由正转换为反转时，只需按下反转按钮 SB3，便会通过 SB3 的常闭触头使 KM1 的线圈失电，KM1 的互锁触头闭合，使得 KM2 线圈得电，实现电动机的反转。

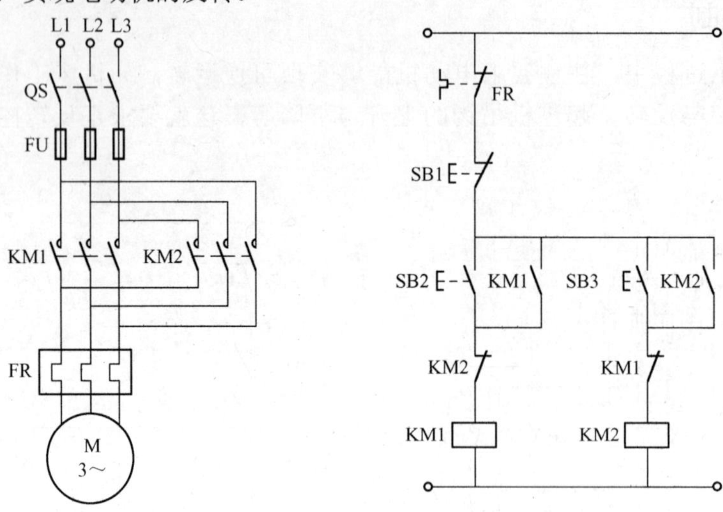

图 1-23　接触器联锁保护的正反转控制电路

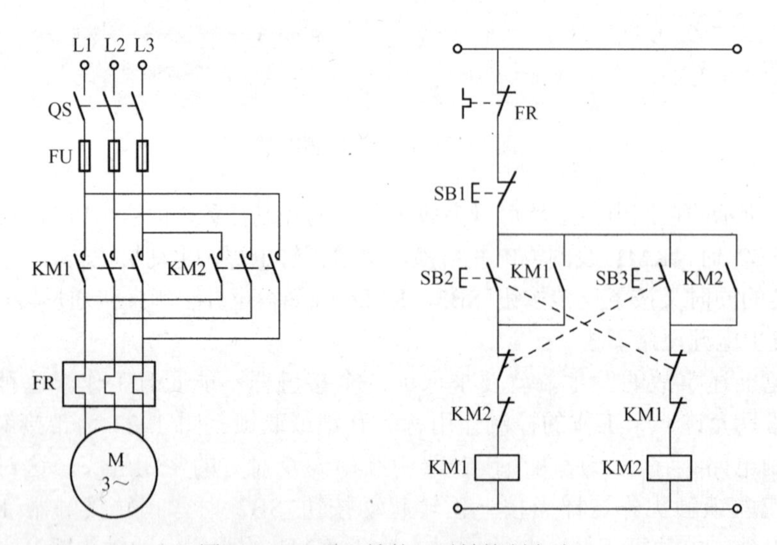

图 1-24　双重互锁的正反转控制电路

这里需注意一点，机械互锁不能代替电气互锁。例如，当正转接触器 KM1 的主触头发生熔焊现象时，由于相同的机械连接，KM1 的触头在线圈断电时不复位，KM1 的互锁触头处于断开状态，可以防止反转接触器 KM2 通电使主触头闭合而造成电源短路故障，这种保护作用机械互锁是做不到的。

1.3.3　多地控制电路

能在两地或多地控制同一台电动机的控制方式叫做电动机的多地控制。

图 1-25 所示为两地控制的控制电路。其中 SB11、SB12 为安装在甲地的停止按钮和起动按钮；SB21、SB22 为安装在乙地的停止按钮和启动按钮。电路的特点是：两地的起动按钮（常开按钮）并联在一起，停止按钮（常闭按钮）串联在一起。这样就可以分别在甲、乙两地起、停同一台电动机，达到操作方便的目的。

对三地控制或多地控制，只要在各地的起动按钮（常开按钮）并接，停止按钮（常闭按钮）串接就可以实现。

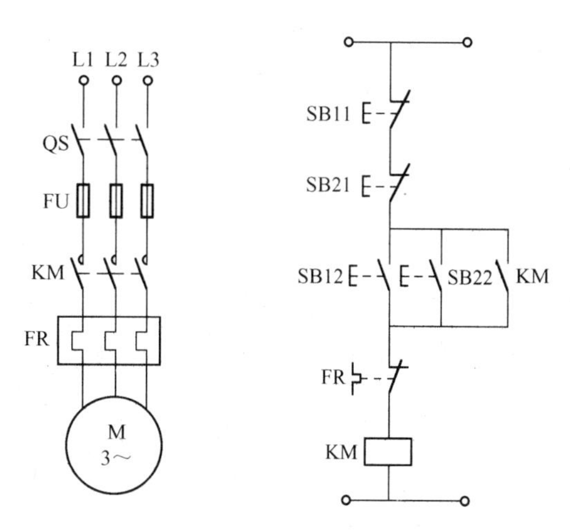

图 1-25　两地控制电路

1.3.4　点动控制电路

点动控制就是按下按钮时电动机运转、松开按钮时电动机停止的控制方式。在生产设备控制中，有的生产机械需要点动控制，有的生产机械既需要按常规方式工作，又需要点动控制。下图是能实现点动控制的几种控制电路。

图 1-26a 是最基本的点动控制电路。起动按钮 SB 没有并联接触器 KM 的自锁触头。按下 SB，KM 线圈得电，电动机起动运行；松开 SB，KM 线圈断电释放，电动机停止运行。

图 1-26b 是带选择开关 SA 的点动控制电路。当需要点动控制时，只要把选择开关 SA 断开，由按钮开关 SB2 来进行点动控制；当需要正常控制时，把选择开关 SA 闭合，将 KM 的自锁触头接入，就可以实现连续控制。

图 1-26c 中增加了一个复合按钮 SB3 来实现点动控制。需要点动控制时，按下点动控制按钮 SB3，其常闭触头先断开自锁电路，常开触头闭合，接通起动控制电路，KM 线圈通电，电动机起动运行；当松开 SB3 时，其常开触头先断开，闭合触头后闭合，KM 线圈断电，电动机停止。SB1 和 SB2 实现连续运行控制的停止和起动。

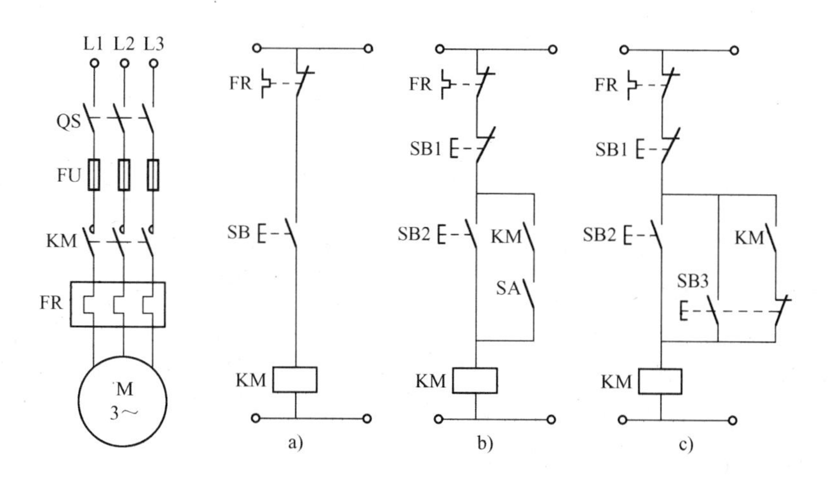

图 1-26　几种点动控制电路

1.4　电动机起动控制

三相笼型异步电动机具有结构简单、坚固耐用、价格便宜、维修方便等优点，获得了广泛的应用。对于它的起动有直接起动与减压起动两种方式。

1.4.1　三相笼型异步电动机的直接起动控制

1. 三相异步电动机的单向全压起动控制电路

控制要求：控制三相异步电动机直接起动和停止，具有短路保护。

（1）开关控制电路

图 1-27 为开关控制电路。采用开关控制的电路仅适用于不频繁起动的小容量电动机，它不能实现远距离控制和自动控制，也不能实现零电压、欠电压和过载保护。

（2）接触器控制电路

图 1-28 为最典型的单向全压起动控制电路，由刀开关 QS、熔断器 FU、接触器 KM 的主触头、热继电器 FR 的热元件与电动机 M 构成主电路，由起动按钮 SB2、停止按钮 SB1、接触器 KM 的线圈及其常开辅助触头和热继电器 FR 的常闭触头构成控制回路。

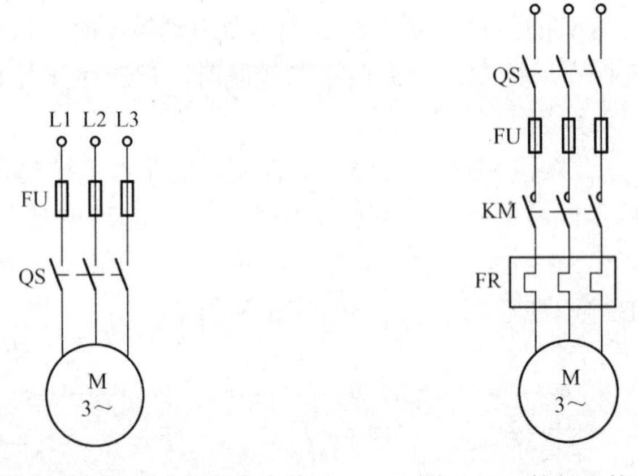

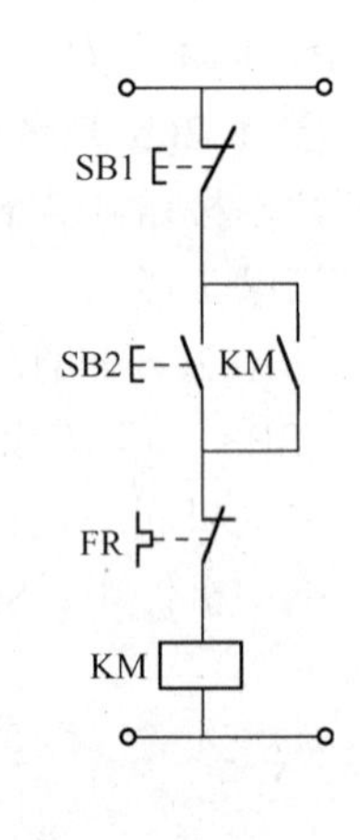

图 1-27　开关控制的电动机单向全压起动电路　　图 1-28　接触器控制的电动机单向全压起动电路

1）电路原理。

起动时，合上 QS，引入三相电源。按下 SB2，交流接触器 KM 线圈得电，主触头闭合，电动机接通电源直接起动。同时接触器自锁触头 KM 闭合，实现自锁。

停车时，按下停止按钮 SB1 将控制电路断开即可。此时，KM 线圈失电，KM 的所有触头复位，KM 常开主触头打开，三相电源断开，电动机停止运转。松开 SB1 后，SB1 虽能复位，但接触器线圈已不能再依靠自锁触头通电。

2）保护环节。

熔断器 FU 作为电路短路保护，达不到过载保护的目的。

热继电器 FR 具有过载保护作用。由于热继电器的热惯性较大，即使热元件流过几倍的额定电流，热继电器也不会立即动作。因此，在电动机起动时间不太长的情况下，热继电器是经得起电动机起动电流冲击而不动作的。只有在电动机长时间过载时 FR 才动作，断开控制电路，使接触器断电释放，电动机停止运行，实现过载保护。

电动机正常工作时，电源电压消失会使电动机停转。当电源电压恢复时，如果电动机自行起动，可能造成设备损坏和人身事故。防止电源电压恢复时电动机自行起动的保护称为失电压保护。此外，在电动机运行时，电源电压过低会造成电动机电流增大，引起电动机发热，严重时会烧坏电动机，这就需要设置欠电压保护。欠电压保护是依靠接触器本身的电磁机构来实现的。当电源电压由于某种原因严重欠电压或失电压时，接触器的衔铁自行释放，接触器的触头复位，电动机停止旋转。而当电源电压恢复正常时，接触器线圈也不能自动通电，只有按下起动按钮 SB2 后电动机才会起动，可防止电动机低电压运行或电动机的突然起动造成设备和人身事故，达到保护的作用。

2．三相异步电动机的正反转控制电路

控制要求：控制三相异步电动机实现正转、反转和直接停止，并具有失电压、欠电压、短路和过载保护。

由电动机原理可知，若将接至电动机的三相电源线中的任意两相对调，可使电动机反转，所以可逆运行控制线路实际上是两个方向相反的单向运行线路。但为了避免误动作引起电源相间短路，又在这两个相反方向的单向运行线路中加设了必要的互锁。按照电动机可逆运行操作顺序的不同，有“正-停-反”和“正-反-停”两种控制线路。

图 1-29 为电动机正反转控制电路。其中 KM1 为正转接触器，KM2 为反转接触器，SB2 为正向起动按钮，SB3 为反向起动按钮，SB1 为停止按扭。

（1）电动机“正-停-反”控制电路

该电路利用两个接触器的常闭辅助触头 KM1、KM2 的相互控制作用，即利用一个接触器通电时，其常闭辅助触头的断开来控制对方线圈，使其无法得电，实现电气互锁。

在图 1-29a 控制电路中，要完成反向操作时，必须先按下停止按钮 SB1，然后再反向起动，因此它是“正-停-反”控制线路。

（2）电动机“正-反-停”控制电路

在生产实际中为了提高劳动生产率，减少辅助工时，要求实现直接正反转的换向控制。由于电动机正转时，按下反转按钮前应先断开正转接触器线圈电路，待正转接触器释放后再接通反转接触器，于是，在图 1-29a 控制电路中做了改进，采用了两只复合按钮 SB2、SB3。其控制电路如图 1-29b 所示。

在这个电路中，正转起动按钮 SB2 的常开触头用来使正转接触器 KM1 的线圈瞬时通电，其常闭辅助触头则串联在反转接触器 KM2 线圈的电路中，用来使之释放。反转起动按钮 SB3 也按 SB2 同样安排。当按下 SB2 或 SB3 时，首先是常闭辅助触头断开，然后才是常开触头闭合。这样在需要改变电动机运转方向时，就不必先按 SB1 停止按钮，可直接操作正反转按钮即能实现电动机转向的改变。这里 SB2、SB3 组成复合按钮，实现了控制电路的机械互锁。

图 1-29b 的线路中既有接触器的互锁（电气互锁），又有按钮的互锁（机械互锁），保证了电路可靠地工作。

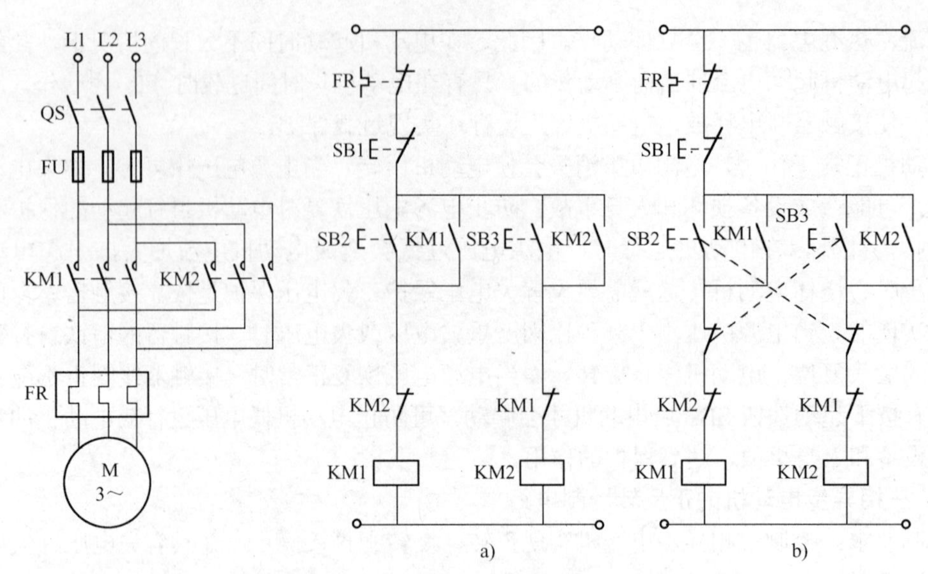

图 1-29　接触器互锁正反转控制电路

a) “正-停-反”电路　b) “正-反-停”电路

3．自动往复行程控制电路

控制要求：按下起动按钮后，电动机在行程开关控制下可以自动实现正反转的循环运动，并具有失电压、欠电压、短路和过载保护。

在生产实践中，有些生产机械的工作台需要实现自动往复运动，如龙门刨床、导轨磨床等。图 1-30 为最基本的自动往复循环控制电路，它是利用行程开关实现往复运动控制的，通常叫做行程控制。

在实际生产中，常常要求生产机械的运动部件能实现自动往返。因为有行程限制，所以常用行程开关作为控制元件来控制电动机的正反转。图 1-30 为电动机往返运行的可逆旋转控制电路。图中 KM1、KM2 分别为电动机正、反转接触器，SQ1 为反向转正向行程开关，SQ2 为正向转反向行程开关，SQ3、SQ4 分别为正向、反向极限保护用限位开关。

限位开关 SQ1 放在左端需要反向的位置，而 SQ2 放在右端需要反向的位置，机械挡铁装在运动部件上。起动时，利用正向或反向起动按钮（如按下正转按钮 SB2），KM2 通电吸合并自锁，电动机正向运转带动机床运动部件左移。当运动部件移至左端并碰到 SQ1 时，将 SQ1 压下，其常闭触头断开，切断 KM2 接触器线圈电路，同时其常开触头闭合，接通反转接触器 KM1 线圈电路，此时电动机由正向旋转变为反向旋转，带动运动部件向右移动，直到压下 SQ2 限位开关电动机由反转又变成正转，这样驱动运动部件进行往复的循环运动。

由上述控制情况可以看出，运动部件每经过一个自动往复循环，电动机要进行两次反接制动过程，将出现较大的反接制动电流和机械冲击。因此，这种线路只适用于电动机容量较小、循环周期较长、电动机转轴具有足够刚性的拖动系统中。另外，在选择接触器容量时应比一般情况下选择的容量大一些。

除了利用限位开关实现往复循环之外，还可利用限位开关控制进给运动到预定点后自动停止的限位保护等电路，其应用相当广泛。

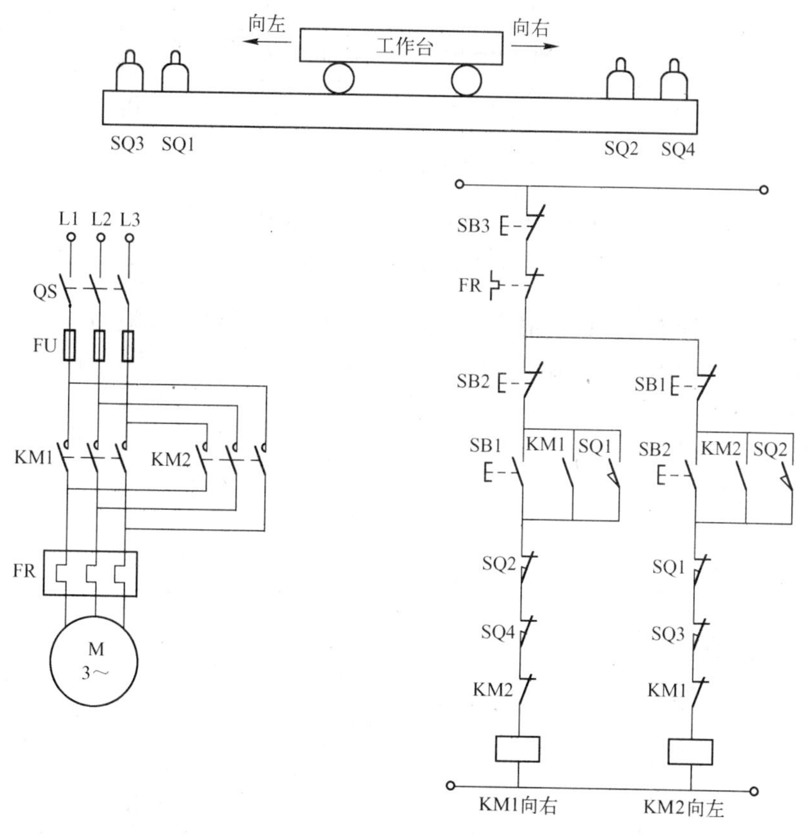

图 1-30　自动往复循环运动及其控制电路

1.4.2　三相笼型异步电动机的减压起动控制

控制要求：实现三相笼型异步电动机减压起动，起动完毕后能自动恢复全压运行状态，并具有失电压、欠电压、短路和过载保护。

较大容量的笼型异步电动机（大于 10kW）可以在起动时降低加在定子绕组上的电压，起动后再将电压恢复到额定值，使之在正常电压下运行。常用的减压起动方法有定子回路串电阻（或电抗）、星形-三角形、自耦变压器及延边三角形减压等起动方法。

1. Y-△减压起动控制电路

凡是正常运行时定子绕组接成三角形的笼型异步电动机，常可采用星形-三角形的减压起动方法来达到降低起动电流的目的。

三相笼型异步电动机采用Y-△减压起动时，定子绕组星形联结状态下起动电压为三角形联结直接起动电压的 $1/\sqrt{3}$。绕组上的电压由 380V 降为 220V。起动转矩与起动电压的平方成正比，因而起动转矩为三角形联结直接起动转矩的 1/3，起动电流也为三角形联结直接起动的 1/3。与其他减压起动方法相比，Y-△起动投资少、线路简单，但起动转矩小。这种起动方法只适用于空载和轻载状态下起动，且只适用于正常运转时定子绕组接成三角形的笼型异步电动机。电动机星形-三角形联结方式如图 1-31 所示。

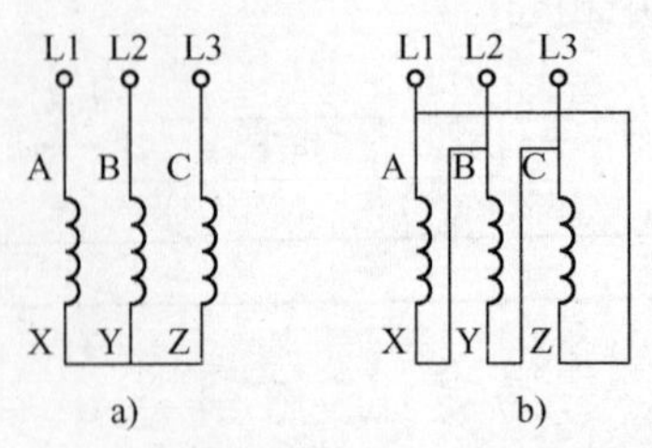

图 1-31　电动机星形联结和三角形联结示意图

a) 星形联结　b) 三角形联结

图 1-32 为三相异步电动机星形-三角形减压起动控制电路图。KM 为电源接触器，KM△为三角形（△）联结接触器，KMY为星形（Y）联结接触器，KT 为时间继电器。

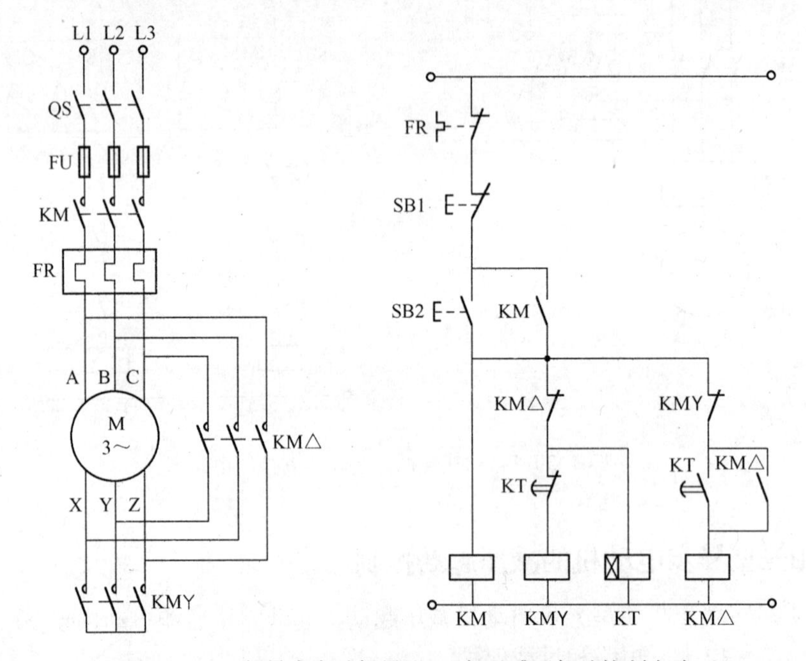

图 1-32　三相异步电动机星形-三角形减压起动控制电路

合上电源开关 QS，按下起动按钮 SB2，接触器 KM、KMY和时间继电器 KT 的线圈同时得电，接触器 KMY的主触头闭合，将电动机的定子线圈接成星形并经过电源接触器 KM 接到三相电源，电动机的绕组在 220V 的电压下起动。当时间继电器 KT 延时时间到，KMY线圈失电，KM△线圈得电，电动机定子绕组接成三角形，绕组电压为 380V，电动机正常运行。利用 KM△的常闭辅助触头断开 KT 的线圈，使 KT 退出运行，这样可延长时间继电器的寿命并节约电能。停止时只要按下停止按钮 SB1，KM、KM△相继断电释放，电动机停转。

2. 自耦变压器减压起动控制电路

在自耦变压器减压起动的控制电路中，电动机起动电流的限制是依靠自耦变压器的减压作用来实现的。电动机起动的时候，定子绕组得到的电压是自耦变压器的二次电压。一旦起动结束，自耦变压器便被切除，额定电压通过接触器直接加于定子绕组，电动机进入全压运行的正常工作状态。

图 1-33 为自耦变压器减压起动的控制电路。KM1 为正常运行接触器，KM2 为减压接触器，KT 为时间继电器。

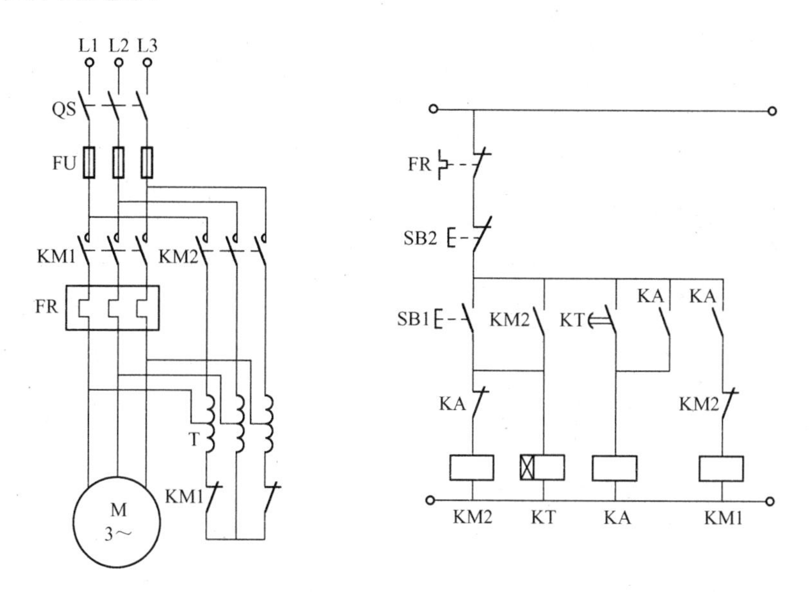

图 1-33　自耦变压器减压起动控制电路

起动时，合上电源开关 QS，按下起动按钮 SB1，接触器 KM2 的线圈和时间继电器 KT 的线圈通电，KT 瞬时动作的常开触头闭合，形成自锁，接触器 KM2 主触头闭合将电动机定子绕组经自耦变压器接至电源，这时自耦变压器接成星形，电动机减压起动。时间继电器延时到达后，其延时常开触头闭合，使得 KA 线圈得电并自锁，使得 KA 常闭触头断开，使接触器 KM2 线圈失电，KM2 主触头断开，从而将自耦变压器从电网上切除。而 KA 的常开触头闭合，使接触器 KM1 线圈通电，使电动机直接接到电网上运行，完成了整个起动过程。

自耦变压器减压起动方法适用于容量较大的、正常工作时接成星形或三角形的电动机。其起动转矩可以通过改变自耦变压器抽头的连接位置得到改变，它的缺点是自耦变压器价格较贵，而且不允许频繁起动。

一般工厂常用的自耦变压器起动方法是采用成品的补偿减压起动器。这种成品的补偿降压起动器有 XJ01 型和 CTZ 系列等。XJ01 型补偿减压起动器适用于 14～28kW 电动机。

自耦变压器减压起动常用于电动机容量较大的场合。因无大容量的热继电器，故可采用电流互感器后使用小容量的热继电器来实现过载保护。

3. 定子回路串电阻减压起动控制电路

电动机起动时在三相电路中串接电阻，使电动机定子绕组电压降低，起动结束后再将电阻短接，电动机在额定电压下正常运行。图 1-34 是定子串电阻减压起动控制电路。图中，KM1 为电源接触器，KM2 为短接电阻接触器，KT 为时间继电器，R 为减压起动电阻。

合上电源开关 QS，按起动按钮 SB1，KM2 得电吸合并自锁，电动机串电阻 R 起动。接触器 KM2 得电同时，时间继电器 KT 线圈得电吸合，其延时闭合常开触点使接触器 KM1 经延时后得电，主电路电阻 R 被短接，电动机在全压下正常稳定运转。接触器 KM1 得电后，用其常闭触头将 KM2 及 KT 的线圈电路切断，同时 KM1 自锁。这样，在电动机起动后，只有 KM1 得电使之正常运行。

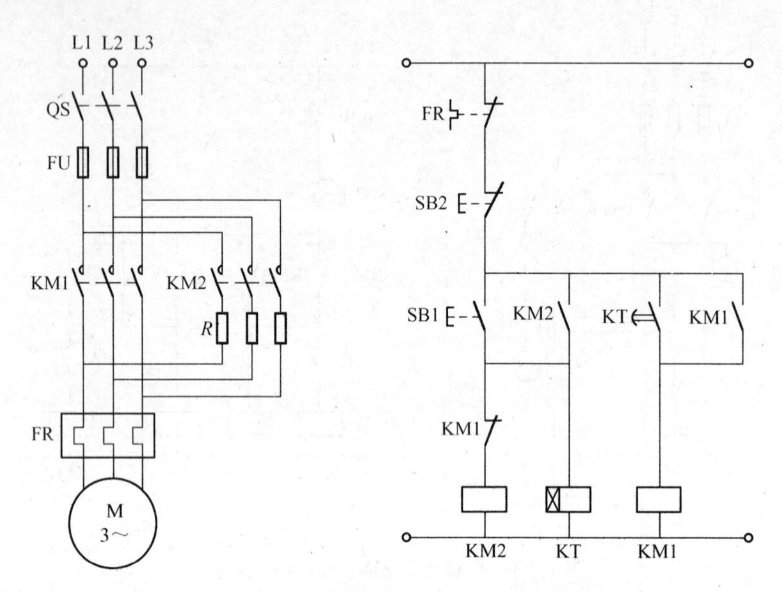

图 1-34　定子回路串电阻减压起动控制电路

电动机定子串电阻减压起动由于不受电动机接线形式的限制，设备简单，因而在中小型生产机械中应用广泛。机床中也常用这种串电阻减压起动方式来限制起动及制动电流。但是，由于串接电阻起动时，起动转矩较小，仅适用于对起动转矩要求不高的生产机械上。另外，由于起动电阻一般采用电阻丝绕制的板式电阻或铸铁电阻，使控制柜体积增大，电能损耗增大，所以大容量电动机往往采用定子绕组串接电抗器起动。

1.5　三相异步电动机制动控制

制动方法有机械制动和电气制动两种。机械制动一般通过电磁抱闸装置实现，电气制动一般有反接制动和能耗制动。下面重点讨论电气制动。

1．反接制动控制电路

控制要求：主要控制三相异步电动机在停车时能自动进入反接制动状态（改变任意两相电流相序并接入制动电阻），实现快速停车，停车后所有线圈均失电，相关触头均处于常态。

反接制动包括负载作用的倒拉反接制动和改变电源相序的反接制动两种方法。这里讨论后者，即通过改变电动机电源的相序，使定子绕组产生相反方向的旋转磁场，因而产生制动转矩的一种制动方法。

由于反接制动时，转子与旋转磁场的相对速度接近于两倍的同步速度，所以定子绕组中流过的反接制动电流相当于全压（直接）起动时电流的两倍。因此，反接制动特点之一是制动迅速、效果好、冲击大，通常适用于 10kW 以下的小容量电动机。为了减小冲击电流，通常要求在电动机的主电路中串接一定的电阻以限制反接制动电流。这个电阻称为反接制动电阻。反接制动电阻的接线方法有对称和不对称两种。对称电阻接法可以在限制起动转矩的同时也限制制动电流，而采用不对称制动电阻的接法，只限制了制动转矩，未加起动电阻的那一相仍具有较大的电流。反接制动的另一要求是在电动机转速接近于零时，及时切断电源，以防止反向再起动。

反接制动的关键在于电动机电源相序的改变，且当转速下降接近于零时，能自动将电源切除。为此采用了速度继电器来自动检测电动机的速度变化。在 120～3000r/min 范围内速度继电器触点动作，当转速低于 100r/min 时，其触点恢复原位。

图 1-35 是基于速度控制的单向反接制动控制电路。图中 KM1 为单向旋转接触器，KM2 为反接制动接触器，KS 为速度继电器，*R* 为反接制动电阻。

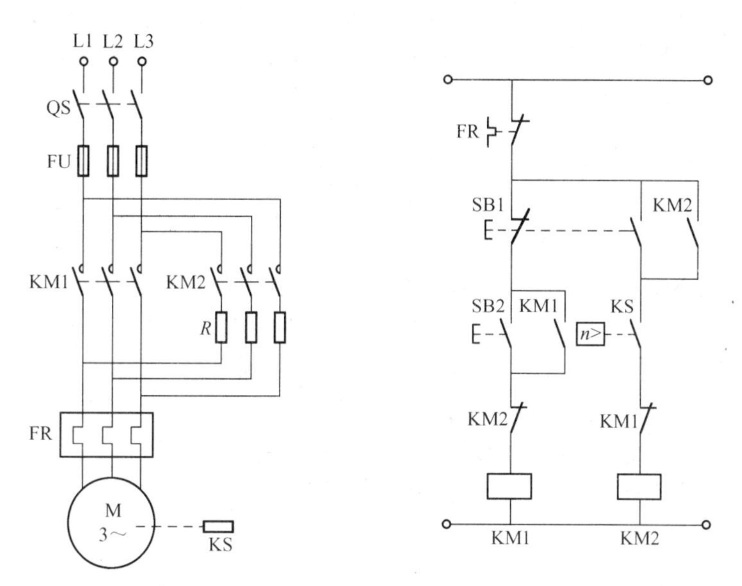

图 1-35　基于速度控制的电动机单向反接制动控制电路

起动时，按下起动按钮 SB2，接触器 KM1 通电并自锁，电动机 M 通电运行。当电动机的转速达到正常转速时，速度继电器 KS 的常开触头闭合，为反接制动作好准备。停车时，按下停止按钮 SB1，KM1 线圈断电，电动机 M 脱离电源，但此时电动机的转速仍较高，KS 的常开触头仍处于闭合状态，所以 SB1 常开触头闭合时，反接制动接触器 KM2 线圈得电并自锁，其主触头闭合，使电动机得到相序相反的三相交流电源，进入反接制动状态，转速迅速下降。当转速接近于零时，速度继电器常开触头复位，接触器 KM2 线圈断电，反接制动结束。

2. 能耗制动控制电路

控制要求：主要控制三相异步电动机在停车时能自动进入能耗制动状态（脱离三相交流电接入直流电），实现快速停车，停车后所有线圈均失电，相关触头均处于常态。

（1）按时间原则的控制电路

图 1-36 为按时间原则控制的单向能耗制动控制电路。KM1 为正常运行接触器，KM2 为直流电源接触器，KT 为起动时间继电器。

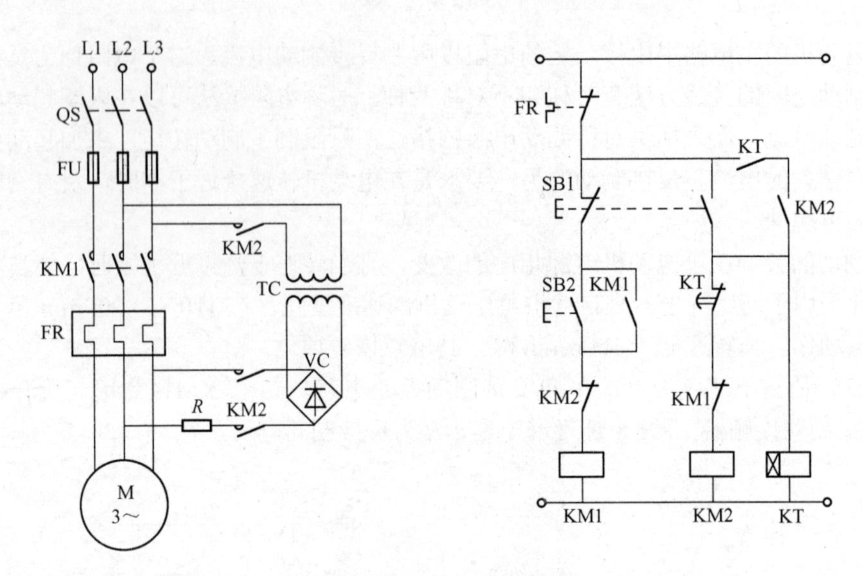

图 1-36　按时间原则控制的单向能耗制动控制电路

在电动机正常运行的时候，若按下停止按钮 SB1，电动机由于 KMl 断电释放而脱离三相交流电源。直流电源则由于接触器 KM2 线圈通电、主触头闭合而接通定子绕组。时间继电器 KT 线圈与 KM2 线圈同时通电并自锁，电动机进入能耗制动状态。当其转子的惯性速度接近于零时，时间继电器延时打开的常闭触头断开接触器 KM2 的线圈电路。由于 KM2 常开辅助触头的复位，时间继电器 KT 线圈的电源也被断开，电动机能耗制动结束。图中 KT 的瞬时常开触头的作用是为了考虑 KT 线圈断线或机械卡住故障时，电动机在按下按钮 SBl 后能迅速制动，两相的定子绕组不致长期接入能耗制动的直流电流。此时该线路具有手动控制能耗制动的能力，只要使停止按钮 SBl 处于按下的状态，电动机就能实现能耗制动。

（2）按速度原则的控制电路

图 1-37 为按速度原则控制的单向能耗制动控制电路。该电路与图 1-36 中的控制电路基

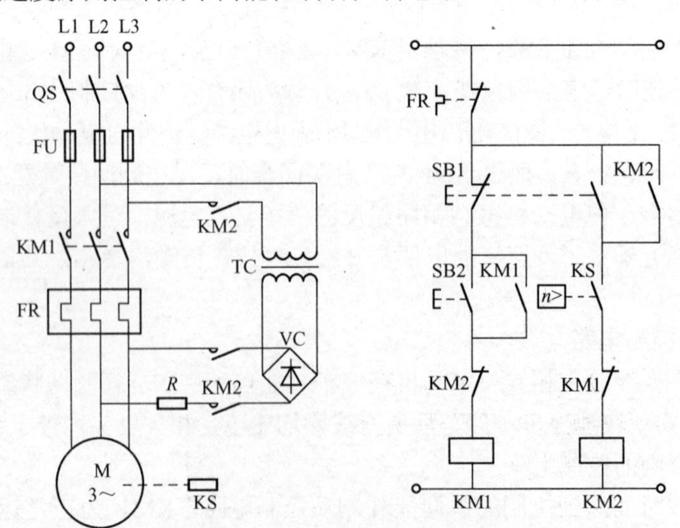

图 1-37　按速度原则控制的单向能耗制动控制电路

本相同，这里仅是在控制电路中取消了时间继电器 KT 的线圈及其触头电路，而在电动机转轴伸出端安装了速度继电器 KS，并且用 KS 的常开触头取代了 KT 延时打开的常闭触头。这样，该线路中的电动机在刚刚脱离三相交流电源时，由于电动机转子的惯性，速度仍很高，速度继电器 KS 的常开触头仍然处于闭合状态，所以接触器 KM2 线圈能够依靠 SB1 按钮的按下通电自锁。于是，两相定子绕组获得直流电源，电动机进入能耗制动。当电动机转子的惯性速度接近零时，KS 常开触头复位，接触器 KM2 线圈断电而释放，能耗制动结束。

1.6 思考与练习

1．什么是电器？什么是低压电器？

2．什么是电弧？电弧有哪些危害？

3．电压线圈和电流线圈在结构上有哪些区别？能否互相替代？为什么？

4．简述短路环的作用以及工作原理。

5．组合开关、行程开关、按钮的用途是什么？

6．自动开关的工作原理及选用原则是什么？

7．交流接触器的用途是什么？直流接触器与交流接触器在结构上有哪些主要区别？

8．如何选用接触器？

9．简述热继电器的主要结构和工作原理。两相保护式和三相保护式各在什么情况下使用？为什么热继电器不能对电路进行短路保护？

10．中间继电器的主要用途是什么？与交流接触器相比有何异同之处？在什么情况下可用中间继电器代替接触器起动电动机？

11．空气式时间继电器主要由哪些部分组成？试述其延时原理。

12．熔断器的主要作用是什么？

13．电动机的起动电流很大，当电动机起动时，热继电器是否会动作？为什么？

14．接触器的常见故障有哪些？如何检修？

15．电动机过载后热继电器仍不动作的故障原因是什么？

16．什么是欠电压、失电压保护？利用什么电器可以实现欠电压、失电压保护？

17．电动机正反转控制电路中，为什么要采用互锁？当互锁触头接错后，会出现什么现象？

18．画出电动机正反转制动电路的主电路和辅助电路，并说明其工作原理。

19．画出电动机星形-三角形减压起动电路的主电路和辅助电路，并说明工作原理。

20．画出单向能耗制动电路的主电路和辅助电路，并说明工作原理。

第 2 章 西门子 S7-200 PLC 介绍

2.1 PLC 基础知识

2.1.1 概述

可编程序控制器（PLC）最早出现在美国。1969 年，美国数字设备公司（DEC）研制出了世界上第一台可编程序控制器，并应用于通用汽车公司的生产线上。当时这台可编程序控制器叫做可编程逻辑控制器（Programmable Logic Controller，PLC），用来取代继电器以执行逻辑判断、计时、计数等顺序控制功能。

随着半导体技术，尤其是微处理器和微型计算机技术的发展，到 20 世纪 70 年代中期以后，特别是进入 80 年代以来，PLC 已广泛地使用 16 位甚至 32 位微处理器作为中央处理器，输入输出模块和外围电路也都采用了中、大规模甚至超大规模的集成电路，PLC 在概念、设计、性价比以及应用等方面都有了新的突破。这时的 PLC 已不仅具有逻辑判断功能，还同时具有数据处理、PID 调节和数据通信等功能，应称之为可编程序控制器（Programmable Controller）更为合适，简称为 PC。但为了与个人计算机（Persona1 Computer）的简称 PC 相区别，一般仍将它简称为 PLC。

PLC 是微机技术与传统的继电器-接触器控制技术相结合的产物，其基本设计思想是把计算机功能完善、灵活、通用等优点和继电器-接触器控制系统的简单易懂、操作方便、价格便宜等优点结合起来。PLC 的硬件是标准、通用的，根据实际应用对象，可以将控制内容编成软件写入用户程序存储器内。继电器-接触器控制系统已有上百年历史，它是用弱电信号控制强电系统的控制方法，在复杂的继电器-接触器控制系统中，故障的查找和排除很困难，花费时间长，严重地影响工业生产。在工艺要求发生变化的情况下，继电器-接触器系统控制柜内的元器件和接线需要做相应的变动，改造工期长、费用高，以致于用户宁愿制作一台新的控制柜。而 PLC 系统克服了继电器-接触器控制系统中机械触点接线复杂、可靠性低、功耗高、通用性和灵活性差的缺点，并充分利用微处理器的优点，将控制器和被控对象方便地连接起来。由于 PLC 由微处理器、存储器和外围设备组成，所以应属于工业控制计算机的范畴。

国际电工委员会（IEC）曾于 1982 年 11 月颁布了可编程序控制器标准草案第 1 稿，1985 年 1 月又颁布了第 2 稿，1987 年 2 月颁布了第 3 稿，该草案中对可编程序控制器的定义是："可编程序控制器是一种数字运算操作的电子系统，专为在工业环境下应用而设计。它采用了可编程序的存储器，用来存储和执行逻辑运算、顺序控制、定时、计数和算术运算等操作命令，并通过数字式和模拟式的输入和输出，控制各种类型的机械或生产过程。可编程序控制器及其外围设备都按易于与工业系统连成一个整体、易于扩充其功能的原则设计。"

该定义强调了 PLC 是“数字运算操作的电子系统”，是一种计算机。它是“专为在工业环境下应用而设计”的工业计算机，是一种用程序来改变控制功能的工业控制计算机，除了能完成各种各样的控制功能外，还有与其他计算机通信联网的功能。

该定义还强调了 PLC 应直接应用于工业环境，它须具有很强的抗干扰能力、适应能力和广泛的应用范围。这也是 PLC 区别于一般微机控制系统的一个重要特征。

应该强调的是，PLC 与以往所讲的顺序控制器在“可编程序”方面有质的区别。PLC 引入了微处理器及存储器等新一代电子器件，并用规定的指令进行编程，能灵活地修改，即用软件方式来实现“可编程序”的目的。

2.1.2　PLC 的基本组成

PLC 主要由 CPU、存储器、基本 I/O 接口电路、外设接口、编程装置、电源等组成。

PLC 的结构多种多样，但组成原理基本相同，都是以微处理器为核心的。其基本结构如图 2-1 所示。编程装置将用户程序送入 PLC，在运行状态下输入单元接收外部元件发出的输入信号，PLC 执行程序，并根据程序运行后的结果由输出单元驱动外部设备。

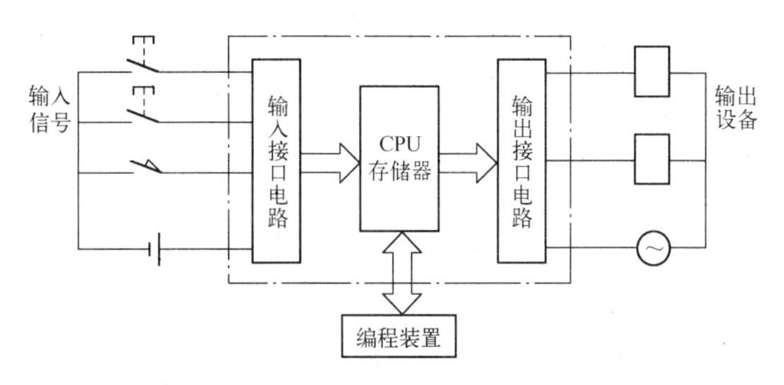

图 2-1　PLC 的基本结构

1．CPU

CPU 是 PLC 的控制中枢，相当于人的大脑。CPU 一般由控制电路、运算器和寄存器组成。这些电路通常都被封装在一个集成的芯片上。CPU 通过地址总线、数据总线、控制总线与存储单元、输入输出接口电路连接。CPU 的功能有：在系统监控程序的控制下工作，通过扫描方式将外部输入信号的状态写入输入映像寄存区域；PLC 在进入运行状态后，从存储器逐条读取用户指令，按指令规定的任务进行数据的传送、逻辑运算和算术运算等，然后将结果送到输出映像寄存区域。

CPU 常用的微处理器有通用型微处理器、单片机型微处理器和位片式微处理器等。常见的通用型微处理器有 Intel 公司的 8086、80186 和 Pentium 系列芯片；常见的单片机型微处理器有 Intel 公司的 MCS-96 系列单片机；常见的位片式微处理器有 AMD 2900 系列微处理器。小型 PLC 的 CPU 多采用单片机或专用 CPU，中型 PLC 的 CPU 多采用 16 位微处理器或单片机，大型 PLC 的 CPU 多采用高速位片式处理器，因而具有高速处理能力。

2．存储器

PLC 的存储器由只读存储器（ROM）、随机存储器（RAM）和可电擦写存储器（E^2PROM）三大部分构成，主要用于存放系统程序、用户程序及工作数据。

ROM 用来存放系统程序。PLC 在生产过程中将系统程序固化在 ROM 中，用户是不能改变系统程序的。用户程序和中间运算数据存放在 RAM 中。RAM 是一种密度高、功耗低、价格便宜的半导体存储器，可用锂电池做备用电源。断电后的内容会丢失。当系统断电时，用户程序可以保存在 E^2PROM 或由高能电池支持的 RAM 中。E^2PROM 兼有 ROM 的数据不易丢失和 RAM 的随机存取的优点，用来存放需要长期保存的重要数据。

3. I/O 单元及 I/O 扩展接口

（1）I/O 单元

PLC 内部输入电路的作用是将 PLC 外部电路（如行程开关、按钮、传感器等）提供的符合 PLC 输入电路要求的电压信号，通过光耦合电路送至 PLC 内部电路。输入电路通常以光电隔离和阻容滤波的方式提高抗干扰能力，输入响应时间一般在 0.1～15ms 之间。根据输入信号形式的不同，I/O 单元可分为模拟量 I/O 单元、数字量 I/O 单元两大类。根据输入单元形式的不同，I/O 单元可分为基本 I/O 单元、扩展 I/O 单元两大类。

（2）I/O 扩展接口

PLC 利用 I/O 扩展接口使 I/O 扩展单元与 PLC 的基本单元实现连接。当基本 I/O 单元的输入或输出点数不够使用时，可以用 I/O 扩展单元来扩充开关量 I/O 点数、增加模拟量的 I/O 端子。

4. 外设接口

外设接口电路用于连接手持编程器或其他图形编程器、文本显示器，并能通过外设接口组成 PLC 的控制网络。PLC 通过 PC/PPI 电缆或使用 MPI 卡通过 RS-485 接口与计算机连接，可以实现编程、监控、联网等功能。

5. 电源

电源的作用是把外部电源（220V 的交流电源）电压转换成内部工作电压。PLC 内部配有一个专用开关式稳压电源，可将外部连接的交流/直流供电电源转化为 PLC 内部电路需要的工作电源（直流 5V、±12V、24V），并为外部输入元件（如接近开关）提供 24V 直流电源（仅供输入端点使用）。驱动 PLC 负载的电源由用户提供。

2.1.3 PLC 的输入输出接口电路

输入输出接口电路实际上是 PLC 与被控对象传递输入输出信号的接口部件。输入输出接口电路要有良好的电隔离和滤波作用。

1. 输入接口电路

典型的 PLC 输入接口电路如图 2-2 所示。

由于生产过程中使用的各种开关、按钮、传感器等输入器件直接连接到 PLC 输入接口电路上，因此，为防止由于触点抖动或干扰脉冲引起错误的输入信号，输入接口电路必须有很强的抗干扰能力。输入接口电路提高抗干扰能力的方法主要有以下两种。

1）利用光耦合器提高抗干扰能力。光耦合器的工作原理是：发光二极管有驱动电流流过时导通发光，光敏二极管接收到光线由截止变为导通，将输入信号送入 PLC 内部。光耦合器中的发光二极管是电流驱动器件，要有足够的能量才能被驱动。而干扰信号虽然有些电压值很高，但能量较小，不能使发光二极管导通发光，所以不能进入 PLC 内，从而实现了电隔离。

2）利用滤波电路提高抗干扰能力。最常用的滤波电路是电阻电容滤波，如图 2-2 中的 R1、C。

图 2-2 中，S1 为输入开关。当 S1 闭合时，发光二极管 VL2 变亮，显示输入开关 S1 处于接通状态；光耦合器导通，将高电平经滤波器送到 PLC 内部电路中。当 CPU 在循环的输入阶段锁入该信号时，则将该输入点对应的映像寄存器状态置 1；当 S1 断开时，则对应的映像寄存器状态置 0。

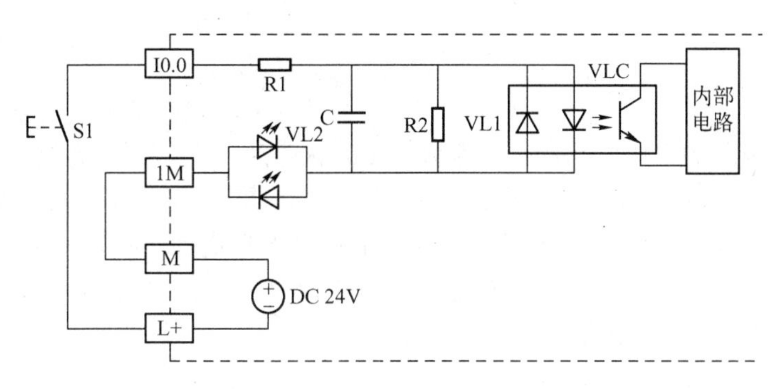

图 2-2　PLC 的输入接口电路

常用输入电路根据电压类型及电路形式的不同，可以分为干接点式、直流输入式和交流输入式。输入电路的电源可由外部提供，也可由 PLC 内部提供。

2. 输出接口电路

根据驱动负载元件不同可将输出接口电路分为三种。

1）小型继电器输出接口电路，如图 2-3 所示。这种输出接口电路既可驱动交流负载，又可驱动直流负载。它的优点是适用电压范围比较宽、导通电压降小、承受瞬时过电压和过电流的能力强，缺点是动作速度较慢、动作次数（寿命）有一定的限制，建议在输出量变化不频繁时优先选用。

图 2-3 所示电路的工作原理是：当内部电路的状态为 1 时，继电器 K1 的线圈通电，产生电磁吸力，触点闭合，则负载得电，同时 VL 变亮，表示该路输出点有输出。当内部电路的状态为 0 时，继电器 K1 的线圈无电流，触点断开，则负载断电，同时 VL 熄灭，表示该路输出点无输出。R2 和 C1 为阻容浪涌吸收电路，保护触点。

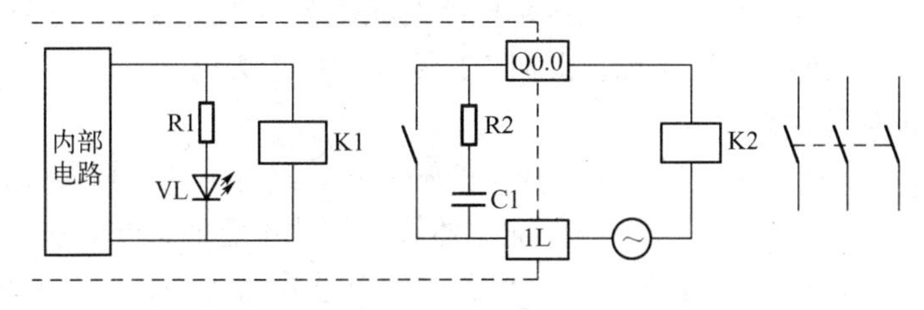

图 2-3　小型继电器输出接口电路

2）大功率晶体管或场效应晶体管输出接口电路，如图 2-4 所示。这种输出接口电路只可驱动直流负载。它的优点是可靠性强、执行速度快、寿命长，缺点是过载能力差，适合在直流供电、输出量变化快的场合选用。

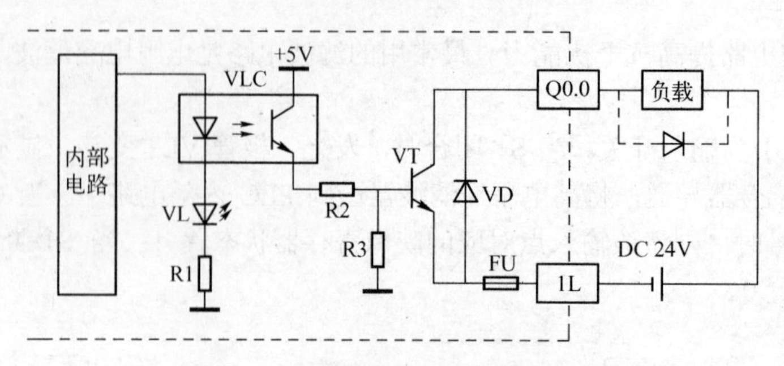

图 2-4　大功率晶体管输出接口电路

图 2-4 所示电路的工作原理是：当内部电路的状态为 1 时，光耦合器 VLC 导通，使大功率晶体管 VT 饱和导通，则负载得电，同时 VL 变亮，表示该路输出点有输出。当内部电路的状态为 0 时，光耦合器 VLC 断开，大功率晶体管 VT 截止，则负载失电，VL 熄灭，表示该路输出点无输出。如果负载为电感性负载，VT 关断时会产生较高的反电动势，VD 的作用是为其提供放电回路，避免 VT 承受过高电压。

3）双向晶闸管输出接口电路，如图 2-5 所示。这种输出接口电路适合驱动交流负载。由于双向晶闸管和大功率晶体管同属于半导体器件，所以这种电路的优缺点与大功率晶体管或场效应晶体管输出接口电路的优缺点相似，适合在交流供电、输出量变化快的场合选用。

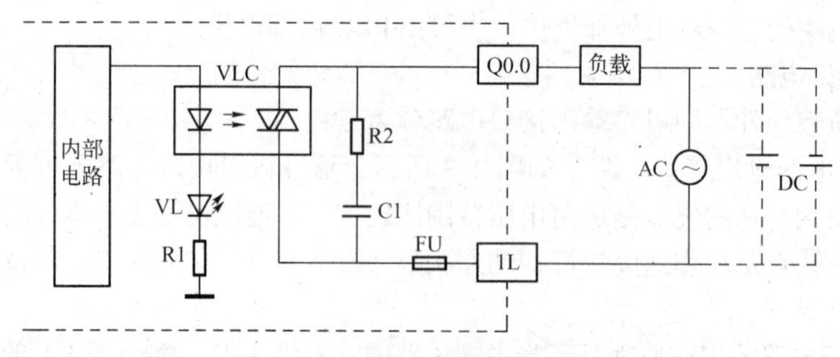

图 2-5　双向晶闸管输出接口电路

图 2-5 所示电路的工作原理是：当内部电路的状态为 1 时发光二极管导通发光，相当于对双向晶闸管施加了触发信号，则无论外接电源极性如何，双向晶闸管均导通，负载得电，同时 VL 变亮，表示该输出点接通；当内部电路的状态为 0 时，发光二极管截止不发光双向晶闸管无触发信号，双向晶闸管关断，此时 VL 不亮，负载失电。

3. I/O 电路的常见问题

1）用晶体管等有源器件作为无触点开关的输出设备，与 PLC 输入单元连接时，由于晶体管自身有漏电流存在，或者电路不能保证晶体管可靠截止而处于放大状态，这就使得晶体管即使在截止时仍会有一个小的漏电流流过。当该电流值大于 1.3mA 时，就可能引起 PLC 输入电路发生误动作。因此可在 PLC 输入端并联一个旁路电阻来分流，使流入 PLC 的电流小于 1.3mA。

2）应在输出回路中串联熔丝，从而避免因负载电流过大而损坏输出元器件或电路板。

3）由于晶体管、双向晶闸管型输出端子漏电流和残余电压的存在，因此当驱动不同类型的负载时，需要考虑电平匹配和误动作等问题。

4）感性负载断电时会产生很高的反电动势，对输出单元电路产生冲击，因此对于大电感或频繁关断的感性负载应使用外部抑制电路，一般采用阻容吸收电路或二极管吸收电路。

2.1.4 PLC的编程器

编程器是 PLC 的重要外围设备，利用编程器可将用户程序送入 PLC 的存储器，还可以检查程序、修改程序、监视 PLC 的工作状态。

常见的 PLC 编程器有手持式编程器和计算机。在 PLC 发展的初期编程使用专用编程器。小型 PLC 使用价格较便宜、携带方便的手持式编程器，大中型 PLC 则使用以小型 CRT 作为显示器的便携式编程器。专用编程器只能对某一厂家的某些产品编程，使用范围有限。手持式编程器不能直接输入、编辑梯形图，只能输入、编辑指令，但它有体积小、便于携带、可用于现场调试、价格便宜的优点。

随着计算机的普及，越来越多的用户使用基于计算机的编程软件。目前 PLC 厂商或经销商均向用户提供编程软件，在计算机上添加适当的硬件接口和软件包即可对 PLC 编程。利用计算机作为编程器，可以直接编制并显示梯形图，还可以将程序存盘、打印、调试，对查找故障非常有利。

2.1.5 PLC的分类、特点、应用及发展

1. PLC的分类

（1）按 I/O 点数和功能分类

PLC 向外部设备发出的控制信号、从外部输入的信号、PLC 运算结果的输出都要通过 PLC 的输入输出端子来进行，输入、输出端子的数目之和被称作 PLC 的输入、输出点数，简称 I/O 点数。

根据 I/O 点数的多少可将 PLC 分成小型、中型和大型三类。

小型 PLC 的 I/O 点数小于 256 点，以开关量控制为主，具有体积小、价格低的优点，可用于开关量的控制、定时/计数的控制、顺序控制及少量模拟量的控制场合，可代替继电器-接触器控制在单机或小规模生产过程中使用。

中型 PLC 的 I/O 点数在 256～1024 点之间，功能比较丰富，兼有开关量和模拟量的控制功能，适用于较复杂系统的逻辑控制和闭环过程的控制。

大型 PLC 的 I/O 点数在 1024 点以上，用于大规模过程控制、集散式控制和工厂自动化网络。

（2）按结构形式分类

PLC 按结构形式分类可分为整体式 PLC 和模块式 PLC 两大类。

整体式 PLC 是将 CPU、存储器、I/O 部件等组成部分集中于一体，安装在印制电路板上，并连同电源一起装在一个机壳内，形成一个整体，通常称为主机或基本单元。整体式 PLC 具有结构紧凑、体积小、重量轻、价格低的优点。一般小型或超小型 PLC 多采用这种结构。

模块式 PLC 是把各个组成部分做成独立的模块，如 CPU 模块、输入模块、输出模块、电源模块等。各模块做成插件式，并组装在一个具有标准尺寸且带有若干插槽的机架内。模块式 PLC 配置灵活，装配和维修方便，易于扩展。一般大中型的 PLC 都采用这种结构。

2．PLC 的特点

（1）PLC 的使用特点

1）编程简单，使用方便。梯形图是使用得最多的编程语言，梯形图与继电器-接触器电路原理图相似，有继电器-接触器电路基础的电气技术人员只要很短的时间就可以编制梯形图程序，梯形图语言形象直观，易学易懂。

2）控制灵活，程序可变，具有很好的柔性。PLC 采用模块化形式，配备品种齐全的硬件装置供用户选用。用户能灵活方便地进行系统配置，组成不同功能、不同规模的系统。PLC 用软件功能取代了继电器-接触器控制系统中大量的中间继电器、时间继电器、计数器等器件。硬件配置确定后，可以仅通过修改用户程序来方便快速地适应工艺条件的变化，具有很好的柔性。

3）功能强，扩充方便，性能价格比高。PLC 内有成百上千个可供用户使用的编程元件，有很强的逻辑判断、数据处理、PID 调节和数据通信功能，可以实现非常复杂的控制功能。如果编程元件不够，只要加上扩展单元即可，扩充非常方便。与相同功能的继电器-接触器系统相比，具有很高的性价比。

4）控制系统设计及施工的工作量少，维修方便。PLC 的配线与其他控制系统的配线比较起来要少得多，可以节省大量的配线，减少大量的安装接线时间，同时开关柜体积小，可节省大量的费用。PLC 有较强的带负载能力、可以直接驱动一般的电磁阀和交流接触器。外部接线一般可用接线端子连接。PLC 的故障率很低，且有完善的自诊断和显示功能，便于迅速地排除故障。

5）可靠性高，抗干扰能力强。PLC 是为现场工作设计的，因此采取了一系列硬件和软件抗干扰措施。硬件抗干扰措施有屏蔽、滤波、电源调整与保护、隔离、后备电池等。例如，西门子公司 S7-200 系列 PLC 内部 E^2PROM 中，可在一个较长时间段（190h）存储用户原程序和预设值，所有中间数据可以通过一个超级电容器保持，如果选配电池模块，可以确保停电后中间数据能保存 200 天。软件抗干扰措施有故障检测、信息保护和恢复、警戒时钟，能加强对程序的检测和校验等。这些措施提高了系统抗干扰能力，使 PLC 平均无故障时间达到数万小时以上，可以直接用于有强烈干扰的工业生产现场。PLC 已被广大用户公认为最可靠的工业控制设备之一。

6）体积小、重量轻、能耗低，是“机电一体化”特有的产品。

（2）PLC 与 PC 的主要差异

1）PLC 工作环境要求比 PC 低，PLC 抗干扰能力强。

2）PLC 编程比 PC 简单易学。

3）PLC 设计调试周期短。

4）PLC 应用领域与 PC 不同。

5）PLC 的输入/输出响应速度慢（一般为 ms 级），而 PC 的响应速度快（为μs 级）。

6）PLC 维护比 PC 容易。

（3）PLC 控制与继电器-接触器控制的区别

PLC 控制与继电器-接触器控制的区别主要体现在：组成器件不同，PLC 中是软继电器；触点数量不同，PLC 编程中无触点数的限制；实施控制的方法不同，PLC 主要是软件编程控制，而继电器-接触器控制依靠硬件连线完成。

3. PLC 的应用

目前，PLC 已经广泛地应用在各工业部门。随着其性价比不断提高，应用范围还在不断扩大，主要有以下几个方面。

（1）逻辑控制

PLC 具有“与”、“或”、“非”等逻辑运算能力，可以用触点和电路的串、并联代替继电器进行组合逻辑控制、定时控制与顺序逻辑控制。数字量逻辑控制可以用于单台设备，也可以用于自动生产线，其应用最普及，涉及微电子、家电等行业。

（2）运动控制

PLC 使用专用的运动控制模块或灵活运用指令，使运动控制与顺序控制功能有机地结合在一起。随着变频器、电动机起动器的普遍使用，PLC 可以与变频器结合，使运动控制功能更为强大，并广泛地用于各种机械，如金属切削机床、装配机械、机器人、电梯等场合。

（3）过程控制

PLC 可以接收温度、压力、流量等连续变化的模拟量，通过模拟量 I/O 模块，实现模拟量（Analog）和数字量（Digital）之间的转换，并对被控模拟量实行闭环 PID（比例-积分-微分）控制。现代的大中型 PLC 一般都有 PID 闭环控制功能，此功能已经广泛地应用于工业生产、加热炉、锅炉等设备，以及轻工、化工、机械、冶金、电力、建材等行业。

（4）数据处理

PLC 具有数学运算、数据传送、转换、排序和查表、位操作等功能，可以完成数据的采集、分析和处理。这些数据可以是运算的中间参考值，也可以通过通信功能传送到别的智能装置，或者将它们保存、打印。数据处理一般用于大型控制系统（如无人柔性制造系统），也可以用于过程控制系统，如造纸、冶金、食品工业中的一些大型控制系统。

（5）构建网络控制

PLC 的通信包括主机与远程 I/O 之间的通信、多台 PLC 之间的通信、PLC 和其他智能控制设备（如计算机、变频器）之间的通信。PLC 与其他智能控制设备一起，可以组成“集中管理、分散控制”的分布式控制系统。

当然，并非所有的 PLC 都具有上述功能，用户应根据系统的需要选择合适的 PLC，这样既能完成控制任务，又可节省资金。

4. PLC 的发展

（1）向高集成、高性能、高速度，大容量发展

微处理器技术、存储技术的发展十分迅猛，功能更强大，价格更便宜，研发的微处理器针对性更强，这为 PLC 的发展提供了良好的环境。大型 PLC 大多采用多 CPU 结构，不断地向高性能、高速度和大容量方向发展。

在模拟量控制方面，除了专门用于模拟量闭环控制的 PID 指令和智能 PID 模块，某些 PLC 还具有模糊控制、自适应、参数自整定功能，使调试时间减少，控制准确度提高。

（2）向普及化方向发展

由于微型 PLC 的价格便宜、体积小、重量轻、能耗低，很适合于单机自动化，它的外部接线简单，容易实现或组成控制系统等优点，使微型 PLC 在很多控制领域得到广泛应用。

（3）向模块化、智能化发展

PLC 采用模块化的结构，方便了使用和维护。智能 I/O 模块主要有模拟量 I/O、高速计数输入、中断输入、机械运动控制、热电偶输入、热电阻输入、条形码阅读器、多路 BCD 码输入/输出、模糊控制器、PID 回路控制、通信等模块。智能 I/O 模块本身就是一个微型计算机系统，有很强的信息处理能力和控制功能，有的模块甚至可以自成系统，单独工作。它们可以完成 PLC 的主 CPU 难以兼顾的功能，简化了某些控制领域的系统设计和编程，提高了 PLC 的适应性和可靠性。

（4）向软件化发展

编程软件可以对 PLC 控制系统的硬件进行组态，即设置硬件的结构和参数，如设置各框架各个插槽上模块的型号、模块的参数、各串行通信接口的参数等。在屏幕上可以直接生成和编辑梯形图、指令表、功能块图和顺序功能图，并可以实现不同编程语言的相互转换。PLC 编程软件有调试和监控功能，可以在梯形图中显示触点的通断和线圈的通电情况，查找复杂电路的故障非常方便。历史数据可以存盘或打印，通过网络或 Modem 卡，还可以实现远程编程和传送。

（5）向通信网络化发展

伴随着科技的发展，很多工业控制产品（如变频器、软起动器等）都加设了智能控制和通信功能，可以和现代的 PLC 通信联网，实现更强大的控制功能。通过双绞线、同轴电缆或光纤联网，信息可以传送到几十公里远的地方，通过 Modem 和互联网可以与世界上其他地方的计算机装置通信。

相当多的大中型控制系统都采用上位计算机加 PLC 的方案，通过串行通信接口或网络通信模块，使上位计算机能与 PLC 交换数据信息。组态软件引发的上位计算机编程革命，很容易实现两者的通信，降低了系统集成的难度，节约了大量的设计时间，提高了系统的可靠性。比较著名的组态软件有 Intouch、Fix、组态王、力控等。

2.2 PLC 工作机理

2.2.1 PLC 的工作过程

结合 PLC 的组成结构， PLC 的工作原理就更容易被理解。PLC 采用周期循环扫描的工作方式。CPU 连续执行用户程序和任务的循环序列称为扫描。CPU 对用户程序的执行过程是循环扫描过程，并用周期性地集中采样、集中输出的方式来完成。一个扫描周期主要可分为以下阶段。

（1）读输入阶段

每个扫描周期开始时，CPU 先读取输入点的当前值，然后写到输入映像寄存器区域。在之后的用户程序执行过程中，CPU 直接访问输入映像寄存器区域，而并非读取输入端口的状态，输入信号的变化并不会影响到输入映像寄存器的状态。通常要求输入信号有足够的脉冲宽度才能被响应。

（2）执行程序阶段

用户程序执行阶段，PLC 按照梯形图的顺序自左而右自上而下地逐行扫描。在这一阶段，CPU 从用户程序的第一条指令开始执行，直到最后一条指令结束，程序运行结果存入输出映像寄存器区域。在这一阶段允许对数字量 I/O 指令和不设置数字滤波的模拟量 I/O 指令进行处理。在扫描周期的各个阶段均可对中断事件进行响应。

（3）处理通信请求阶段

此阶段是扫描周期的信息处理阶段，CPU 处理从通信端口接收到的信息。

（4）执行 CPU 自诊断测试阶段

在此阶段 CPU 检查用户程序存储器和所有 I/O 模块的状态。

（5）写输出阶段

每个扫描周期的结尾，CPU 把存储在输出映像寄存器中的数据输出给数字量输出端点（写入输出锁存器中），更新输出状态。然后 PLC 进入下一个循环周期，重新执行输入采样阶段，如此反复。

如果程序中使用了中断，刚中断事件只要出现就立即执行中断程序。中断程序可以在扫描周期的任意点被执行。

如果程序中使用了立即 I/O 指令，则可以直接存取 I/O 点。用立即 I/O 指令读输入点值时，相应的输入映像寄存器的值未被修改；用立即 I/O 指令写输出点值时，相应的输出映像寄存器的值被修改。

从 PLC 工作的循环扫描过程可以看出，从输入控制指令发出到输出控制信号有一定的时间延迟，延迟时间的长短与 PLC 型号、用户控制程序的大小等因素有关。延迟时间一般在纳秒或微秒级别，不影响控制系统的性能。

2.2.2 PLC 的主要技术指标

PLC 的种类很多，用户可以根据控制系统的具体要求选择不同技术指标的 PLC。PLC 的技术指标主要有以下几个方面。

1. 输入/输出（I/O）点数

PLC 的 I/O 点数是指外部输入、输出端子数量的总和，它是描述 PLC 的一个重要参数。

2. 存储容量

PLC 的存储器由系统程序存储器、用户程序存储器和数据存储器三部分组成。PLC 的存储容量通常是指用户程序存储器和数据存储器的容量之和，表示系统提供给用户的可用资源，是系统性能的一项重要技术指标。

3. 扫描速度

PLC 采用循环扫描方式工作，完成 1 次扫描所需的时间叫做扫描周期。影响扫描速度的主要因素有用户程序的长度和 PLC 产品的类型。PLC 中 CPU 的类型、机器字长等直接影响 PLC 的运算精度和运行速度。

4. 指令系统

指令系统是指 PLC 所有指令的总和。PLC 的编程指令越多，软件功能就越强，但掌握应用起来也相对较复杂。用户应根据实际控制要求选择合适指令功能的 PLC。

5. 通信功能

通信包括 PLC 之间的通信和 PLC 与其他设备之间的通信。通信主要涉及通信模块、通信接口、通信协议和通信指令等内容。PLC 的组网和通信能力也已成为 PLC 产品性能的重要衡量指标之一。

厂家的产品手册上还会提供 PLC 的负载能力、外形尺寸、重量、保护等级、适用的安装和使用环境如温度、湿度等性能指标参数，供用户参考。

2.3 西门子 S7-200 系列 PLC

西门子 S7 系列 PLC 分为 S7-400 PLC、S7-300 PLC 和 S7-200 PLC 三种，分别是大、中、小型 PLC 系统。S7-200 系列 PLC 有 CPU21X 系列和 CPU22X 系列，其中 CPU22X 系列 PLC 提供了 CPU221、CPU222、CPU224 和 CPU226 四种基本型号。

小型 PLC 中，CPU221 价格低廉且能满足多种集成功能的需要；CPU 222 是 S7-200 PLC 家族中低成本的单元，通过可连接的扩展模块即可处理模拟量；CPU 224 具有更多的输入输出点及更大的存储器；CPU 226 和 226XM 是功能最强的单元，可完全满足一些中小型复杂控制系统的要求。四种型号的 PLC 都具有下列特点。

1．集成的 24V 电源

这四种 PLC 可直接连接到传感器和变送器执行器，CPU 221 和 CPU222 具有 180mA 输出；CPU224 输出 280mA；CPU 226、CPU 226XM 输出 400mA，可用做负载电源。

2．高速脉冲输出

这四种 PLC 都具有两路高速脉冲输出端，输出脉冲频率可达 20kHz，可用于控制步进电动机或伺服电动机实现定位任务。

3．通信口

CPU 221、CPU222 和 CPU224 具有 1 个 RS-485 通信端口，CPU 226、CPU 226XM 具有两个 RS-485 通信口，支持 PPI、MPI 通信协议，有自由口通信能力。

4．模拟电位器

CPU221/222 有 1 个模拟电位器，CPU224/226/226XM 有 2 个模拟电位器。模拟电位器用来改变特殊寄存器（SMB28，SMB29）中的数值，以改变程序运行时的参数，如定时器、计数器的预置值，过程量的控制参数等。

5．E^2PROM 存储器模块（选件）

E^2PROM 存储器模块可作为这 4 种 PLC 修改与复制程序的快速工具，无需编程器即可进行辅助软件归档工作。

6．电池模块

用户数据（如标志位状态、数据块、定时器、计数器等）可通过内部的超级电容存储大约 5 天，选用电池模块能延长存储时间到 200 天（10 年寿命）。电池模块插在存储器模块的卡槽中。

7．不同的设备类型

CPU 221～226 各有两种类型 CPU，具有不同的电源电压和控制电压。

8．数字量输入/输出点

CPU 221 具有 6 个输入点和 4 个输出点；CPU 222 具有 8 个输入点和 6 个输出点；CPU 224 具有 14 个输入点和 10 个输出点；CPU226/226XM 具有 24 个输入点和 16 个输出点。CPU22X 主机的输入点为 24V 直流双向光耦合输入电路，输出有继电器和晶体管两种类型。

9．高速计数器

CPU 221/222 有 4 个 30kHz 高速计数器，CPU224/226/226XM 有 6 个 30kHz 的高速计数器，用于捕捉比 CPU 扫描频率更高的脉冲信号。

各型号 PLC 功能如表 2-1 所示。

表 2-1　CPU22X 模块主要技术指标

型　号	CPU221	CPU222	CPU224	CPU226	CPU226MX
用户数据存储器类型	E^2PROM	E^2PROM	E^2PROM	E^2PROM	E^2PROM
程序空间（永久保存）	2048 字	2048 字	4096 字	4096 字	8192 字
用户数据存储器	1024 字	1024 字	2560 字	2560 字	5120 字
数据后备（超级电容）典型值	50	50	190	190	190
主机 I/O 点数	6/4	8/6	14/10	24/16	24/16
可扩展模块	无	2	7	7	7
24V 传感器电源最大电流/电流限制	180mA/600mA	180mA/600mA	280mA/600mA	400mA/约 1500mA	400mA/约 1500mA
最大模拟量输入/输出	无	16/16	28/7 或 14	32/32	32/32
AC 240V 电源 CPU 输入电流/最大负载电流	25mA/180mA	25mA/180mA	35mA/220mA	40mA/160mA	40mA/160mA
DC 24V 电源 CPU 输入电流/最大负载	70mA/600mA	70mA/600mA	120mA/900mA	150mA/1050mA	150mA/1050mA
为扩展模块提供的 DC 5V 电源的输出电流	—	最大 340mA	最大 660mA	最大 1000mA	最大 1000mA
内置高速计数器	4 个（30kHz）	4 个（30kHz）	6 个（30kHz）	6 个（30kHz）	6 个（30kHz）
高速脉冲输出	2 个（20kHz）	2 个（20kHz）	2 个（20kHz）	2 个（20kHz）	2 个（20kHz）
模拟量调节电位器	1 个	1 个	2 个	2 个	2 个
实时时钟	有（时钟卡）	有（时钟卡）	有（内置）	有（内置）	有（内置）
RS-485 通信口	1 个	1 个	1 个	1 个	1 个
各组输入点数	4，2	4，4	8，6	13，11	13，11
各组输出点数	4（DC） 1，3（AC）	6（DC） 3，3（AC）	5，5（DC） 4，3，3（AC）	8，8（DC） 4，5，7（AC）	8，8（DC） 4，5，7（AC）

2.3.1　S7-200 系列 CPU224 型 PLC 的结构

1．CPU224 型 PLC 的外形及端子

（1）CPU224 型 PLC 的外形

CPU224 型 PLC 的外形如图 2-6 所示，其输入、输出、CPU、电源模块均装设在一个基本单元的机壳内，是典型的整体式结构。当系统需要扩展时，可选用需要的扩展模块与基本

单元连接。底部端子盖下是输入量的接线端子和为传感器提供的24V直流电源端子。基本单元前盖下有工作模式选择开关、电位器和扩展 I/O 连接器，通过扁平电缆可以连接扩展 I/O 模块。西门子整体式 PLC 配有许多扩展模块，如数字量的I/O扩展模块、模拟量的I/O扩展模块、热电偶模块、通信模块等，用户可以根据需要选用。

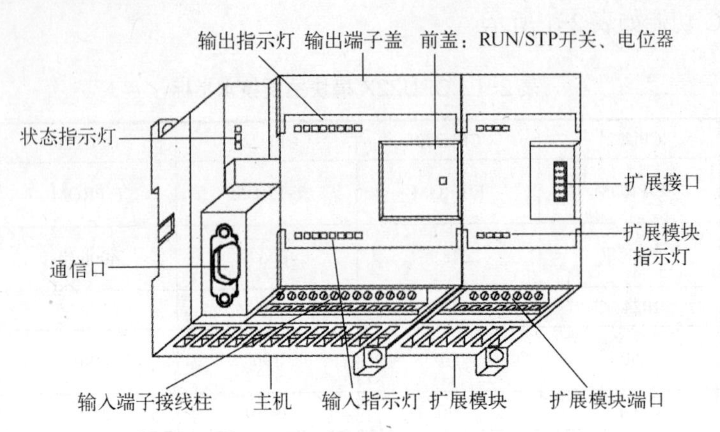

图 2-6　S7-200 系列 CPU224 型 PLC 的外形

（2）CPU224 型 PLC 端子介绍

1）基本输入端子。CPU224 的主机共有 14 个输入点（I0.0～I0.7、I1.0～I1.5）和 10 个输出点（Q0.0～Q0.7，Q1.0～Q1.1），在编写端子代码时采用八进制，没有 0.8 和 0.9。CPU224 型 PLC 输入电路如图 2-7 所示，它采用了双向光耦合器，24V 直流极性可任意选择，系统设置 1M 为 I0.0～I0.7 的公共端，2M 为 I1.0～I1.5 的公共端。

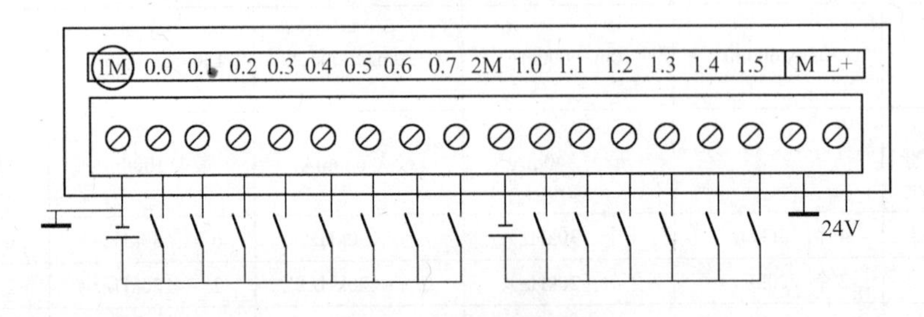

图 2-7　PLC 输入端子

2）基本输出端子。CPU224 的 10 个输出端如图 2-8 所示，Q0.0～Q0.3 共用 1L 为公共端，Q0.4～Q0.7 共用 2L 为公共端，Q1.0～Q1.1 共用 3L 为公共端。在公共端上需要用户连接适当的电源，为 PLC 的负载服务。

CPU224 型 PLC 的输出电路有晶体管输出和继电器输出两种。在晶体管输出电路中（型号为 6ES7 214-1AD21-0XB0），PLC 由 24V 直流供电，负载采用了 MOSFET 功率驱动器件，所以只能用直流为负载供电。输出端将数字量输出分为两组，每组有一个公共端，共有 1L、2L 两个公共端，可接入不同电压等级的负载电源。在继电器输出电路中（型号为 6ES7 212-1BB21-0XB0），PLC 由 220V 交流电源供电，负载采用了继电器驱动，所以既可以选用直流为负载供电，也可以选用交流为负载供电。

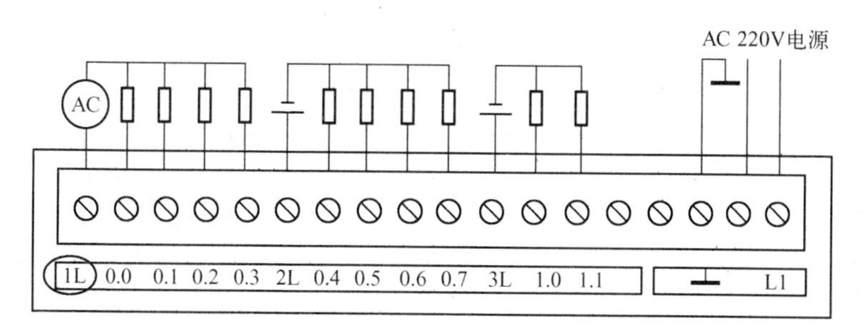

图 2-8　PLC 输出端子

3）高速反应性。CPU224 型 PLC 有 6 个高速计数脉冲输入端（I0.0～I0.5），最快的响应速度为 30kHz，用于捕捉比 CPU 扫描周期更快的脉冲信号。

CPU224 PLC 有 2 个高速脉冲输出端（Q0.0、Q0.1），输出频率可达 20kHz，用于 PTO（高速脉冲输出）和 PWM（宽度可变脉冲输出）高速脉冲输出。

4）模拟电位器。模拟电位器用来改变特殊寄存器（SMB28、SMB29）中的数值，以改变程序运行时的参数，如定时器、计数器的预置值，过程量的控制参数等。

5）存储卡。该卡位可以选择安装扩展卡。扩展卡有 E^2PROM 存储卡、电池和时钟卡等模块。存储卡用于用户程序的复制。在 PLC 通电后插此卡，通过操作可将 PLC 中的程序装载到存储卡。当卡已经插在基本单元上，PLC 通电后不需任何操作，卡上的用户程序数据会自动复制到 PLC 中。利用这一功能，可对无数台实现同样控制功能的 CPU22X 型 PLC 进行程序写入。

☞注意：

每次通电就写入一次，所以在 PLC 运行时，不要插入此卡。

电池模块用于长时间保存数据，使用 CPU224 内部存储电容存储数据时，数据存储时间达 190h，而使用电池模块存储数据时，数据存储时间可达 200 天。

2．CPU224 型 PLC 的结构及性能指标

CPU224 型 PLC 主要由 CPU、存储器、基本 I/O 接口电路、外设接口、编程装置、电源等组成，如表 2-1 所示。

CPU224 型 PLC 有两种，一种是 CPU 224 AC/DC/继电器，交流输入电源，提供 24V 直流给外部元件（如传感器等），继电器方式输出，14 点输入，10 点输出；另一种是 CPU 224 DC/DC/DC，直流 24V 输入电源，提供 24V 直流给外部元件（如传感器等），半导体器件直流方式输出，14 点输入，10 点输出，用户可根据需要选用。它们的主要技术参数如表 2-2、表 2-3 所示。

表 2-2　数字量输入技术指标

项　　目	指　　标
输入类型	漏型/源型
输入电压额定值	DC 24V
“1” 信号	15～35V，最大 4mA
“0” 信号	0～5V
光电隔离	AC 500V，1min
非屏蔽电缆长度	300m
屏蔽电缆长度	500m

表 2-3 数字量输出技术指标

特 性	DC 24V 输出	继电器型输出
电压允许范围	20.4～28.8V	
逻辑 1 信号最大电流	0.75A（电阻负载）	2A（电阻负载）
逻辑 0 信号最大电流	10μA	0
灯负载	5W	30W DC/200W AC
非屏蔽电缆长度	150m	150m
屏蔽电缆长度	500m	500m
触点机械寿命		10 000 000 次
额定负载时触点寿命		100 000 次

3．PLC 的 CPU 的工作方式

（1）CPU 的工作方式

CPU 前面板上用两个发光二极管显示当前工作方式，绿色指示灯表示运行状态；红色指示灯表示停止状态；在标有 SF 指示灯亮时表示系统故障，PLC 停止工作。

1）STOP（停止）。CPU 在停止工作方式时，不执行用户控制程序，此时可以通过编程装置向 PLC 装载程序或进行系统设置。在程序编辑、上传、下载等处理过程中，必须把 CPU 置于 STOP 方式。

2）RUN（运行）。CPU 在 RUN 工作方式下，PLC 按照自己的工作方式运行用户程序。

（2）改变工作方式的方法

1）用工作方式开关改变工作方式。工作方式开关有 3 个挡位：STOP、TERM（Terminal）、RUN。把方式开关切到 STOP 位，可以停止程序的执行。把方式开关切到 RUN 位，可以启动程序的执行。方式开关切到 TERM（暂态）或 RUN 时，可用 STEP 7 - Micro/Win 32 软件设置 CPU 工作状态。如果工作方式开关设置为 STOP 或 TERM，电源接通时，CPU 自动进入 STOP 工作状态。设置为 RUN 时，电源接通时，CPU 自动进入 RUN 工作状态。

2）用编程软件改变工作方式。把方式开关切换到 TERM（暂态），可以使用 STEP 7 - Micro/Win 40 编程软件设置工作方式。

3）在程序中用指令改变工作方式。在程序中插入一个 STOP 指令，CPU 可由 RUN 方式进入 STOP 工作方式。

2.3.2 扩展功能模块

1．扩展单元及电源模块

（1）扩展单元

扩展单元没有 CPU，作为基本单元输入/输出点数的扩充，只能与基本单元连接使用，不能单独使用。S7-200 PLC 的扩展单元包括数字量扩展单元、模拟量扩展单元、热电偶、热电阻扩展模块和 PROFIBUS-DP 通信模块。

用户选用具有不同功能的扩展模块，可以满足不同的控制需要，节约投资费用。连接时 CPU 模块放在最左侧，扩展模块用扁平电缆与左侧的模块相连。

（2）电源模块

外部提供给 PLC 的电源有 DC 24V 和 AC 220V 两种，根据型号不同有所变化。S7-200 PLC 的 CPU 单元有一个内部电源模块，S7-200 小型 PLC 的电源模块与 CPU 封装在一起，通过连接总线为 CPU 模块、扩展模块提供 5V 的直流电源；如果容量许可，还可提供给外部 24V 直流的电源，供本机输入点和扩展模块继电器线圈使用。应根据下面的原则来确定 I/O 电源的配置：①有扩展模块连接时，如果扩展模块对 DC 5V 电源的需求超过 CPU 的 5V 电源模块的容量，则必须减少扩展模块的数量；②当+24V 直流电源的容量不满足要求时，可以增加一个外部 24V 直流电源给扩展模块供电，此时外部电源不能与 S7-200 PLC 的传感器电源并联使用，但两个电源的公共端（M）应连接在一起。

电源模块的具体参数如表 2-4 所示。

表 2-4　电源的技术指标

特　　性	24V 电源	AC 电源
电压允许范围	20.4～28.8V	85～264V，47～63Hz
冲击电流	10A，28.8V	20A，254V
内部熔断器（用户不能更换）	3A，250V 慢速熔断	2A，250V 慢速熔断

2．常用扩展模块介绍

（1）数字量扩展模块

当需要比本机集成的数字量输入/输出点更多的数字量时，可选用数字量扩展模块。用户选择具有不同 I/O 点数的数字量扩展模块，可以满足不同的实际要求，同时节约投资费用。可选择的输入/输出模块有 8、16 和 32 点输入/输出模块等。

S7-200 PLC 系列目前可以提供 3 大类共 9 种数字量输入/输出扩展模块，如表 2-5 所示。

表 2-5　数字量扩展模块

类　　型	型　　号	各组输入点数	各组输出点数
输入扩展模块 EM221	DC 24V 输入	4，4	
	AC 230V 输入	8 点相互独立	
输出扩展模块 EM222	DC 24V 输出		4，4
	继电器输出		4，4
	AC 230V 双向晶闸管输出		8 点相互独立
输入/输出扩展模块 EM223	DC 24V 输入/继电器输出	4	4
	DC 24V 输入/DC 24V 输出	4，4	4，4
	DC 24V 输入/DC 24V 输出	8，8	4，4，8
	DC 24V 输入/继电器输出	8，8	4，4，4，4

（2）模拟量扩展模块

模拟量扩展模块提供了模拟量输入/输出的功能。在工业控制中，被控对象多为模拟量，如温度、压力、流量等。PLC 内部执行的是数字量，模拟量扩展模块可以将 PLC 外部的模拟量转换为数字量送入 PLC 内，经 PLC 处理后，再由模拟量扩展模块将 PLC 输出的数字量转换为模拟量送给控制对象。模拟量扩展模块的优点如下。

1）最佳适应性。可适用于复杂的控制场合，直接与传感器和执行器相连。例如，EM235 模块可直接与 PT100 热电偶相连。

2）灵活性。当实际应用变化时，PLC 可以相应地进行扩展，并可非常容易地调整用户程序。

模拟量扩展模块的数据如表 2-6 所示。

表 2-6　模拟量扩展模块

模　块	EM231	EM232	EM235
点　数	4 路模拟量输入	2 路模拟量输出	4 路输入，1 路输出

（3）热电偶、热电阻扩展模块

EM231 热电偶、热电阻扩展模块是为 CPU222 型 PLC、CPU224 型 PLC 和 CPU226/226XM 型 PLC 设计的模拟量扩展模块。EM231 热电偶模块具有特殊的冷端补偿电路，该电路可测量模块连接器上的温度并适当改变测量值，以补偿参考温度与模块温度之间的温度差。如果在 EM231 热电偶模块安装区域的环境温度迅速发生变化，则会产生额外的误差。要想达到最大的准确度和重复性，热电阻和热电偶模块应安装在稳定的环境温度中。

EM231 热电偶模块用于 7 种热电偶类型 J、K、E、N、S、T 和 R 型。用户必须用 DIP 开关来选择热电偶的类型，连到同模块上的热电偶必须是相同类型。

（4）PROFIBUS-DP 通信模块

通过 EM 277 PROFIBUS-DP 扩展从站模块可将 S7-200 PLC 连接到 PROFIBUS-DP 网络。EM 277 经过串行 I/O 总线连接到 S7-200 PLC，PROFIBUS 网络经过其 DP 通信端口，连接到 EM 277 PROFIBUS-DP 模块。EM 277 PROFIBUS-DP 模块的 DP 端口可连接到网络上的一个 DP 主站上，但仍能作为一个 MPI 从站，与同一网络上如 SIMATIC 编程器或 S7-300 PLC/S7-400 PLC 等其他主站进行通信。

2.4　S7-200 PLC 的内部元器件

2.4.1　数据存储类型

1. 数据的长度

在计算机中使用的都是二进制数，其最基本的存储单位是位（bit），8 位二进制数组成 1 字节（Byte），其中的第 0 位为最低位（LSB），第 7 位为最高位（MSB）。2 字节（16 位）组成 1 字（Word），2 字（32 位）组成 1 双字（Double Word）。PLC 的数据构成形式如图 2-9 所示。把位、字节、字和双字占用的连续位数称为长度。

二进制数的“位”只有 0 和 1 两种取值，开关量（或数字量）也只有两种不同的状态，如触点的断开和接通，线圈的失电和得电等。在 S7-200 PLC 梯形图中，可用“位”描述它们。如果该位为 1 则表示对应的线圈为得电状态，触点为转换状态（常开触点闭合、常闭触点断开）；如果该位为 0，则表示对应线圈、触点的状态与前者相反。

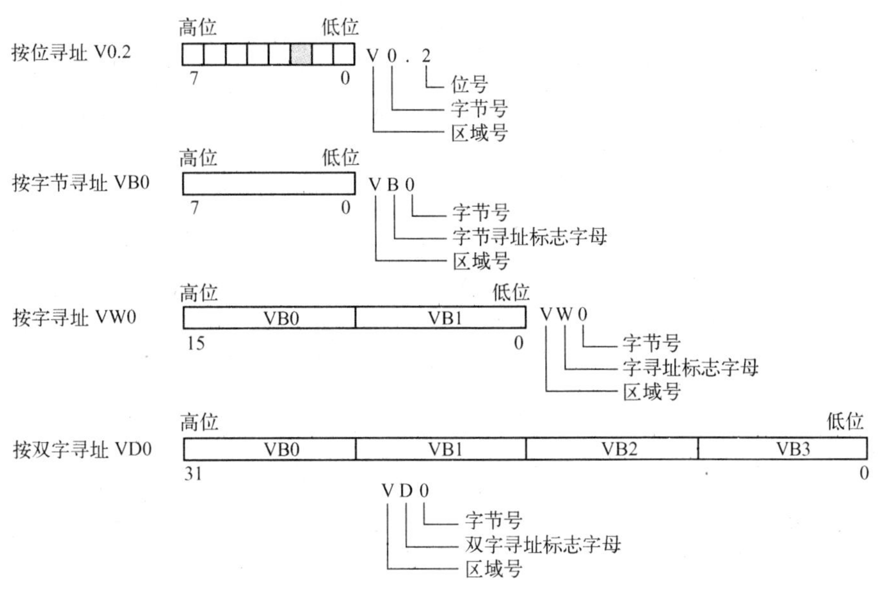

图 2-9　位、字节、字和双字

2．数据类型及数据范围

S7-200 系列 PLC 的数据类型可以是字符串、布尔型（0 或 1）、整数型和实数型（浮点数）。布尔型数据指字节型无符号整数；整数型数包括 16 位符号整数（INT）和 32 位符号整数（DINT）。实数型数据采用 32 位单精度数来表示。数据类型、长度及数据范围如表 2-7 所示。

表 2-7　数据类型、长度及数据范围

数据的长度、类型	无符号整数范围		符号整数范围	
	十 进 制	十 六 进 制	十 进 制	十 六 进 制
字节（B，8 位）	0～255	0～FF	-128～127	80～7F
字（W，16 位）	0～65 535	0～FFFF	-32 768～32 767	8000～7FFF
双字（D，32 位）	0～4 294 967 295	0～FFFFFFFF	-2 147 483 648～2 147 483 647	80000000～7FFFFFFF
位（BOOL）	0、1			
实数	-10^{38}～10^{38}			
字符串	每个字符串以字节形式存储，最大长度为 255 字节，第一字节中定义该字符串的长度			

3．常数

S7-200 PLC 的许多指令中都会使用常数。常数的数据长度可以是字节、字和双字。CPU 以二进制的形式存储常数，书写常数可以用二进制、十进制、十六进制、ASCII 码或实数等多种形式，相应的书写格式如下。

十进制常数：1234；十六进制常数：16#3AC6；二进制常数：2#1010 0001 1110 0000；ASCII 码：“Show”；实数（浮点数）：+1.175495E-38（正数），-1.175495E-38（负数）

2.4.2 编址方式

PLC 的编址就是对 PLC 内部的元件地址进行编码，以便在程序执行时可以唯一地识别每个元件。PLC 内部在数据存储区为每一种元件分配一个存储区域，并用字母作为区域标志符，同时表示元件的类型。例如，数字量输入信号写入输入映像寄存器（区标志符为 DI），数字量输出信号写入输出映像寄存器（区标志符为 DQ），模拟量输入信号写入模拟量输入映像寄存器（区标志符为 AI），模拟量输出信号写入模拟量输出映像寄存器（区标志符为 AQ）。除了输入输出元件外，PLC 还有其他元件，V 表示变量存储器；M 表示内部标志位存储器；SM 表示特殊标志位存储器；L 表示局部存储器；T 表示定时器；C 表示计数器；HC 表示高速计数器；S 表示顺序控制存储器；AC 表示累加器。掌握各元件的功能和使用方法是编程的基础。下面将介绍元件的编址方式。

存储器的单位可以是位（bit）、字节（Byte）、字（Word）、双字（Double Word），那么编址方式也可以分为位、字节、字、双字编址，详细结构如图 2-9 所示。

1．位编址

位编址的指定方式为：（区域标志符）字节号.位号，如 I0.0、Q0.0、I1.2。

2．字节编址

字节编址的指定方式为：（区域标志符）B（字节号），如 IB0 表示由 I0.0～I0.7 这 8 位组成的字节。

3．字编址

字编址的指定方式为：（区域标志符）W（起始字节号），且最高有效字节为起始字节。例如，VW0 表示由 VB0 和 VB1 这 2 字节组成的字。

4．双字编址

双字编址的指定方式为：（区域标志符）D（起始字节号），且最高有效字节为起始字节。例如，VD0 表示由 VB0 到 VB3 这 4 字节组成的双字。

2.4.3 寻址方式

1．直接寻址

直接寻址是在指令中直接使用存储器或寄存器的元件名称（区域标志）和地址编号，直接到指定的区域读取数据或写入数据的寻址方式，有按位、字节、字、双字的寻址方式，如图 2-9 所示。

2．间接寻址

间接寻址时操作数并不直接提供数据的位置，而是通过使用地址指针来存取存储器中的数据。在 S7-200 PLC 中允许使用指针对 I、Q、M、V、S、T、C（仅当前值）存储区进行间接寻址。

（1）创建指向该位置的指针

指针长度为双字（32 位），存放的是另一存储器的地址，只能用 V、L 或累加器 AC 作指针。生成指针时，要使用双字传送指令（MOVD），将数据所在单元的内存地址送入指针。双字传送指令的输入操作数开始处加“&”符号，表示某存储器的地址，而不是存储器内部的值。指令输出操作数是指针地址。

例如，MOVD &VB200，AC1 //　指令就是将 VB200 的地址送入累加器 AC1 中。

（2）利用指针存取数据

在使用地址指针存取数据的指令中，操作数前加“*”号表示该操作数为地址指针。

例如，MOVW *AC1 AC0 //MOVW 表示字传送指令，指令将 AC1 中的内容为起始地址的一字长的数据（即 VB200、VB201 内部数据）送入 AC0 内。

2.4.4 元件功能及地址分配

1．输入映像寄存器（I）

（1）输入映像寄存器的工作原理

输入映像寄存器是 PLC 用来接收用户设备输入信号的接口，也称做输入继电器。PLC 中的继电器与继电器-接触器控制系统中的继电器有本质性的差别，它实质是存储单元。每一个“输入继电器”线圈都与相应的 PLC 输入端相连，例如“输入继电器”I0.0 的线圈与 PLC 的输入端子 0.0 相连。当外部开关信号闭合时，则“输入继电器”的线圈得电，在程序中其常开触点闭合，常闭触点断开。由于存储单元可以无限次的读取，所以有无数对常开、常闭触点供编程时使用。编程时应注意，“输入继电器”的线圈只能由外部信号来驱动，不能在程序内部用指令来驱动，因此，在用户编制的梯形图中只应出现“输入继电器”的触点，而不应出现“输入继电器”的线圈。

（2）输入映像寄存器的地址分配

S7-200 PLC 输入映像寄存器区域有 IB0～IB15 共 16 字节的存储单元。系统对输入映像寄存器是以字节（8 位）为单位进行地址分配的。输入映像寄存器可以按位进行操作，每一位对应一个数字量的输入点。例如，CPU224 的基本单元输入为 14 点，需占用 2×8 位=16 位，即占用 IB0 和 IB1 两字节。而 I1.6、I1.7 因没有实际输入而未使用，用户程序中不可使用。但如果整个字节未使用如 IB3～IB15，则可作为内部标志位（M）使用。

输入继电器可采用位、字节、字或双字来存取。输入继电器位存取的地址编号范围为 I0.0～I15.7。

2．输出映像寄存器（Q）

（1）输出映像寄存器的工作原理

输出映像寄存器用来将输出信号传送到负载的接口，也称为“输出继电器”。每一个“输出继电器”线圈都与相应的 PLC 输出相连，并有无数对常开和常闭触点供编程时使用。除此之外，还有一对常开触点与相应的 PLC 输出端相连（如输出继电器 Q0.0 有一对常开触点与 PLC 输出端子 0.0 相连），用于驱动负载。输出继电器线圈的通断状态只能在程序内部用指令驱动。

（2）输出映像寄存器的地址分配

S7-200 PLC 输出映像寄存器区域有 QB0～QB15 共 16 字节的存储单元。系统对输出映像寄存器也是以字节（8 位）为单位进行地址分配的。输出映像寄存器可以按位进行操作，每一位对应一个数字量的输出点。如 CPU224 的基本单元输出为 10 点，需占用 2×8 位=16 位，即占用 QB0 和 QB1 两字节。但未使用的位和字节均可在用户程序中作为内部标志位使用。

输出继电器可采用位、字节、字或双字来存取。输出继电器位存取的地址编号范围为 Q0.0～Q15.7。

以上介绍的两种软继电器都是和用户有联系的，是 PLC 与外部联系的窗口。下面介绍的则是与外部设备没有直接联系的内部软继电器，它们既不能用来接收用户信号，也不能用来驱动外部负载，只能用于编制程序，即线圈和触点都只能出现在梯形图中。

3．变量存储器（V）

变量存储器主要用于存储变量，可以存放数据运算的中间结果或设置参数。在进行数据处理时，变量存储器会被经常使用。变量存储器可以是位寻址，也可按字节、字、双字为单位寻址，其位存取的编号范围根据 CPU 的型号不同而有所不同，CPU221/222 为 V0.0～V2047.7 共 2KB 存储容量，CPU224/226 为 V0.0～V5119.7 共 5KB 存储容量。

4．内部标志位存储器（M）

内部标志位存储器用来保存控制继电器的中间操作状态，其作用相当于继电器-接触器控制中的中间继电器。内部标志位存储器在 PLC 中没有输入/输出端与之对应，其线圈的通断状态只能在程序内部用指令驱动，其触点不能直接驱动外部负载，只能在程序内部驱动输出继电器的线圈，再用输出继电器的触点去驱动外部负载。

内部标志位存储器可采用位、字节、字或双字来存取。内部标志位存储器位存取的地址编号范围为 M0.0～M31.7，共 32 字节。

5．特殊标志位存储器（SM）

PLC 中还有若干特殊标志位存储器，特殊标志位存储器位提供大量的状态和控制功能，用来在 CPU 和用户程序之间交换信息，特殊标志位存储器能以位、字节、字或双字来存取。CPU224 的 SM 的位地址编号范围为 SM0.0～SM179.7，共 180 字节，其中 SM0.0～SM29.7 的 30 字节为只读型区域。

常用的特殊存储器的用途如下。

- SM0.0：运行监视。当 PLC 处于运行（RUN）状态时 SM0.0 始终为“1”状态。当 PLC 运行时可以利用其触点驱动输出继电器，在外部显示程序是否处于运行状态。
- SM0.1：初始化脉冲。每当 PLC 的程序开始运行时，SM0.1 线圈接通一个扫描周期。因此，SM0.1 的触点常用于启动控制程序中只执行一次的初使化程序。
- SM0.3：开机进入 RUN 时，接通一个扫描周期，可用在起动操作之前，给设备提前预热。
- SM0.4：输出占空比为 50%的时钟脉冲。当 PLC 处于运行状态时，产生周期为 1min 的时钟脉冲，若将时钟脉冲信号送入计数器作为计数信号，可起到定时器的作用。
- SM0.5：占空比为 50%的时钟脉冲。当 PLC 处于运行状态时，产生周期为 1s 的时钟脉冲。
- SM0.6：扫描时钟，1 个扫描周期闭合，另一个为 OFF，循环交替。
- SM0.7：工作方式开关位置指示，开关放置在 RUN 位置时为 1。
- SM1.0：零标志位，运算结果=0 时，该位置为 1。
- SM1.1：溢出标志位，结果溢出或非法值时，该位置为 1。
- SM1.2：负数标志位，运算结果为负数时，该位置为 1。
- SM1.3：被 0 除标志位。

其他特殊存储器的用途可查阅相关手册。

6．局部变量存储器（L）

局部变量存储器（L）用来存放局部变量。局部变量存储器（L）和变量存储器（V）十分相似，主要区别在于全局变量是全局有效，即同一个变量可以被任何程序（主程序、子程序和中断程序）访问。而局部变量只是局部有效，即变量只和特定的程序相关联。

S7-200 PLC 有 64 字节的局部变量存储器，其中 60 字节可以作为暂时存储器，或给子程序传递参数。后 4 字节作为系统的保留字节。PLC 在运行时，根据需要动态地分配局部变量存储器。在执行主程序时，64 字节的局部变量存储器分配给主程序，当调用子程序或出现中断时，局部变量存储器分配给子程序或中断程序。

局部存储器可以按位、字节、字或双字直接寻址，其位存取的地址编号范围为 L0.0～L63.7。L 可以作为地址指针。

7．定时器（T）

PLC 提供的定时器的作用相当于继电器-接触器控制系统中的时间继电器。每个定时器可提供无数对常开和常闭输出触点供编程使用，其设定时间由程序设置。每个定时器有一个 16 位的当前值寄存器，用于存储定时器累计的时基增量值（1～32767），另有一个状态位表示定时器的状态。若当前值寄存器累计的时基增量值大于等于设定值时，定时器的状态位被置“1”，该定时器的常开触点闭合。

定时器的定时准确度分别为 1ms、10ms 和 100ms 三种，CPU222、CPU224 及 CPU226 的定时器地址编号范围为 T0～T255，它们的分辨率、定时范围并不相同，应根据所用 CPU 型号和时基正确选用定时器的编号。

8．计数器（C）

计数器用于累计计算输入端接收到的由断开到接通的脉冲个数。计数器可提供无数对常开和常闭触点供编程使用，其设定值由程序赋予。计数器的结构与定时器基本相同，每个计数器有一个 16 位的当前值寄存器用于存储计数器累计的脉冲数，另有一个状态位表示计数器的状态。若当前值寄存器累计的脉冲数大于等于设定值时，计数器的状态位被置“1”，该计数器的常开触点闭合。计数器的地址编号范围为 C0～C255。

9．高速计数器（HC）

一般计数器的计数频率受扫描周期的影响，不能太高。而高速计数器可用来累计比 CPU 的扫描速度更快的事件。高速计数器的当前值是一个双字长（32 位）的整数，且为只读值。

高速计数器的地址编号范围根据 CPU 的型号不同而有所不同，CPU221/222 各有 4 个高速计数器，CPU224/226 各有 6 个高速计数器，编号为 HC0～HC5。

10．累加器（AC）

累加器是用来暂存数据的寄存器，它可以用来存放运算数据、中间数据和结果。CPU 提供了 4 个 32 位的累加器，其地址编号为 AC0～AC3。累加器的可用长度为 32 位，可采用字节、字、双字的存取方式，按字节、字只能存取累加器的低 8 位或低 16 位，双字可以存取累加器全部的 32 位。

11．顺序控制继电器（S，状态元件）

顺序控制继电器是使用步进顺序控制指令编程时的重要状态元件，通常与步进指令一起使用，以实现顺序功能流程图的编程。顺序控制继电器的地址编号范围为 S0.0～S31.7。

12．模拟量输入/输出映像寄存器（AI/AQ）

S7-200 PLC 的模拟量输入电路是将外部输入的模拟量信号转换成 1 字长的数字量存入模拟量输入映像寄存器区域，区域标志符为 AI。模拟量输出电路是将模拟量输出映像寄存器区域的 1 字长（16 位）数值转换为模拟电流或电压输出，区域标志符为 AQ。

在 PLC 内的数字量字长为 16 位，即两字节，故其地址均以偶数表示，如 AIW0，AIW2，…；AQW0，AQW2，…。

对模拟量输入/输出是以 2 字（W）为单位分配地址，每路模拟量输入/输出占用 1 字（2 字节）。如有 3 路模拟量输入，需分配 4 字（AIW0、AIW2、AIW4、AIW6），其中没有被使用的字 AIW6 不可被占用或分配给后续模块。如果有 1 路模拟量输出，需分配 2 字（AQW0、AQW2），其中没有被使用的字 AQW2 不可被占用或分配给后续模块。

模拟量输入/输出的地址编号范围根据 CPU 的型号不同而有所不同，CPU222 为 AIW0～AIW30/AQW0～AQW30；CPU224/226 为 AIW0～AIW62/AQW0～AQW62。

2.5 思考与练习

1．PLC 的基本组成有哪些？

2．画出 PLC 的输入接口电路和输出接口电路，说明它们各有何特点。

3．PLC 的工作原理是什么？工作过程分哪几个阶段？

4．PLC 的工作方式有几种？如何改变 PLC 的工作方式？

5．PLC 有哪些主要特点？

6．与一般的计算机控制系统相比，PLC 控制系统有哪些优点？

7．与继电器-接触器控制系统相比，PLC 控制系统有哪些优点？

8．PLC 可以用在哪些领域？

9．S7-200 系列 PLC 有哪些编址方式？

10．S7-200 系列 CPU224 PLC 有哪些寻址方式？

11．S7-200 系列 PLC 的结构是怎样的？

12．CPU224 PLC 有哪几种工作方式？

13．西门子 PLC 的扩展模块有哪几类？它们的具体作用是什么？

14．CPU224 PLC 有哪些元件，它们的作用是什么？

第3章　西门子 PLC 编程软件应用

3.1　西门子 PLC 编程软件介绍

S7-200 PLC 使用 STEP 7-Micro/WIN40 编程软件进行编程。STEP 7-Micro/WIN40 编程软件是基于 Windows 的应用软件，它功能强大，主要用于开发程序，也可用于实时监控用户程序的执行状态，有中文版和英文版等多种语言版本。

3.1.1　STEP 7–Mirco/WIN 40 的安装

1. 安装条件

操作系统：Windows 95 以上的操作系统。

计算机配置：IBM486 以上的兼容机，内存在 8MB 以上，VGA 显示器，50MB 以上硬盘空间。

通信电缆：用一条 PC/PPI 电缆可实现 PLC 与计算机的通信。

2. 编程软件的安装和界面设置

双击编程软件中的安装程序“SETUP.EXE”，根据安装提示，编程语言选择“English”，即可完成安装。安装完成后启动 STEP 7-Micro/WIN40。

默认情况下软件界面为英文版，进行以下操作可以设置为中文界面：单击菜单“Tools”，在弹出的“Options”选项中选择“General”，在“Language”窗口下选择“Chinese”，单击“OK”按钮，编程软件会自动关闭。重新启动软件，显示为中文界面。

3. 连接 S7-200 PLC 与计算机通信电缆

可以采用 PC/PPI 电缆建立 PC 与 PLC 之间的通信连接。这是典型的单主机与 PC 的连接，不需要其他硬件设备。PC/PPI 电缆的两端分别为 RS-232 和 RS-485 接口，RS-232 端连接到个人计算机 RS-232 通信口 COM1 或 COM2 上，RS-485 端接到 S7-200 PLC 通信口上。PC/PPI 电缆中间有通信模块，有 5 种支持 PPI 协议的波特率可以选择，分别为：1.2kbit/s、2.4kbit/s、9.6kbit/s、19.2kbit/s、38.4kbit/s。系统的默认值为 9.6kbit/s。

4. 通信参数的设置

硬件设置好后，按下面的步骤设置通信参数。

1）在 STEP 7-Micro/WIN40 运行时单击浏览栏目的“查看”选项下的“设置 PG/PC 接口”图标，会出现一个通信对话框。

2）在通信对话框中双击“PC/PPI cable(PPI)电缆”图标，将出现 PC/PPI 属性设置对话框。

3）单击“属性”按钮，将出现接口属性对话框，检查各参数的属性是否正确。初学者可以使用默认的通信参数，在 PC/PPI 性能设置窗口中单击“默认”按钮，即可获得默认的参数。该软件的默认站地址为 0，波特率为 9.6kbit/s。当多个 PLC 联网工作时，必须为每台

PLC 设置不同的站地址。

5．建立在线连接

在前几步顺利完成后，可以建立 PC 与 S7-200 PLC CPU 的在线联系，步骤如下。

1）在 STEP 7-Micro/WIN40 运行时单击“通信”图标，出现一个通信建立结果对话框，显示是否连接了 CPU。

2）双击对话框中的“双击刷新”图标，STEP 7-Micro/WIN40 编程软件将检查连接的所有 S7-200 PLC CPU 站。在对话框中将显示已建立起连接的每个站的 CPU 图标、CPU 型号和站地址。

3）双击要进行通信的站，在通信建立对话框中会显示出所选的通信参数。

6．修改 PLC 的通信参数

计算机与 PLC 建立起在线连接后，即可以利用软件检查、设置和修改 PLC 的通信参数。步骤如下。

1）单击浏览条中的“系统块”图标，将出现系统块对话框。

2）单击“通信端口”选项卡，检查各参数，确认无误后单击“确定”按钮。若需修改某些参数，可以先修改再单击“确认”按钮。

3）单击工具条的“下载”按钮，将修改后的参数下载到 PLC，设置的参数才会生效。

7．PLC 信息的读取

选择菜单命令“PLC”→“信息”，将显示出 PLC 的运行状态、扫描速率、CPU 的型号和各模块的信息。

3.1.2　STEP 7-Mirco/WIN40 窗口组件

STEP 7-Micro/WIN40 的主界面如图 3-1 所示。

主界面一般可以分为以下几个部分：菜单栏、工具条、浏览栏、指令树、用户窗口、输出窗口和状态栏。除菜单栏外，用户可以根据需要通过视图菜单和窗口菜单决定其他窗口的取舍和样式。

1．主菜单

主菜单包括：文件、编辑、查看、PLC、调试、工具、窗口、帮助等 8 个主菜单项。各主菜单项的功能如下。

（1）文件（File）

文件的操作有：新建、打开、关闭、保存、另存为、设置密码、导入、导出、上载、下载、新建库、添加/删除库、库存储区、页面设置、打印预览、打印、最近使用文件和退出，如图 3-2 所示。

（2）编辑（Edit）

“编辑”菜单提供程序的编辑工具：撤销、剪切、复制、粘贴、全选、插入、删除、查找、替换和转到等项目。

剪切/复制/粘贴：可以在 STEP 7-Micro/WIN40 项目中剪切下列条目：文本或数据栏、指令、单个网络、多个相邻的网络、程序块的所有网络、状态图行、状态图列或整个状态图、符号表行、符号表列或整个符号表、数据块。不能同时选择多个不相邻的网络。不能从一个局部变量表成块剪切数据并粘贴至另一局部变量表中，因为每个表的只读 L 内存赋值必须唯一。

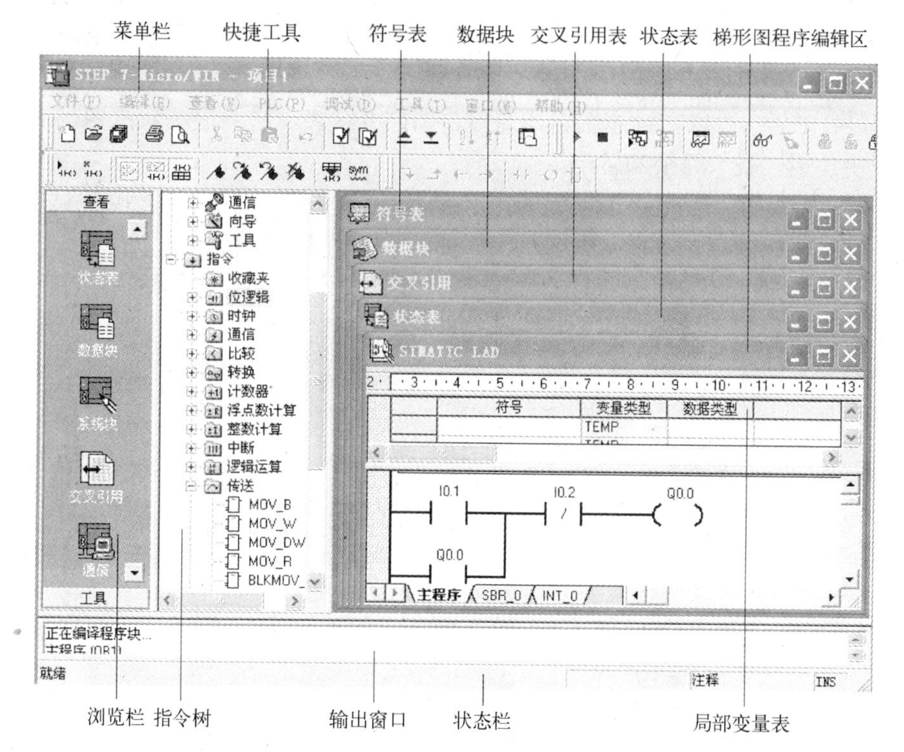

图 3-1　STEP 7-Micro/WIN40 的主界面

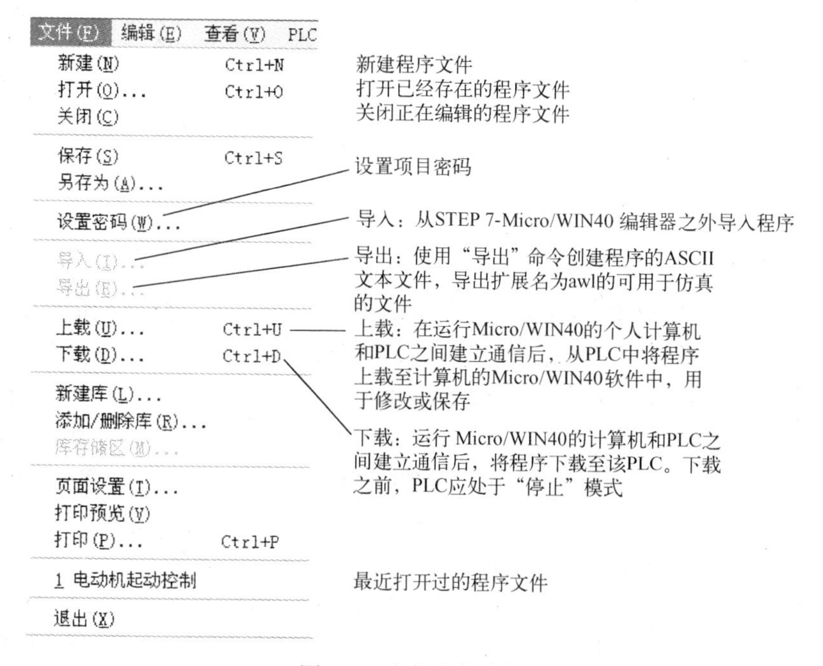

图 3-2　文件菜单功能

插入：在梯形图编辑器中，可在光标上方插入行（在程序或局部变量表中）、在光标下方插入行（在局部变量表中）、在光标左侧插入列（在程序中）、插入垂直接头（在程序中)、在光标上方插入网络、并可为所有网络重新编号、在程序中插入新的中断程序或在程序中插入新的子程序。

查找/替换/转至：可以在程序编辑器窗口、局部变量表、符号表、状态图、交叉引用标签和数据块中使用查找、替换和转至。

查找：查找指定的字符串，如操作数、网络标题或指令助记符。（查找不能搜索网络注释，只能搜索网络标题，也不能搜索 LAD 和 FBD 中的网络符号信息表。）

替换：替换指定的字符串。（替换对语句表指令不起作用。）

转至：通过指定网络数目的方式将光标快速移至另一个位置。

（3）查看

如图 3-3 所示。

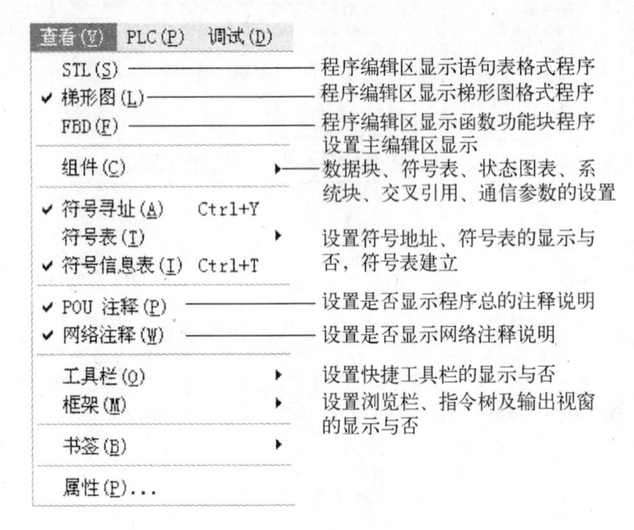

图 3-3 “查看”菜单说明

（4）PLC

PLC 菜单用于 PC 与 PLC 联机时的操作。如用软件改变 PLC 的运行方式（运行、停止）、对用户程序进行编译、清除 PLC 程序、电源启动重置、查看 PLC 的信息、时钟、存储卡的操作、程序比较、PLC 类型选择等操作。其中对用户程序进行编译可以离线进行。

联机方式（在线方式）：有编程软件的计算机与 PLC 连接，两者之间可以直接通信。

离线方式：有编程软件的计算机与 PLC 断开连接。此时可进行编程、编译。

联机方式和离线方式的主要区别是：在联机方式下可直接对连接的 PLC 进行操作，如上装、下载用户程序、监控 PLC 的运行等。在离线方式下 PC 不直接与 PLC 联系，所有的程序和参数都暂时存放在计算机上，等联机后再下载到 PLC 中。

PLC 有两种操作模式：STOP（停止）模式和 RUN（运行）模式。在 STOP（停止）模式下可以建立/编辑程序；在 RUN（运行）模式下可以建立、编辑、监控程序操作和数据，进行动态调试。如图 3-4 所示。

（5）调试

调试菜单用于联机时的动态调试，有单次扫描、多次扫描、程序状态、触发暂停、用程序状态模拟运行条件（读取、强制、取消强制和全部取消强制）等功能。如图 3-5 所示。

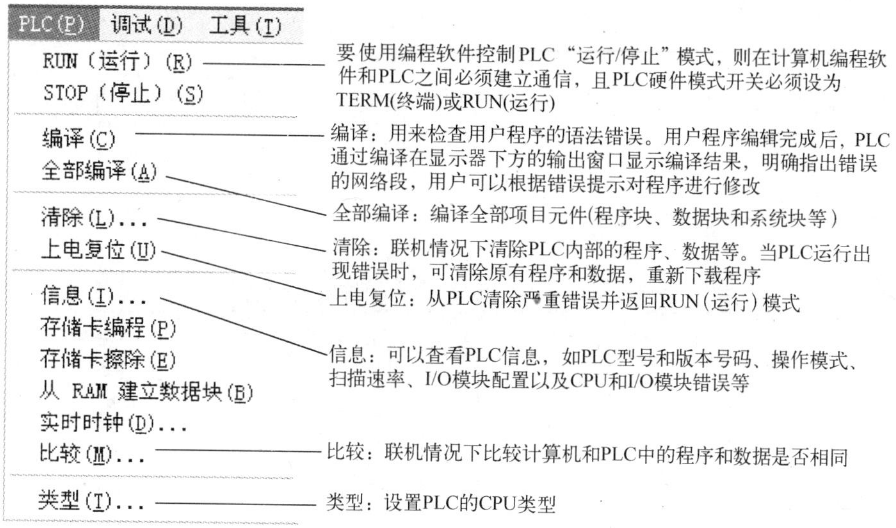

PLC(P) 调试(D) 工具(T)

RUN（运行）(R)
STOP（停止）(S)
要使用编程软件控制PLC“运行/停止”模式，则在计算机编程软件和PLC之间必须建立通信，且PLC硬件模式开关必须设为TERM(终端)或RUN(运行)

编译(C)
编译：用来检查用户程序的语法错误。用户程序编辑完成后，PLC通过编译在显示器下方的输出窗口显示编译结果，明确指出错误的网络段，用户可以根据错误提示对程序进行修改

全部编译(A)
全部编译：编译全部项目元件(程序块、数据块和系统块等)

清除(L)...
清除：联机情况下清除PLC内部的程序、数据等。当PLC运行出现错误时，可清除原有程序和数据，重新下载程序

上电复位(U)
上电复位：从PLC清除严重错误并返回RUN(运行)模式

信息(I)...
信息：可以查看PLC信息，如PLC型号和版本号码、操作模式、扫描速率、I/O模块配置以及CPU和I/O模块错误等

存储卡编程(P)
存储卡擦除(E)
从 RAM 建立数据块(B)
实时时钟(D)...

比较(M)...
比较：联机情况下比较计算机和PLC中的程序和数据是否相同

类型(T)...
类型：设置PLC的CPU类型

图 3-4 PLC 菜单说明

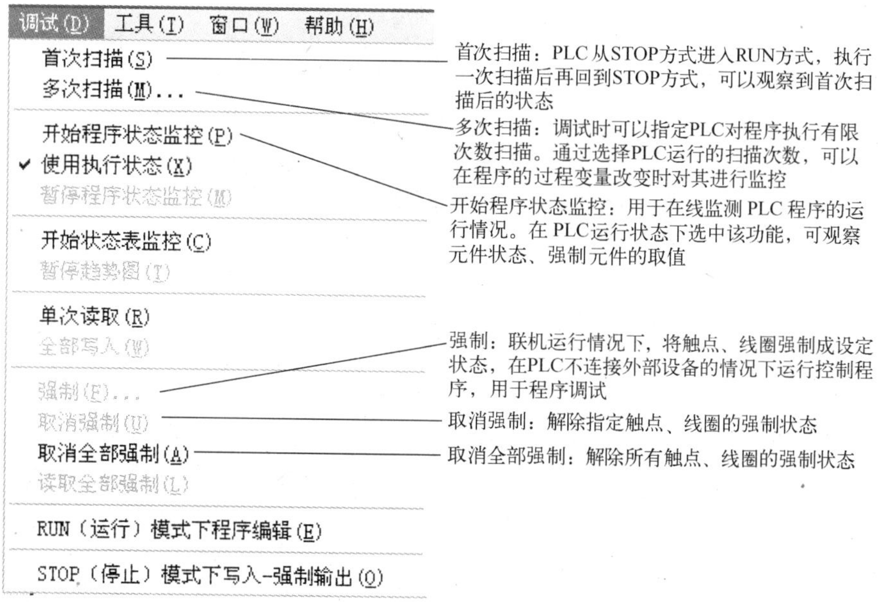

调试(D) 工具(T) 窗口(W) 帮助(H)

首次扫描(S)
首次扫描：PLC 从STOP方式进入RUN方式，执行一次扫描后再回到STOP方式，可以观察到首次扫描后的状态

多次扫描(M)...
多次扫描：调试时可以指定PLC对程序执行有限次数扫描。通过选择PLC运行的扫描次数，可以在程序的过程变量改变时对其进行监控

开始程序状态监控(P)
开始程序状态监控：用于在线监测 PLC 程序的运行情况。在 PLC运行状态下选中该功能，可观察元件状态、强制元件的取值

✔ 使用执行状态(X)
暂停程序状态监控(M)
开始状态表监控(C)
暂停趋势图(T)
单次读取(R)
全部写入(W)

强制(F)...
强制：联机运行情况下，将触点、线圈强制成设定状态，在PLC不连接外部设备的情况下运行控制程序，用于程序调试

取消强制(U)
取消强制：解除指定触点、线圈的强制状态

取消全部强制(A)
取消全部强制：解除所有触点、线圈的强制状态

读取全部强制(L)
RUN（运行）模式下程序编辑(E)
STOP（停止）模式下写入-强制输出(O)

图 3-5 调试菜单说明

（6）工具

“工具”菜单提供复杂指令向导（PID、HSC、NETR/NETW 指令），使编译复杂指令时的工作简化。

“工具”菜单提供文本显示器 TD200 设置向导。

“工具”菜单的定制子菜单可以更改 STEP 7-Micro/WIN40 工具条的外观或内容，以及在“工具”菜单中增加常用工具。

“工具”菜单的选项子菜单可以设置 3 种编辑器的风格，如字体、指令盒的大小等。

（7）窗口

“窗口”菜单可以设置窗口的排放形式，如层叠、水平、垂直。

（8）帮助

帮助菜单可以提供 S7-200 PLC 的指令系统及编程软件的所有信息，并提供在线帮助、网上查询和访问等功能。

2. 工具条

（1）标准工具条，如图 3-6 所示。

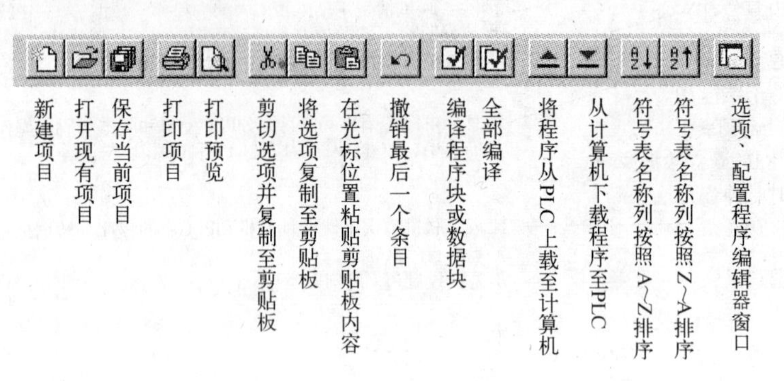

图 3-6　标准工具条

（2）调试工具条，如图 3-7 所示。

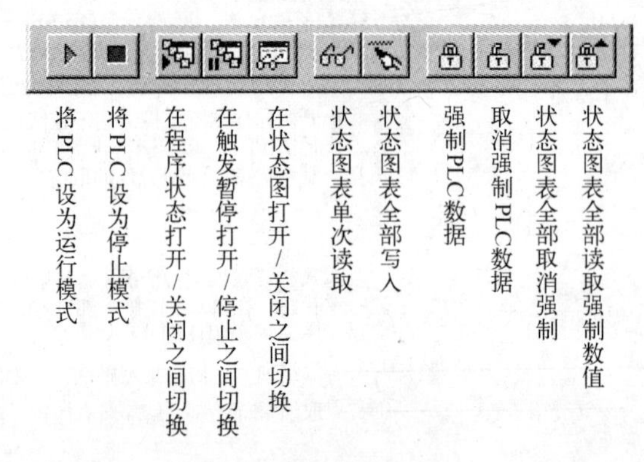

图 3-7　调试工具条

（3）公用工具条，如图 3-8 所示。

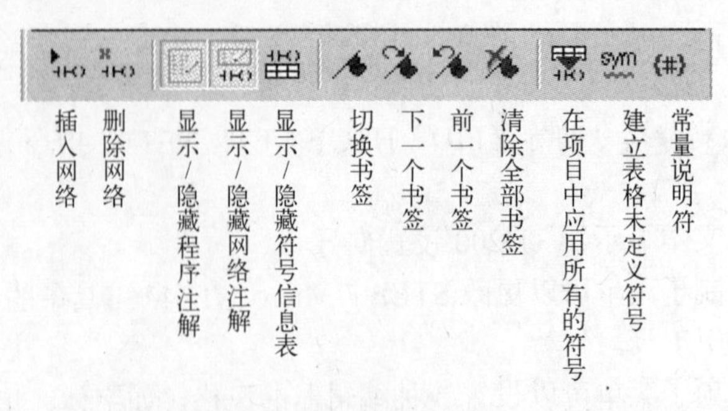

图 3-8　公用工具条

公用工具条各快捷按钮从左到右分别为：

插入网络：单击该按钮，可在 LAD 或 FBD 程序中插入一个空网络。

删除网络：单击该按钮，可删除 LAD 或 FBD 程序中的整个网络。

显示/隐藏程序注解：单击该按钮可在程序注解打开（可视）或关闭（隐藏）之间切换。每个程序注解可允许使用的最大字符数为 4096。可视时，程序注解始终位于程序顶端，在第一个网络之前显示。如图 3-9 所示。

显示/隐藏网络注解：单击该按钮，在光标所在的网络标号下方出现的灰色方框中，输入网络注解。再次单击该按钮，网络注解关闭。如图 3-10 所示。

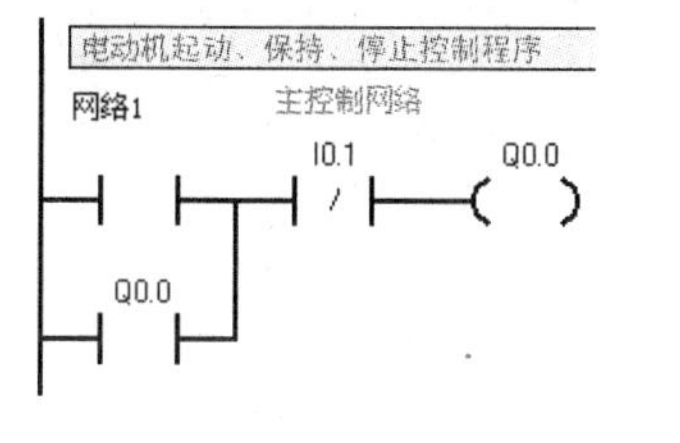

图 3-9　程序注解

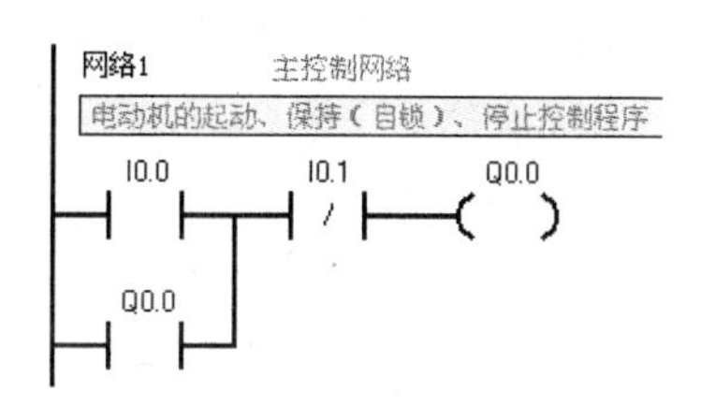

图 3-10　网络注解

显示/隐藏符号信息表：单击该按钮，用所有的新、旧和修改符号名更新项目，并可在符号信息表打开和关闭之间切换。如图 3-11 所示。

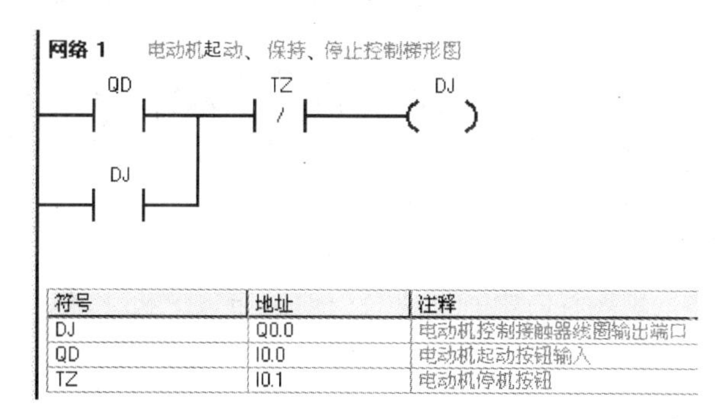

符号	地址	注释
DJ	Q0.0	电动机控制接触器线圈输出端口
QD	I0.0	电动机起动按钮输入
TZ	I0.1	电动机停机按钮

图 3-11　符号信息表

切换书签：设置或移除书签。单击该按钮，在当前光标指定的程序网络设置或移除书签。在程序中设置书签，书签便于在较长程序中指定的网络之间来回移动。如图 3-12 所示。

下一个书签：将程序滚动至下一个书签。单击该按钮，向下移至程序的下一个带书签的网络。

前一个书签：将程序滚动至前一个书签。单击该按钮，向上移至程序的前一个带书签的网络。

清除全部书签：单击该按钮。移除程序中的所有当前书签。

在项目中应用所有的符号：单击该按钮，用所有新、旧和修改的符号名更新项目，并在符号信息表打开和关闭之间切换。

建立表格未定义符号：单击该按钮，从程序编辑器将不带指定地址的符号名传输至指定地址的新符号表标记。

常量说明符：在 SIMATIC 常量说明符打开/关闭之间切换，单击该按钮，可使常量说明符可视或隐藏。对许多指令参数可直接输入常量。仅被指定为 100 的常量具有不确定的大小，因为常量 100 可以表示为字节、字或双字。当输入常量参数时，程序编辑器根据每条指令的要求指定或更改常量说明符。

（4）LAD 指令工具条，如图 3-13 所示。

LAD 指令工具条从左到右分别为：插入向下直线、插入向上直线、插入左行、插入右行、插入触点、插入线圈和插入指令盒。

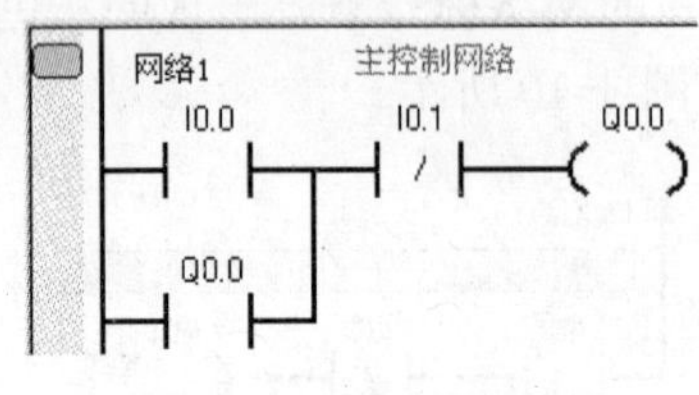

图 3-12　网络设置书签

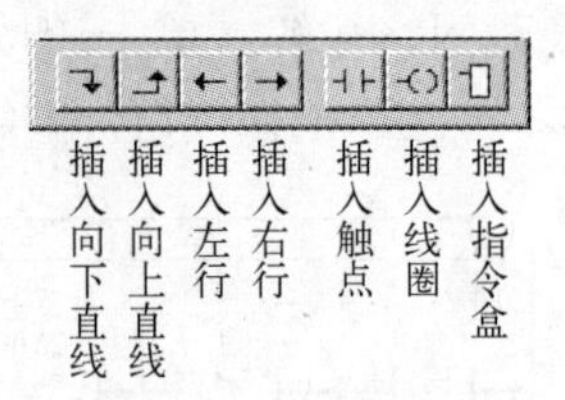

图 3-13　LAD 指令工具条

3．浏览条

浏览条为编程提供按钮控制，可以实现窗口的快速切换，即对编程工具执行直接按钮存取，浏览条包括程序块、符号表、状态图表、数据块、系统块、交叉引用、通信、设置 PG/PC 接口等。单击上述任意按钮，则主窗口切换成此按钮对应的窗口。

执行菜单命令“查看”→“框架”→“浏览条”，可使浏览条在打开（可见）和关闭（隐藏）之间切换。

执行菜单命令“工具”→“选项”，选择“浏览条”标签，可在浏览条中编辑字体。

浏览条中的所有操作都可用“指令树”视窗完成，或通过执行“查看”→“组件”菜单命令来完成。

4．指令树

指令树以树形结构提供编程时用到的所有快捷操作命令和 PLC 指令。指令树可分为项目分支和指令分支。

项目分支用于组织程序项目。

用鼠标右键单击“程序块”文件夹，可插入新子程序和中断程序。

打开“程序块”文件夹，并用鼠标右键单击程序图标，可以打开程序、编辑程序属性、用密码保护程序或为子程序和中断程序重新命名。

用鼠标右键单击“状态图”或“符号表”文件夹，可插入新图或表。

打开“状态图”或“符号表”文件夹，在指令树中用鼠标右键单击图或表图标，或双击适当的程序标记，可执行打开、重新命名或删除操作。

指令分支用于输入程序，打开指令文件夹并选择指令。

拖放或双击指令，可在程序中插入指令。

用鼠标右键单击指令，并从弹出菜单中选择“帮助”，可获得有关该指令的信息。

可将常用指令拖放至“偏好项目”文件夹。

若项目指定了 PLC 类型，则指令树中红色标记“x”是表示对该 PLC 无效的指令。

5．用户窗口

可同时或分别打开图 3-1 所示的 6 个用户窗口，分别为：交叉引用表、数据块、状态表、符号表、梯形图程序编辑区和局部变量表。

（1）交叉引用

在程序编译成功后，可用下面的任意方法打开“交叉引用”窗口。

执行菜单命令“查看”→“组件”→“交叉引用”；

单击浏览条中的“交叉引用”按钮。

如图 3-14 所示，“交叉引用”表列出了在程序中使用的各操作数所在的程序、网络或行位置，以及每次使用各操作数的语句表指令。通过交叉引用表还可以查看哪些内存区域已经被使用及作为位还是作为字节使用。在运行方式下编辑程序时，可以查看程序当前正在使用的跳变信号的地址。交叉引用表无需下载到 PLC，在程序编译成功后才能打开交叉引用表。在交叉引用表中双击某操作数，可以显示出包含该操作数的那一部分程序。

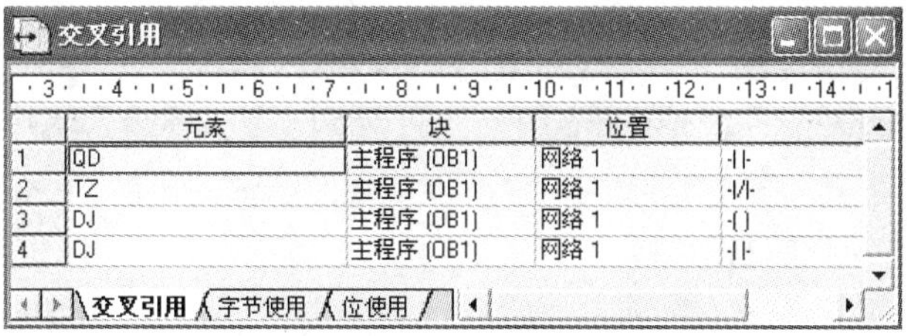

交叉引用

	元素	块	位置	
1	QD	主程序 (OB1)	网络 1	-||-
2	TZ	主程序 (OB1)	网络 1	-|/|-
3	DJ	主程序 (OB1)	网络 1	-( )
4	DJ	主程序 (OB1)	网络 1	-||-

交叉引用 字节使用 位使用

图 3-14 “交叉引用”表

（2）数据块

“数据块”窗口可以设置和修改变量存储器的初始值和常数值，并加注必要的注释。

可用下面的任意方法打开“数据块”窗口。

单击浏览条上的“数据块”按钮；

执行菜单命令“查看”→“组件”→“数据块”；

单击指令树中的“数据块”图标。

（3）状态图表（Status Chart）

将程序下载至 PLC 之后，可以建立一个或多个状态图表，在联机调试时，打开状态图表，可监视各变量的值和状态。状态图表并不下载到 PLC，只是监视用户程序运行的一种工具。

用下面的任意方法可打开状态图表。

单击浏览条上的“状态图表”按钮；

执行菜单命令 “查看”→“组件”→“状态图”；

打开指令树中的“状态图”文件夹，然后双击“状态图”图标。若在项目中有一个以上状态图，可使用位于“状态图”窗口底部的标签在各状态图之间切换。

可在状态图表的地址列输入需监视的程序变量地址，这样在 PLC 运行时，打开状态图表窗口，在程序扫描执行时便可连续、自动地更新状态图表的数值。

（4）符号表

符号表是程序员用符号编址的一种工具表。在编程时不采用元件的直接地址作为操作数，而用有实际含义的自定义符号名作为编程元件的操作数，这样可使程序更容易理解。符号表则建立了自定义符号名与直接地址编号之间的关系。程序被编译后下载到 PLC 时，所有的符号地址均被转换成绝对地址，符号表中的信息不下载到 PLC 中。

用下面的方法之一可打开符号表。

单击浏览条中的“符号表”按钮▦；

执行菜单命令 “查看”→“组件”→“符号表”；

打开指令树中的符号表或全局变量文件夹，然后双击一个表格图标。

（5）程序编辑器

用菜单命令“文件”→“新建”、“文件”→“打开”或“文件”→“导入”打开一个项目。然后用下面方法之一打开“程序编辑器”窗口，建立或修改程序。

单击浏览条中的“程序块”按钮，打开主程序（OB1）。可以单击“子程序”或“中断程序”标签，打开另一个程序。

打开指令树中的程序块，双击“主程序（OB1）”图标、“子程序”图标或“中断程序”图标。

用下面方法之一可改变程序编辑器选项。

执行菜单命令“查看”→梯形图、FBD、STL，可更改编辑器类型。

执行菜单命令“工具”→“选项”→“一般”，可更改编辑器（LAD、FBD 或 STL）和编程模式（SIMATIC 或 IEC 1131-3）。

执行菜单命令“工具”→“选项”→“程序编辑器”，可设置编辑器选项。

使用选项快捷按钮也可设置程序编辑器选项。

（6）局部变量表

程序中的每个程序都有自己的局部变量表，局部变量存储器（L）有 64 字节。局部变量表用来定义局部变量，局部变量只在建立该局部变量的程序中才有效。在带参数的子程序调用中，参数的传递就是通过局部变量表传递的。

在用户窗口将水平分裂条下拉即可显示局部变量表，将水平分裂条拉至程序编辑器窗口的顶部，则局部变量表不再显示，但仍旧存在。

6．输出窗口

输出窗口：用来显示 STEP 7-Micro/WIN40 程序编译的结果，如编译结果有无错误、错误编码和位置等。

执行菜单命令“查看”→“框架”→“输出窗口”可打开或关闭输出窗口。

7．状态条

状态条：提供有关在 STEP 7-Micro/WIN40 中操作的信息。

3.1.3 编程准备

1．指令集和编辑器的选择

写程序之前，用户必须选择指令集和编辑器。

S7-200 系列 PLC 支持的指令集有 SIMATIC 和 IEC1131-3 两种。SIMATIC 是专为 S7-200PLC 设计的，专用性强。采用 SIMATIC 指令编写的程序执行时间短，可以使用 LAD、STL、FBD 三种编辑器。IEC1131-3 指令集是按国际电工委员会（IEC）PLC 编程标准提供的指令系统，作为不同 PLC 厂商的指令标准，集中指令较少。有些 SIMATIC 所包含的指令，在 IEC 1131-3 中不是标准指令。IEC1131-3 标准指令集适用于不同厂家的 PLC，可以使用 LAD 和 FBD 两种编辑器。本教材主要采用 SIMATIC 编程模式。

执行菜单命令“工具”→“选项” →“常规”→“编程模式”（Programming Mode） →“SIMATIC”。程序编辑器有梯形图LAD、STL、FBD三种。主要用的有LAD和STL两种。

选择编辑器的方法如下。

执行菜单命令“查看”→“梯形图 LAD”或“STL”，或者菜单命令“工具”→“选项”→“常规”→“默认编辑器”（Default Editor），这样每次开机就可直接进入设定的程序编辑方式。

2．根据PLC类型进行参数检查

在PLC和运行STEP 7-Micro/WIN的PC连线后，在建立通信或编辑通信设置以前，应根据PLC的类型进行范围检查，以保证STEP 7-Micro/WIN中PLC类型的选择与实际PLC的类型相符。方法如下。

执行菜单命令“PLC”→“类型”→“读取PLC”。

在指令树下选择“项目”→“名称”→“类型”→“读取PLC”

PLC类型对话框如图3-15所示。

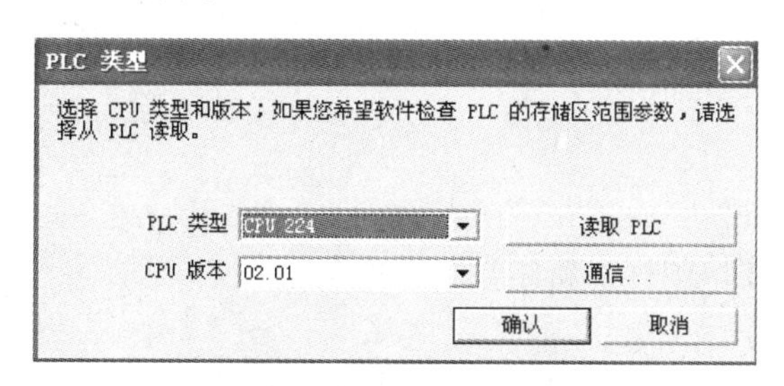

图3-15 PLC类型对话框

3.2 STEP 7-Micro/WIN 40编程应用

3.2.1 编程元素及项目组件

S7-200 PLC有三种程序组织单位（程序）：主程序、子程序和中断程序。STEP 7-Micro/WIN 40为每个控制程序在程序编辑器窗口提供分开的制表符，主程序总是第一个制表符，后面是子程序或中断程序。

一个项目（Project）包括的基本组件有程序块（Program Block）、数据块（Data Block）、系统块（System Block）、符号表（Symbol Table）、状态图表（Status Chart）和交叉引用表（Cross Reference）。程序块、数据块、系统块须下载到PLC，而符号表、状态图表、交叉引用表无须下载到PLC。

程序块由可执行代码和注释组成，可执行代码由一个主程序和可选子程序或中断程序组成。程序代码被编译并下载到PLC，程序注释被忽略。

在“指令树”中用右键单击“程序块”图标可以插入子程序和中断程序。

数据块由数据（包括初始内存值和常数值）和注释两部分组成。数据被编译后，下载到PLC，注释被忽略。数据块窗口的操作等在3.1.2节中介绍过。

系统块用来设置系统的参数，包括通信口配置信息、保存范围、模拟和数字输入过滤器、背景时间、密码表、脉冲截取位和输出表等。

单击“浏览栏”上的“系统块”按钮，或者单击“指令树”内的“系统块”图标，可查看并编辑系统块。

系统块的信息须下载到 PLC 才能为 PLC 提供新的系统配置。

符号表、状态图表和交叉引用表在前面已经介绍过，这里不再介绍。

3.2.2 梯形图程序的输入

1．建立项目

（1）打开已有的项目文件

常用的方法如下。

执行菜单命令“文件”→“打开”，在“打开文件”对话框中，选择项目的路径及名称，单击“确定”按钮，打开现有项目。

在“文件”菜单底部列出最近工作过的项目名称，选择文件名可直接打开。

利用 Windows 资源管理器，选择扩展名为“.mwp”的文件打开。

（2）创建新项目

单击“新建”快捷按钮。

执行菜单命令“文件” →“新建”。

点击浏览条中的程序块图标，新建一个项目。

2．输入程序

打开项目后就可以进行编程，本书主要介绍梯形图的相关操作。

（1）输入指令

梯形图的元素主要有触点、线圈和指令盒，梯形图的每个网络必须从触点开始，以线圈或没有 ENO 输出的指令盒结束。线圈不允许串联使用。

要输入梯形图指令首先要进入梯形图编辑器。

执行菜单命令“查看”→ “梯形图（Ladder)”，接着在梯形图编辑器中输入指令。输入指令可以通过指令树、工具条按钮和快捷键等方法。

在指令树中选择需要的指令，拖放到需要的位置。

将光标放在需要的位置，在指令树中双击需要的指令。

将光标放在需要的位置，单击工具栏中的“指令”按钮，打开一个“通用指令”窗口，选择需要的指令。

使用功能键：〈F4〉=触点，〈F6〉=线圈，〈F9〉=指令盒，打开一个“通用指令”窗口，选择需要的指令。

当编程元件图形出现在指定位置后，再点击编程元件符号的“??.?”，输入操作数。红色字样显示语法出错，当把不合法的地址或符号改变为合法值时，红色便会消失。若数值下面出现红色的波浪线，则表示输入的操作数超出范围或与指令的类型不匹配。

（2）上下线的操作

将光标移到要合并的触点处，单击“上行线”↑或“下行线”↓按钮。

（3）输入程序注释

LAD 编辑器中共有 4 个注释级别：项目组件（程序）注释、网络标题、网络注释和项目组件属性。

1）项目组件（程序）注释：在“网络 1”上方的灰色方框中单击项目组件注释，输入程序注释。

单击“切换程序注释”按钮或者执行菜单命令“查看”→“POU 注释”，可在程序注释打开（可视）或关闭（隐藏）之间切换。

每条程序注释所允许使用的最大字符数为 4096。可视时，程序注释始终位于程序顶端，并在第一个网络之前显示。

2）网络标题：将光标放在网络标题行，输入一个便于识别该逻辑网络的标题。网络标题中可允许使用的最大字符数为 127。

3）网络注释：将光标移到网络标号下方的灰色方框中，可以输入网络注释。网络注释可对网络的内容进行简单的说明，便于程序的理解和阅读。网络注释中可允许使用的最大字符数为 4096。

单击“切换网络注释”按钮或者执行菜单命令“查看”→“网络注释”，可在网络注释“打开”（可视）和“关闭”（隐藏）之间切换。

4）项目组件属性：用下面的方法存取“属性”对话框。①用鼠标右键单击“指令树”，从弹出的菜单中选择“属性”。②用鼠标右键单击程序编辑器窗口中的任何一个程序标签，并从弹出菜单选择“属性（Properties）”。属性对话框如图 3-16 所示。

“属性”对话框中有两个选项卡：“常规”General 和“保护”Protection。选择“常规”可为子程序、中断程序和主程序块（MAIN OB1）重新编号和重新命名，并为项目指定一个作者。选择“保护”则可以选择一个密码保护程序，以使其他用户无法看到该程序，并在下载时加密。若要用密码保护程序，则需选中“用密码保护本 POU”复选框，输入一个 4 字符的密码并核实该密码，如图 3-17 所示。

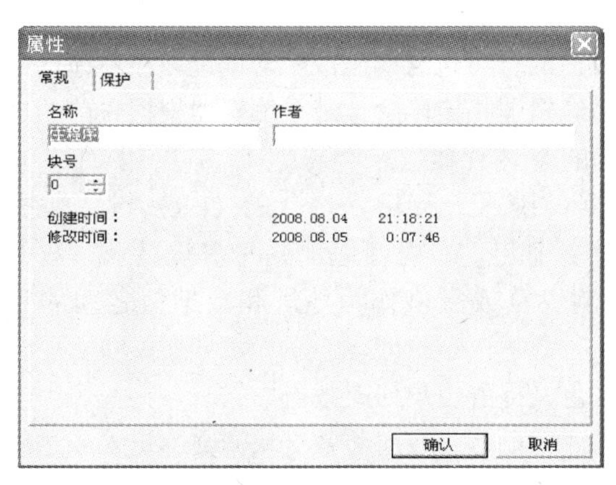

图 3-16 属性对话框

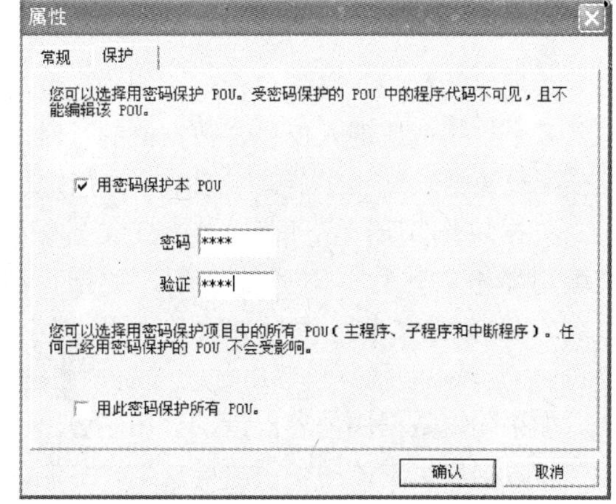

图 3-17 “保护”选项卡

（4）程序的编辑

1）剪切、复制、粘贴或删除多个网络。通过用〈Shift〉键+鼠标单击，可以选择多个相邻的网络，进行剪切、复制、粘贴或删除等操作。注意：不能选择部分网络，只能选择整个网络。

2）编辑单元格、指令、地址和网络。用光标选中需要进行编辑的单元，单击鼠标右键，弹出快捷菜单，可以进行插入或删除行、列、垂直线或水平线的操作。删除垂直线时把方框放在垂直线左边的单元上，删除时选择“行”，或按〈Del〉键。进行插入编辑时，要先将方框移至欲插入的位置，然后选择“列”。

（5）程序的编译

程序经过编译后，方可下载到PLC。编译的方法如下。

单击“编译”按钮☑或执行菜单命令“PLC”→“编译”（Compile），即可编译当前被激活的窗口中的程序块或数据块。

单击“全部编译”按钮☑或执行菜单命令“PLC”→“全部编译”（Compile All），即可编译全部项目元件（程序块、数据块和系统块）。使用“全部编译”与哪一个窗口是活动窗口无关。

编译结束后，输出窗口会显示编译结果。

3.2.3 数据块编辑

数据块（Data Block）用来对变量存储器V赋初值，可用字节、字或双字赋值。注解（前面带双斜线）是可选项目，如图3-18所示。编写的数据块被编译后，可下载到PLC，注释被忽略。

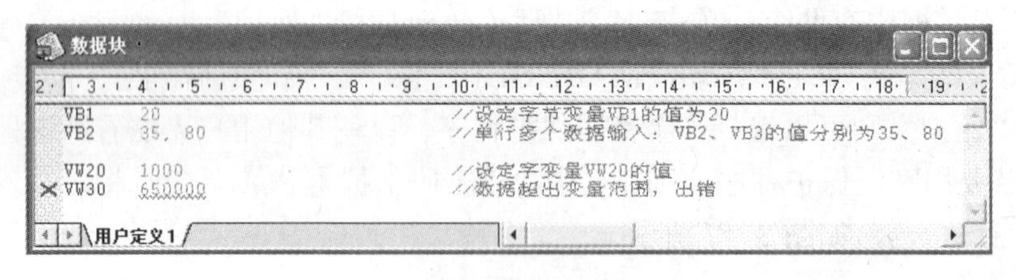

图3-18　数据块编辑

数据块的第一行必须包含一个明确地址，以后的行可包含明确或隐含地址。在单地址后键入多个数据值或键入仅包含数据值的行时，由编辑器指定隐含地址。编辑器根据先前的地址分配及数据长度（字节、字或双字）指定适当的V内存数量。

数据块编辑器是一种自由格式文本编辑器，键入一行后，按〈ENTER〉键，数据块编辑器格式化行（对齐地址列、数据、注解；捕获V内存地址）并重新显示。数据块编辑器接受大小写字母并允许使用逗号、制表符或空格作为地址和数据值之间的分隔符。

如果编辑数据块内容出错，会在左边出现红色叉提醒用户修改数据。

在数据块编辑器中使用“剪切”、“复制”和“粘贴”命令可将数据块源文本送入或送出STEP 7-Micro/WIN 40。

数据块需要下载至PLC后才生效。

3.2.4 符号表操作

1. 在符号表中符号赋值的方法

1）建立符号表：单击浏览条中的“符号表”按钮▣。符号表如图3-19所示。

符号表

	符号	地址	注释
1	TZ	I0.1	电动机停机按钮
2	QD	I0.0	电动机起动按钮输入
3	DJ	Q0.0	电动机控制接触器线圈输出端口
4			

用户定义1　POU 符号

图 3-19　符号表操作

2）在“符号”（Symbol）列键入符号名（如 QD），最大符号长度为 23 字符。注意：在给符号指定地址之前，该符号下有绿色波浪下划线。在给符号指定地址后，绿色波浪下划线会自动消失。如果选择同时显示项目操作数的符号和地址，则较长的符号名在 LAD、FBD 和 STL 程序编辑器窗口中会被一个波浪号（~）截断。可将鼠标放在被截断的名称上，在工具提示中查看全名。

3）在“地址”（Address）列中键入地址（例如：I0.0）。

4）键入注解（此为可选项：最多允许 79 字符）。

5）符号表建立后，执行菜单命令“查看” → “符号地址”（Symbolic Addressing），则直接地址将转换成符号表中对应的符号名。并且可通过执行菜单命令“工具” → “选项” → “程序编辑器” → “符号寻址”（Symbolic Addressing）来选择操作数显示的形式。如选择“显示符号和地址”（Display Symbol and Address），则对应的梯形图如图 3-20 所示。

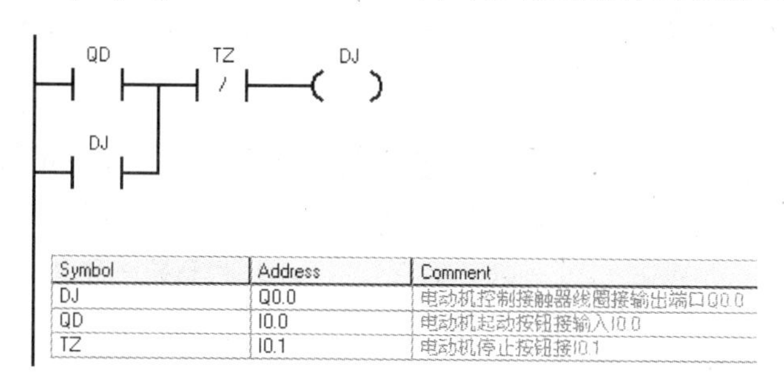

Symbol	Address	Comment
DJ	Q0.0	电动机控制接触器线圈接输出端口Q0.0
QD	I0.0	电动机起动按钮接输入I0.0
TZ	I0.1	电动机停止按钮接I0.1

图 3-20　带符号表的梯形图

6）执行菜单命令“查看”（View） → “符号信息表”（Symbol Information Table），可选择符号表的显示与否。“查看”（View） → “符号编址”（Symbolic Addressing），可选择是否将直接地址转换成对应的符号名。

在 STEP 7-Micro/WIN 40 中，可以建立多个符号表（SIMATIC 编程模式）或多个全局变量表（IEC 1131-3 编程模式）。但不允许将相同的字符串多次用作全局符号赋值，在单个符号表中和几个符号表内均不得如此。

2．在符号表中插入行

使用下列方法之一在符号表中插入行。

1）执行菜单命令“编辑” → “插入” → “行”（Row），可在符号表光标的当前位置上方插入新行。

2）用鼠标右键单击符号表中的任意一个单元格，选择弹出菜单中的命令“插入” → “行”（Row），将在光标的当前位置上方插入新行。

3）若在符号表底部插入新行，则将光标放在最后一行的任意一个单元格中，按〈↓〉键。

3．建立多个符号表

默认情况下，符号表窗口只显示一个符号名称（USR1）的标签，可用下列方法建立多个符号表。

1）在“指令树”下用鼠标右键单击“符号表”文件夹，在弹出的菜单命令中选择“插入符号表”。

2）打开符号表窗口，使用“编辑”菜单，或用鼠标右键单击空白处，在弹出菜单中选择“插入”→“表格”。

3）插入新符号表后，新的符号表标签会出现在符号表窗口的底部。在打开符号表时，要选择正确的标签。双击或用鼠标右键单击标签，可为标签重新命名。

3.3 通信

3.3.1 通信网络的配置

通过下面的方法测试通信网络。

1）在 STEP 7-Micro/WIN40 中，单击浏览条中的“通信”（Communications）图标，或执行菜单命令“查看”→“组件”→“通信”。

2）在“通信”对话框的右侧窗格（如图 3-21 所示），单击显示“双击刷新”（Double Click to Refresh）的蓝色文字。

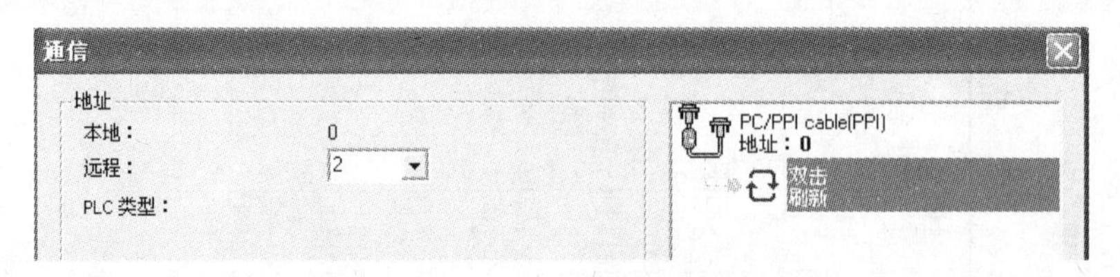

图 3-21　“通信”对话框

如果建立了个人计算机与 PLC 之间的通信，则会显示一个设备列表。

STEP 7-Micro/WIN40 在同一时间仅与一个 PLC 通信，此时会在 PLC 周围显示一个红色方框，说明该 PLC 目前正在与 STEP 7-Micro/WIN 40 通信。

3.3.2 上载、下载

1．下载（Download）

如果已经成功地在运行 STEP 7-Micro/WIN 40 的个人计算机和 PLC 之间建立了通信，就可以将编译好的程序下载至该 PLC。如果该 PLC 中已经有内容，则已有内容将被覆盖。下载步骤如下。

1）下载之前，PLC 必须位于“停止”的工作方式。检查 PLC 上的工作方式指示灯，如果 PLC 没有在“停止”状态，则需要单击工具条中的“停止”按钮，将 PLC 置于停止方式。

2）单击工具条中的“下载”按钮，或执行菜单命令“文件”→“下载”，则会出现

“下载”对话框。

3）根据默认值，在初次发出下载命令时，“程序代码块”、“数据块”和“CPU 配置”（系统块）复选框都会被选中。如果不需要下载某个块，可以清除该复选框。

4）单击“确定”按钮，开始下载程序。如果下载成功，将出现一个确认框显示以下信息：“下载成功”。

5）如果 STEP 7-Micro/WIN40 中的 CPU 类型与实际的 PLC 不匹配，会显示以下警告信息：“为项目所选的 PLC 类型与远程 PLC 类型不匹配。继续下载吗？”

6）此时应纠正 PLC 类型选项，选择“否”，终止下载程序。

7）执行菜单命令“PLC”→“类型”，调出“PLC 类型”对话框。单击“读取 PLC”按钮，由 STEP 7-Micro/WIN 40 自动读取正确的数值。单击“确定”按钮，确认 PLC 类型。

8）单击工具条中的“下载”按钮，重新开始下载程序，或执行菜单命令“文件”→“下载”。

9）下载成功后，单击工具条中的“运行”按钮，或执行菜单程序“PLC”→“运行”，则 PLC 进入“RUN”（运行）工作方式。

2．上载（Upload）

用下面的方法之一从 PLC 将项目元件上载到 STEP 7-Micro/WIN40 程序编辑器。

1）单击“上载”按钮≙。

2）执行菜单命令“文件”→“上载”。

3）按快捷键组合〈Ctrl+U〉。

执行的步骤与下载基本相同，选择需要上载的块（程序块、数据块或系统块），单击“上载”按钮，需要上载的程序将从 PLC 复制到当前打开的项目中，随后即可保存上载的程序。

3.4　程序的调试与监控

在运行 STEP 7-Micro/WIN 40 的编程设备和 PLC 之间建立通信并向 PLC 下载程序后，便可运行程序、收集状态进行监控和调试程序。

3.4.1　选择工作方式

PLC 有运行 RUN 和停止 STOP 两种工作方式。在不同的工作方式下，PLC 进行调试的操作方法不同。单击工具栏中的“运行”按钮▸或“停止”按钮■可以进入相应的工作方式。

1．选择 STOP 工作方式

在 STOP（停止）工作方式中，可以创建和编辑程序，此时 PLC 处于半空闲状态：停止用户程序的执行；执行输入更新；用户中断条件被禁用。PLC 操作系统继续监控 PLC，将状态数据传递给 STEP 7-Micro/WIN40，并执行所有的“强制”或“取消强制”命令。当 PLC 位于 STOP（停止）工作方式可以进行下列操作。

1）使用图状态或程序状态视图操作数的当前值（因为程序未执行，这一步骤等同于执行“单次读取”）。

2）可以使用图状态或程序状态强制数值，使用图状态写入数值。

3）写入或强制输出。

4）执行有限次扫描，并通过状态图或程序状态观察结果。

2．选择运行工作方式

当 PLC 位于 RUN（运行）工作方式时，不能使用“首次扫描”或“多次扫描”功能。此时可以在状态图表中写入和强制数值，或使用 LAD 或 FBD 程序编辑器强制数值，方法与在 STOP（停止）工作方式中强制数值相同。还可以执行下列操作（不能在 STOP 工作方式时使用）：

1）使用图状态收集 PLC 数据值的连续更新。如果希望使用“单次读取”命令，则图状态必须关闭。

2）使用程序状态收集 PLC 数据值的连续更新。

3）使用 RUN 工作方式中的“程序编辑”编辑程序，并将改动下载至 PLC。

3.4.2 程序状态显示

当程序下载至 PLC 后，可以用“程序状态”功能操作和测试程序网络。

1．启动程序状态

在程序编辑器窗口，显示希望测试的程序和网络。

PLC 置于 RUN 工作方式，启动程序状态监控改动 PLC 数据值。方法如下。

单击“程序状态打开/关闭”按钮或执行菜单命令“调试”→“开始程序状态监控”，则在梯形图中显示出各元件的状态。在进入“程序状态监控”的梯形图中，用彩色块表示位操作数的线圈得电或触点闭合状态。（如：表示触点闭合状态，表示位操作数的线圈得电。）

执行菜单命令“工具”→“选项”，在打开的窗口中可选择设置梯形图中功能块的大小、显示方式和彩色块的颜色等。

运行中的梯形图内的各元件的状态将随程序执行过程而连续更新。

2．用程序状态模拟进程条件（读取、强制、取消强制和全部取消强制）

通过在程序状态中从程序编辑器向操作数写入或强制新数值的方法，可以模拟程序控制进程的条件。图 3-22 是状态显示和程序状态模拟进程的强制闭合图，触点和线圈都显示当前的状态值，输出线圈 Q0.1 强制输出为 ON。

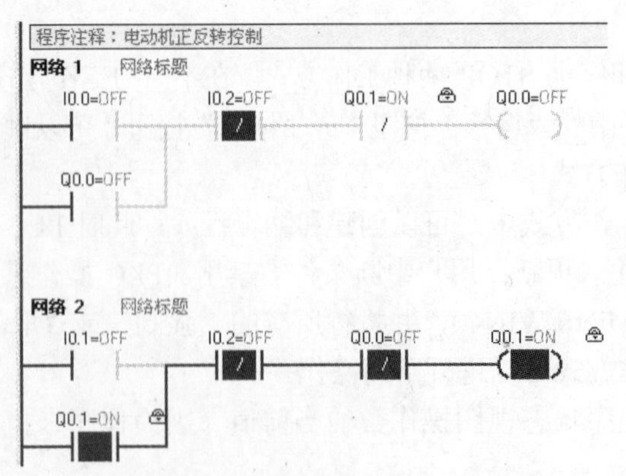

图 3-22　状态显示与进程模拟

单击“程序状态”按钮，开始监控数据状态，并启用调试工具。

（1）写入操作数

用鼠标右键直接单击操作数（不是指令），从弹出菜单选择“写入”。

（2）强制单个操作数

直接单击操作数（不是指令），然后从“调试”工具条中单击“强制”图标。

直接用鼠标右键单击操作数（不是指令），并从弹出菜单选择“强制”。

（3）单个操作数取消强制

直接单击操作数（不是指令），然后从“调试”工具条中单击“取消强制”图标。

直接用鼠标右键单击操作数（不是指令），并从弹出菜单选择“取消强制”。

（4）全部强制数值取消强制

从“调试”工具条中单击“全部取消强制”图标。

强制数据用于立即读取或立即写入指令指定 I/O 点，当 CPU 进入 STOP 状态时，输出将为强制数值，而不是系统块中设置的数值。

☞注意：

在程序中强制数值时，程序会在每次扫描时将操作数重设为该数值，而与输入/输出条件或其他正常情况下对操作数有影响的程序逻辑无关。强制可能导致程序操作无法预料，可能导致人员死亡或严重伤害或设备损坏。强制功能是调试程序的辅助工具，切勿为了处理装置的故障而执行强制。仅限合格人员使用强制功能！强制程序数值后，务必通知所有授权维修或调试程序的人员。在不带负载的情况下调试程序时，可以使用强制功能。

3．识别强制图标

被强制的数据处将显示一个图标。

1）黄色锁定图标表示显示强制，即该数值已经被“明确”或直接强制为当前正在显示的数值。

2）灰色隐去锁定图标表示隐式，即该数值已经被“隐含”强制，即不对地址进行直接强制，但内存区落入另一个被明确强制的较大区域中。例如，如果 VW0 被显示强制，则 VB0 和 VB1 被隐含强制，因为它们包含在 VW0 中。

3）半块图标表示部分强制。例如，VB1 被明确强制，则 VW0 被部分强制，因为其中的字节 VB1 被强制。

3.4.3 状态图显示

可以建立一个或多个状态图，用来监管和调试程序操作。打开状态图可以观察或编辑图的内容，启动状态图可以收集状态信息。

1．打开状态图

用以下方法可以打开状态图。

单击浏览条上的“状态图”按钮。

执行菜单命令“查看”→ “元件”→“状态图”。

打开指令树中的“状态图”文件夹，然后双击“图”图标。

如果在项目中有多个状态图，则使用 “状态图”窗口底部的“图”选项卡可在状态图之间切换。

2．状态图的创建和编辑

（1）建立状态图

打开一个空状态图，可以输入地址或定义符号名，进行程序监管或修改数值。可按以下步骤定义状态图，如图 3-23 所示。

	地址	格式	当前值	新数值
1	I0.0	位		
2	VW0	带符号		
3	M0.0	位		
4	SMW70	带符号		

图 3-23　选中程序代码建立状态图

1）在“地址”列输入存储器的地址（或符号名）。

2）在“格式”列选择数值的显示方式。如果操作数是位（如 I、Q 或 M），则格式被设为位。如果操作数是字节、字或双字，则需要选中“格式”列中的单元格，双击或按空格键或〈Enter〉键，浏览有效格式并选择适当的格式。定时器或计数器的数值可以显示为位或字。如果将定时器或计数器地址格式设置为位，则会显示输出状态（输出打开或关闭）。如果将定时器或计数器地址格式设置为字，则使用当前值。

还可以按下面的方法更快建立状态图，如图 3-24 所示。

选中程序代码的一部分，单击鼠标右键，在弹出菜单中选择“建立状态图”。新状态图包含所选程序中每个操作数的一个条目。条目按照其在程序中出现的顺序排列，状态图有一个默认名称。新状态图被增加在状态图编辑器中的最后一个标记之后。

每次选择建立状态图时，只能增加前 150 个地址。一个项目最多可存储 32 个状态图。

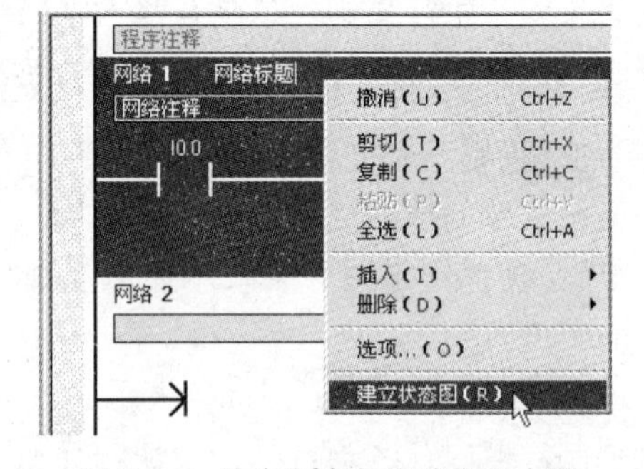

图 3-24　选中程序代码建立状态图

（2）编辑状态图

可采用下列方法修改状态图。

1）插入新行：使用“编辑”菜单或用鼠标右键单击状态图中的任意一个单元格，从弹出菜单中选择“插入”→“行”，则新行被插入在状态图中光标当前位置的上方。还可以将光标放在最后一行的任何一个单元格中，并按〈↓〉键，即可在状态图底部插入一行。

2）删除一个单元格或行：选中单元格或行，用鼠标右键单击，从弹出的菜单命令中选择“删除”→“选项”。如果删除一行，其后的行（如果有）则向上移动一行。

3）选择一整行（用于剪切或复制）：单击行号。

4）选择整个状态图：在行号上方的左上角单击一次鼠标左键。

（3）建立多个状态图

用下面方法可以建立一个新状态图。

在指令树中，用鼠标右键单击“状态图”，在弹出菜单中选择“插入”→“图”。

打开状态图窗口，使用“编辑”菜单或用鼠标右键单击空白处，在弹出菜单中选择“插入”→“图”。

3. 状态图的启动与监视

（1）状态图启动和关闭

用以下方法开启状态图连续收集状态图信息。

执行菜单命令“调试”→“图状态”，或使用工具条“图状态”按钮，再操作一次可关闭状态图。

状态图启动后，便不能再编辑状态图。

（2）单次读取与连续图状态

状态图被关闭时（未启动），可以使用“单次读取”功能，方法如下。

执行菜单命令“调试”→“单次读取”，或使用工具条“单次读取”按钮。

单次读取可以从 PLC 收集当前的数据，并在表中当前值列里显示出来，且在执行用户程序时并不对其进行更新。

状态图被启动后，使用“图状态”功能，将连续收集状态图信息。

（3）写入与强制数值

全部写入：对状态图内的新数值改动完成后，可利用全部写入功能将所有改动传送至 PLC。物理输入点不能用此功能改动。

强制：在状态图的地址列中选中一个操作数，在新数值列写入模拟实际条件的数值，然后单击工具条中的“强制”按钮。一旦使用“强制”，则每次扫描都会将强制数值应用于该地址，直至对该地址“取消强制”。

取消强制：和“程序状态”的操作方法相同。

3.4.4 执行有限次扫描

可以指定 PLC 对程序执行有限次数扫描（从 1 次扫描到 65535 次扫描）。通过指定 PLC 运行的扫描次数，可以监控程序过程变量的改变。第一次扫描时，SM0.1 数值为 1。

1. 执行单次扫描

“单次扫描”使 PLC 从 STOP 转变成 RUN，执行单次扫描，然后再转回 STOP，因此与第一次相关的状态信息不会消失。操作步骤如下。

1）PLC 必须位于 STOP（停止）模式。如果不在 STOP（停止）模式，则需要将 PLC 转换成停止模式。

2）执行菜单命令“调试”→“首次扫描”。

2. 执行多次扫描

步骤如下：

1）PLC 须位于 STOP（停止）模式。如果不在 STOP（停止）模式，则需要将 PLC 转换成停止模式。

2）执行菜单命令“调试”→“多次扫描”，则会出现“执行扫描”对话框，如图 3-25 所示。

3）输入所需的扫描次数数值，单击“确定”按钮。

图 3-25 “执行扫描”对话框

3.4.5 查看交叉引用

用下列方法打开“交叉引用”窗口。

执行菜单命令“查看”→“组件”→“交叉引用”，或单击浏览条中的“交叉引用”按钮。

单击“交叉引用”窗口底部的选项卡，可以查看“交叉引用”表、“字节用法”表或“位用法”表。

1．“交叉引用”表

参看 3.1.2　STEP 7-Mirco/WIN 40 窗口组件

2．“字节用法”表

1）用“字节用法”表可以查看程序中使用的字节以及在哪些内存区使用。在“字节用法”表中，b 表示已经指定一个内存位；B 表示已经指定一个内存字节；W 表示已经指定一字（16 位）；D 表示已经指定一双字（32 位）；X 用于计时器和计数器。如图 3-26 所示的“字节用法”表显示相关程序正在使用下列内存位置：MB0 中一位；计数器 C30；计时器 T37。

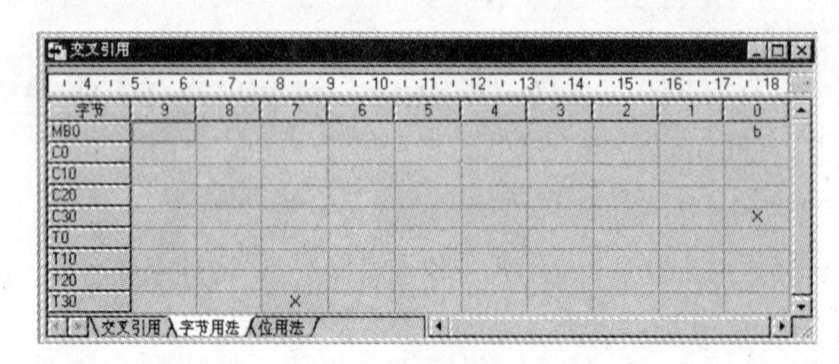
交叉引用

字节	9	8	7	6	5	4	3	2	1	0
MB0										b
C0										
C10										
C20										
C30										X
T0										
T10										
T20										
T30			X							

交叉引用　字节用法　位用法

图 3-26　“字节用法”表

2）用“字节用法”表可以检查是否重复赋值。如图 3-27 所示，双字要求四字节，则 VB0 行中应有 4 个相邻的 D。字要求 2 字节，则 VB0 中应有 2 个相邻的 W。MB10 行存在相同的问题，此处在多个赋值语句中使用 MB10.0。

交叉引用

字节	9	8	7	6	5	4	3	2	1	0
VB0							D	D	W	B
MB0										
MB10							D	D	W	b

交叉引用　字节用法　位用法

图 3-27　“字节用法”表

3．“位用法”表

用“位用法”表可以查看程序中已经使用的位，以及在哪些内存使用。如图 3-28 所示的“位用法”表显示相关程序正在使用下列内存位置：字节 IB0 的位 0、1、2、3、4、5 和 7；字节 QB0 的位 0、1、2、3、4 和 5；字节 MB0 的位 1。

交叉引用

位	7	6	5	4	3	2	1	0
I0.0	b		b	b	b	b	b	b
Q0.0			b	b	b	b	b	b
M0.0							b	

交叉引用　字节用法　位用法

图 3-28　“位用法”表

3.5 项目管理

3.5.1 打印

1. 打印程序和项目文档的方法

用下面的方法之一打印程序和项目文档。

单击“打印”按钮。

执行菜单命令“文件”→“打印”。

按〈Ctrl+P〉快捷键组合。

2. 打印单个项目元件网络和行

以下方法可以从单个程序块打印一系列网络，或从单个符号表或状态图打印一系列行。

1）选择适当的复选框，并使用“范围”域指定打印的元素。

2）选中一段文本、网络或行，并选择“打印”按钮。此时应检查以下条目：在“打印目录/次序”帧中写入正确的编辑器；在“范围”条目框中选择正确的程序（如适用）；程序“范围”条目框空闲正确的单选按钮；“范围”条目框中显示正确的数字。

如图 3-29 所示，从 USR1 符号表打印行 6～20，则应采取以下方法之一。

选择“打印目录/次序”题目下方的“符号表”复选框以及“范围、符号表”下方的“USR1（USR1）”复选框，定义打印范围为 6～20。

在符号表中增亮 6～20 行，并选择“打印”按钮。

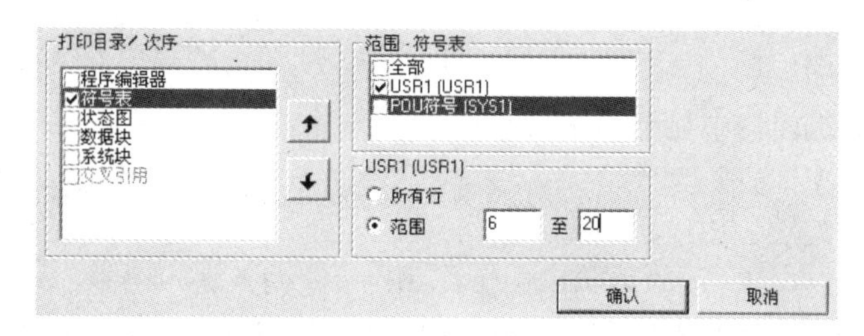

图 3-29 打印目录/次序

3.5.2 复制项目

在 STEP 7-Micro/WIN40 项目中可以复制文本或数据域、指令、单个网络、多个相邻的网络、程序中的所有网络、状态图行或列或整个状态图、符号表行或列或整个符号表、数据块。但不能同时选择或复制多个不相邻的网络。不能从一个局部变量表成块复制数据并粘贴至另一个局部变量表，因为每个表的只读 L 内存赋值必须唯一。

剪切、复制或删除 LAD 或 FBD 程序中的整个网络，必须将光标放在网络标题上。

3.5.3 导入文件

从 STEP 7-Micro/WIN40 之外导入程序，可使用“导入”命令导入 ASCII 文本文件。“导入”命令不允许导入数据块。打开新项目或现有项目，才能使用“文件”→“导入”命令。

如果导入 OB1（主程序），则会删除所有现有程序。然后，用作为 OB1 和作为所有 ASCII 文本文件组成部分的子程序或中断程序的 ASCII 数据创建程序组织单元。

如果只导入子程序或中断程序（ASCII 文本文件中无定义的主程序），则 ASCII 文本文件中定义的程序将取代所有现有 STEP 7-Micro/WIN40 项目中的对应号码的程序（如果 STEP 7-Micro/WIN40 项目未空置）。现有 STEP 7-Micro/WIN40 项目的主程序以及未在 ASCII 文本文件中定义的所有 STEP 7-Micro/WIN40 程序均被保留。

3.5.4 导出文件

将程序导出到 STEP 7-Micro/WIN40 之外的编辑器，可以使用“导出”命令创建 ASCII 文本文件。默认文件的扩展名为“·awl”，可以指定任何文件名称。程序只有成功通过编译才能执行“导出”操作。“导出”命令不允许导出数据块。打开一个新项目或旧项目，才能使用“导出”功能。

用“导出”命令导出下列现有程序（主程序、子例行程序和中断例行程序）应注意。

如果导出 OB1（主程序），则所有现有项目程序均作为 ASCII 文本文件组合和导出。

导出子例行程序或中断例行程序，则当前打开编辑的单个程序会作为 ASCII 文本文件导出。

3.6 思考与练习

1．如何建立项目？
2．如何在 LAD 中输入程序注解？
3．如何下载程序？
4．如何在程序编辑器中显示程序状态？
5．如何建立状态图表？
6．如何执行有限次数扫描？
7．如何打开交叉引用表？交叉引用表的作用是什么？
8．以电动机的起动控制为例进行模拟进程控制。

第 4 章　PLC 控制电动机电路设计

4.1　PLC 程序设计语言

在 PLC 中有多种程序设计语言，如梯形图、语句表、功能块图等。

梯形图和语句表是基本程序设计语言，通常由一系列指令组成，用这些指令可以完成大多数简单的控制功能。

1．梯形图（Ladder Diagram）程序设计语言

梯形图程序设计语言是最常用的一种程序设计语言，是用图形的方式进行逻辑运算、数据处理、数据的输入输出等以达到控制目标的程序表现形式。它来源于继电器逻辑控制系统的描述。在工业过程控制领域，电气技术人员对继电器逻辑控制技术较为熟悉，因此，由这种逻辑控制技术发展而来的梯形图受到了欢迎，并得到了广泛的应用。梯形图与继电器控制原理图相对应，具有直观性和对应性；与原有的继电器逻辑控制技术的不同点是，梯形图中的能流不是实际意义的电流，内部的继电器也不是实际存在的继电器。因此，应用时须与原有继电器逻辑控制技术的有关概念区别对待。LAD 图形指令有 3 个基本形式。

（1）触点

触点对外代表输入条件，如外部开关、按钮的状态等，内部实际是一个寄存器位。触点对内部是读取指定寄存器位的值并进行相关逻辑运算。CPU 运行过程中扫描到常开触点时，读取触点指定的寄存器位的值。该位数据为 1 时，表示“能流”能通过，代表该常开触点闭合；该位数据为 0 时，表示“能流”不能通过，代表该常开触点断开。CPU 运行扫描到常闭触点时，读取该触点符号对应的寄存器位的值并取反。当常闭触点对应的寄存器位为 0 时，取反后是 1，“能流”可以通过；当常闭触点对应的寄存器位为 1 时，取反后是 0，“能流”不能通过。计算机读寄存器位的次数不受限制，因此在用户程序中，常开触点、常闭触点可以使用无数次。

（2）线圈

线圈表示输出结果，通过输出接口电路来控制外部的指示灯、接触器及内部的输出条件等。当线圈左侧接点组成的逻辑运算结果为 1 时，“能流”可以达到线圈，使线圈得电动作，CPU 将线圈的位地址指定的存储器的位置位为 1；当逻辑运算结果为 0 时，线圈不通电，存储器的位置为 0。线圈代表 CPU 对存储器位的写操作。PLC 采用循环扫描的工作方式，所以在用户程序中，每个线圈只能使用一次。

线圈是指 PLC 的 CPU 将前面的逻辑运算结果写入到指定的寄存器位中去。

（3）指令盒

指令盒是西门子 PLC 中完成复杂功能的图形化指令格式，如定时器、计数器或数学运算指令等。当“能流”通过指令盒时，执行指令盒代表的功能。

梯形图按照逻辑关系可分成网络段（Network），分段只是为了阅读和调试方便。在本书部分举例中我们将省去网络段。图 4-1 是梯形图示例。

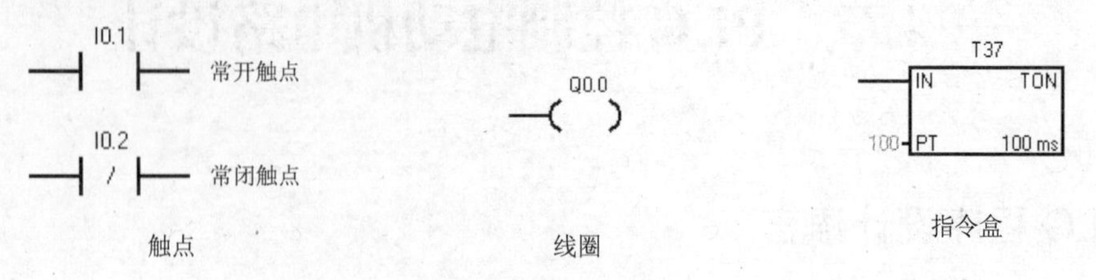

图 4-1　梯形图示例

2．语句表（Statement List）程序设计语言

语句表程序设计语言是用布尔助记符来描述程序的一种程序设计语言。语句表程序设计语言与计算机中的汇编语言非常相似，采用布尔助记符来表示操作功能。

语句表程序设计语言具有下列特点。

1）采用助记符来表示操作功能，具有容易记忆、便于掌握的特点；

2）在编程器的键盘上采用助记符表示，具有便于操作的特点，可在无计算机的场合进行编程设计；

3）用编程软件可以将语句表与梯形图相互转换。

3．功能块图（Function Block Diagram）程序设计语言

功能块图程序设计语言是采用逻辑门电路的编程语言。功能块图指令由输入、输出段及逻辑关系函数组成。方框的左侧为逻辑运算的输入变量，右侧为输出变量，输入输出端的小圆圈表示“非”运算，信号自左向右流动。

4.2　基本指令分析与应用

4.2.1　基本位操作指令

位操作指令是 PLC 常用的基本指令，梯形图指令有触点和线圈两大类，触点又分常开触点和常闭触点两种形式。语句表指令有与、或及输出等逻辑关系。位操作指令能够实现基本的位逻辑运算和控制。

梯形图程序的本质是进行逻辑运算和数据处理。本书用运算符号来表示梯形图程序执行过程中的运算过程：用字母“B”代表 PLC 的逻辑运算器，“→”表示数据移动和传送的方向，“∧”表示逻辑与运算，“∨”表示逻辑或运算。如：I0.0→Q0.0 表示将继电器 I0.0 的值送至 Q0.0；I0.1∧B→B 表示将 I0.1 和逻辑运算器 B 的值进行与运算，结果送回逻辑运算器 B。

1．逻辑取及线圈指令 LD/LDN

（1）指令功能

1）LD（load）：对应梯形图为在左侧母线或线路分支点处初始装载一个常开触点。将触点对应的寄存器位的值读到 PLC 的逻辑运算器 B 中来。LD 指令是逻辑运算的开始。

2）LDN（load not）：对应梯形图为在左侧母线或线路分支点处初始装载一个常闭触点。将触点对应的寄存器位的值进行取反后再读到 PLC 的逻辑运算器 B 中来。

3）=（OUT）：输出指令，对应梯形图为线圈驱动。将 PLC 的逻辑运算器中的值写入到线圈对应的寄存器位中去。输出指令在同一梯形图程序中对同一元件只能使用一次。若多次对同一元件进行写入操作，只有最后写入有效，故可能产生输出错误。

（2）指令格式如图 4-2 所示

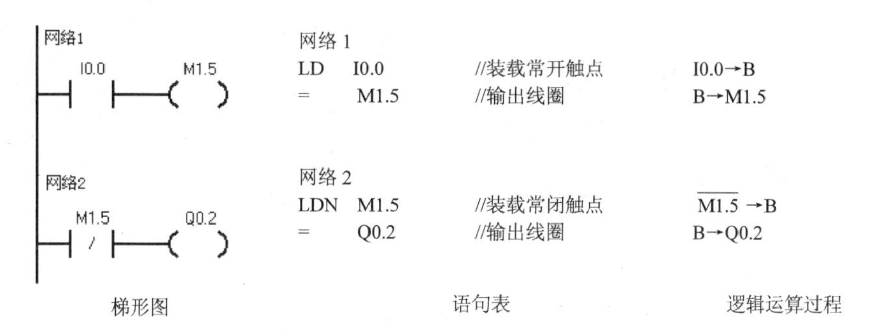

图 4-2 LD/LDN、OUT 指令的使用

（3）使用说明

1）触点代表 CPU 对存储器的读操作，常开触点和存储器的位状态一致，常闭触点和存储器的位状态相反。用户程序中同一触点可使用无数次。

如：存储器 I0.0 的状态为 1，则对应的常开触点 I0.0 接通，表示能流可以通过；而对应的常闭触点 I0.0 断开，表示能流不能通过。若存储器 I0.0 的状态为 0，则对应的常开触点 I0.0 断开，表示能流不能通过；而对应的常闭触点 I0.0 接通，表示能流可以通过。

2）线圈代表 CPU 对存储器的写操作，若线圈左侧的逻辑运算结果为“1”；表示能流能够达到线圈，CPU 将该线圈所对应的存储器的位置位为“1”；若线圈左侧的逻辑运算结果为“0”，表示能流不能够达到线圈，CPU 将该线圈所对应的存储器的位置位为“0”。在用户程序中同一线圈只能使用一次。

3）LD、LDN 指令用于与输入公共母线（输入母线）相联的接点,也可与 OLD、ALD 指令配合用于分支回路的开头。LD/LDN 的操作数：I、Q、M、SM、T、C、V、S。

4）= 指令用于 Q、M、SM、T、C、V、S，但不能用于输入映像寄存器 I。输出端不带负载时，控制线圈应尽量使用 M 或其他，而不用 Q。= 可以并联使用任意次，但不能串联。同一个线圈不能输出两次。=(OUT)的操作数：Q、M、SM、T、C、V、S。

2．触点串联指令 A(And)、AN(And Not)

（1）指令功能

A(And)：与操作，在梯形图中表示串联连接单个常开触点。取触点对应的寄存器位的值，并跟 PLC 逻辑运算器 B 的原来的值进行逻辑与运算，结果存放在 PLC 的逻辑运算器 B 中。

AN(And not)：与非操作，在梯形图中表示串联连接单个常闭触点。取触点对应的寄存器位的值并取反，再跟 PLC 逻辑运算器 B 的原来的值进行逻辑与运算，结果存放在 PLC 的逻辑运算器 B 中。

（2）指令格式如图 4-3 所示

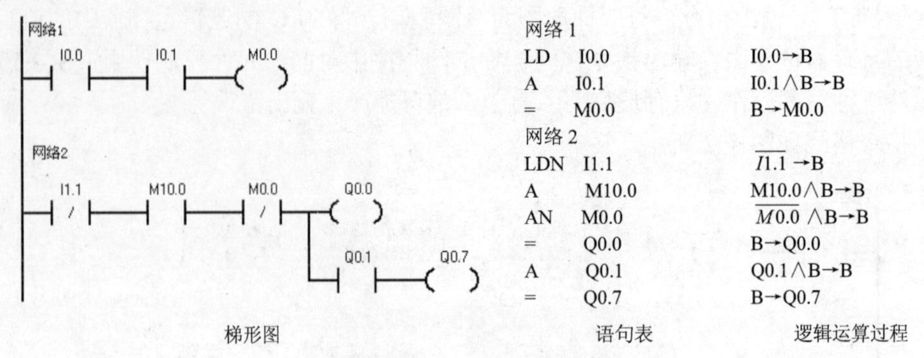

图 4-3　A/AN 指令的使用

（3）使用说明

AN 是单个触点串联连接指令，可连续使用。如图 4-3 的网络 2 所示。

若按正确次序编程（即输入：“左重右轻、上重下轻”；输出：上轻下重），可以反复使用=指令，如图 4-4a 所示。但若按图 4-4b 所示的次序编程，就不能连续使用=指令了。

AN 的操作数：I、Q、M、SM、T、C、V、S。

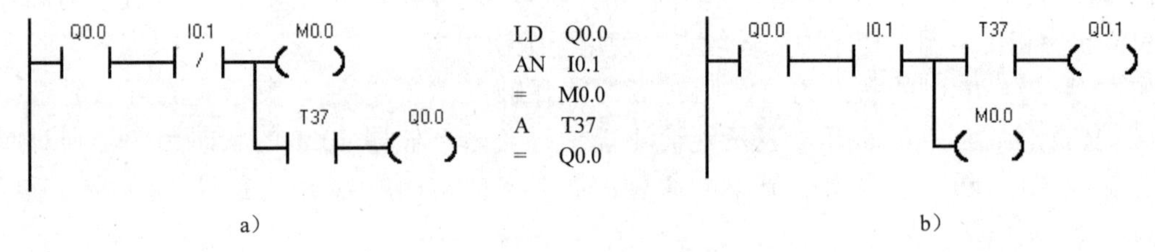

图 4-4　A/AN 指令的使用

3．触点并联指令：O（Or）/ON（Or not）

（1）指令功能

1）O：或操作，在梯形图中表示并联连接一个常开触点。取触点对应的寄存器位的值，并跟 PLC 逻辑运算器 B 的原来的值进行逻辑或运算，结果存放在 PLC 的逻辑运算器 B 中。

2）ON：或非操作，在梯形图中表示并联连接一个常闭触点。取触点对应的寄存器位的值并且进行取反，再跟 PLC 逻辑运算器 B 的原来的值进行逻辑或运算，结果存放在 PLC 的逻辑运算器 B 中。

（2）指令格式（如图 4-5 所示）

（3）使用说明

O/ON 指令可作为并联一个触点的指令紧接在 LD/LDN 指令之后使用，即对前面的 LD/LDN 指令规定的触点并联一个触点，可以连续使用。

若要并联连接两个以上触点的串联回路时，须采用 OLD 指令。

O/ON 操作数：I、Q、M、SM、V、S、T、C。

4. 电路块的串联指令 ALD

（1）指令功能

ALD：块“与”操作，用于串联连接多个并联电路组成的电路块。

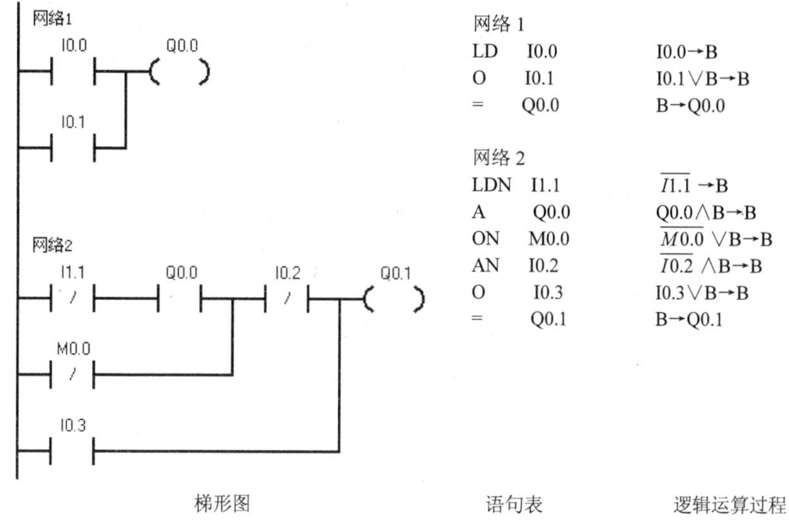

图 4-5 O/ON 指令的使用

（2）指令格式如图 4-6 所示

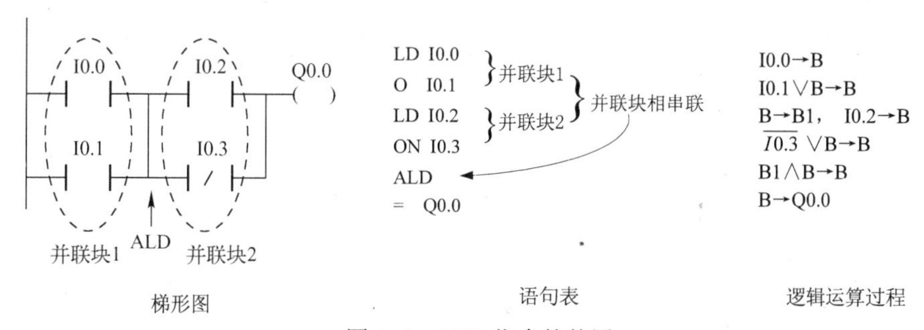

图 4-6 ALD 指令的使用

逻辑运算过程中，并联块 2 运算开始时，并联块 1 的运算结果自动压入 PLC 的值逻辑运算器的堆栈 B1 中；在并联块 2 运算结束时，堆栈 B1 的数据弹出，跟逻辑运算器 B 的值进行与运算，完成两个并联块的串联与运算，并将结果存放在逻辑运算器 B 中。最后将逻辑运算器 B 中的值写入线圈 Q0.0 代表的寄存器位中去。

（3）使用说明

并联电路块和前面的电路串联连接时，可使用 ALD 指令。分支的起点用 LD/LDN 指令，并联电路结束后使用 ALD 指令与前面的电路串联。

可以顺次使用 ALD 指令串联多个并联电路块，支路数量没有限制，如图 4-7 所示。

ALD 指令无操作数。

多个并联块串联时，第二个以及后面的块运算开始时，系统自动将当前逻辑运算结果压入堆栈中，ALD 指令是将堆栈中的数据弹出且与逻辑运算器中的值进行与运算，将结果保存在逻辑运算器中，并不需要入栈和出栈指令。

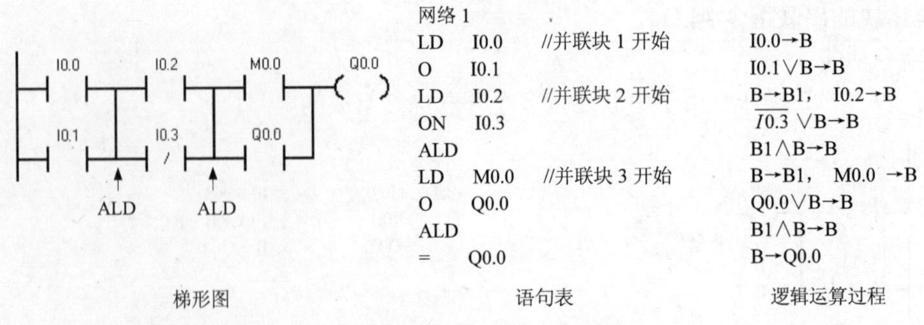

图 4-7 ALD 指令的使用

5. 电路块的并联指令 OLD

（1）指令功能

OLD：块“或”操作，用于并联连接多个串联电路组成的电路块。

（2）指令格式如图 4-8 所示

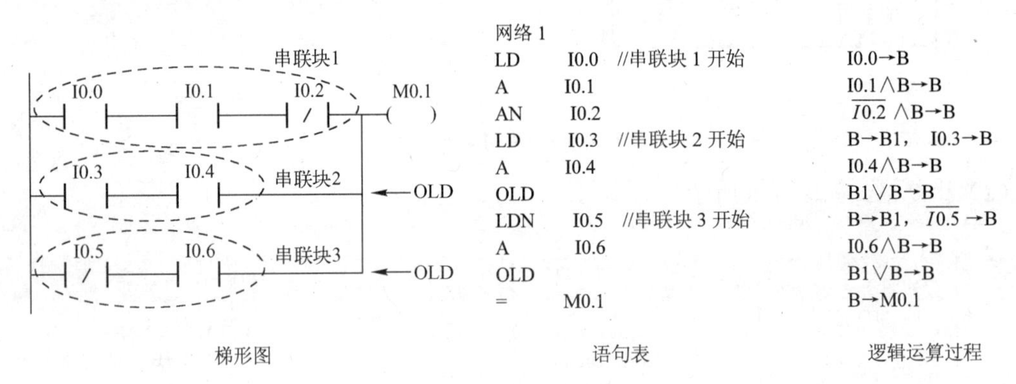

图 4-8 OLD 指令的使用

逻辑运算过程中，串联块 2 开始时，串联块 1 的运算结果自动压入 PLC 逻辑运算器的堆栈 B1 中；在串联块 2 运算结束时，堆栈 B1 的数据弹出，跟逻辑运算器 B 的值进行或运算，完成两个串联块的逻辑或（并联）运算，结果存放在逻辑运算器 B 中。同理，串联块 3 开始时，前面的逻辑运算结果自动压入堆栈 B1 中；串联块 3 结束时，堆栈 B1 的数据弹出，跟逻辑运算器 B 的值进行或运算，结果存放在逻辑运算器 B 中。最后逻辑运算器 B 中的值写入线圈 M0.1 代表的寄存器位中去。OLD 指令不需要入栈和出栈指令。

（3）使用说明

并联连接几个串联支路时，支路的起点以 LD、LDN 开始，并联结束后用 OLD 指令。

可以顺次使用 OLD 指令并联多个串联电路块，支路数量没有限制。

ALD 指令无操作数。

【例 4-1】 根据图 4-9 所示的梯形图，写出对应的语句表和逻辑运算过程。

6. 逻辑堆栈操作指令 LPS、LRD、LPP

S7-200 系列 PLC 采用 9 位的堆栈结构，栈顶 B 用于保存逻辑运算的结果，下面的 8 位用于保存中间运算结果和断点的地址。堆栈中的数据按“先进后出”的原则存取。

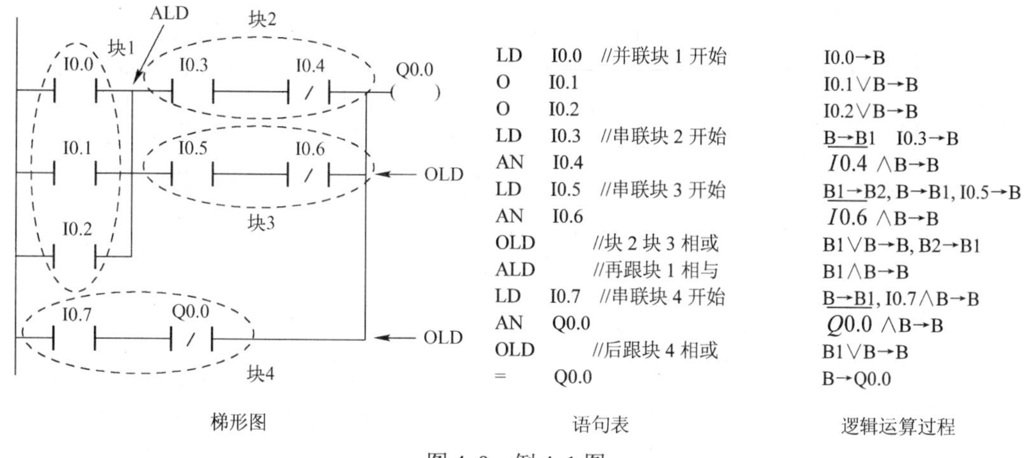

图 4-9 例 4-1 图

（1）指令的功能

堆栈操作指令用于处理线路的分支点。在编制控制程序时，会经常遇到多个分支电路同时受一个或一组触点控制的情况，如图 4-11 所示。若采用前述指令不容易编写程序，用堆栈操作指令则可方便地将图 4-11 所示的梯形图转换为语句表。

1）LPS（入栈）指令：LPS 指令把栈顶 B 的值 iv0 复制后压入堆栈 B1 层，栈中原来的数据依次下移一层，栈底 B8 的值 iv8 丢失。

2）LRD（读栈）指令：LRD 指令把逻辑堆栈第二层 B1 的值 iv0 复制到栈顶，结果 B 的值是 iv0，2～9 层数据不变，堆栈没有压入和弹出，但原栈顶的值丢失。

3）LPP（出栈）指令：LPP 指令把堆栈弹出一级，原第二层 B1 的值 iv0 变为新的栈顶 B 的值，原栈顶数据从栈内丢失。

LPS、LRD、LPP 指令的操作过程如图 4-10 所示。图中 ivx 为存储在堆栈中的数据。

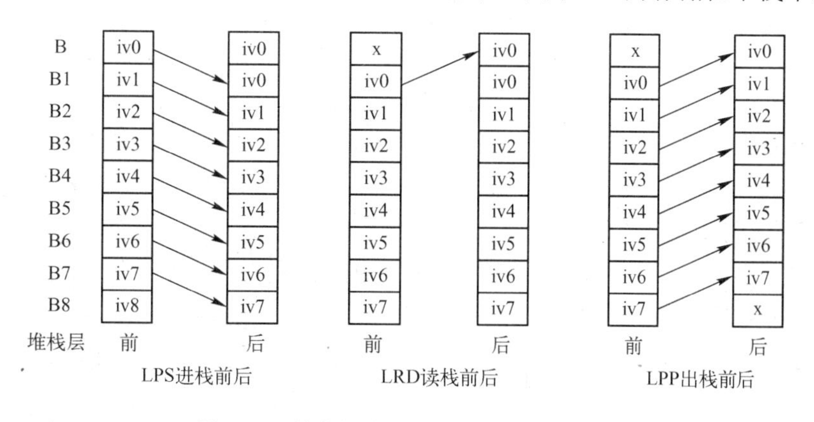

图 4-10 堆栈操作前后各层值的变化情况

（2）指令格式如图 4-11 所示

图 4-11 所示的梯形图程序只用到堆栈的两层，程序执行过程中分为 10 个程序步，每个程序步执行时堆栈各层值的变化情况如图 4-12 所示。

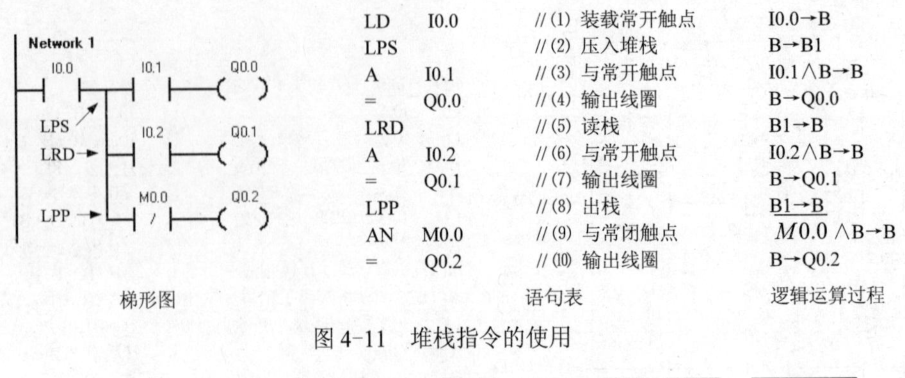

图 4-11 堆栈指令的使用

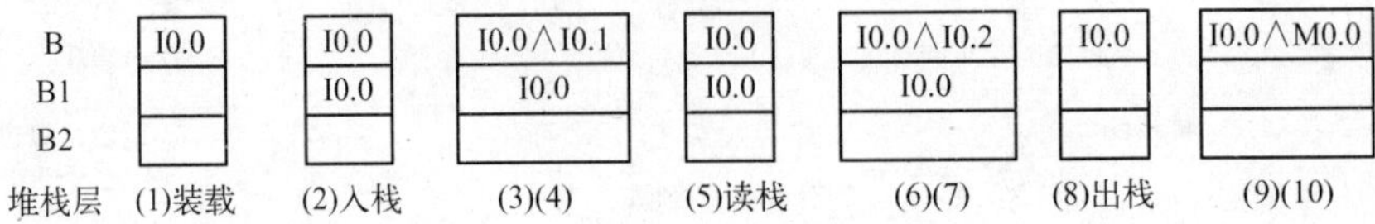

图 4-12 程序执行过程中堆栈各层值的变化情况

（3）使用说明

逻辑堆栈指令可以嵌套使用，最多为 9 层。

为保证程序地址指针不发生错误，入栈指令 LPS 和出栈指令 LPP 必须成对使用，最后一次读栈操作应使用出栈指令 LPP。

堆栈指令没有操作数。

使用多重堆栈的例子如图 4-13 所示。

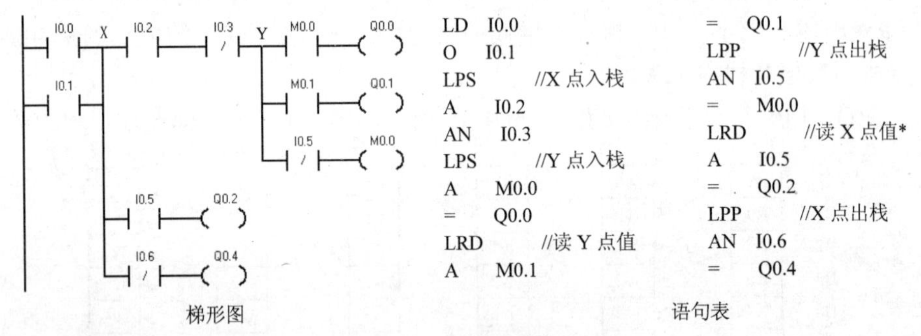

图 4-13 多重堆栈的使用

【例 4-2】 梯形图程序如图 4-13 所示，试写出对应的语句表程序。

第一条 LPS 指令将 X 点的运算结果压入堆栈的第 2 层 B1 中，第二条 LPS 指令将 Y 点的运算结果压入堆栈的第 2 层 B1 中，X 点的运算结果被压入到堆栈的第 3 层 B2 中。第 1 条 LPP 指令将 Y 点的运算结果弹出到堆栈的栈顶（即第 1 层）B 中，第 3 层中的 X 点运算结果被移到第 2 层 B1 中。最后一条 LPP 指令将堆栈第 2 层 B1 的 X 点运算结果弹到栈顶 B 中。堆栈“先入后出”的数据存取方式满足多分支电路保存数据的要求。

该例梯形图程序中，语句表程序注释中带*的读取 X 点值的指令 LRD，可以用两条指令 LPP 和 LPS 取代。

7. 置位/复位指令 S/R

（1）指令功能

置位指令 S：设置从位地址 bit 开始的 N 个寄存器位（线圈）的值为“1”并保持。

复位指令 R：设置从位地址 bit 开始的 N 个寄存器位（线圈）的值为“0”并保持。

（2）指令格式

如表 4-1 所示，用法如图 4-14 所示。

表 4-1 S/R 指令格式

	LAD	STL	指令参数说明
置位	bit —(S) N	S bit, N	1. 置位指令“S bit, N”的作用是当输入端有效（能流到达）时，将从位地址 bit 开始的 N 个位写入 1 并保持为 1 2. 复位指令“R bit, N” 的作用是当输入端有效（能流到达）时，将从位地址 bit 开始的 N 个位写入 0 并保持为 0 3. 操作数 bit 为：I, Q, M, SM, T, C, V, S, L。数据类型为：布尔 4. 操作数 N 为：常量, VB, IB, QB, MB, SMB, SB, LB, AC, *VD, *AC, *LD。取值范围为：字节（0～255）
复位	bit —(R) N	R bit, N	

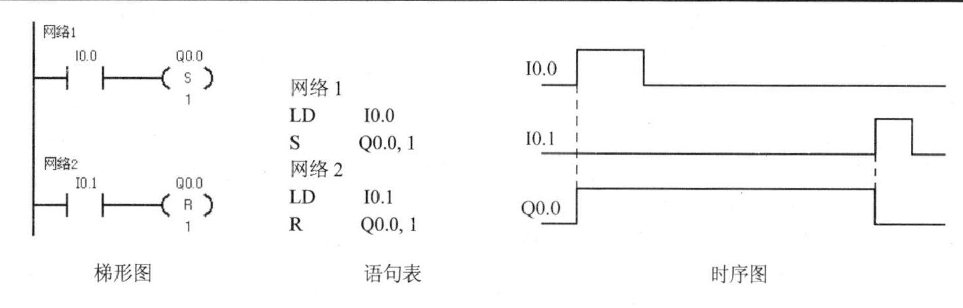

图 4-14 S/R 指令的使用

（3）使用说明

对同一元件（同一寄存器的位）可以多次使用 S/R 指令（与“=”指令不同）。

由于 PLC 是扫描工作方式，当置位、复位指令同时有效时，写在后面的指令具有优先权。

置位、复位指令通常成对使用，也可以单独使用或与指令盒配合使用。

（4）=、S、R 指令的比较

如图 4-15 所示。

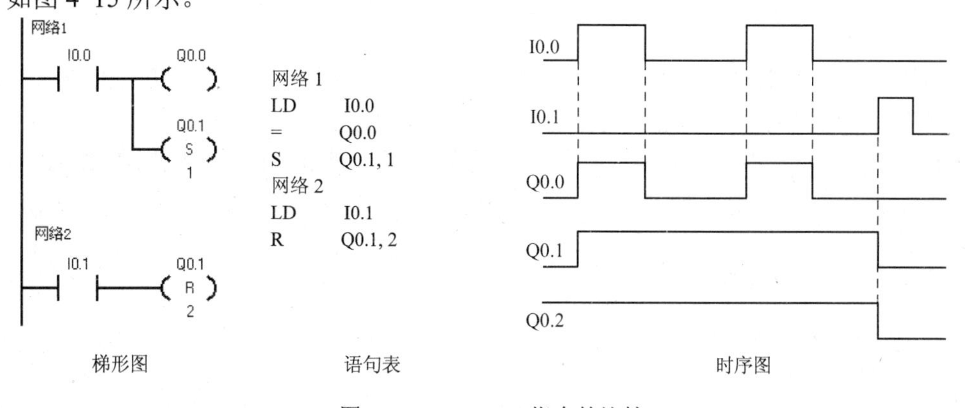

图 4-15 =、S、R 指令的比较

8．脉冲生成指令 EU/ED

（1）指令功能

EU（Edge Up）指令：当 EU 指令的输入端的能流有一个上升沿时，产生一个宽度为一个扫描周期的脉冲，驱动后面的输出线圈。

ED（Edge Down）指令：当 ED 指令的输入端能流有一个下降沿时，产生一个宽度为一个扫描周期的脉冲，驱动后面的线圈。

（2）指令格式

如表 4-2 所示。

表 4-2　EU/ED 指令格式

LAD	STL	指 令 说 明
┤P├	EU	1. EU、ED 指令无操作数 2. EU、ED 指令只在输入信号变化时有效，其输出信号的脉冲宽度为一个机器扫描周期 3. 对开机时就为接通状态的输入条件，EU 指令不执行 4. 在后续指令需要脉冲执行的时候使用。避免指令循环执行
┤N├	ED	

用法和时序分析如图 4-16 所示。

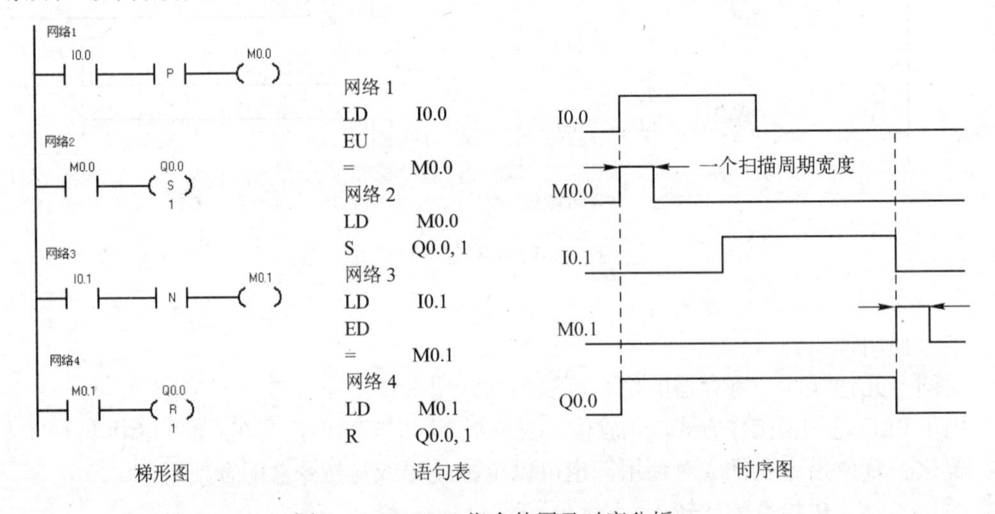

图 4-16　ED/EU 指令使用及时序分析

程序及运行结果分析如下。

I0.0 的上升沿，经触点（EU）产生一个扫描周期的时钟脉冲，驱动输出线圈 M0.0 导通一个扫描周期，M0.0 的常开触点闭合一个扫描周期，使输出线圈 Q0.0 置位为 1 并保持。

I0.1 的下降沿，经触点（ED）产生一个扫描周期的时钟脉冲，驱动输出线圈 M0.1 导通一个扫描周期，M0.1 的常开触点闭合一个扫描周期，使输出线圈 Q0.0 复位为 0 并保持。

4.2.2　PLC 控制电动机电路

1．电动机起保停控制电路

（1）控制电路和程序分析

电动机起动、保持和停止电路（简称为“起保停”电路）是电动机的基本控制电路，对应的 PLC 外部接线图如图 4-17 所示。在外部接线图中，起动常开按钮 SB1 和停止按钮 SB2 分别接在输入端 I0.0 和 I0.1，交流接触器线圈 KM 作为 PLC 的负载接在输出端 Q0.0。因此输入映像寄存器 I0.0 的状态与起动常开按钮 SB1 的状态相对应，输入映像寄存器 I0.1 的状态与停止常开按钮 SB2 的状态相对应。而程序运行结果写入输出映像寄存器 Q0.0，并通过输出接口电路控制线圈 KM 的得电与失电。

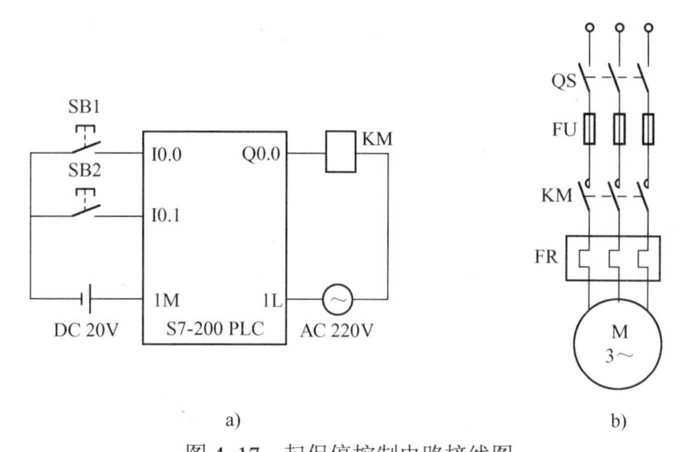

图 4-17　起保停控制电路接线图

a) PLC 辅助控制接线图　b) 电动机起保停主控制接线图

控制程序梯形图如图 4-18a 所示。图中的起动信号 I0.0 和停止信号 I0.1 是由起动常开按钮 SB1 和停止常开按钮 SB2 提供的，持续（ON）的时间一般都很短，这种信号称为短信号。起保停电路最主要的特点是具有“记忆”功能，按下起动按钮 SB1，I0.0 的常开触点接通，如果这时未按停止按钮，则 I0.1 的常闭触点接通，Q0.0 的线圈“通电”，它的常开触点同时接通。放开起动按钮，I0.0 的常开触点断开，“能流”经 Q0.0 的常开触点和 I0.1 的常闭触点流过 Q0.0 的线圈，Q0.0 仍为 ON，这就是所谓的“自锁”或“自保持”功能。Q0.0 为 1 时，接在输出端口 Q0.0 上的交流接触器 KM 的线圈得电，电动机运行。按下停止按钮，I0.1 的常闭触点断开，使 Q0.0 的线圈断电，常开触点断开，以后即使放开停止按钮，I0.1 的常闭触点恢复接通状态，Q0.0 的线圈仍然断电。Q0.0 为 0 时，接在输出端口 Q0.0 上的交流接触器 KM 的线圈失电，电动机停止。

（2）说明

1）每一个按钮或开关输入对应一个 PLC 确定的输入点，每一个负载 PLC 有一个确定的输出点。

2）为了使梯形图和继电器控制的电路图中的触点类型相同，外部按钮一般用常开按钮。

起动、保持和停止电路也可以用图 4-18b 中的 S 和 R 指令来实现。按下按钮 SB1，触点 I0.0 为 1，置位 Q0.0 并保持为 1，交流接触器 KM 的线圈得电，电动机运行。按下按钮 SB2，触点 I0.1 为 1，复位 Q0.0 并保持为 0，交流接触器 KM 的线圈失电，电动机停止。

电动机起保停控制的 PLC 内部触点和线圈的时序如图 4-18c 所示。

（3）电动机起保停控制电路的装配与调试

1）连接辅助控制电路。输入端口按钮所需的 DC 24V 电源可由 PLC 提供。为了安全起见，作为初学者最好选用线圈电压为 24V 的接触器。注意，图中省略了 PLC 的 AC 220V 电源，要接好 PLC 的 AC 220V 电源。

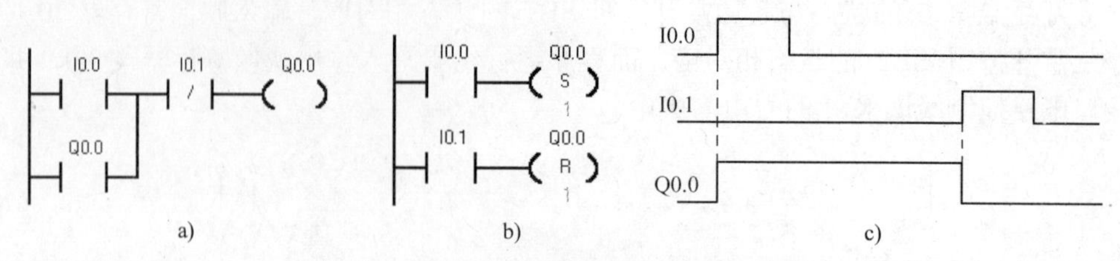

图 4-18　电动机起保停控制梯形图与时序

a) 自锁控制方式梯形图　b) 置位复位方式　c) 时序图

2）连接主控制电路。如果是为了验证控制程序，可以不接主控制电路。

3）连接 PLC 与计算机的通信电缆。启动 PLC 编程软件 STEP 7-Micro/WIN40。单击“通信”图标，建立通信连接。

4）按图 4-18a 所示编辑梯形图并编译，再下载到 PLC，运行程序。

5）按下按钮 SB1，观察电动机运行情况；再按下按钮 SB2，观察电动机运行情况。

6）按图 4-18b 所示编辑梯形图并编译，再下载到 PLC，运行程序。

7）按下按钮 SB1，观察电动机运行情况；再按下按钮 SB2，观察电动机运行情况。

2．电动机正反转控制电路与程序

（1）控制电路和程序分析

如图 4-19 所示是 PLC 控制交流异步电动机正反转的主控制电路和辅助控制电路图。主控制电路与继电器控制电路没有区别。在辅助控制电路中，输入信号的按钮和输出控制电动机的接触器线圈分别接在 PLC 的输入端口和输出端口，相互之间没有直接的关系。输入按钮通过程序对输出接触器线圈进行控制。

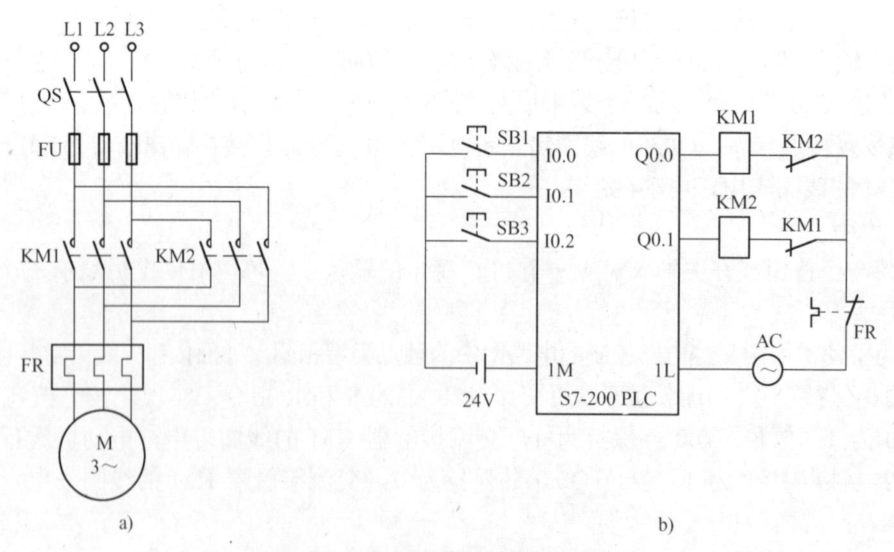

图 4-19　电动机正反转控制电路图

a) 主控制电路　b) 辅助控制电路

下面结合控制程序图 4-20 来分析电动机正反转控制的运行过程。

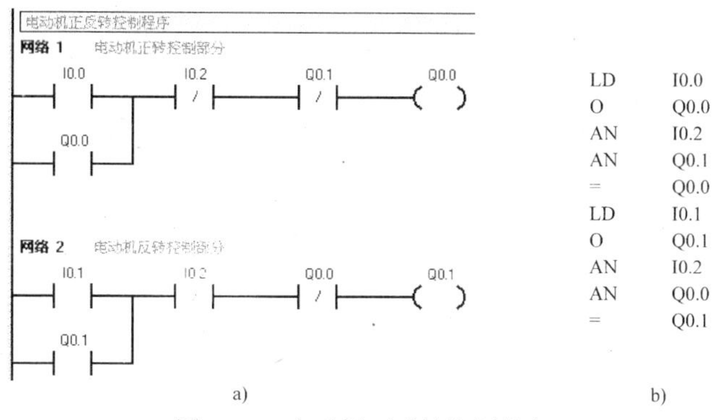

图 4-20　电动机正反转控制程序

a) 梯形图程序　b) 语句表程序

按下正转起动按钮 SB1，触点 I0.0 得电，能流从左母线经过 I0.0、I0.2、Q0.1 达到输出线圈 Q0.0，Q0.0 的值为 1，接在端口 Q0.0 的接触器线圈 KM1 得电，主控制电路中 KM1 的触点闭合，电动机正转起动。由于线圈 Q0.0 为 1，则触点 Q0.0 闭合，使得 I0.0 自锁，松开按钮 SB1 后能维持输出线圈 Q0.0 得电，电动机保持正转运行。按下停机按钮 SB3，触点 I0.2 得电，常闭触点 I0.2 断开，能流不能到达线圈 Q0.0，Q0.0 的值为 0，接在端口 Q0.0 的接触器线圈 KM1 失电，主控制电路中 KM1 的触点断开，电动机停止。本控制程序是停机优先的控制方式。

相同的道理，按下反转起动按钮 SB2，电动机反转起动。按下停机按钮 SB3，电动机停止。

在电动机正转期间，线圈 Q0.0 为 1，常闭触点 Q0.0 断开，按下反转按钮 SB2，能流不能到达输出线圈 Q0.1，反转接触器 KM2 不会闭合；在电动机反转期间，即使按下正转按钮 SB1，正转接触器 KM1 也不会闭合。常闭触点 Q0.0 和 Q0.1 实现了互锁。

在辅助控制电路的连接上，KM1 和 KM2 的常闭触点也进行了互锁。即从软件和硬件两个方面进行互锁。

热继电器的控制触点接在了接触器线圈的控制回路上而不接在 PLC 的输入端口，节省了一个 PLC 输入端口。

（2）电动机正反转电路的装配与调试

1）连接辅助控制电路。输入端口按钮所需的 DC 24V 电源可由 PLC 提供。为了安全起见，作为初学者最好选用线圈电压为 24V 的接触器。注意，图中省略了 PLC 的 AC 220V 电源，要接好该电源。

2）连接主控制电路。

3）连接 PLC 与计算机的通信电缆。启动 PLC 编程软件 STEP 7-Micro/WIN40。单击“通信”图标，建立通信连接。

4）按图 4-20a 所示编辑梯形图并编译，再下载到 PLC，运行程序。

5）按下按钮 SB1，观察电动机的运行情况；再按下按钮 SB2，观察电动机的运行情况；最后按下按钮 SB3，观察电动机的运行情况。

6）应用编程软件的在线监控功能，观察每次按下按钮时 PLC 内部各触点和线圈的值的变化情况。

3．抢答器分析与调试

（1）控制任务

有 3 个抢答席和 1 个主持人席，每个抢答席上各有 1 个抢答按钮和一只抢答指示灯。参赛者在允许抢答时，第一个按下抢答按钮的抢答席上的指示灯将会亮，且释放抢答按钮后，指示灯仍然亮；此后另外两个抢答席上即使在按各自的抢答按钮，指示灯也不会亮。这样主持人就可以轻易地知道谁是第一个按下抢答器的。该题抢答结束后，主持人按下主持席上的复位按钮，则指示灯熄灭，又可以进行下一题的抢答比赛。工艺要求：本控制系统有 4 个常开按钮，SB0、SB1、SB2 和 SB3。另外，作为控制对象有 3 盏灯 H1、H2 和 H3。

（2）I/O 分配表

输入

I0.0　S1 //抢答席 1 上的抢答按钮

I0.1　S2 //抢答席 2 上的抢答按钮

I0.2　S3 //抢答席 3 上的抢答按钮

I0.3　S0 //主持席上的复位按钮

输出

Q0.0　H1 //抢答席 1 上的指示灯

Q0.1　H2 //抢答席 2 上的指示灯

Q0.2　H3 //抢答席 3 上的指示灯

（3）程序设计

抢答器的程序设计如图 4-21b 所示。

程序的要点是：实现抢答器指示灯的“自锁”功能，即当某一抢答席抢答成功后，即使释放其抢答按钮，指示灯仍然亮，直至主持人进行复位才熄灭，实现方法是用输出线圈的常开触点进行自锁；实现 3 个抢答席之间的“互锁”功能，方法是每个输出线圈用其他两个线圈的常闭触点进行互锁，只要其中一个输出得电时，其他就不能有输出了。

（4）装配与调试

1）根据图 4-21a 所示连接 PLC 辅助控制电路。

2）连接 PLC 与计算机的通信电缆。启动 PLC 编程软件 STEP 7-Micro/WIN40。单击“通信”图标，建立通信连接。

3）按图 4-21b 所示编辑梯形图并编译，再下载到 PLC，运行程序。

4）三个人进行抢答操作。并进行主持人按钮复位操作，观察抢答指示灯。

5）应用编程软件的在线监控功能，观察每次按下按钮时 PLC 内部各触点和线圈的值的变化情况。

4.2.3　编程注意事项及编程技巧

1．梯形图语言中的语法规定

1）程序应按自上而下、从左至右的顺序编写。

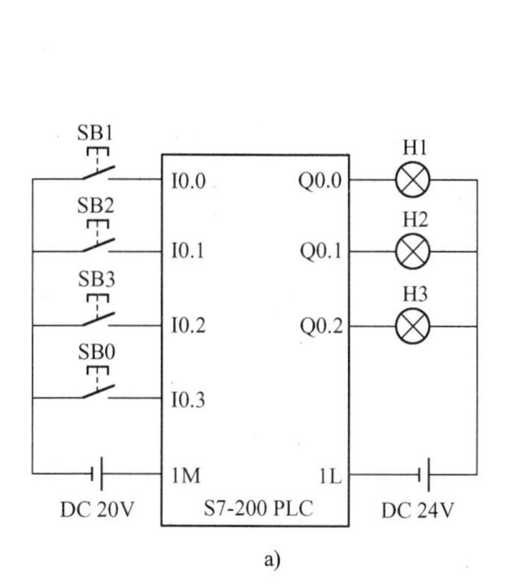

a)

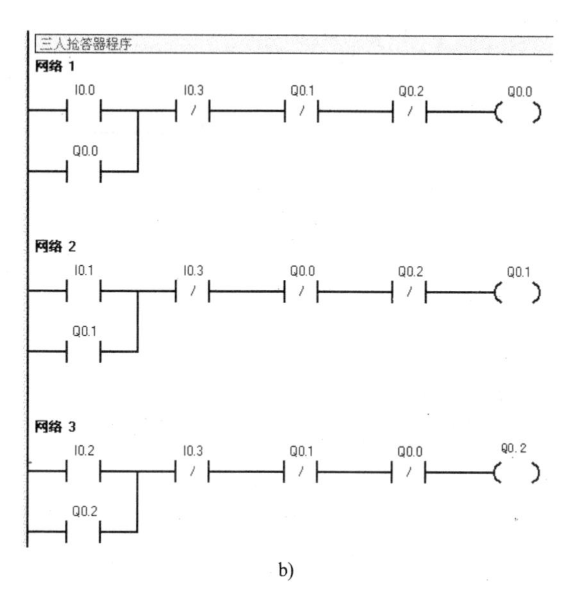

b)

图 4-21　三人抢答器 PLC 接线图和控制程序

a) PLC 电路图　b) 控制程序梯形图

2）同一操作数的输出线圈在一个程序中不能使用两次，不同操作数的输出线圈可以并行输出，如图 4-22 所示。

3）线圈不能直接与左母线相连。如果需要，可以通过特殊内部标志位存储器 SM0.0（该位始终为 1）来连接，如图 4-23 所示。

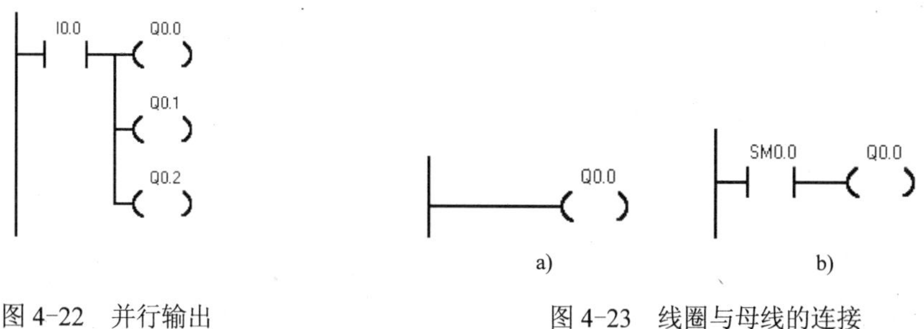

a)　b)

图 4-22　并行输出

图 4-23　线圈与母线的连接

a) 不正确　b) 正确

4）适当安排编程顺序，以减少程序的步数。

串联触点支路并联时须遵循“上重下轻”的原则，即串联多的支路应尽量放在上部，如图 4-24 所示。

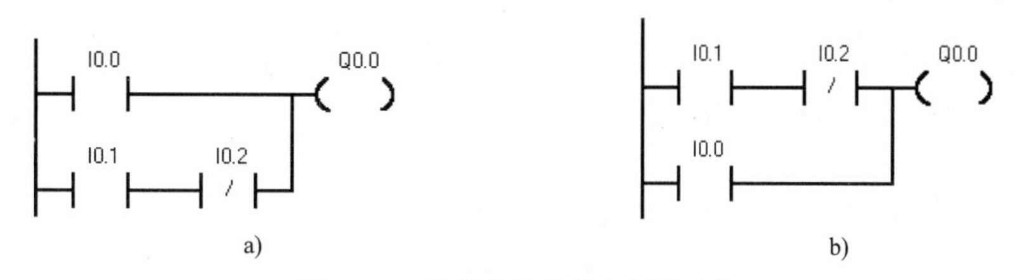

a)　b)

图 4-24　串联多的支路应放在上部

a) 电路安排不当　b) 电路安排正确

并联电路块串联时须遵循“左重右轻”的原则，即并联多的支路应靠近左母线，如图 4-25 所示。

线圈输出部分须遵循“上轻下重”的原则，即结构简单的输出线圈放置在梯形图的上面，结构较复杂的输出线圈放置在下面。如图 4-26 所示。

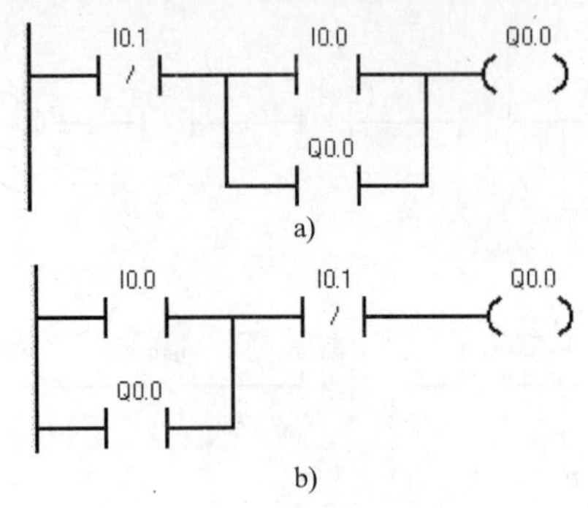

图 4-25　并联多的支路应靠近左母线

a) 不正确　b) 正确

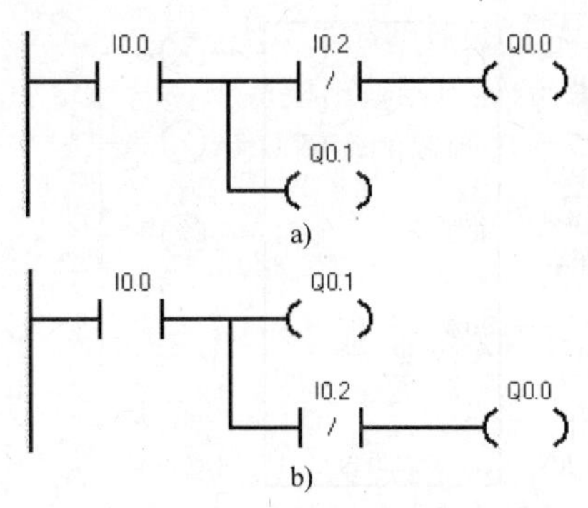

图 4-26　结构简单的输出线圈放置在梯形图的上面

a) 电路安排不当　b) 电路安排正确

5）触点不能放在线圈的左边。

6）对复杂的电路，用 ALD、OLD 等指令难以编程，可重复使用一些触点画出其等效电路，然后再进行编程，如图 4-27 所示。

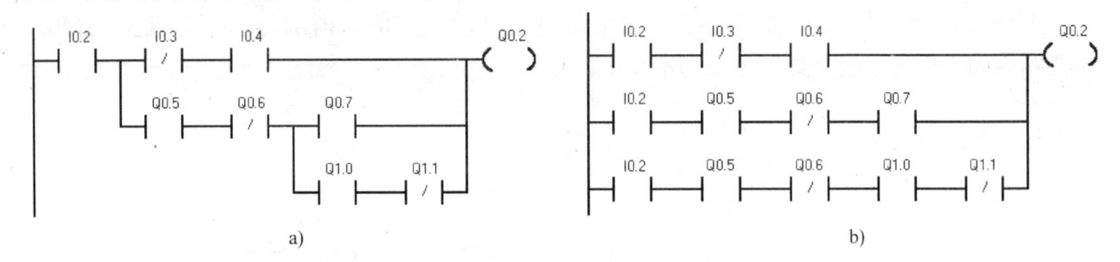

图 4-27　复杂电路编程技巧

a) 复杂电路　b) 等效电路

2. 设置中间单元

在梯形图中，若多个线圈都受某一触点串并联电路的控制，则为了简化电路，在梯形图中可设置该电路控制的存储器的位，如图 4-28 所示，这类似于继电器电路中的中间继电器。

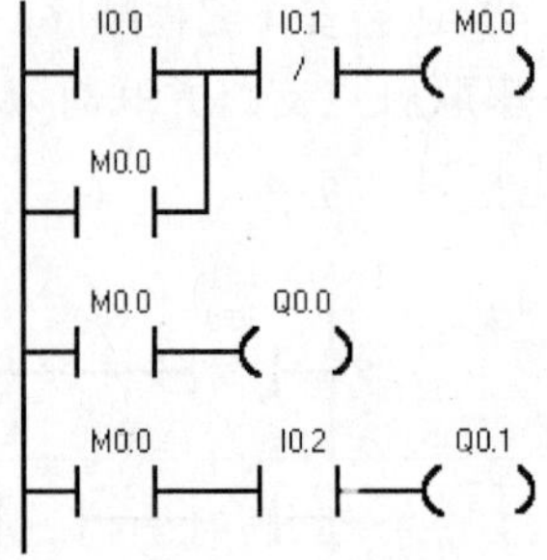

图 4-28　设置中间单元

3. 尽量减少 PLC 的输入信号和输出信号

PLC 的价格与 I/O 点数有关，因此减少 I/O 点数是降低硬件费用的主要措施。如果几个输入器件触点的串并联电路总是作为一个整体出现，可以将他们作为 PLC 的一个输入信号，只占 PLC 的一个输入点。如果某器件的触点只用一次并且与 PLC 输出端的负载串联，则不必将它们作为 PLC 的输入信号，可以将它们放在 PLC 外部的输出回路上，与外部负载串联。如图 4-19b 所示的热继电器 FR 的常闭触点与接触器线圈串联，不占用 PLC

的输入端口。

4．外部联锁电路的设立

为了防止控制正反转的两个接触器同时动作造成三相电源短路，应在 PLC 外部设置硬件联锁电路。如图 4-19b 所示为正反转接触器的常闭触点进行互锁。

5．外部负载的额定电压

PLC 的继电器输出模块和双向晶闸管输出模块一般只能驱动额定电压为 AC 220V 的负载，故交流接触器的线圈应选用 220V 的。PLC 输出端口是晶体管形式的外接电源的只能使用 DC 24V 电源。

4.3 定时器指令

4.3.1 定时器指令介绍

机械空气阻尼式时间继电器是利用空气经过狭窄通道进行延时的，优点是使用方便，缺点是成本高、定时不精确、可靠性差。

晶体管时间继电器是通过 RC 充放电实现延时的，延时精度较空气阻尼式时间继电器高，但成本高。

在单片机中，通过定时器和中断系统，可以达到精确延时和长时间延时的要求，但系统设计和程序设计有较大难度。

PLC 控制器的定时器具有以下优点：延时精度高、延时时间长、使用简单方便、没有单独的硬件成本。

S7-200 系列 PLC 的定时器是对内部时钟累计时间增量计时的。每个定时器均有一个 16 位的当前值寄存器用以存放当前值（16 位符号整数）；一个 16 位的预置值寄存器用以存放时间的设定值；还有一位输出控制位，反映是否达到定时时间，对外进行控制。

1．定时器的结构

定时器是 PLC 内部的软元件，由下面 6 个部分组成。

1）时基脉冲发生器：产生 1ms、10ms、100ms 的脉冲。不同编号的定时器有不同时基脉冲发生器，如表 4-3 所示。

2）设定值寄存器 PT：16 位寄存器，用来存放定时预先设定值。

3）计数器：16 位计数器，对脉冲进行计数。用定时器编号表示；数据为字数据。

4）输入控制位 IN：输入控制位有效时，启动定时器工作。

5）输出控制位：当定时时间到时，即计时器的值与设定值寄存器 PT 的值相等时，发出控制信号。也用定时器的编号表示，数据为位数据。

6）比较器：比较计数器和设定值寄存器的值。

2．工作方式

S7-200 系列 PLC 的定时器按工作方式可分为三大类。指令格式如表 4-4 所示。

定时器的工作原理：使能端 IN 输入有效后，计数器对 PLC 内部的时基脉冲进行增 1 计数，当计数值等于或大于定时器的设定值即寄存器 PT 指定的值后，输出控制位置 1。

最小计时单位为时基脉冲的宽度，又称为定时精度。从定时器输入有效，到状态位输出有效，经过的时间为定时时间，即：定时时间 T=预置值×时基脉冲周期。

表 4-3　定时器的类型

工 作 方 式	定时器编号	时基/ms	最大定时范围/s
TONR	T0，T64	1	32.767
	T1～T4，T65～T68	10	327.67
	T5～T31，T69～T95	100	3276.7
TON/TOF	T32，T96	1	32.767
	T33～T36，T97～T100	10	327.67
	T37～T63，T101～T255	100	3276.7

当前值寄存器为 16bit，最大计数值为 32767，由此可推算不同分辨率的定时器的设定时间范围。

CPU 22X 系列 PLC 的 256 个定时器分属 TON（TOF）和 TONR 工作方式，以及 3 种时基标准，如表 4-3 所示。可见时基越大定时时间越长，但精度越差。

表 4-4　定时器的指令格式

类　　型	LAD	STL	说　　明
通电延时定时器	???? IN　TON ????-PT　??? ms	TON　Txx，PT	TON—通电延时定时器 TONR—记忆型通电延时定时器 TOF—断电延时型定时器 IN 是使能输入端，指令盒上方输入定时器的编号 Txx，范围为 T0～T255；PT 是预置值输入端，最大预置值为 32767；PT 的数据类型：INT PT 操作数有：IW、QW、MW、SMW、T、C、VW、SW、AC、常数
记忆型通电延时定时器	???? IN　TONR ????-PT　??? ms	TONR Txx，PT	
断电延时型定时器	???? IN　TOF ????-PT　??? ms	TOF　Txx，PT	

1ms、10ms、100ms 的定时器的刷新方式不同，分别如下。

1ms 定时器每隔 1ms 刷新一次，与扫描周期和程序处理无关，即采用中断刷新方式。因此当扫描周期较长时，在一个周期内可能被多次刷新，当前值在一个扫描周期内不一定保持一致。

10ms 定时器则由系统在每个扫描周期开始时自动刷新。由于每个扫描周期内只刷新一次，故每次程序处理期间，当前值为常数。

100ms 定时器则在该定时器指令执行时刷新。下一条执行的指令即可使用刷新后的结果，非常符合正常的思路，使用方便可靠。但应当注意，如果该定时器的指令不是每个周期都执行，定时器就不能及时刷新，可能导致出错。

3．定时器指令工作过程

下面我们将从原理应用等方面分别叙述通电延时型、记忆型通电延时型、断电延时型三种定时器的使用方法。

（1）通电延时型定时器（TON）指令工作原理

程序及时序分析如图 4-29 所示。当 I0.0 接通、使能端（IN）输入有效时，驱动 T37 开始计时，计数当前值从 0 开始递增，计时到设定值 PT（5）时，T37 状态位置 1，其常开触点 T37 接通，驱动 Q0.0 输出，其后当前值仍增加，但不影响状态位。当前值的最大值为 32767。当 I0.0 分断、使能端无效时，T37 复位，当前值清 0，状态位也清 0，即回复原始状态。若 I0.0 接通时间未到设定值就断开，则 T37 立即复位，Q0.0 不会有输出。

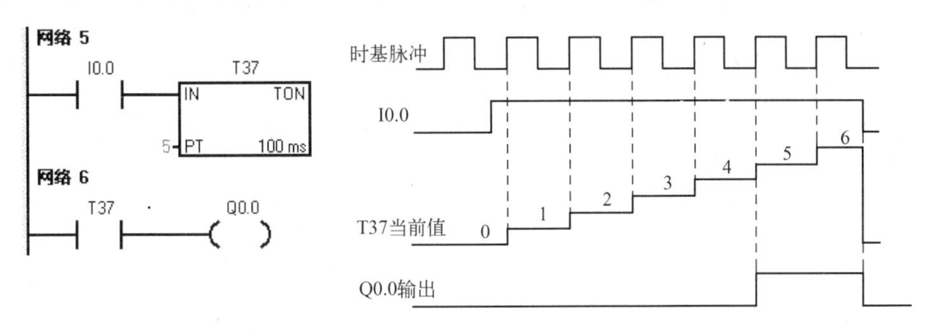

图 4-29　通电延时型定时器 TON 工作原理

（2）记忆型通电延时定时器（TONR）指令工作原理

使能端（IN）输入有效时（接通），定时器开始计时，当前值递增，当前值大于或等于预置值 PT（4）时，输出状态位置 1。使能端输入无效（断开）时，当前值保持（记忆），使能端（IN）再次接通有效时，在原记忆值的基础上递增计时。

☞注意：

TONR 记忆型通电延时定时器采用线圈复位指令 R 进行复位操作，当复位线圈有效时，定时器当前位清零，输出状态位置 0。

程序及工作原理分析如图 4-30 所示。如 T6，当输入 IN 为 1 时，定时器计时；当 IN 为 0 时，当前值保持为 3 并不复位；下次 IN 再为 1 时，T6 当前值从原保持值开始往上加，将当前值与设定值 PT 比较，当前值大于等于设定值时，T6 状态位置 1，驱动 Q0.0 有输出，以后即使 IN 再为 0，也不会使 T6 复位。要使 T6 复位，必须使用复位指令，I0.1 为 1 时，对定时器 T6 的当前值和控制位强制复位为 0。

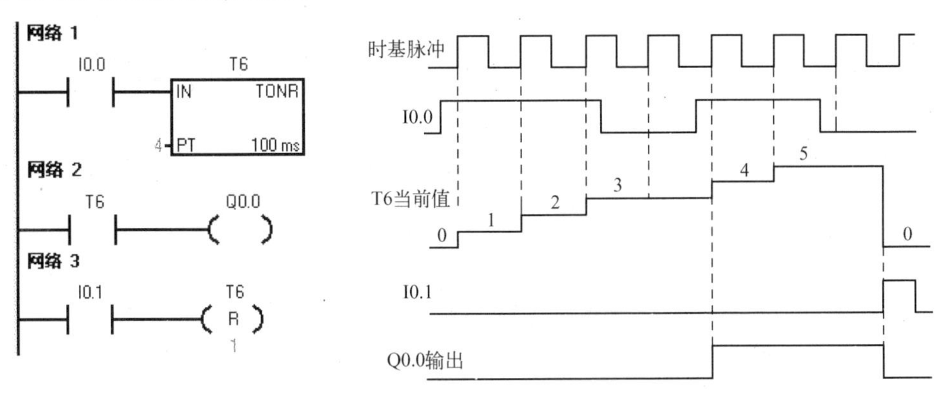

图 4-30　记忆型通电延时定时器 TONR 工作原理

（3）断电延时型定时器（TOF）指令工作原理

断电延时型定时器用来使输入断开延时一段时间后，才断开输出。使能端（IN）输入有效时，定时器输出状态位立即置 1，当前值复位为 0。使能端（IN）断开时，定时器开始计时，当前值从 0 递增，当前值达到预置值时，定时器状态位复位为 0，并停止计时，当前值保持。

如果输入断开的时间小于预定时间，则定时器仍保持接通。当 IN 再接通时，定时器当前值仍设为 0。断电延时型定时器的应用程序及时序分析如图 4-31 所示。

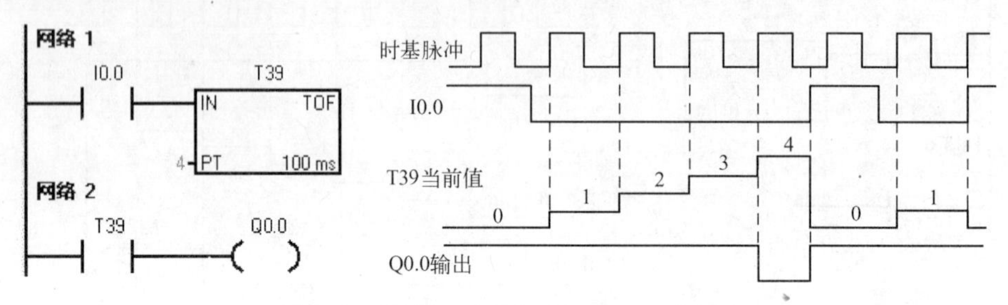

图 4-31　断电延时型定时器 TOF 工作原理

小结：

1）以上介绍的 3 种定时器具有不同的功能。接通延时定时器（TON）用于单一间隔的定时；有记忆的接通延时定时器（TONR）用于累计时间间隔的定时；断开延时定时器（TOF）用于故障事件发生后的时间延时。

2）TOF 和 TON 共享同一组定时器，不能重复使用。即不能把一个定时器同时用作 TOF 和 TON。如不能既有 TON　T32，又有 TOF　T32。

4.3.2　真空设备控制电路

1．时钟脉冲发生器

梯形图程序如图 4-32a 所示，使用定时器本身的常闭触点作为定时器的使能输入。定时器的状态位置 1 时，依靠本身的常闭触点的断开使定时器复位，并重新开始定时，进行循环工作。采用不同时基标准的定时器时，会有不同的运行结果，具体分析如下。

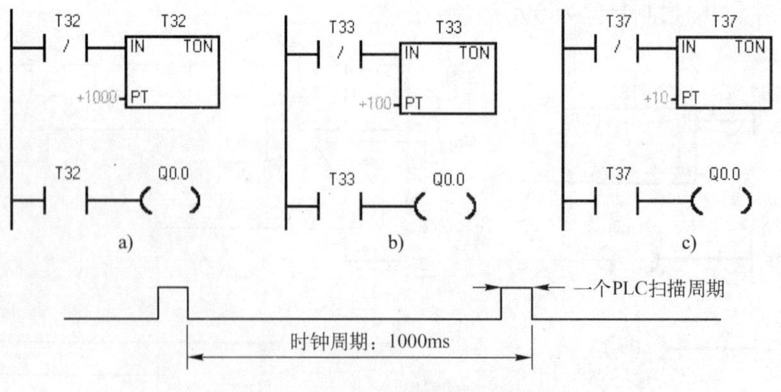

图 4-32　自身常闭触点作为使能输入

1）T32 为 1ms 时基定时器，每隔 1ms 定时器刷新一次当前值，CPU 当前值若恰好在处理常闭触点和常开触点之间被刷新，则 Q0.0 可以接通一个扫描周期，但这种情况出现的几率很小，一般情况下，不会正好在这时刷新。若在执行其他指令时定时时间到，则 1ms 的定时刷新使定时器输出状态位置位，常闭触点打开，当前值复位，定时器输出状态位立即复位，所以输出线圈 Q0.0 一般不会通电。

2）若将图 4-32a 所示的定时器 T32 换成 T33，时基变为 10ms，则当前值在每个扫描周期开始时刷新，计时时间到时，定时器输出状态位置位，常闭触点断开，立即将定时器当前值清零，定时器输出状态位复位为 0。这样输出线圈 Q0.0 永远不可能通电。

3）若使用时基为 100ms 的定时器，如 T37，则当前指令执行时刷新，Q0.0 在 T37 计时时间到时准确地接通一个扫描周期，此时可以输出一个断开为延时时间，接通一个扫描周期的时钟脉冲。

4）若将输出线圈的常闭触点作为定时器的使能输入，如图 4-33 所示，则无论何种时基都能正常工作。

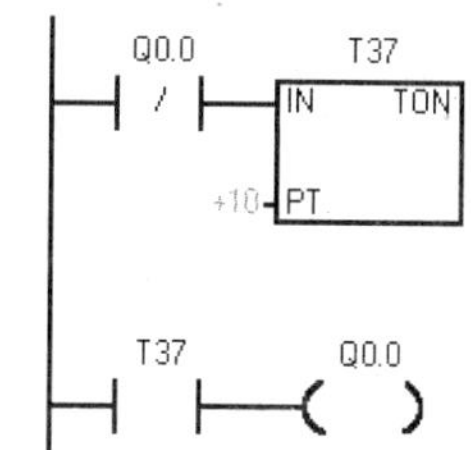

图 4-33　输出线圈的常闭触点作为使能输入

2. 闪烁电路

图 4-34 中 I0.0 的常开触点接通后，T37 的 IN 输入端为 1 状态，T37 开始定时。2s 后定时时间到，T37 的常开触点接通，使 Q0.0 变为 ON，同时 T38 开始计时。3s 后 T38 的定时时间到，它的常闭触点断开，使 T37 的 IN 输入端变为 0 状态，T37 的常开触点断开，Q0.0 变为 OFF，同时使 T38 的 IN 输入端变为 0 状态，其常闭触点接通，T37 又开始定时。以后 Q0.0 的线圈将这样周期性地“通电”和“断电”，直到 I0.0 变为 OFF。Q0.0 线圈“通电”时间等于 T38 的设定值，“断电”时间等于 T37 的设定值，Q0.0 输出周期为 5s、高电平时间为 3s 的闪烁信号。改变 T37 和 T38 的设定值，就改变了闪烁周期和占空比，从而改变了端口 Q0.0 的指示灯的闪烁。

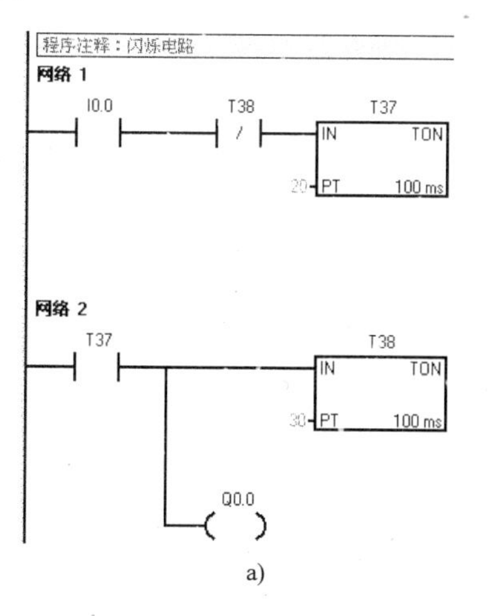

a)

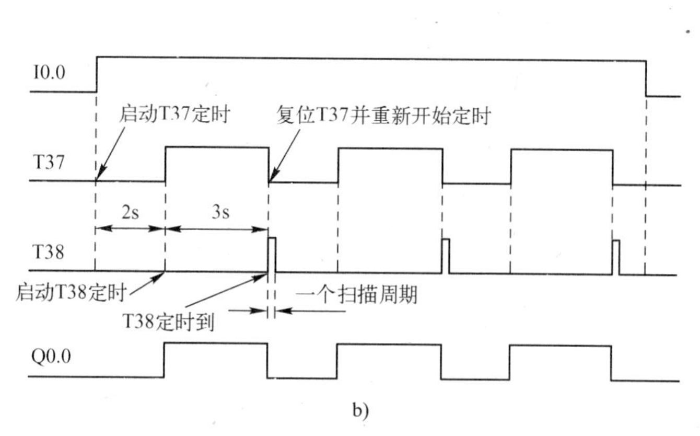

b)

图 4-34　闪烁程序及其时序

a) 闪烁程序　b) 闪烁程序的时序

3. 真空设备控制电路

真空设备广泛用于真空冶炼、真空食品处理、真空镀膜等领域。经过多级真空泵抽真空才能获取高真空。真空设备工作过程如下：起动真空设备工作之初只能起动低真空泵的电动机工作，当低真空泵工作一段时间达到一定的真空度后，才能起动高真空泵的电动机。可以由人工根据真空度检测仪表的值进行手动起动高真空泵电动机，也可以用真空检测仪的控制开关自动起动高真空泵电动机。

图 4-35 是两级真空系统的 PLC 辅助控制电路图和梯形图控制程序。按下起动按钮 SB1，输入触点 I0.0 为 1，输出线圈 Q0.0 为 1 并对 I0.0 自锁，交流接触器 KM1 得电，起动低真空泵，同时起动定时器 T37 定时。由网络 2 可知，定时时间 2min 到时，Q0.1 为 1，接在端口 Q0.1 的接触器线圈 KM2 得电，高真空泵起动工作。若在定时到达 2min 之前，真空检测计检测真空度达到设定值，则真空开关 ZK 闭合，Q0.1 为 1，起动高真空泵工作。在起动低真空泵的前提下，手动按下按钮 SB2，同样可以起动高真空泵。高真空泵的起动有定时自动起动、真空度检测自动起动和手动起动三种方式。按下停机按钮 SB3 可以停止真空设备的运行。

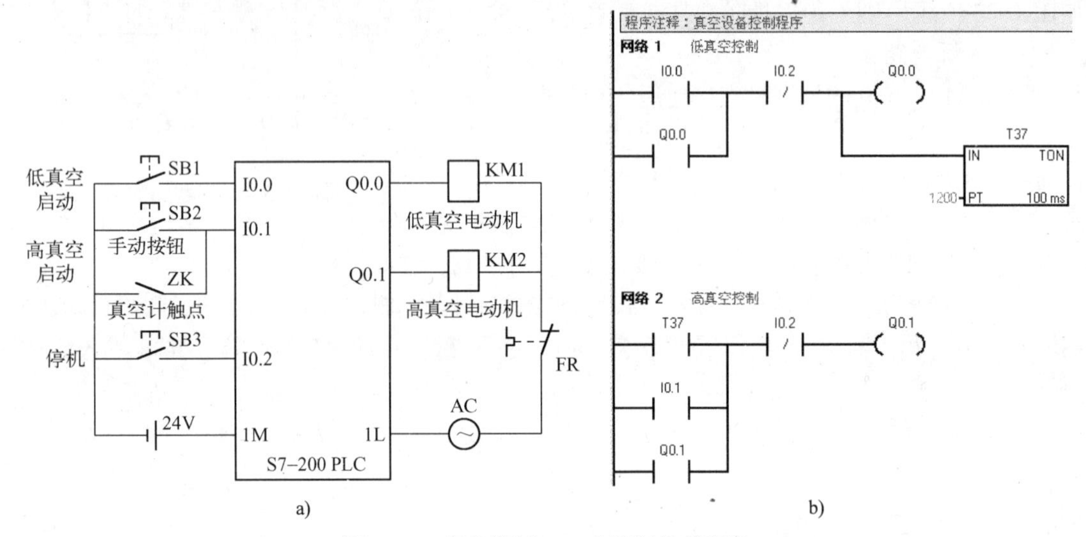

图 4-35　真空控制 PLC 电路图及其程序

a) 真空控制 PLC 电路图　b) 真空控制程序

真空检测计的控制开关 ZK 和按钮开关 SB2 并联接在端口 I0.1 上，节省了一个输入端口。主控制电路是两台异步电动机的接触器控制方式，电路图省略。

4.4　计数器指令

4.4.1　计数器指令介绍

计数器利用输入脉冲上升沿累计脉冲个数。当前值计数器用以累计脉冲个数，当前值等于或大于预置值时，控制位置 1。

S7-200 系列 PLC 有三类计数器：CTU-加计数器，CTUD-加/减计数器，CTD-减计数器。

1. 计数器的结构

计数器是 PLC 内部的软元件，由以下 6 个部件组成。

1）计数脉冲输入端：输入被计数的脉冲信号。

2）当前值计数器：16 位计数器，对输入脉冲进行计数，用计数器编号表示，数据为字数据。

3）设定值寄存器 PV：16 位寄存器，用来存放计数设定值。

4）输入控制端 R 或 LD：对设定值寄存器进行控制。当控制端 R 有效时，设定值寄存器清零且输出控制位复位；当控制端 LD 有效时，设定值寄存器接收设定数据且输出控制位复位。

5）比较器：将当前值计数器的值和设定值寄存器的值进行比较，当前值到达设定值时，设置输出控制位的值。

6）输出控制位：当计数脉冲数到时，发出控制信号，用计数器的编号表示。数据为位数据。

2. 计数器的指令格式（表 4-5）

表 4-5　计数器的指令格式

<table>
<tr><th>类　型</th><th>LAD</th><th>STL</th><th>指令使用说明</th></tr>
<tr><td>加计数器</td><td> 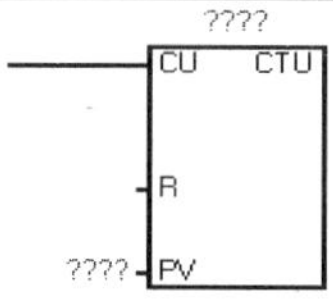????
CU CTU
R
???? PV</td><td>CTU　Cxx，PV</td><td rowspan="3">（1） 梯形图指令符号中：CU 为加计数脉冲输入端；CD 为减计数脉冲输入端；R 为加计数复位端；LD 为减计数复位端；PV 为预置值
（2） Cxx 为计数器的编号，范围为：C0～C255
（3） PV 预置值最大范围：32767； PV 的数据类型：INT；PV 操作数为： VW、T、C、IW、QW、MW、SMW、AC、AIW、K
（4） CTU/CTUD/CD 指令使用要点：STL 形式中 CU、CD、R、LD 的顺序不能错；CU、CD、R、LD 信号可为复杂逻辑关系</td></tr>
<tr><td>减计数器</td><td> 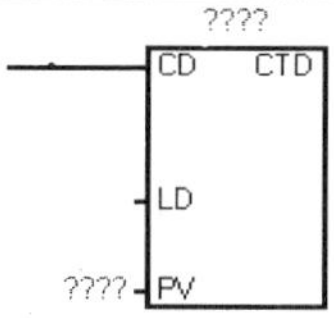????
CD CTD
LD
???? PV</td><td>CTD　Cxx，PV</td></tr>
<tr><td>加减计数器</td><td> 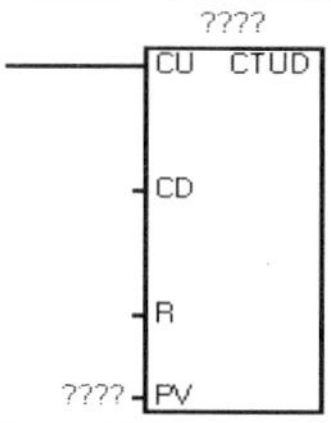????
CU CTUD
CD
R
???? PV</td><td>CTUD　Cxx，PV</td></tr>
</table>

3. 计数器工作原理分析

（1）加计数器指令（CTU）

当 R=0 时，计数脉冲有效；当 CU 端有上升沿输入时，计数器当前值加 1。当计数器当前值大于或等于设定值（PV）时，该计数器的输出控制位 C-bit 置 1，即其常开触点闭合。计数器仍计数，但不影响计数器的输出控制位。直至计数器达到最大值（32767）。

当 R=1 时，计数器复位，即当前值清零，输出控制位 C-bit 也清零。加计数器的计数范围为 0～32767。

（2）加/减计数器指令（CTUD）

当 R=0 时，计数脉冲有效；当 CU 端有上升沿输入时，计数器当前值加 1。当 CD 端有上升沿输入时，计数器当前值减 1。当计数器的当前值大于或等于设定值时，C-bit 置 1，即其常开触点闭合。

当 R=1 时，计数器复位，即当前值清零，C-bit 也清零。加/减计数器的计数范围为 –32768～32767。

（3）减计数器指令（CTD）

当 LD=1 时，装载端 LD 有效，计数器把设定值（PV）装入当前值存储器，计数器输出控制位复位（置 0）。

当 LD=0 时，即计数脉冲有效时开始计数，则 CD 端每来一个输入脉冲上升沿，减计数的当前值从设定值开始递减计数，当前值等于 0 时，计数器输出控制位置位（置 1），此时停止计数。

【例 4-3】 加/减计数器指令应用示例、程序及运行时序如图 4-36 所示。

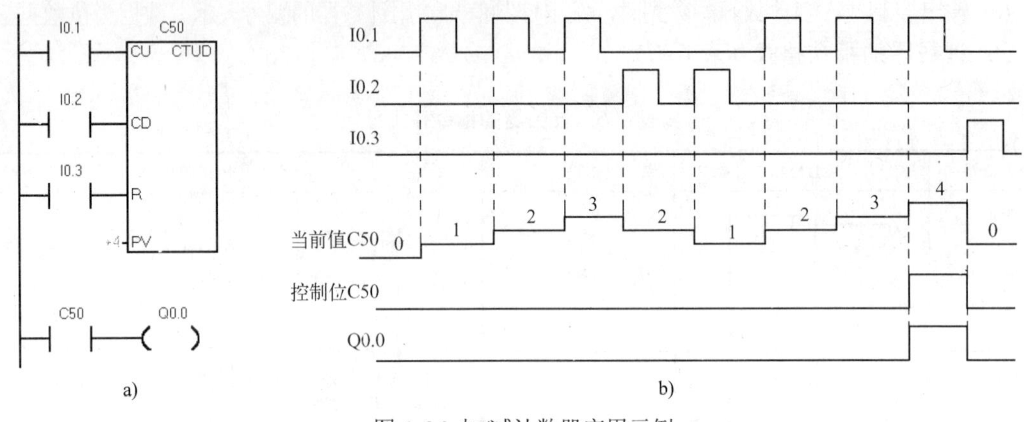

图 4-36 加/减计数器应用示例

a) 加/减计数器电路 b) 运行时序图

【例 4-4】 减计数器指令应用示例、程序及运行时序如图 4-37 所示。

在复位脉冲 I1.0 有效时，即 I1.0=1 时，当前值等于预置值，计数器的状态位置 0；当复位脉冲 I1.0=0 时，计数器有效，则 CD 端每来一个脉冲的上升沿，当前值减 1 计数，当前值从预置值开始减至 0 时，计数器的状态位 C-bit=1，Q0.0=1。在复位脉冲 I1.0 有效时，即 I1.0=1 时，则计数器 CD 端即使有脉冲上升沿，计数器也不减 1 计数。

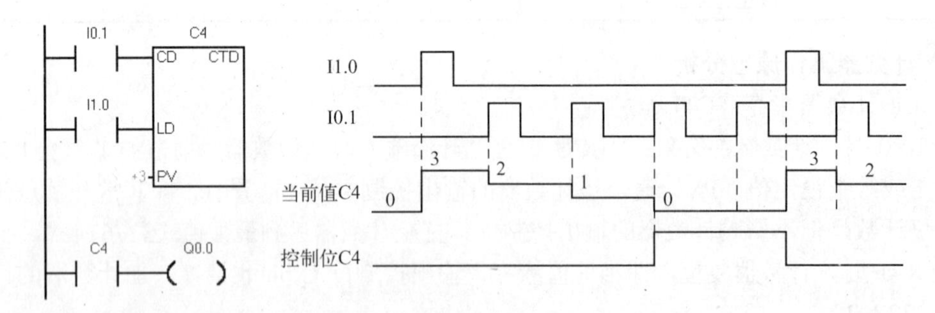

图 4-37 减计数器应用示例

4.4.2 声光报警器

1. 定时器的扩展

S7-200 PLC 的定时器的最大定时时间为 3276.7s，如果需要更长的定时时间，可使用图 4-38 所示的电路。图 4-38 所示电路中最上面一行电路是一个脉冲信号发生器，脉冲周期等于 T37 的设定值（60s）。I0.0 为 OFF 时，100ms 定时器 T37 和计数器 C4 处于复位状态，不能工作。I0.0 为 ON 时，其常开触点接通，T37 开始定时，60s 后 T37 定时时间到，其当前值等于设定值，它的常闭触点断开，T37 复位，复位后 T37 的当前值变为 0，同时它的常闭触点接通，线圈重新“通电”又开始定时，T37 将这样周而复始地工作，直到 I0.0 变为 OFF。

T37 产生的脉冲送给 C4 计数器，记满 60 个数（即 1h）后，C4 当前值等于设定值 60，它的常开触点闭合。设 T37 和 C4 的设定值分别为 K_T 和 K_C，对于 100ms 定时器，总的定时时间为 $T=0.1K_TK_C$。

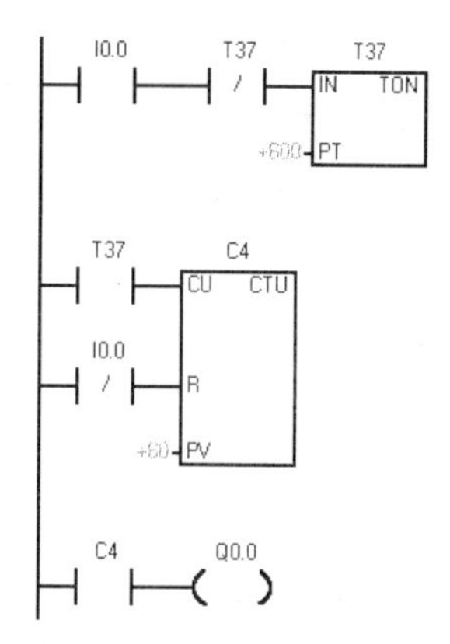

图 4-38　定时器的扩展

2．自动声光报警操作程序

自动声光报警操作程序用于当电动单梁起重机加载到 1.1 倍额定负荷并反复运行 1h 后，发出声光信号并停止运行，程序如图 4-39 所示。当系统处于自动工作方式，起重机负荷超过设定值时，I0.0 触点闭合，定时器 T50 每 60s 发出一个脉冲信号作为计数器 C1 的计数输入信号，当计数值达 60，即 1h 后，C1 的一个常开触点闭合，Q0.0、Q0.7 线圈同时得电，指示灯发光且电铃响；此时 C1 另一常开触点接通定时器 T51 线圈，10s 后 T51 常闭触点断开 Q0.7 线圈，电铃音响消失，指示灯持续发光直至再一次重新开始运行。

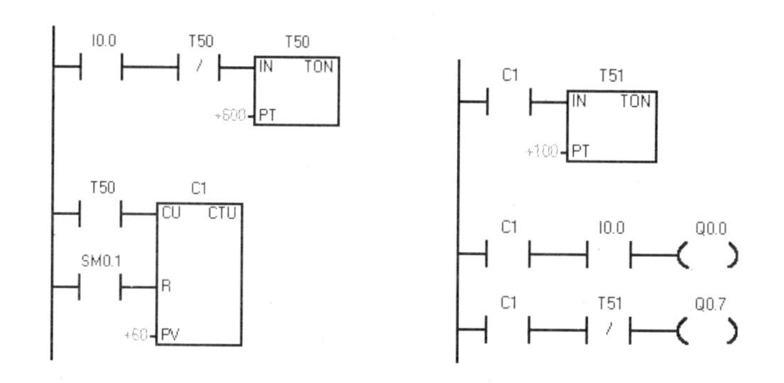

图 4-39　自动声光报警程序

4.5　比较指令

比较指令是具有逻辑判断功能的软触点。当逻辑判断结果为真时，触点闭合；当逻辑判断结果为假时，触点断开。

1．比较运算符：

比较运算符号有等于==、不等于<>、大于>、大于等于>=、小于<、小于等于<=，共 6 种比较运算符。

2．比较对象的数据类型

比较指令的数据类型有字节 B、整数 I、长整数 D 和实数 R。

3．参加比较运算的对象

比较运算的对象有寄存器数和常数。寄存器有I、Q、V、M、SM、T、C、L。

4．比较指令梯形图格式和语句表格式（表 4-6）

表 4-6　比较指令格式

STL	LAD	说明
IN1 ┤xx□├ IN2	LD□xx　IN1，IN 2	比较触点接起始母线
	LD　　bit A□xx　IN1，IN 2	比较触点跟其他触点串联的“与”
	LD　　bit O□xx　IN1，IN 2	比较触点跟其他触点并联的“或”

☞说明：

“xx”表示比较运算符：==等于、<小于、>大于、<=小于等于、>=大于等于、<>不等于。

“□”表示操作数 IN1、IN2 的数据类型及范围。

IN1、IN2 是参加比较运算的两个数据对象，包括变量（I、Q、M、SM、V、S、L、AC、VD、LD）和常数。

5．比较指令的工作原理

比较指令是将两个操作数按指定的条件比较运算，比较结果为真时，触点就闭合；比较结果为假时，触点断开。在梯形图中用带参数和运算符的触点表示比较指令。比较触点可以装入，也可以串、并联。比较指令为上、下限控制提供了极大的方便。

6．指令应用举例

【例 4-5】 调节模拟调整电位器 0，改变 SMB28 字节数值，当 SMB28 数值小于或等于 50 时，Q0.0 输出，其状态指示灯打开；当 SMB28 数值大于或等于 150 时，Q0.1 输出，其状态指示灯打开。梯形图程序和语句表程序如图 4-40 所示。

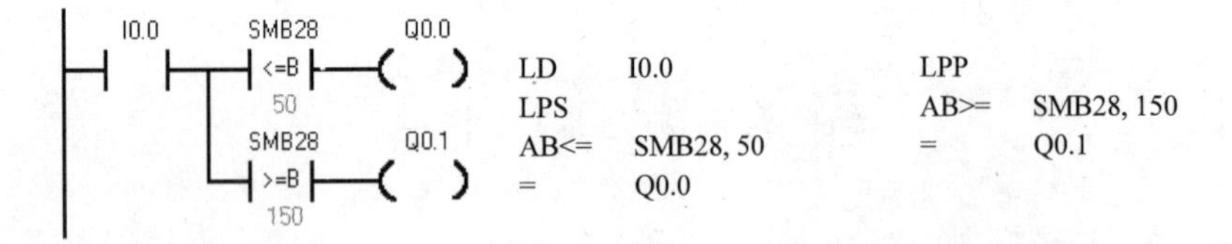

图 4-40　比较指令应用举例

4.6　数据处理指令

4.6.1　数据传送指令

1．字节、字、双字、实数单个数据传送指令 MOV

数据传送指令 MOV，将源操作数传送到目标操作数中去，且源操作数不变。传送的是单个的字节、字、双字或实数。指令格式及功能如表 4-7 所示。

使 ENO=0，即使能输出断开的错误条件是：SM4.3（运行时间），0006（间接寻址错误）。

表 4-7　单个数据传送指令 MOV 指令格式

	字节传送指令	字传送指令	双字传送指令	实数传送指令
LAD	MOV_B EN ENO ????-IN OUT-????	MOV_W EN ENO ????-IN OUT-????	MOV_DW EN ENO ????-IN OUT-????	MOV_R EN ENO ????-IN OUT-????
STL	MOVB IN，OUT	MOVW IN，OUT	MOVD IN，OUT	MOVR IN，OUT
IN：源操作数	VB、IB、QB、MB、SB、SMB、LB、AC、常量	VW、IW、QW、MW、SW、SMW、LW、T、C、AIW、常量、AC	VD、ID、QD、MD、SD、SMD、LD、HC、AC、常量	VD、ID、QD、MD、SD、SMD、LD、AC、常量
OUT：目标操作数	VB、IB、QB、MB、SB、SMB、LB、AC	VW、T、C、IW、QW、SW、MW、SMW、LW、AC、AQW	VD、ID、QD、MD、SD、SMD、LD、AC	VD、ID、QD、MD、SD、SMD、LD、AC
类型	字节	字、整数	双字、双整数	实数
功能	使能输入有效时，即 EN=1 时，将输入 IN 的字节、字/整数、双字/双整数或实数送到 OUT 指定的存储器输出。在传送过程中不改变数据的大小。传送后，输入存储器 IN 中的内容不变			

【例 4-6】 将变量存储器 VW10 中的内容送到 VW100 中，程序如图 4-41 所示。

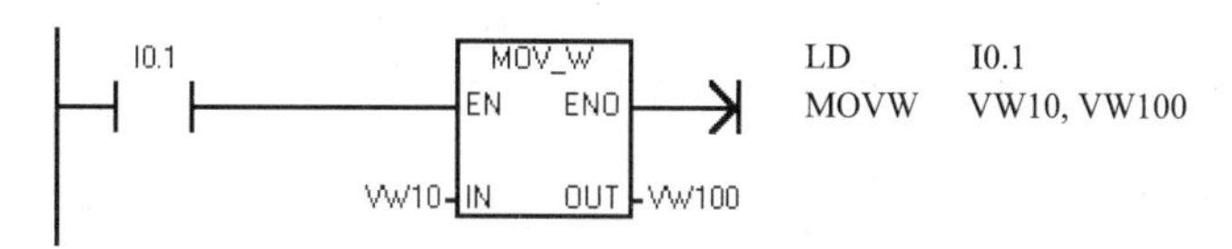

图 4-41　例 4-6 题图

2．字节、字、双字、实数数据块传送指令 BLKMOV

数据块传送指令：将源操作数从输入地址 IN 开始的 N 个数据传送到目标操作数的输出地址 OUT 开始的 N 个单元中，N 的范围为 1～255，N 的数据类型为字节。指令格式及功能如表 4-8 所示。

表 4-8　数据块传送指令 BLKMOV 指令格式

	字节数据块传送指令	字数据块传送指令	双字数据块传送指令
LAD	BLKMOV_B EN ENO ????-IN OUT-???? ????-N	BLKMOV_W EN ENO ????-IN OUT-???? ????-N	BLKMOV_D EN ENO ????-IN OUT-???? ????-N
STL	BMB　IN，OUT，N	BMW　IN，OUT，N	BMD　IN，OUT，N
IN：源操作数	VB、IB、QB、MB、SB、SMB、LB	VW、IW、QW、MW、SW、SMW、LW、T、C、AIW	VD、ID、QD、MD、SD、SMD、LD
OUT：目标数据	VB、IB、QB、MB、SB、SMB、LB	VW、IW、QW、MW、SW、SMW、LW、T、C、AQW	VD、ID、QD、MD、SD、SMD、LD
N	VB、IB、QB、MB、SB、SMB、LB、AC、常量；数据类型：字节；数据范围：1～255		
功能	使能输入有效时，即 EN=1 时，把从输入 IN 单元开始的 N 字节（字、双字）传送到以输出 OUT 单元开始的 N 字节（字、双字）中		

使 ENO＝0 的错误条件：0006（间接寻址错误），0091（操作数超出范围）。

【例 4-7】 程序举例：将变量存储器 VB10 开始的 6 字节（VB10～VB15）中的数据 30、31、32、33、34、35 移至 VB50 开始的 6 字节中（VB50～VB55）。

程序如图 4-42 所示。

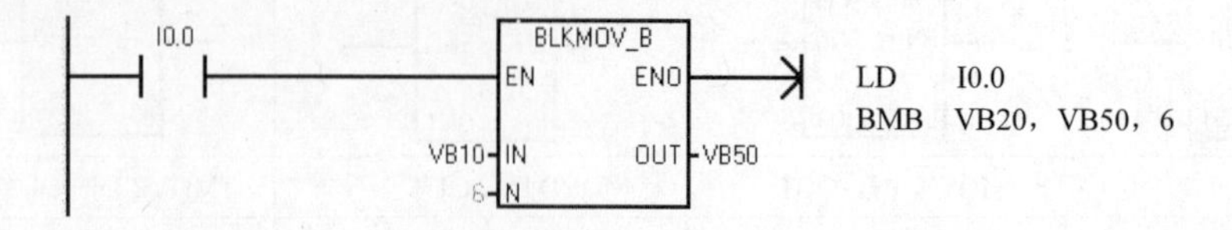

图 4-42　数据块传送指令应用

程序执行后，将 VB10～VB15 中的数据 30、31、32、33、34、35 送到 VB50～VB55。

4.6.2　字节交换、字节立即读写指令

1．字节交换指令

字节交换指令用来交换输入字 IN 的最高位字节和最低位字节，指令格式如表 4-9 所示。

表 4-9　字节交换指令使用格式及功能

LAD	STL	功能及说明
SWAP EN　ENO ???? IN	SWAP　IN	功能：使能输入 EN 有效时，将输入字 IN 的高字节与低字节交换，结果仍放在 IN 中 IN：VW、IW、QW、MW、SW、SMW、T、C、LW、AC；数据类型：字

ENO＝0 的错误条件：0006（间接寻址错误），SM4.3（运行时间）。

2．字节立即读写指令

字节立即读指令（MOV-BIR）读取实际输入端 IN 给出的 1 字节的数值，并将结果写入 OUT 所指定的存储单元，但输入映像寄存器未更新。

字节立即写指令从输入 IN 所指定的存储单元中读取 1 字节的数值并写入（以字节为单位）实际输出 OUT 端的物理输出点，同时刷新对应的输出映像寄存器。指令格式及功能如表 4-10 所示。

表 4-10　字节立即读写指令格式

	LAD	STL	功能及说明
字节立即读指令	MOV_BIR EN　ENO ???? IN　OUT ????	BIR IN，OUT	功能：字节立即读 IN：IB OUT：VB、IB、QB、MB、SB、SMB、LB、AC 数据类型：字节
字节立即写指令	MOV_BIW EN　ENO ???? IN　OUT ????	BIW IN，OUT	功能：字节立即写 IN：VB、IB、QB、MB、SB、SMB、LB、AC、常量 OUT：QB 数据类型：字节

使 ENO = 0 的错误条件：0006（间接寻址错误），SM4.3（运行时间）。注意：字节立即读写指令无法存取扩展模块。

4.6.3 移位指令

移位指令分为左、右移位和循环左、右移位及寄存器移位指令三大类。前两类移位指令按移位数据的长度又分为字节型、字型和双字型三种。

1．左、右移位指令

左、右移位数据存储单元与 SM1.1（溢出）端相连，移出位被放到特殊标志存储器 SM1.1 位。移位数据存储单元的另一端补 0。移位指令格式如表 4-11 所示。

表 4-11　移位指令格式及功能

	字节移位指令	字移位指令	双字节移位指令
LAD	SHR_B: EN ENO, ????-IN OUT-????, ????-N SHL_B: EN ENO, ????-IN OUT-????, ????-N	SHR_W: EN ENO, ????-IN OUT-????, ????-N SHL_W: EN ENO, ????-IN OUT-????, ????-N	SHR_DW: EN ENO, ????-IN OUT-????, ????-N SHL_DW: EN ENO, ????-IN OUT-????, ????-N
STL	SLB　OUT，N SRB　OUT，N	SLW　OUT，N SRW　OUT，N	SLD　OUT，N SRD　OUT，N
IN：操作数	VB、IB、QB、MB、SB、SMB、LB、AC、常量	VW、IW、QW、MW、SW、SMW、LW、T、C、AC、常量	VD、ID、QD、MD、SD、SMD、LD、AC、HC、常量
OUT：操作数	VB、IB、QB、MB、SB、SMB、LB、AC	VW、IW、QW、MW、SW、SMW、LW、T、C、AC	VD、ID、QD、MD、SD、SMD、LD、AC
类型	字节	字	双字
N	VB、IB、QB、MB、SB、SMB、LB、AC、常量；数据类型：字节；数据范围：N≤数据类型（B、W、D）对应的位数		
功能	SHL：字节、字、双字左移 N 位；SHR：字节、字、双字右移 N 位		

（1）左移位指令（SHL）

使能输入有效时，将输入 IN 的无符号数（字节、字或双字）中的各位向左移 N 位后（右端补 0），将结果输出到 OUT 所指定的存储单元中，如果移位次数大于 0，则最后一次移出位保存在“溢出”存储器位 SM1.1 中。如果移位结果为 0，则零标志位 SM1.0 置 1。

（2）右移位指令

使能输入有效时，将输入 IN 的无符号数（字节、字或双字）中的各位向右移 N 位后，将结果输出到 OUT 所指定的存储单元中，移出位补 0，最后一次移出位保存在 SM1.1 中。如果移位结果为 0，则零标志位 SM1.0 置 1。

（3）使 ENO = 0 的错误条件

0006（间接寻址错误），SM4.3（运行时间）。

☞说明：

在 STL 指令中，若 IN 和 OUT 指定的存储器不同，则须首先使用数据传送指令 MOV 将 IN 中的数据送入 OUT 所指定的存储单元。如：

```
MOVB IN，OUT
SLB OUT，N
```

2．循环左、右移位指令

循环移位将移位数据存储单元的首尾相连，同时又与溢出标志 SM1.1 连接，SM1.1 用来存放被移出的位。指令格式如表 4-12 所示。

表 4-12　循环左、右移位指令格式及功能

	字节循环移位指令	字循环移位指令	双字节循环移位指令
LAD	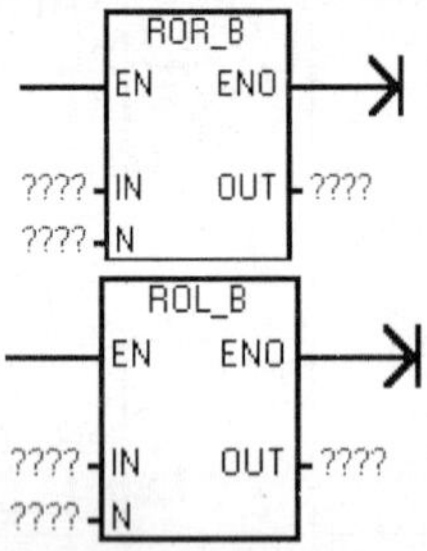 ROR_B：EN ENO；????-IN OUT-????；????-N ROL_B：EN ENO；????-IN OUT-????；????-N	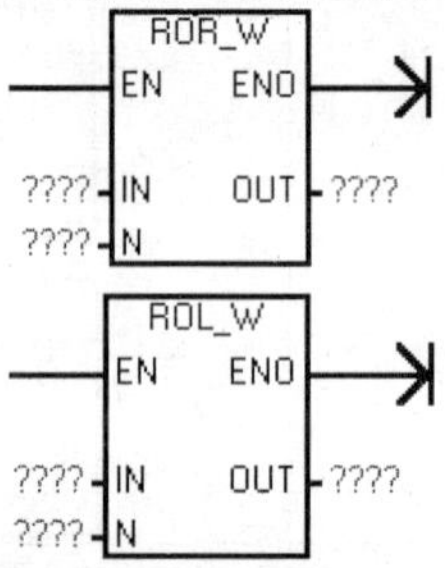 ROR_W：EN ENO；????-IN OUT-????；????-N ROL_W：EN ENO；????-IN OUT-????；????-N	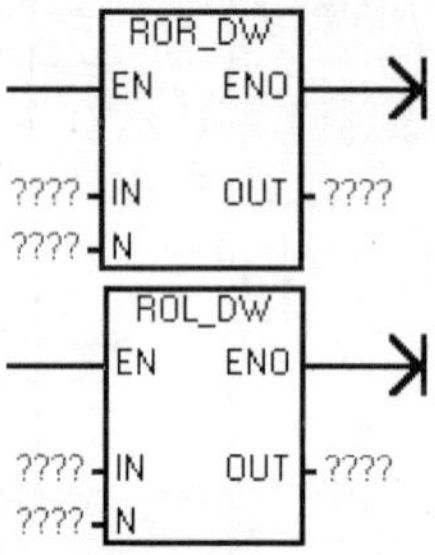 ROR_DW：EN ENO；????-IN OUT-????；????-N ROL_DW：EN ENO；????-IN OUT-????；????-N
STL	RLB　OUT，N RRB　OUT，N	RLW　OUT，N RRW　OUT，N	RLD　OUT，N RRD　OUT，N
IN：操作数	VB、IB、QB、MB、SB、SMB、LB、AC、常量	VW、IW、QW、MW、SW、SMW、LW、T、C、AC、常量	VD、ID、QD、MD、SD、SMD、LD、AC、HC、常量
OUT：操作数	VB、IB、QB、MB、SB、SMB、LB、AC	VW、IW、QW、MW、SW、SMW、LW、T、C、AC	VD、ID、QD、MD、SD、SMD、LD、AC
类型	字节	字	双字
N	VB、IB、QB、MB、SB、SMB、LB、AC、常量；数据类型：字节		
功能	ROL：字节、字、双字循环左移 N 位；ROR：字节、字、双字循环右移 N 位		

（1）循环左移位指令（ROL）

使能输入有效时，将 IN 输入无符号数（字节、字或双字）循环左移 N 位后，将结果输出到 OUT 所指定的存储单元中，移出的最后一位的数值送至溢出标志位 SM1.1。当需要移位的数值是零时，零标志位 SM1.0 为 1。

（2）循环右移位指令（ROR）

使能输入有效时，将 IN 输入无符号数（字节、字或双字）循环右移 N 位后，将结果输出到 OUT 所指定的存储单元中，移出的最后一位的数值送至溢出标志位 SM1.1。当需要移位的数值是零时，零标志位 SM1.0 为 1。

（3）移位次数 N≥数据类型（B、W、D）时的移位位数的处理

如果操作数是字节，当移位次数 N≥8 时，则在执行循环移位前，要先对 N 进行模 8 操作（N 除以 8 后取余数），结果（0～7）为实际移动位数。

如果操作数是字，当移位次数 N≥16 时，则在执行循环移位前，要先对 N 进行模 16 操作（N 除以 16 后取余数），结果（0～15）为实际移动位数。

如果操作数是双字，当移位次数 N≥32 时，则在执行循环移位前，要先对 N 进行模 32 操作（N 除以 32 后取余数），结果（0～31）为实际移动位数。

（4）使 ENO = 0 的错误条件

0006（间接寻址错误），SM4.3（运行时间）。

【例 4-8】 程序应用举例，将 VB10 中的数据循环右移 2 位，存放到 VB20 中。程序及运行结果如图 4-43 所示。

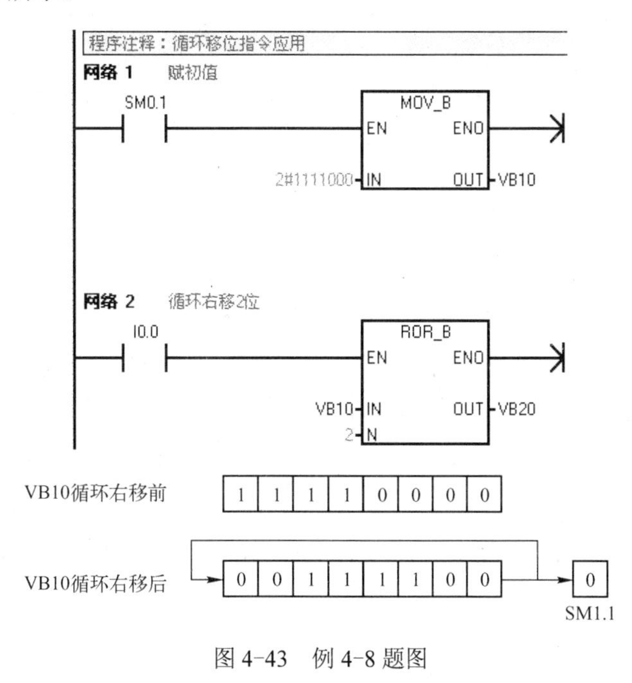

图 4-43 例 4-8 题图

4.7 算术运算、逻辑运算指令分析

算术运算指令包括加、减、乘、除运算和数学函数变换；逻辑运算包括逻辑与或非指令等。

4.7.1 算术运算指令

1．整数与双整数加减法指令

整数加法（ADD-I）和整数减法（SUB-I）指令是：使能输入有效时，将两个 16 位符号整数相加或相减，并产生一个 16 位的结果输出到 OUT。

双整数加法（ADD-D）和减法（SUB-D）指令是：使能输入有效时，将两个 32 位符号整数相加或相减，并产生一个 32 位的结果输出到 OUT。

整数与双整数加减法指令格式如表 4-13 所示。

表 4-13　整数与双整数加减法指令格式

	整数加指令	整数减指令	双整数加指令	双整数减指令
LAD	ADD_I EN ENO IN1 OUT IN2	SUB_I EN ENO IN1 OUT IN2	ADD_DI EN ENO IN1 OUT IN2	SUB_DI EN ENO IN1 OUT IN2
STL	MOVW IN1，OUT +I　IN2，OUT	MOVW IN1，OUT -I　IN2，OUT	MOVD IN1，OUT +D　IN2，OUT	MOVD IN1，OUT +D　IN2，OUT
功能	IN1+IN2=OUT	IN1-IN2=OUT	IN1+IN2=OUT	IN1-IN2=OUT
IN1/IN2 源操作数	VW、IW、QW、MW、SW、SMW、T、C、AC、LW、AIW、常量、*VD、*LD、*AC		VD、ID、QD、MD、SMD、SD、LD、AC、HC、常量、*VD、*LD、*AC	
OUT 目标操作数	VW、IW、QW、MW、SW、SMW、T、C、LW、AC、*VD、*LD、*AC		VD、ID、QD、MD、SMD、SD、LD、AC、*VD、*LD、*AC	
数据类型	整数		双整数	
ENO=0 的错误条件	0006　间接地址，SM4.3　运行时间，SM1.1　溢出			

☞说明：

1）当 IN1、IN2 和 OUT 操作数的地址不同时，在 STL 指令中，首先用数据传送指令将 IN1 中的数值送入 OUT，然后再执行加、减运算，即：OUT+IN2=OUT、OUT-IN2=OUT。为了节省内存，在整数加法的梯形图指令中，可以指定 IN1 或 IN2=OUT，这样，可以不用数据传送指令。如指定 IN1=OUT，则语句表指令为：+I　IN2，OUT；如指定 IN2=OUT，则语句表指令为：+I　IN1，OUT。在整数减法的梯形图指令中，可以指定 IN1=OUT，则语句表指令为：-I　IN2，OUT。这个原则适用于所有的算术运算指令，且乘法和加法对应，减法和除法对应。2）整数与双整数加减法指令影响算术标志位 SM1.0（零标志位）、SM1.1（溢出标志位）和 SM1.2（负数标志位）。

2. 整数乘除法指令

整数乘法指令（MUL-I）：使能输入有效时，将两个 16 位符号整数相乘，并产生一个 16 位的积，从 OUT 指定的存储单元输出。

整数除法指令（DIV-I）：使能输入有效时，将两个 16 位符号整数相除，并产生一个 16 位的商，从 OUT 指定的存储单元输出，不保留余数。如果输出结果大于一字，则溢出位 SM1.1 置位为 1。

双整数乘法指令（MUL-D）：使能输入有效时，将两个 32 位符号整数相乘，并产生一个 32 位的乘积，从 OUT 指定的存储单元输出。

双整数除法指令（DIV-D）：使能输入有效时，将两个 32 位符号整数相除，并产生一个 32 位的商，从 OUT 指定的存储单元输出，不保留余数。

整数乘法产生双整数指令（MUL）：使能输入有效时，将两个 16 位符号整数相乘，得出一个 32 位的乘积，从 OUT 指定的存储单元输出。

整数除法产生双整数指令（DIV）：使能输入有效时，将两个 16 位符号整数相除，得出一个 32 位的结果，从 OUT 指定的存储单元输出。其中高 16 位放余数，低 16 位放商。整数乘除法的指令格式如表 4-14 所示。

整数双整数乘除法指令操作数及数据类型和加减运算的相同。

整数乘法除法产生双整数指令的操作数：IN1/IN2：VW、IW、QW、MW、SW、SMW、T、C、LW、AC、AIW、常量、*VD、*LD、*AC。数据类型：整数。OUT：VD、ID、QD、MD、SMD、SD、LD、AC、*VD、*LD、*AC。数据类型：双整数。使 ENO = 0 的错误条件：0006（间接地址），SM1.1（溢出），SM1.3（除数为 0）。对标志位的影响：SM1.0（零标志位），SM1.1（溢出），SM1.2（负数），SM1.3（被 0 除）。

表 4-14 整数乘除法指令格式

	整数乘法指令	整数除法指令	双整数乘法	双整数除法	乘法指令	除法指令
LAD	MUL_I EN ENO IN1 OUT IN2	DIV_I EN ENO IN1 OUT IN2	MUL_DI EN ENO IN1 OUT IN2	MUL_DI EN ENO IN1 OUT IN2	MUL EN ENO IN1 OUT IN2	DIV EN ENO IN1 OUT IN2
STL	MOVW IN1，OUT *I IN2，OUT	MOVW IN1，OUT /I IN2，OUT	MOVD IN1，OUT *D IN2，OUT	MOVD IN1，OUT /D IN2，OUT	MOVW IN1，OUT MUL IN2，OUT	MOVW IN1，OUT DIV IN2，OUT
功能	IN1*IN2=OUT	IN1/IN2=OUT	IN1*IN2=OUT	IN1/IN2=OUT	IN1*IN2=OUT	IN1/IN2=OUT

3．实数加减乘除指令

实数加法（ADD-R）、减法（SUB-R）指令：将两个 32 位实数相加或相减，并产生一个 32 位的实数结果，从 OUT 指定的存储单元输出。

实数乘法（MUL-R）、除法（DIV-R）指令：使能输入有效时，将两个 32 位实数相乘（除），并产生一个 32 位的积（商），从 OUT 指定的存储单元输出。

操作数：IN1/IN2：VD、ID、QD、MD、SMD、SD、LD、AC、常量、*VD、*LD、*AC。OUT：VD、ID、QD、MD、SMD、SD、LD、AC、*VD、*LD、*AC。数据类型：实数。指令格式如表 4-15 所示。

表 4-15 实数加减乘除指令

	实 数 加 法	实 数 减 法	实 数 乘 法	实 数 除 法
LAD	ADD_R EN ENO IN1 OUT IN2	SUB_R EN ENO IN1 OUT IN2	MUL_R EN ENO IN1 OUT IN2	DIV_R EN ENO IN1 OUT IN2
STL	MOVD IN1，OUT +R IN2，OUT	MOVD IN1，OUT -R IN2，OUT	MOVD IN1，OUT *R IN2，OUT	MOVD IN1，OUT /R IN2，OUT
功能	IN1+IN2=OUT	IN1-IN2=OUT	IN1*IN2=OUT	IN1/IN2=OUT
ENO=0 的错误条件	0006 间接地址， SM4.3 运行时间， SM1.1 溢出		0006 间接地址 ，SM1.1 溢出，SM4.3 运行时间，SM1.3 除数为 0	
对标志位的影响	SM1.0（零），SM1.1（溢出），SM1.2（负数），SM1.3 （被 0 除）			

4．数学函数变换指令

数学函数变换指令包括平方根、自然对数、指数和三角函数等。

（1）平方根（SQRT）指令

对 32 位实数（IN）取平方根，并产生一个 32 位的实数结果，从 OUT 指定的存储单元输出。

（2）自然对数（LN）指令

对 IN 中的数值进行自然对数计算，并将结果置于 OUT 指定的存储单元中。求以 10 为底数的对数时，用自然对数除以 2.302585（约等于 10 的自然对数）。

（3）自然指数（EXP）指令

将 IN 取以 e 为底的指数，并将结果置于 OUT 指定的存储单元中。将“自然指数”指令与“自然对数”指令相结合，可以实现以任意数为底、任意数为指数的计算。如：求 y^x，则输入以下指令：EXP (x * LN (y))。

如：求 2^3=EXP（3*LN（2））=8；27 的 3 次方根=$27^{1/3}$=EXP（1/3*LN（27））=3。

（4）三角函数指令

将一个实数的弧度值 IN 分别求 SIN、COS、TAN，得到实数运算结果并从 OUT 指定的存储单元输出。函数变换指令格式及功能如表 4-16 所示。

表 4-16　函数变换指令格式及功能

	平方根	自然对数	自然指数	三角函数		
LAD	SQRT EN ENO IN OUT	LN EN ENO IN OUT	EXP EN ENO IN OUT	SIN EN ENO IN OUT	COS EN ENO IN OUT	TAN EN ENO IN OUT
STL	SQRT IN，OUT	LN IN，OUT	EXP IN，OUT	SIN IN，OUT	COS IN，OUT	TAN IN，OUT
功能	SQRT（IN）=OUT	LN(IN)=OUT	EXP(IN)=OUT	SIN(IN)=OUT	COS(IN)=OUT	TAN(IN)=OUT
操作数及数据类型	数据类型：实数 IN：VD、ID、QD、MD、SMD、SD、LD、AC、常量、*VD、*LD、*AC OUT：VD、ID、QD、MD、SMD、SD、LD、AC、*VD、*LD、*AC					

使 ENO = 0 的错误条件：0006（间接地址），SM1.1（溢出），SM4.3（运行时间）。

对标志位的影响：SM1.0（零），SM1.1（溢出），SM1.2（负数）。

4.7.2　逻辑运算指令

逻辑运算是对无符号数按位进行与、或、异或和取反等操作。操作数的长度有 B、W、DW。指令格式如表 4-17 所示。

1．逻辑与（WAND）指令

将输入 IN1、IN2 按位相与，得到的逻辑运算结果放入 OUT 指定的存储单元。

2．逻辑或（WOR）指令

将输入 IN1、IN2 按位相或，得到的逻辑运算结果放入 OUT 指定的存储单元。

3．逻辑异或（WXOR）指令

将输入 IN1、IN2 按位相异或，得到的逻辑运算结果放入 OUT 指定的存储单元。

4．取反（INV）指令

将输入 IN 按位取反，将结果放入 OUT 指定的存储单元。

表 4-17　逻辑运算指令格式

		与运算	或运算	异或运算	非运算
LAD		WAND_B EN ENO IN1 OUT IN2 WAND_W EN ENO IN1 OUT IN2 WAND_DW EN ENO IN1 OUT IN2	WOR_B EN ENO IN1 OUT IN2 WOR_W EN ENO IN1 OUT IN2 WOR_DW EN ENO IN1 OUT IN2	WXOR_B EN ENO IN1 OUT IN2 WXOR_W EN ENO IN1 OUT IN2 WXOR_DW EN ENO IN1 OUT IN2	INV_B EN ENO IN OUT INV_W EN ENO IN OUT INV_DW EN ENO IN OUT
STL		ANDB IN1，OUT ANDW IN1，OUT ANDD IN1，OUT	ORB IN1，OUT ORW IN1，OUT ORD IN1，OUT	XORB IN1，OUT XORW IN1，OUT XORD IN1，OUT	INVB OUT INVW OUT INVD OUT
功能		IN1，IN2 按位相与	IN1，IN2 按位相或	IN1，IN2 按位异或	对 IN 取反
操作数	B	IN1/IN2：VB、IB、QB、MB、SB、SMB、LB、AC、常量、*VD、*AC、*LD OUT：VB、IB、QB、MB、SB、SMB、LB、AC、*VD、*AC、*LD			
	W	IN1/IN2：VW、IW、QW、MW、SW、SMW、T、C、AC、LW、AIW、常量、*VD、*AC、*LD OUT：VW、IW、QW、MW、SW、SMW、T、C、LW、AC、*VD、*AC、*LD			
	DW	IN1/IN2：VD、ID、QD、MD、SMD、AC、LD、HC、常量、*VD、*AC、SD、*LD OUT：VD、ID、QD、MD、SMD、LD、AC、*VD、*AC、SD、*LD			

☞说明：

1）在表 4-17 中，在梯形图指令中设置 IN2 和 OUT 所指定的存储单元相同，这样对应的语句表指令如表中所示。若在梯形图指令中，IN2（或 IN1）和 OUT 所指定的存储单元不同，则在语句表指令中需使用数据传送指令，将其中一个输入端的数据先送入 OUT，再进行逻辑运算。如 MOVB IN1，OUT

ANDB IN2，OUT

2）ENO=0 的错误条件：0006 间接地址，SM4.3 运行时间。

3）对标志位的影响：SM1.0（零）。

4.7.3　递增、递减指令

递增、递减指令用于对输入无符号数字节、符号数字、符号数双字进行加 1 或减 1 的操作。指令格式如表 4-18 所示。

1．递增字节（INC-B）/递减字节（DEC-B）指令

递增字节和递减字节指令在输入字节（IN）上加 1 或减 1，并将结果置入 OUT 指定的变量中。递增和递减字节运算不带符号。

2．递增字（INC-W）/递减字（DEC-W）指令

递增字和递减字指令在输入字（IN）上加 1 或减 1，并将结果置入 OUT 指定的变量

中。递增和递减字运算带符号（16#7FFF > 16#8000）。

3．递增双字（INC-DW）/递减双字（DEC-DW）指令

递增双字和递减双字指令在输入双字（IN）上加 1 或减 1，并将结果置入 OUT 指定的变量中。递增和递减双字运算带符号（16#7FFFFFFF > 16#80000000）。

表 4-18　递增、递减指令格式

	字节增减指令		字增减指令		双字增减指令	
LAD	INC_B EN ENO IN OUT	DEC_B EN ENO IN OUT	INC_W EN ENO IN OUT	DEC_W EN ENO IN OUT	INC_DW EN ENO IN OUT	DEC_DW EN ENO IN OUT
STL	INCB OUT	DECB OUT	INCW OUT	DECW UT	INCD OUT	DECD OUT
功能	字节加 1	字节减 1	字加 1	字减 1	双字加 1	双字减 1
操作及数据类型	IN：VB、IB、QB、MB、SB、SMB、LB、AC、常量、*VD、*LD、*AC OUT：VB、IB、QB、MB、SB、SMB、LB、AC、*VD、*LD、*AC IN/OUT 数据类型：字节		IN：VW、IW、QW、MW、SW、SMW、AC、AIW、LW、T、C、常量、*VD、*LD、*AC OUT：VW、IW、QW、MW、SW、SMW、LW、AC、T、C、*VD、*LD、*AC 数据类型：整数		IN：VD、ID、QD、MD、SD、SMD、LD、AC、HC、常量、*VD、*LD、*AC OUT：VD、ID、QD、MD、SD、SMD、LD、AC、*VD、*LD、*AC 数据类型：双整数	

☞说明：

1）使 ENO = 0 的错误条件：SM4.3（运行时间），0006（间接地址），SM1.1（溢出）。

2）影响标志位：SM1.0（零），SM1.1（溢出），SM1.2（负数）。

3）在梯形图指令中，IN 和 OUT 可以指定为同一存储单元，这样可以节省内存，在语句表指令中不需要使用数据传送指令。

4.8　PLC 控制电动机电路

4.8.1　PLC 控制电动机Y-△起动运行

通过 PLC 控制电动机的Y-△起动运行。

（1）主控制电路

如图 4-44a 所示，当按下起动按钮 SB2 时，电动机在星形联结起动，KM 和 KMY闭合，延时 10s 后，断开星形联结控制接触器 KMY，接通三角形联结接触器 KM△，电动机进入正常运行状态。

当按下停止按钮 SB1 时，接触器 KM、KM△同时停止，电动机停转。

（2）PLC 辅助控制电路

由 PLC 控制电动机星形起动三角形运行的电路如图 4-44b 所示，PLC 的输入端接起动按钮 SB2 和停机按钮 SB1，输出端接电动机控制主电源接触器 KM，星形起动接触器 KMY，三角形运行接触器 KM△。KMY和 KM△不能同时闭合，通常用常闭触点进行互锁，保证只有其中一个能闭合。热继电器常闭触点串联接在主接触器 KM 的线圈上，减少了 PLC 的输入端口。

（3）控制程序

起动过程：电动机的Y-△起动运行 PLC 控制程序如图 4-44c 所示。按下接在 I0.1 端口的起动按钮 SB2，输出线圈 KM 得电并自锁，主接触器 KM 的触点闭合；同时定时器 T37 开始计时，能流经过 T37 的常闭触点，线圈 KMY 得电，星形联结接触器 KMY 的触点闭合，电动机实现星形起动。

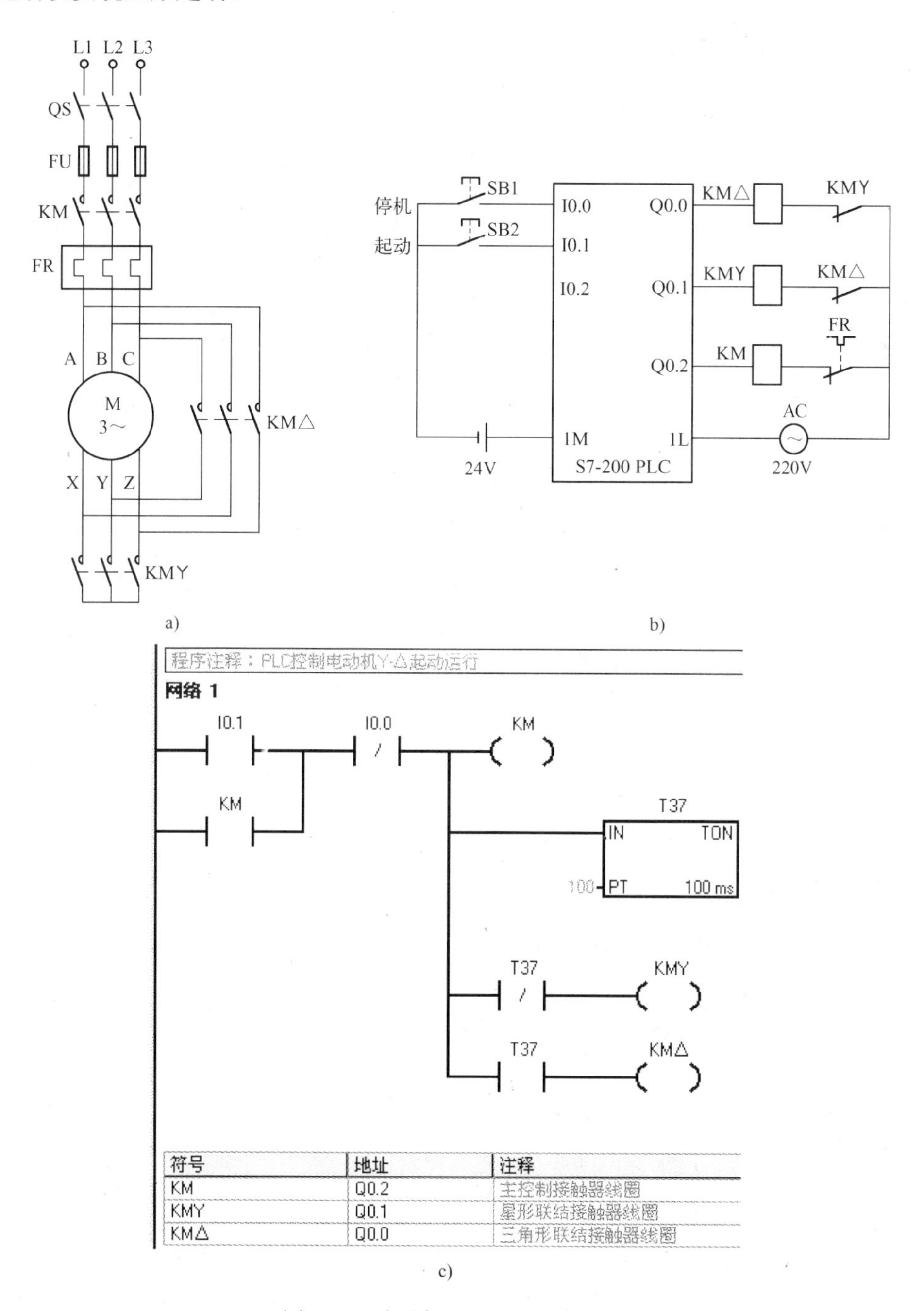

符号	地址	注释
KM	Q0.2	主控制接触器线圈
KMY	Q0.1	星形联结接触器线圈
KM△	Q0.0	三角形联结接触器线圈

c)

图 4-44　电动机Y-△电路及控制程序

a) 主控制电路　b) PLC 控制电动机Y-△起动运行辅助电路　c) 电动机Y-△起动运行控制程序

运行过程：当 T37 计时到 10s 时，T37 的常闭触点断开，常开触点闭合，线圈 KMY失电，线圈 KM△得电，星形联结接触器 KMY断开，三角形联结接触器 KM△闭合，电动机切换到正常运行状态。

停机过程：按下接在 I0.0 端口的停机按钮 SB1，线圈 KM、KM△同时失电，电动机停止运行。

4.8.2 步进电动机调速控制

步进电动机应用领域涉及机器人、工业自动化设备、医疗器械、广告器材、舞台灯光设备、印刷设备、纺织机械、计算机外部应用等。

步进电动机是一种将电脉冲转化为角位移的执行机构。当步进驱动器接收到一个脉冲信号，它就驱动步进电动机按设定的方向转动一个固定的角度（步进角）。可以通过控制脉冲个数来控制角位移量，从而达到准确定位的目的；同时可以通过控制脉冲频率来控制电动机转动的速度和加速度，从而达到调速的目的。步进电动机的角位移与输入脉冲个数成正比，其转速与脉冲频率成正比，其转向与脉冲分配到步进电动机的各相绕组的相序有关。步进电动机的转角、转速和转向均可采用数字量（脉冲电流）控制。

1．步进电动机与 PLC 的连接

图 4-45 是一种步进电动机的外形图和四相步进电动机的驱动线圈结构示意图。PLC 可以通过专门的驱动模块对步进电动机进行控制，也可以直接对步进电动机进行控制。用专门的驱动模块驱动步进电动机时，控制器给驱动模块提供频率符合要求的脉冲和方向信号，完成步进电动机的控制。PLC 直接控制步进电动机的接线如图 4-46 所示。步进电动机的四相线圈 1a、1b、2a、2b 分别接在 PLC 的 Q0.0～Q0.3 4 个端口上，公共端接在电源的负端。PLC 的输入端口接 4 个按钮，SB0 和 SB1 是带自锁的按钮，SB0 控制步进电动机的起停，SB1 控制运行方向，SB2、SB3 分别调节步进电动机转速的增加和减少。

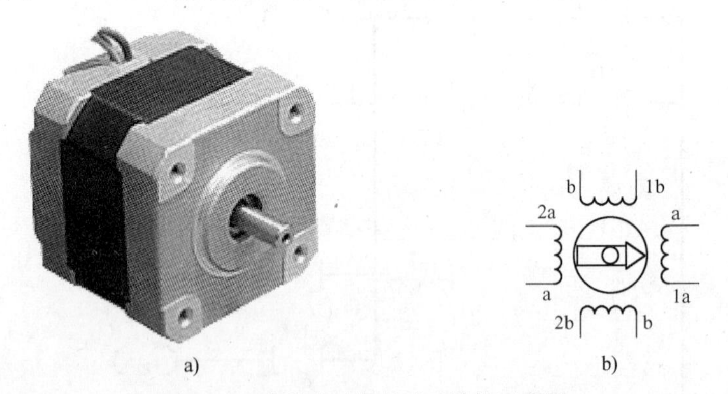

图 4-45　步进电动机外形及结构示意图

a) 一种步进电动机外形　b) 四相步进电动机线圈结构示意图

2．步进电动机的工作方式

按顺序给四相线圈提供脉冲，步进电动机转子转动。根据给步进电动机转子提供的磁场方向变化的过程不同，可以分为四拍和八拍工作方式。四拍工作方式下给步进电动机线圈提供电流的相序如下。

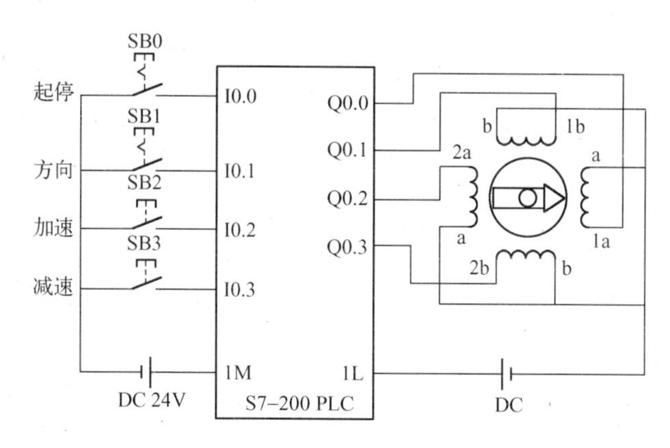

图 4-46　PLC 与步进电动机的连接

当电动机逆时针方向旋转时：1a→1b→2a→2b→1a。

当电动机顺时针方向旋转时：1a→2b→2a→1b→1a。

八拍工作方式下给线圈提供电流的相序如下。

当电动机逆时针方向旋转时：1a→1a 1b→1b→1b 2a→2a→2a 2b→2b→2b 1a→1a。

当电动机顺时针方向旋转时：1a→1a 2b→2b→2b 2a→2a→2a 1b→1b→1b 1a→1a。

3. PLC 产生步进电动机驱动脉冲的方法

步进电动机四相线圈完成八拍工作时每个 PLC 端口的输出情况如表 4-19 所示。输出有脉冲电流用 1 表示，无脉冲电流用 0 表示，0 在表中不标示出来。反时针方向旋转时，Q0.0～Q0.3 同时输出：第 0 拍为 1000，第 1 拍为 1100，第 2 拍为 0100，第 3 拍 0110，第 4 拍为 0010，第 5 拍为 0011，第 6 拍 0001，第 7 拍为 1001。从表的横向看，也就是从时间顺序看，每个端口输出分 8 个时间段的值组成了 1 字节的数据。将这些数据分别放入到字节变量 VB0、VB1、VB2、VB3 中。用循环移位的方式，获得符合步进电动机相序的控制电流脉冲。

表 4-19　步进电动机驱动脉冲相序表

顺时针方向旋转相序	7	6	5	4	3	2	1	0	
获得脉冲电流的线圈	1a	1a 1b	1b	1b 2a	2a	2a 2b	2b	1a 2b	
1a(Q0.0) 输出脉冲	1	1						1	VB0=16#C1
1b(Q0.1) 输出脉冲		1	1	1					VB1=16#70
2a(Q0.2) 输出脉冲				1	1	1			VB2=16#1C
2b(Q0.3) 输出脉冲						1	1	1	VB3=16#07

图 4-47 是用移位方式获得顺时针方向旋转的步进电动机线圈驱动电流的示意图。给变量 VB0～VB3 赋符号表 4-19 的初值，在同步脉冲的作用下，4 字节同时循环右移，分别用这 4 个变量的最低位控制 PLC 的 4 个端口，接在端口上的步进电动机线圈获得了顺时针旋转的磁场，步进电动机顺时针方向旋转。改变移位的同步脉冲的频率，就改变了步进电动机的转速。用脉冲周期可调的脉冲发生器，输出用于移位的同步脉冲，可实现步进电动机的调速。

如果根据条件设定同步脉冲的个数，就确定了旋转的步数，即转动的角度，从而实现步进电动机的精确定位。

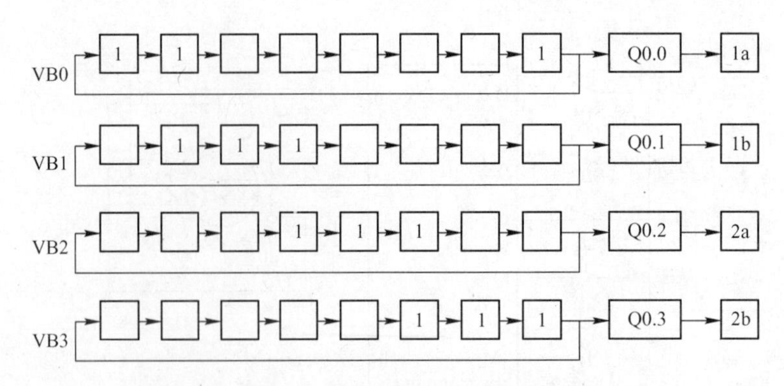

图 4-47　移位方式输出步进电动机线圈驱动电流

4．PLC 控制步进电动机调速运行的程序

PLC 对步进电动机进行调速控制的梯形图如图 4-48 所示。

（1）初始化设定

初始化程序如图 4-48a 所示，初始化只能在 PLC 运行时执行一次，用开机闭合一个扫描周期的特殊功能触点 SM0.1 启动数据传送指令。开机时给 VB0、VB1、VB2、VB3 传送符合步进电动机相序的初始值。给计数器 C0 预设初始值 10，也就是给同步脉冲发生器设定开机默认每步的时间周期为 1s。

（2）同步脉冲产生和调速

图 4-48b 所示为移位同步脉冲产生和调速程序。在网络 3 中，接在端口 I0.0 的起停按钮 SB0 闭合时，T37 构成周期由计数器 C0 确定的振荡脉冲。初始化 C0 的值为 10，开机时脉冲周期是 1s，即驱动脉冲的频率为 1Hz。

网络 2 程序是用接在端口 I0.2、I0.3 的加速按钮 SB2 和减速按钮 SB3，改变增减计数器 C0 的值。按下加速按钮 SB2，触点 I0.2 闭合一次，在计数器 C0 的减输入端 CD 的上升沿，计数器 C0 的当前值在原来数据基础上减少 1，网络 3 的脉冲周期减少 0.1s，速度增加。当 C0 的当前值减少到 1 时，比较指令触点断开，按下按钮 SB2 不能继续改变 C0 的值，故最快步进时间是 0.1s。按下接在端口 I0.3 的减速按钮 SB3 时，在增减计数器 C0 的加输入端 CU 的上升沿，计数器 C0 的当前值增加 1，网络 3 构成的振荡周期增加 0.1s，步进电动机转速减慢。当计数器的当前值增加到 21 时，比较指令触点断开，加速按钮按下无效。增减计数器 C0 的当前值在 1～21 之间可调。C0 当前值作为定时器 T37 的定时设定值，T37 构成振荡器的脉冲周期在 0.1s 到 2.1s 之间可调，调节的步长值为 0.1s。上升沿指令使得每次按下加速按钮时计数器只增加 1。

（3）输出脉冲产生

图 4-48c、图 4-48d 是循环移位网络。接在端口 I0.0 的起停按钮 SB0 闭合，触点 I0.0 闭合，接在端口 I0.1 的步进电动机运行方向选择按钮 SB1 闭合，选择正向旋转。常开触点 I0.1 闭合，常闭触点 I0.1 断开。网络 4 的循环左移指令在触点 T37 控制下移位，定时器的控制触点 T37 每闭合一次，VB0～VB3 左移一位。移位的速度由 T37 的脉冲速度确定。

方向选择按钮 SB1 断开，选择反向旋转，常闭触点 I0.1 闭合，常开触点 I0.1 断开。网络 5 的循环右移指令在触点 T37 控制下移位，定时器的控制触点 T37 每闭合一次，VB0～VB3 右移一位。移位的速度由 T37 的脉冲速度确定。

在 VB0～VB3 左移和右移的过程中，V0.0、V1.0、V2.0 和 V3.0 产生了符合步进电动机正转和反转需要的脉冲序列。

（4）脉冲输出

图 4-48e 是步进电动机控制程序输出部分。由触点 V0.0、V1.0、V2.0 和 V3.0 控制的 4 个输出线圈 Q0.0、Q0.1、Q0.2 和 Q0.3 根据步进电动机运行相序规律通电。

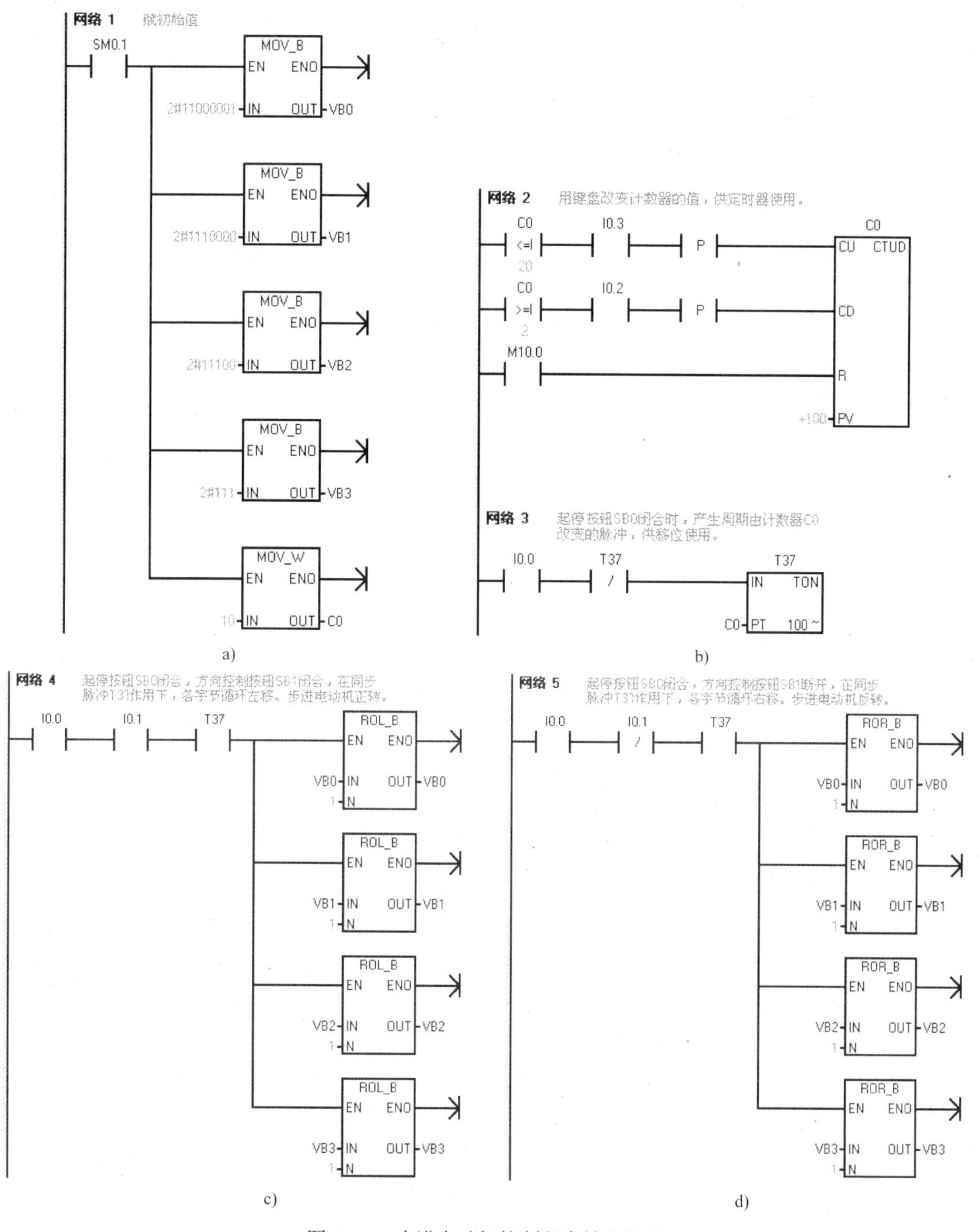

图 4-48　步进电动机控制程序输出部分

a) 初始化变量　b) 同步脉冲传送和调速　c) 循环左移　d) 循环右移

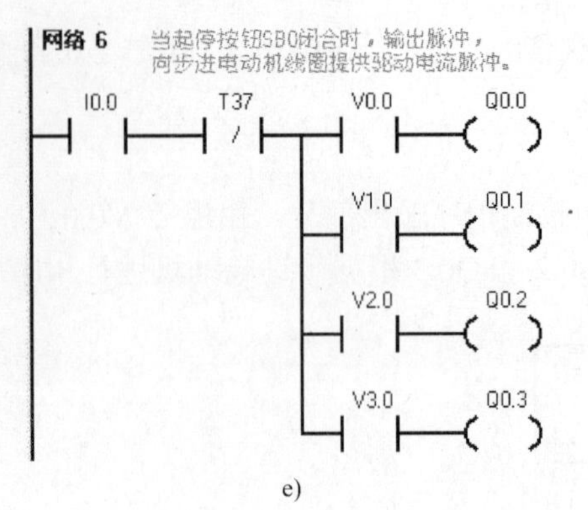

e)

图 4-48　步进电动机控制程序输出部分（续）

e) 端口输出

4.9　程序控制类指令

程序控制类指令用于程序运行状态的控制，主要包括系统控制、跳转、循环、子程序调用和顺序控制等指令。

4.9.1　END、STOP、WDR 指令

1．结束指令

1）END：条件结束指令，执行条件成立（左侧逻辑值为 1）时结束主程序，返回主程序的第一条指令执行。在梯形图中该指令不连在左侧母线。END 指令只能用于主程序，不能在子程序和中断程序中使用。END 指令无操作数。指令格式如图 4-49 所示。

2）MEND：无条件结束指令，结束主程序，返回主程序的第一条指令执行。在梯形图中无条件结束指令直接连接左侧母线。用户必须无条件结束指令，结束主程序。条件结束指令，用在无条件结束指令前结束主程序。在编程结束时一定要写上该指令，否则便会出错；在调试程序时，在程序的适当位置插入 MEND 指令可以实现程序的分段调试。指令格式如图 4-49 所示。

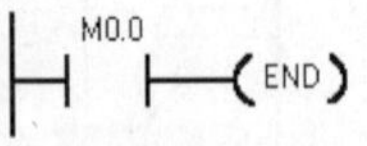

M0.0　(END)　　LD　M0.0
END　　(END)　　MEND

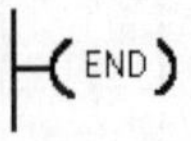

图 4-49　END /MEND 指令格式

必须指出，STEP7-Micro/WIN40 编程软件，在主程序的结尾自动生成无条件结束指令（MEND），用户不得输入，否则编译出错。

2．停止指令

STOP：停止指令，执行条件成立即停止执行用户程序，令 CPU 工作方式由 RUN 转到 STOP。在中断程序中执行 STOP 指令，则该中断立即终止，并且忽略所有挂起的中断，继续扫描程序的剩余部分，在本次扫描的最后，将 CPU 由 RUN 切换到 STOP。指令格式如图 4-50 所示。

```
LD SM5.0        //SM5.0 为检测到 I/O 错误时置 1
STOP            //强制转换至 STOP（停止）模式
```

☞注意：

END 和 STOP 的区别，如图 4-51 所示。

图中，当 I0.0 接通时，Q0.0 有输出，若 I0.1 接通，则执行 END 指令，终止用户程序，并返回主程序的起点。这样，Q0.0 仍保持接通，但下面的程序不会执行。若 I0.1 断开，接通 I0.2，则 Q0.1 有输出，此时若将 I0.3 接通，则执行 STOP 指令，立即终止程序执行，Q0.0 与 Q0.1 均复位，CPU 转为 STOP 方式。

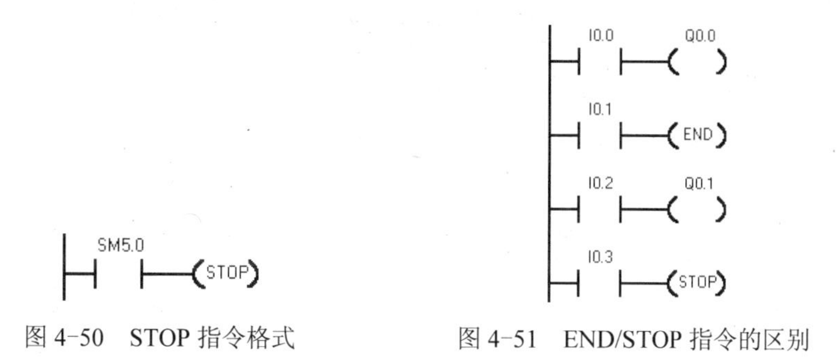

图 4-50　STOP 指令格式　　　　图 4-51　END/STOP 指令的区别

3．警戒时钟刷新指令 WDR（又称看门狗定时器复位指令）

警戒时钟的定时时间为 300ms，每次扫描它都被自动复位一次，正常工作时，如果扫描周期小于 300ms，警戒时钟不起作用。如果强烈的外部干扰使 PLC 偏离正常的程序执行路线，警戒时钟不再被周期性地复位，若定时时间到，PLC 将停止运行。若程序扫描的时间超过 300ms，为了防止在正常的情况下警戒时钟动作，可将警戒时钟刷新指令（WDR）插入到程序中适当的地方，使警戒时钟复位。这样，可以增加一次扫描时间。指令格式如图 4-52 所示。

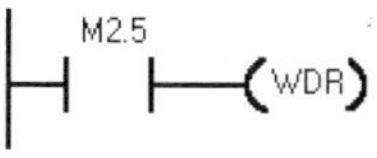

M2.5　(WDR)

```
LD   M2.5   // M2.5 接通时
WDR         //重新触发 WDR，允许扩展扫描时间
```

图 4-52　WDR 指令格式

工作原理：当使能输入有效时，警戒时钟复位。可以增加一次扫描时间。若使能输入无效，警戒时钟定时时间到，则程序将终止当前指令的执行，重新起动，返回到第一条指令重新执行。注意：如果使用循环指令阻止扫描完成或严重延迟扫描完成，下列程序只有在扫描循环完成后才能执行：通信（自由口方式除外）、I/O 更新（立即 I/O 除外）、强制更新、SM 更新、运行时间诊断和中断程序中的 STOP 指令。10ms 和 100ms 定时器对于超过 25s 的扫描不能正确地累计时间。

☞注意：

如果预计扫描时间将超过 500ms，或者预计会发生大量中断活动，可能阻止返回主程序扫描超过 500ms，则应使用 WDR 指令，重新触发看门狗计时器。

4.9.2　循环、跳转指令

1．循环指令

程序循环结构用于描述一段程序的重复循环执行。由 FOR 和 NEXT 指令构成程序的循环体。FOR 指令标记循环的开始，NEXT 指令为循环体的结束指令。指令格式如图 4-53 所示。

在 LAD 中，FOR 指令为指令盒格式，EN 为使能输入端。

INDX 为当前值计数器，操作数为：VW、IW、QW、MW、SW、SMW、LW、T、C、AC。

INIT 为循环次数初始值，操作数为：VW、IW、QW、MW、SW、SMW、LW、T、C、AC、AIW、常数。

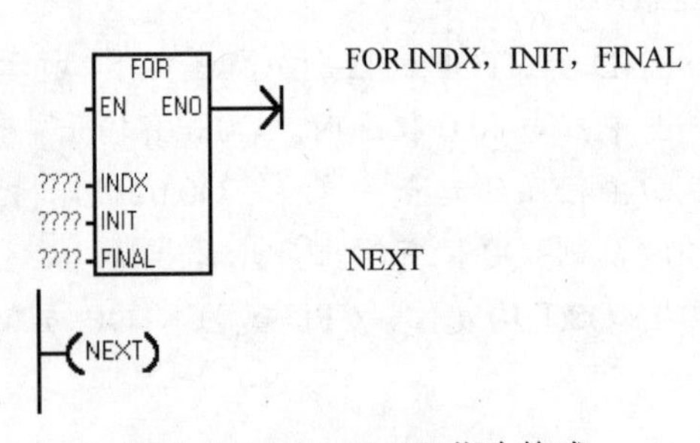

图 4-53 FOR/NEXT 指令格式

FINAL 为循环计数终止值。操作数为：VW、IW、QW、MW、SW、SMW、LW、T、C、AC、AIW、常数。

工作原理：使能输入 EN 有效，循环体开始执行，执行到 NEXT 指令时返回，每执行一次循环体，当前值计数器 INDX 增 1，达到终止值 FINAL 时，循环结束。

使能输入无效时，循环体程序不执行。每次使能输入有效，指令自动将各参数复位。

FOR/NEXT 指令必须成对使用，可以循环嵌套，最多为 8 层。

2．跳转指令及标号

JMP：跳转指令，使能输入有效时，把程序的执行跳转到同一程序指定的标号（*n*）处执行。

LBL：指定跳转的目标标号。

操作数 *n*：0～255。

指令格式如图 4-54 所示。

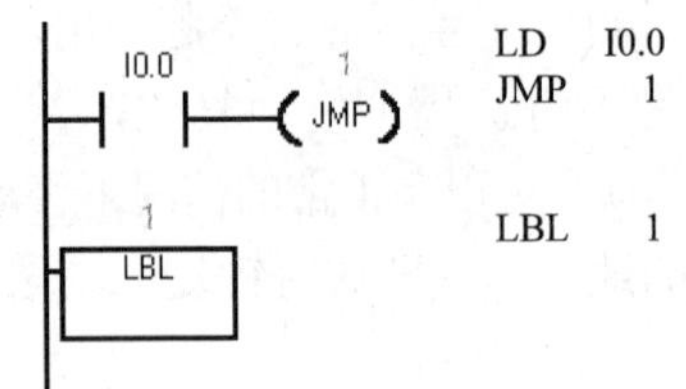

图 4-54 JMP/LBL 指令格式

必须强调的是，跳转指令及标号必须同在主程序内或在同一子程序内。同一中断服务程序内，不可由主程序跳转到中断服务程序或子程序，也不可由中断服务程序或子程序跳转到主程序。

跳转指令示例：如图 4-55 所示，图中当 JMP 条件满足（即 I0.0 为 ON）时，程序跳转执行 LBL 标号以后的指令，而在 JMP 和 LBL 之间的指令一概不执行。在这个过程中，即使 I0.1 接通也不会有 Q0.1 输出。当 JMP 条件不满足时，则当 I0.1 接通时 Q0.1 有输出。

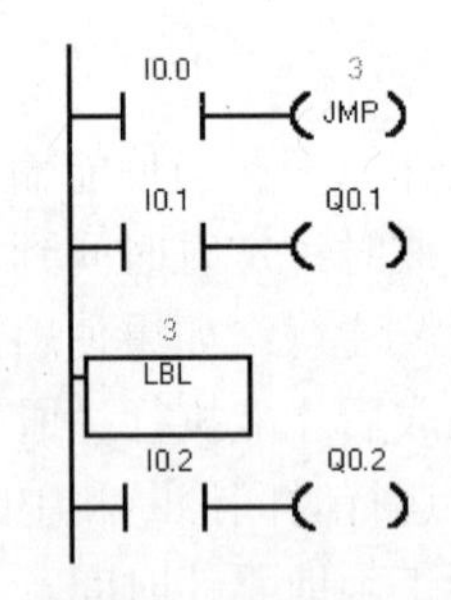

图 4-55 跳转指令示例

4.9.3 子程序调用及子程序返回指令

通常将具有特定功能、并且多次使用的程序段作为子程序。在主程序中用指令调用具体子程序。当主程序调用子程序并执行时，子程序执行全部指令直至结束，系统将返回至调用子程序的主程序。子程序用于为程序分段和分块，使其成为较小的、更易于管理的块。在程序调试和维护时，通过使用子程序，会便于这些区域和整个程序进行调试和排除故障。只在需要时才调用程序块，可以更有效地使用 PLC，因为所有的程序块可能无须执行每次扫描。

在程序中使用子程序，必须执行下列三项任务：1）建立子程序；2）在子程序局部变量表中定义参数（如果有）；3）从适当的程序（从主程序或另一个子程序）中调用子程序。

1. 建立子程序

可采用下列任意一种方法建立子程序。

1）执行菜单命令“编辑”→“插入”（Insert）→“子程序”（Subroutine）。

2）从“指令树”，用鼠标右键单击“程序块”图标，并从弹出菜单选择“插入”→“子程序”。

3）用鼠标右键单击“程序编辑器”窗口，并从弹出菜单选择“插入”→“子程序”。

程序编辑器从先前的程序更改为新的子程序。程序编辑器底部会出现一个新标签，代表新的子程序。此时可以对新的子程序编程。

用右键双击指令树中的子程序图标，在弹出的菜单中选择“重新命名”，可修改子程序的名称。

2. 在子程序局部变量表中定义参数

可以使用子程序的局部变量表为子程序定义参数。注意：程序中每个程序都有一个独立的局部变量表，必须在选择该子程序标签后出现的局部变量表中为该子程序定义局部变量。编辑局部变量表时，必须确保已选择适当的标签。每个子程序最多可以定义 16 个输入 / 输出参数。

3. 子程序调用及子程序返回指令的指令格式

子程序指令包括子程序调用和子程序返回两大类，子程序返回又分为条件返回和无条件返回。指令格式如图 4-56 所示。

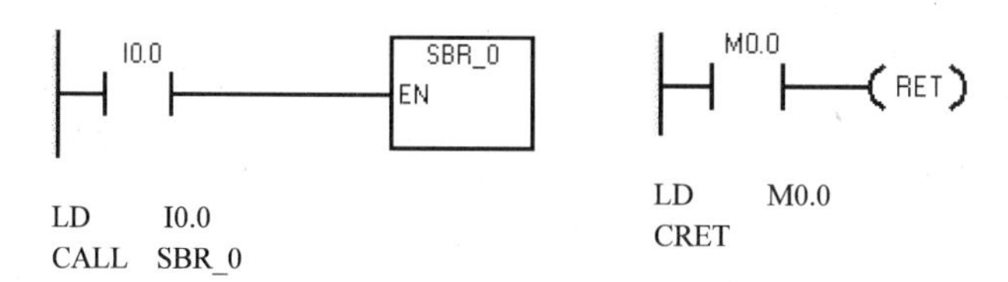

图 4-56　子程序调用及子程序返回指令格式

CALL SBR_n：子程序调用指令。在梯形图中为指令盒的形式。子程序的编号 *n* 从 0 开始，随着子程序个数的增加自动生成。操作数 *n*：0～63。

CRET：子程序条件返回指令，条件成立时结束该子程序，返回原调用处的指令 CALL 的下一条指令。

RET：子程序无条件返回指令，子程序必须以本指令作为结束。本指令由编程软件自动生成。

需要说明的是：

1）子程序可以多次被调用，也可以嵌套（最多 8 层），还可以自己调自己。

2）子程序调用指令用在主程序和其他调用子程序的程序中，子程序的无条件返回指令用在子程序的最后网络段，梯形图指令系统能够自动生成子程序的无条件返回指令，用户无须输入。

3）带参数的子程序调用请参阅西门子 PLC 用户手册。

4.10 思考与练习

1．填空

（1）通电延时定时器（TON）的输入（IN）________时开始定时，当前值大于等于设定值时，定时器位变为__________，常开触点_________，常闭触点 ________。

（2）通电延时定时器（TON）的输入（IN）电路 ________时被复位，复位后常开触点 _________，常闭触点 _________，当前值等于 ______________。

（3）若加计数器的计数输入电路（CU）________________，复位输入电路（R） __________，计数器的当前值加 1。当前值大于等于设定值（PV）时，常开触点 ____________，常闭触点 ____________。复位输入电路 ______________时，计数器被复位，复位后常开触点 ___________，常闭触点 _________，当前值为______。

（4）输出指令（=）不能用于 ___________映像寄存器。

（5）SM ____________在首次扫描时为 1，SM0.0 一直为 ___________。

（6）外部的输入电路接通时，对应的输入映像寄存器为 _______状态，梯形图中对应的常开触点 ____________，常闭触点 ____________。

（7）若梯形图中输出 Q 的线圈“断电”，对应的输出映像寄存器为 __________状态，在输出刷新后，继电器输出模块中对应的硬件继电器的线圈 _______，常开触点________________。

2．写出图 4-57 所示梯形图的语句表程序及逻辑运算过程。

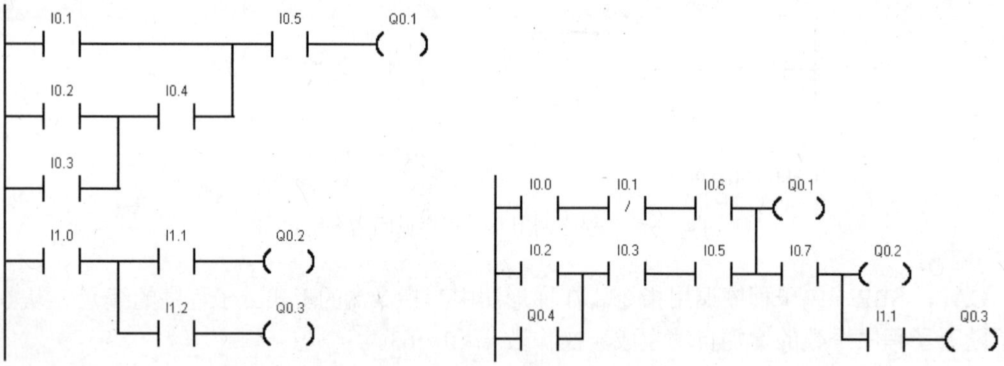

a)　　b)

图 4-57　习题 2 的图

3．题图如图 4-58 所示，画出 M0.0 的波形图。

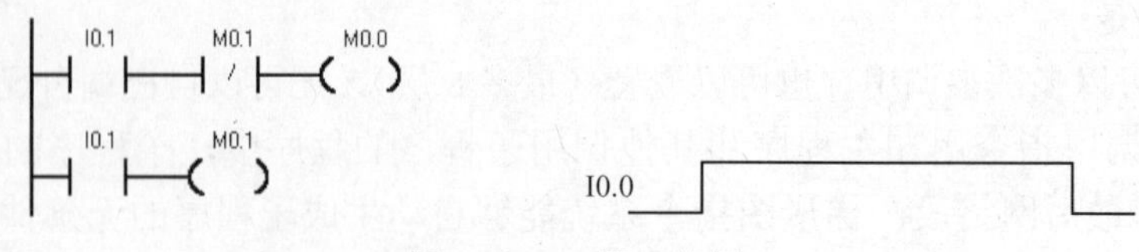

图 4-58　习题 3 的图

4．使用置位指令和复位指令，编写两套程序，控制要求如下。

（1）起动时，电动机 M1 先起动时，才能起动电动机 M2，停止时，电动机 M1、M2 同时停止。

（2）起动时，电动机 M1、M2 同时起动；停止时，只有在电动机 M2 停止时，电动机 M1 才能停止。

5．设计 PLC 电动机正反转控制电路，要求有电路热继电器保护和正反转互锁，停机后 10s 才能进行下次起动。输入：正转起动按钮 ZQ(I0.1)、反转起动按钮 FQ(I0.2)、停机按钮 TZ(I0.0)；输出：正转接触器 KZ(Q0.0)、反转接触器 KF(Q0.1)。画出主控制电路和辅助控制电路图，并设计出控制梯形图程序。

6．有三台电动机，起动时先起动 Q0.0 和 Q0.1，5s 后再起动 Q0.2。停止时同时停止。设 Q0.0、Q0.1、Q0.2 分别驱动电动机的接触器，I0.0 为起动按钮，I0.1 为停车按钮，试编写程序。

7．用 PLC 控制电动机星形起动－三角形运行。其中 Q0.0 为电源主控接触器，Q0.1 为星形联结接触器，Q0.2 为三角形联结接触器。I0.1 为起动按钮，I0.0 为停止按钮，星形－三角形联结切换延时时间为 8s。试编写 PLC 梯形图程序，并画出辅助控制电路图和主控制电路接线图。

8．设计 PLC 电动机两地正反转控制电路，要求有电路热继电器保护和正反转互锁。甲地输入正转起动按钮 I0.0、反转起动按钮 I0.2、停机按钮 I0.5；乙地输入正转起动按钮 I0.1、反转起动按钮 I0.3、停机按钮 I0.4；输出：正转接触器 Q0.0、反转接触器 Q0.1。画出主控制电路和辅助控制电路图，并设计出控制梯形图程序。

9．设计周期为 5s，占空比为 20%的方波输出信号程序。

10．使用顺序控制结构，编写出实现“红黄绿”三种颜色的信号灯循环显示程序（要求循环间隔时间为 0.5s），并画出该程序设计的功能流程图。

11．设计一个 1s 闪一次 LED 程序。

12．用 PLC 设计两地正反转控制电路，要求停机后 20s 才能再次起动。设计主控制电路、辅助控制电路和控制程序。

13．设计一个延时 10h 的 PLC 程序。

14．步进电动机具有精确定位功能。图 4-46 所示的 PLC 控制步进电动机系统中，步进电动机的步进角是 1.8°，在 I0.4 端口接一个按钮，每按下一次按钮，要求步进电动机旋转 180°。请设计控制程序。

15．画出符合下列功能的 PLC 的控制电路图，并编程序实现该功能。

电动机起保停控制加点动控制。输入：起动按钮 I0.0，停止按钮 I0.1，点动按钮 I0.3；输出 Q0.0。

16．画出符合下列功能的 PLC 的控制电路图，并编程序实现该功能。

手动起动和手动停止，起动按钮按下后，电动机运行；停止按钮按下后，电动机反转 2s 刹车后停机。

输入：起动 I0.0，停止 I0.1。

输入：正转接触器 Q0.0，反转接触器 Q0.1。

第5章　机械手臂控制程序设计

5.1　顺序功能图绘制与顺序控制程序设计

5.1.1　顺序功能图绘制

工业生产过程一般是复杂而有序的。设备的电气控制就是根据产品生产工艺的要求，完成一系列有序动作的控制过程。顺序控制是一种应用广泛、重要的控制方法。

顺序控制是按照生产工艺预先规定的顺序，满足输入信号、内部状态和时间关系等条件时，各个执行机构按顺序进行操作。

顺序控制程序设计法的过程：首先根据系统的工艺过程，画出顺序功能图，然后根据顺序功能图画出梯形图。有的 PLC 编程软件为用户提供了顺序功能图（Sequential Function Chart，SFC）语言，在编程软件中生成顺序功能图后便完成了编程工作。

顺序功能图是描述控制系统的控制过程、功能和特性的一种图形，也是设计 PLC 的顺序控制程序的有力工具。顺序功能图并不涉及所描述的控制功能的具体技术，它是通用的技术语言，可以进一步进行设计，也可以用于不同专业的人员之间进行技术交流。顺序功能图主要由步、有向连线、转换、转换条件和动作（或命令）组成。

1．步

步（Step）是顺序控制程序设计的一个基本单位，将生产过程的一个完整的工作周期划分为多个顺序相连的阶段，这个阶段内各输出量的状态不变，这些阶段称为步。

步用编程元件来表示，如辅助继电器 M 或顺序控制继电器 S。步是根据输出量的状态变化来划分的，在任何一步之内，各输出量的 ON/OFF 状态不变。相邻两步输出量的状态必须是不同的。

用方框表示一个步，在方框内用一个位元件来对这个步命名。

（1）初始步

与系统的初始状态相对应的步称为初始步，初始状态一般是系统等待起动命令的相对静止的状态。初始步一般没有输出量，等待输入转换条件进入下一个步。初始步用双线方框表示，每一个顺序功能图至少应该有一个初始步。

（2）与步对应的动作或命令

每个步内执行的输出命令。即在该步内执行指令、线圈输出等相关操作。这些操作写在步方框后面的动作方框内。

（3）当前步（活动步）

当系统正处于某一步所在的阶段时，该步处于活动状态，称该步为当前步（也称为活动步）。步处于活动状态时，相应的动作被执行。处于不活动状态时，相应的非存储型动作被停止执行。

2．有向连线

在顺序功能图中，随着时间的推移和转换条件的实现，将会发生步的活动状态的转换，这种转换按有向连线规定的路线和方向进行。在画顺序功能图时，将代表各步的方框按它们成为活动步的先后顺序排列，并用有向线段连接起来。步的活动状态习惯的进展方向是从上到下或从左到右，在这两个方向有向连线上的箭头可以省略。如果不是上述的方向，应在有向连线上用箭头注明进展的方向。在可以省略箭头的有向连线上，为了更易于理解也可以加箭头。

如果在画图时有向连线必须中断（如在复杂的图中、或用几个图来表示一个顺序功能图时），应在有向连线中断之处标明下一步的标号（如 A、B、C 等）和所在的页数（如步83、12 页等）。

3．转换

转换用有向连线上与有向连线垂直的短画线来表示，转换将相邻两步分隔开。步的活动状态的进展是由转换的实现来完成的，并与控制过程的发展相对应。

4．转换条件

转换条件是与转换相关的逻辑命题，转换条件可以用文字语言、布尔代数表达式或图形符号标注在表示转换的短线的旁边，使用最多的是布尔代数表达式。

下面以电动机Y-△起动运行控制为例说明各个概念。电动机的星形起动三角形运行控制的 PLC 接线图如图 4-44b 所示，顺序功能图如图 5-1 所示。

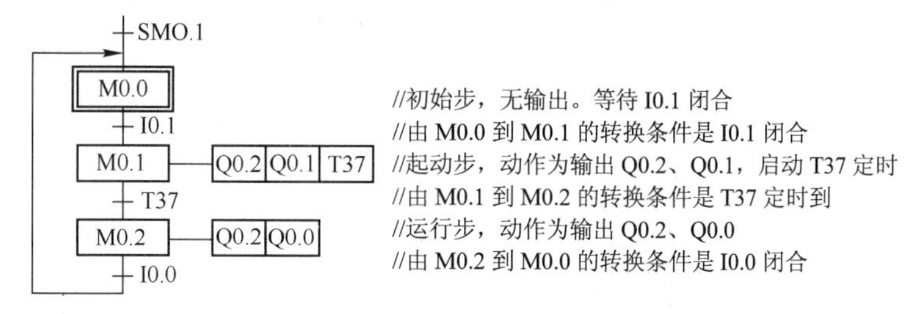

图 5-1　电动机Y-△控制顺序功能图

电动机星形起动三角形运行控制包含初始步 M0.0、起动步 M0.1 和运行步 M0.2 三个步。

1）初始步 M0.0，没有要执行的动作，等待起动按钮 I0.1（SB2）按下。

2）起动步 M0.1，执行的动作是输出 Q0.2（主电源交流接触器 KM）、输出 Q0.1（星形交流接触器 KMY）、起动定时器 T37。

3）运行步 M0.2，执行的动作是输出 Q0.2、输出 Q0.0（三角形交流接触器 KM△）。

每个步之间的转换条件是：1）PLC 从 STOP 进入 RUN 时，由特殊功能触点 SM0.1 闭合一次进入初始步。SM0.1 就是第一个转换条件。2）由初始步 M0.0 进入起动步 M0.1 的转换条件是手动按下起动按钮 SB2（接在端口 I0.1）。在当前步是初始步 M0.0 时，按下 SB2，进入起动步 M0.1，并执行相应的动作。M0.1 变为当前步。3）当 M0.1 为当前步，定时器 T37 定时时间到时，控制位 T37 闭合，进入到 M0.2，即正常运行步。此时，M0.2 变为当前步。T37 控制位是第 3 个转换条件。4）在 M0.2 是当前步时，按下停机按钮 SB1（接在端口 I0.0）,进入到 M0.0 步。第 4 个转换条件是触点 I0.0。

在同一时间，只能有一个当前步。也就是说，只有一个步是正在执行的步，对应的动作正在执行。

电动机反接制动控制的顺序功能图如图 5-2 所示。

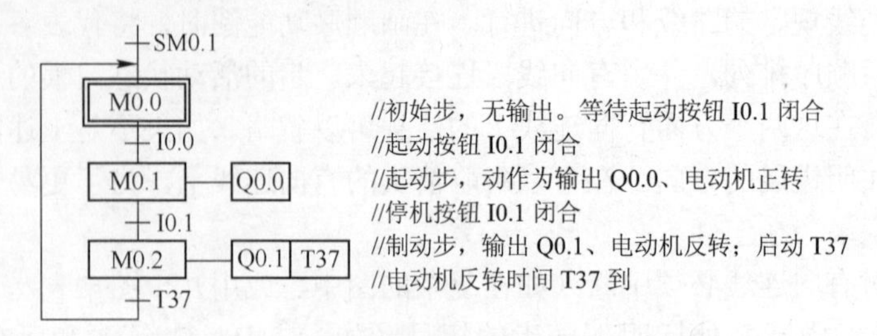

图 5-2　电动机反接制动控制的顺序功能图

电动机反接制动的 PLC 顺序功能图包含初始步 M0.0、运行步 M0.1 和制动步 M0.2 三个步。每个步的动作和步之间的转换条件如图 5-2 所示。

5.1.2　顺序功能图的基本结构

1．单序列

单序列由一系列相继激活的步组成，每一步的后面仅有一个转换，每一个转换的后面只有一个步（如图 5-1 和图 5-2 所示）。

2．选择序列

从多个分支流程中根据转换条件选择一个或几个分支执行程序，如图 5-3a 所示。如果步 M0.0 是活动步，并且转换 A=1，将发生由步 M0.0→步 M0.1 的进展，执行顺序是 M0.0、M0.1、M0.2、M0.3。如果步 M0.0 是活动步，并且 E=1，将发生由步 M0.0→步 M1.1 的进展，执行的顺序是 M0.0、M1.1、M1.2、M0.3。一般只允许同时选择一个序列，即选择序列中的各序列是互相排斥的，其中的任何两个序列都不会同时执行。

选择序列的结束称为合并，几个选择序列合并到一个公共序列时，用需要重新组合的序列相同数量的转换符号和水平连线来表示，转换符号只允许标在水平连线之上。如果步 M0.2 是活动步，并且转换条件 C=1，将发生由步 M0.2→步 M0.3 的进展。如果步 M1.2 是活动步，并且 G=1，将发生由步 M1.2→步 M0.3 的进展。

3．并行序列

转换条件是多个分支流程同时执行的程序结果称为并行分支，如图 5-3b 所示。如果步 M10.0 是活动步，且转换条件 H=1，则 M10.1 和 M11.1 这两步同时变为活动步，同时步 M10.0 变为不活动步。为了强调转换的同步实现，水平连线用双线表示。步 M10.1、M11.1 被同时激活后，每个序列中活动步的进展将是独立的。在表示同步的水平双线之上，只允许有一个转换符号。并行序列用来表示系统的几个同时工作的独立部分的工作情况。

并行序列的结束称为合并，在表示同步的水平双线之下，只允许有一个转换符号。当直接连在双线上的所有前级步（步 M10.2、M11.2）都处于活动状态，且转换条件 J=1 时，才会发生步 M10.2、M11.2 到步 M10.3 的进展，即步 M10.2、M11.2 同时变为不活动步，而步 M10.3 变为活动步。

在每一个分支点，最多允许 8 条支路并行，每条支路的步数不受限制。

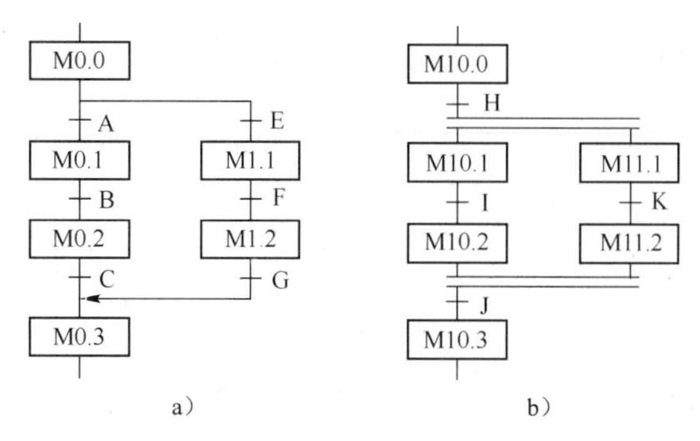

图 5-3　选择序列和并行序列

a）选择序列结构顺序功能图　b）并行序列结构顺序功能图

在设计顺序功能图时，可以先画出功能模块，然后逐渐细化到具体的工作步。一个功能模块相当于一个大步，可以包含一系列步和转换，这个模块称为功能步。功能步表示系统的一个完整的子功能。功能步使系统的设计者在总体设计时容易抓住系统的主要矛盾，用更加简洁的方式表示系统的整体功能和概貌，而不是一开始就陷入某些细节之中。设计者可以从最简单的对整个系统的全面描述开始，然后画出更详细的顺序功能图，功能步中还可以包含更详细的子功能步。这种设计方法的逻辑性很强，可以减少设计中的错误，缩短总体设计时间和查错需要的时间。

4．顺序功能图举例

（1）电动机正反转运行反接制动

电动机正反转运行反接制动控制的主控制电路和 PLC 辅助控制电路如图 5-4 所示，与电动机正反转控制电路相同。控制程序的顺序功能图如图 5-5 所示。

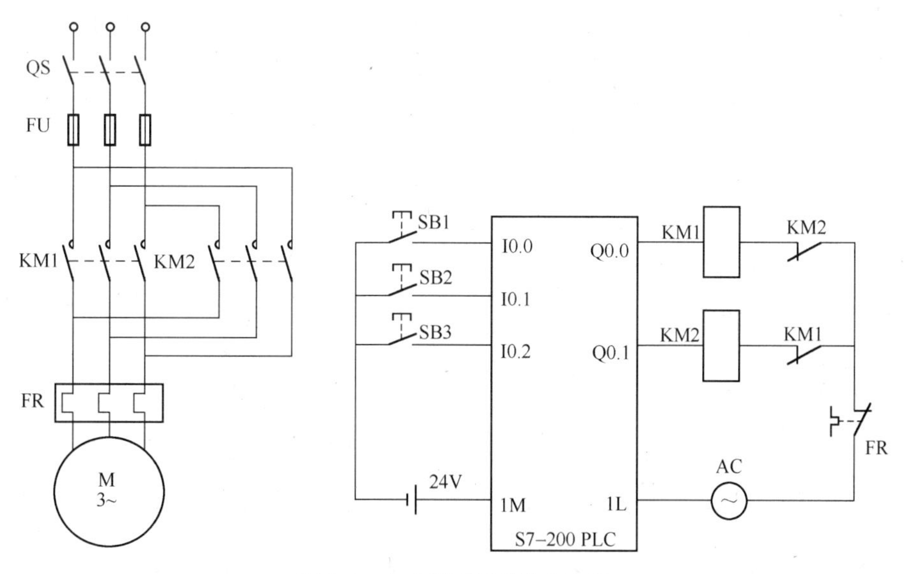

图 5-4　电动机正反转控制电路

开机运行，PLC 进入初始步 M0.0，此时若按下正转按钮 SB1（I0.0），程序进入正转分支。进入 M0.1 步，Q0.0 输出 1，电动机为正转运行工作状态。按下停机按钮 SB3（I0.2），程序进入 M0.2 步，Q0.1 输出 1，电机反接制动，同时起动 T37 定时。时间到，进入初始步 M0.0，等待下一次起动。

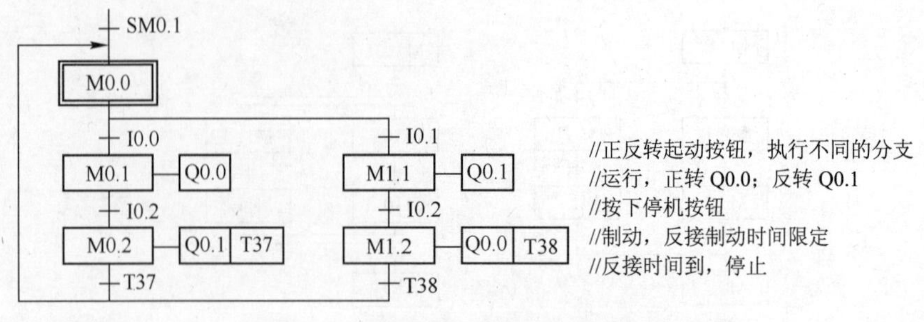

图 5-5　正反转运行反接制动的顺序功能图

在初始步 M0.0 为当前步时，若按下反转按钮 SB2（I0.1），程序进入反转分支。进入 M1.1 步，Q0.1 输出 1，电动机为反转运行工作状态。按下停机按钮 SB3（I0.2），程序进入 M1.2 步，Q0.0 输出 1，电动机反接制动，同时起动 T38 定时。时间到，进入初始步 M0.0。

（2）液体混合装置

图 5-6a 是一种液体混合装置的结构示意图。生产过程是定量放入 A、B 两种液体，搅拌后从放料阀放出到灌装生产线。按下起动按钮 SB1（接在 PLC 的 I1.0 端口），同时打开进料电磁阀 Q0.0 和 Q0.1，放入液体 A 和 B，当放入液体达到流量计设定的数量时，接在 I0.3、I0.4 的流量计触头闭合。然后起动搅拌电动机搅拌一定时间后停止搅拌，打开出料电磁阀 Q0.2，将成品放出。当液位下降到低位时，液位开关 I0.0 闭合，下一个生产过程重新开始。如果在生产过程中按下停机按钮 SB2（接在 PLC 的 I1.1 端口），则在完成一个输出周期、即液位下降到低位时结束生产，不再进入下一个输出循环。

根据生产过程，这是一个顺序生产过程，用图 5-6b 所示的顺序功能图将控制过程描述出来。用线圈 M10.0 记录并保持停机按钮 I1.1 是否已被按下，按下过停机按钮，则 M10.0 为 1；没有按下过停机按钮，则 M10.0 为 0。用一个起保停结构的梯形图就能完成这个功能。

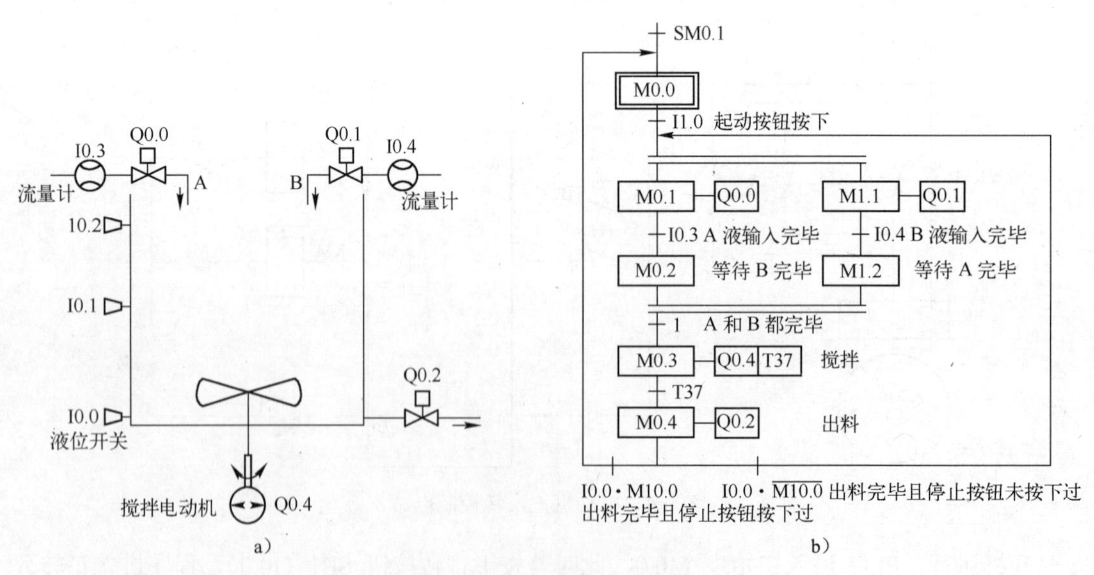

图 5-6　结构示意图和功能图

a）液体混合装置结构示意图　　b）液体混合控制顺序功能图

开机时 PLC 进入初始步，等待起动按钮 I1.0 按下。按下 I1.0 后，进入放入 A 和 B 液体的并行支路，M0.1 和 M1.1 同时成为活动步。由于两种液体量不同，当一种液体放入完毕后，要等待另一种液体放入完成，故两条支路都有一个等待步。当 M0.2 和 M1.2 同时为活动步时，进入到搅拌步 M0.3，起动搅拌电动机，同时开始定时。搅拌设定时间到，停止搅拌，进入出料步 M0.4，打开出料电磁阀 Q0.2。液位下降到低位，液位开关 I0.0 闭合，且触点 M10.0 为 1，停机，进入初始步等待下一次起动；如果 M10.0 为 0，则自动进入下一个生产循环。

5.1.3 顺序功能图中转换实现的基本原则

1．转换实现的条件

在顺序功能图中，步的活动状态的进展是由转换的实现来完成的。转换实现必须同时满足两个条件。

1）该转换所有的前级步都是活动步。

2）相应的转换条件得到满足。

如果转换的前级步或后续步不止一个，转换的实现称为同步实现。为了强调同步实现，有向连线的水平部分用双线表示。

2．转换实现应完成的操作

转换实现的基本规则是根据顺序功能图设计梯形图的基础，它适用于顺序功能图中的各种基本结构。

在梯形图中，用编程元件（如 M 和 S）代表步，当某步为活动步时，该步对应的编程元件为 ON。当该步之后的转换条件满足时，转换条件对应的触点或电路接通，因此可以将该触点对应的电路实现转换。

5.1.4 绘制顺序功能图时的注意事项

下面是针对绘制顺序功能图时常见的错误提出的注意事项。

1）两个步绝对不能直接相连，必须用一个转换将它们隔开。

2）两个转换也不能直接相连，必须用一个步将它们隔开。

3）顺序功能图中的初始步一般对应于系统等待起动的初始状态，这一步可能没有什么输出处于 ON 状态。但初始步是必不可少的，一方面因为该步与它的相邻步相比，从总体上说输出变量的状态是各不相同的；另一方面如果没有该步，则无法表示初始状态，系统也无法返回停止状态。

4）自动控制系统应能多次重复执行同一工艺过程，因此在顺序功能图中一般应有步和有向连线组成的闭环，即在完成一次工艺过程的全部操作之后，应从最后一步返回初始步，使系统停留在初始状态（单周期操作，如图 5-1 所示），在连续循环工作方式时，将从最后一步返回下一工作周期开始运行的第一步（如图 5-6 所示）。

5）在顺序功能图中，只有当某一步的前级步是活动时，该步才有可能变成活动步。

5.1.5 顺序控制设计法的本质

经验设计法实际上是试图用输入信号直接控制输出信号，如果无法直接控制，或为了实现记忆、联锁、互锁等功能，只好被动地增加一些辅助元件和辅助触点。由于不同系统的输出量与输入量之间的关系各不相同，以及它们对联锁、互锁的要求千变万化，不可能找出一种简单通用的设计方法。

顺序控制设计法则是用输入量控制代表各步的编程元件（如辅助继电器 M），再用它们控制输出量 Q。任何复杂系统的代表步的辅助继电器的控制电路，设计方法都是相同的，并且很容易掌握。由于代表步的辅助继电器是依次顺序变为 ON/OFF 状态的，实际上已经基本上解决了经验设计法中的记忆、联锁等问题。

不同的控制系统的输出电路都有其特殊性，因为步 M 是根据输出量 Q 的 ON/OFF 状态划分的，M 与 Q 之间具有很简单的相等或“与”的逻辑关系，输出电路的设计极为简单。因此顺序控制设计法具有简单、规范、通用的优点。

5.2 顺序功能图的编程方法

一般的 PLC 编程软件中，没有直接使用顺序功能图进行编程的功能。只有将顺序功能图转换为梯形图，才能在 PLC 上运行。将顺序功能图转换为梯形图的方法有复位置位法、起保停电路法和专门的指令转换法三种方法。只要掌握其中一种方法，就能将复杂的顺序功能图转换为梯形图，完成程序的设计和调试工作。

顺序功能图编程方法分两步。

1）根据顺序和转换条件将当前步（也称活动步）的辅助继电器 M 置 1，将其他非当前步置 0。

2）将所有表示步的辅助继电器 M 处理完后，用 M 的触点输出每个步的相应动作。即以触点 M 为条件，输出每个步线圈 Q 和其他线圈、定时器等。

5.2.1 复位置位编程方法

1．单序列顺序功能图编程方法

图 5-7 是图 5-1 对应的梯形图，给出了用复位置位指令处理当前步转换的过程。

（1）当前步的转换过程

网络 1 是 PLC 开机运行，SM0.1 闭合一次，M0.0 置位为 1，即 M0.0 为当前步。将某一步（如 M0.1）转换为当前步的两个条件是：前一步（M0.0 为 1）为当前步，且转换条件满足（I0.0 为 1）。在梯形图中，可以用 M0.0 和 I0.0 的常开触点组成的串联电路来表示上述条件。该电路接通时，两个条件同时满足，此时应完成两个操作，即将该步（M0.1）变为活动步（用置位指令 S M0.1 将 M0.1 置位为 1）和将该转换的前级（M0.0）变为不活动步（用复位指令 R M0.0 将 M0.0 复位为 0）。

网络 2 描述了当前步从 M0.0 变为 M0.1 的过程。同样，网络 3、网络 4 都是当前步的转换过程。在单流程顺序功能图中，只有一个步是当前步，其他步是非当前步。这种编程方法与转换实现的基本规则之间有着严格的对应关系，用它编制复杂的顺序功能图的梯形图时，更能显示出它的优越性。

（2）动作输出部分

将每个步的动作输出和执行功能指令放在一起编写。从网络 5 开始是每个步的输出和执行的动作。网络 5 表示 M0.1 为当前步时，起动定时器 T37 定时。对于线圈输出，要从顺序功能图上将同一个名称编号的线圈找出来，将所有输出该线圈的步的触点并联起来，作为该线圈输出的条件。网络 6 是输出线圈 Q0.2，当步 M0.1 或步 M0.2 为当前步时都输出线圈 Q0.2，用触点 M0.1 和触点 M0.2 并联作为条件，输出线圈 Q0.2。这样就不会有同一编号线圈多次输出的问题出现。网络 7 是步 M0.1 为当前步时输出线圈 Q0.1。网络 8 是步 M0.2 为当前步时输出线圈 Q0.0。

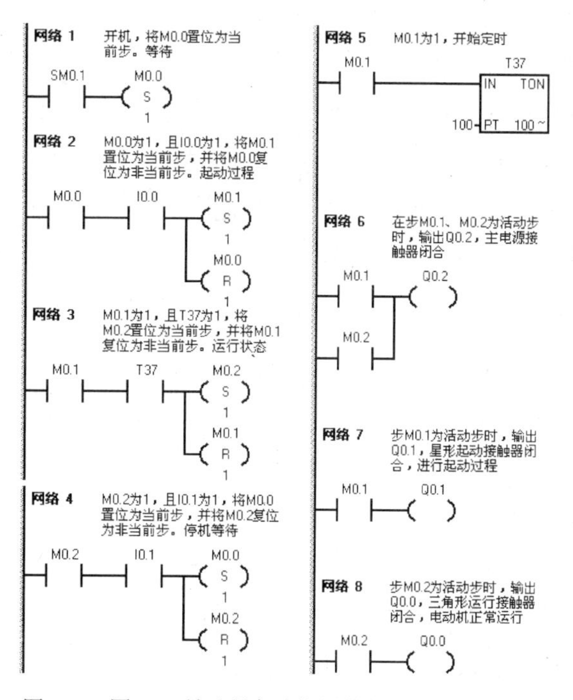

图 5-7　图 5-1 所示顺序功能图的复位置位法梯形图

2. 选择序列的编程方法

图 5-8 是图 5-5 对应的梯形图，给出了用复位置位指令处理当前步转换的过程，并给出了每个步的动作和输出。

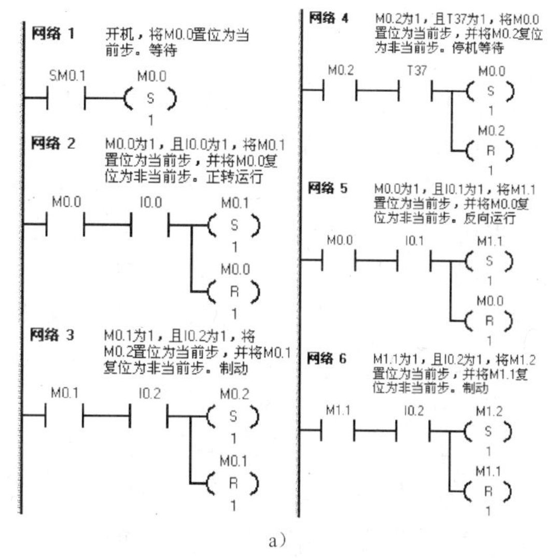

a）

图 5-8　图 5-5 对应的梯形图

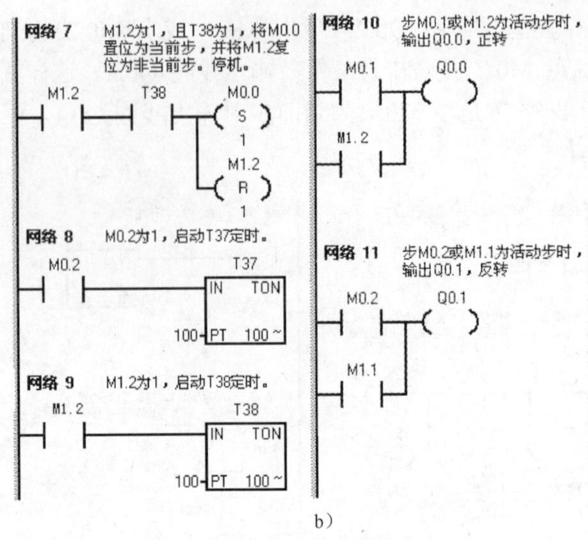

b）

图 5-8　图 5-5 对应的梯形图（续）

a）图 5-5 所示顺序功能图的复位置位法梯形图　b）图 5-5 所示顺序功能图的复位置位法梯形图

（1）当前步的转换过程

网络 2 是图 5-5 顺序功能图左边支路的第一个步，如果当前步是 M0.0 且 I0.0 闭合，将置位 M0.1 为当前步，复位 M0.0 为非当前步，选择左边支路执行。到网络 4，左边支路到两条支路合并处，结束了左边支路的当前步的转换过程编程。网络 4 是结束 M0.2 的当前步状态，置位 M0.0 为当前步。

网络 5 开始右边的支路编程，如果当前步是 M0.0 且 I0.1 闭合，将置位 M1.1 为当前步，复位 M0.0 为非当前步，选择右边支路执行。到网络 7 完成右边支路的当前步的转换过程编程。网络 7 是结束 M1.2 的当前步状态，置位 M0.0 为当前步。

如果某一转换与并行序列的分支、合并无关，它的前级步和后续步都只有一个，需要复位、置位的辅助继电器也只有一个，因此对选择序列的分支与合并的编程方法实际上与对单序列的编程方法完全相同。

（2）动作输出部分

集中编写每个步的输出和动作执行部分可使得梯形图程序的结构更清晰。从网络 8 开始是电动机正反转运行反接制动控制的输出和动作执行部分。网络 8 是 M0.2 为当前步时，定时器 T37 开始计时。网络 9 是 M1.2 为当前步时起动 T38 定时。网络 10 是当步 M0.1 或 M1.2 为当前步时输出线圈 Q0.0。网络 11 是当步 M0.2 或 M1.1 为当前步时输出线圈 Q0.0。

图 5-5 所示的顺序功能图中，除了 M0.0 以外的转换与选择序列的分支、合并有关，其余所有的转换均与并行序列无关，它们都只有一个前级步和一个后续步，对应的梯形图是非常标准的，每一个控制置位、复位的电路块都由前级步对应的辅助继电器和转换条件对应的常开触点或下降沿触点组成的串联电路、一条 Set 指令和一条 Rst 指令组成。图 5-8 中的转换条件 I0.0、I0.1、I0.2 或 T37、T38 实际上是在上升沿时起作用。

在顺序功能图中，如果某一转换所有的前级步都是活动步并且相应的转换条件满足，则转换可实现。即所有由有向连线与相应转换符号相连的后续步都变为活动步，而所有由有向连线与相应转换符号相连的前级步都变为不活动步。在以转换为中心的编程方法中，用该转换所有前级步对应的辅助继电器的常开触点与转换对应的触点或电路串联，作为使所有后续步对应的辅助继电器置位（使用 Set 指令）和使所有前级步对应的辅助继电器复位（使用 Rst 指令）的条件。在任何情况下，代表步的辅助继电器的控制电路都可以用这一原则来设计，每一个转换对应一个这样的控制置位和复位的电路块，有多少个转换就有多少个这样的电路块。这种设计方法很有规律，在设计复杂的顺序功能图的梯形图时既容易掌握，且不容易出错。

3. 并行序列的编程方法

图 5-9 是图 5-6b 所示的液体混合装置的顺序功能控制图对应的梯形图程序。

网络 1 用一个起保停电路保存停机按钮是否按下过，在生产过程中若按下过停机按钮 I1.1，则 M10.0 为 1；没有按下过停机按钮，则 M10.0 为 0。网络 3 是从步 M0.0 到并行执行的两个支路的转换过程，同时置位 M0.1 和 M1.1 为活动步，分成两个支路执行，每个支路各自独立进行。网络 6 是两个支路都执行完毕时，即到达两条支路的最后一个步 M0.2 和 M1.2 同时为活动步时，合并并行序列，将 M0.3 置位为当前步，同时复位 M0.2 和 M1.2 为非当前步。两个子序列应同时开始工作并同时结束。实际上左、右支路的 A 液体和 B 液体的注入是先后结束的，为了保证并行序列中的各子序列同时结束，在各个序列的末尾增设了一个等待步（即步 M0.2 和 M1.2），它们没有什么操作，如果两个分支分别进入了步 M0.2 和 M1.2，表示两种液体注入均已结束，应转换到步 M0.3，进行搅拌。因此步 M0.2 和 M1.2 之后的转换条件为“1”，表示应无条件转换，在梯形图中，该转换可等效为一根短接线，或理解为不需要转换条件。

当出料完毕时（I0.0 为 1），有两个选择支路。网络 8 是停机按钮（I1.1）按下过，M10.0 为 1，选择停机支路，置位 M0.0 为当前步。网络 9 是停机按钮（I1.1）没有按下过，M10.0 为 0，选择循环生产支路，置位 M0.1 和 M1.1 为当前步。

网络 10 到网络 14 是当每个步为活动步时，输出线圈和执行定时器指令。

图 5-9a 中步 M0.0 之后有一个并行序列的分支，当 M0.0 是活动步，并且转换条件

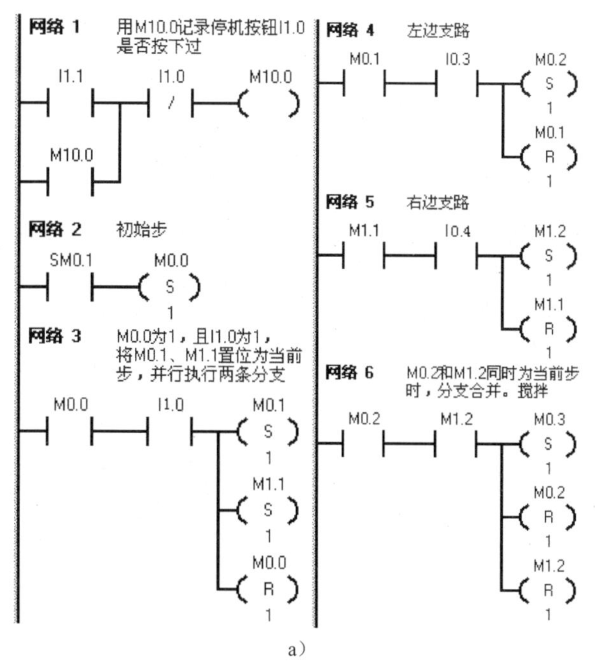

a）

图 5-9　图 5-6b 所示顺序功能控制图对应的梯形图程序

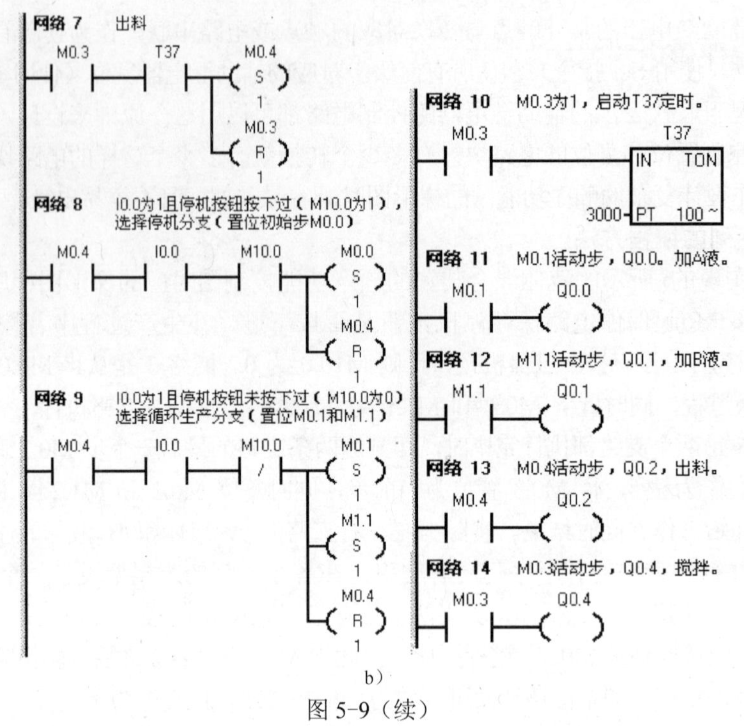

b）

图 5-9（续）

a）液体混合装置控制梯形图 b）液体混合装置控制梯形图

I1.0 满足时，步 M0.1 与步 M1.1 应同时变为活动步，这是用 M0.0 与步 I1.0 的常开触点组成的串联电路使 M0.1 与步 M1.1 同时置位来实现的；与此同时，步 M0.0 应变为不活动步，这是用复位指令来实现的。

步 M0.3 之前有一个并行序列的合并，该转换实现的条件是所有的前级步（即步 M0.2 和 M1.2）都是活动步，因为转换条件是“1”，即不需要转换条件，只需将 M0.2 和 M1.2 的常开触点串联，作为使 M0.3 置位和使 M0.2 和 M1.2 复位的条件。

4．仅有两步的闭环的处理

图 5-10a 为由两步组成的小闭环。如果在顺序功能图中有仅由两步组成的小闭环，用起保停电路设计的梯形图不能正常工作。出现上述问题的根本原因在于两个步的闭环回路中，每个步的前级步，又是它的后续步。如图 5-10b 所示，在小闭环中增设一步 M2.0 就可以解决这一问题，这一步没有输出和动作，它后面的转换条件“1”，相当于逻辑代数中的常数 1，即表示转换条件总是满足的，只要进入步 M2.0，将马上转换到步 M0.1 去。

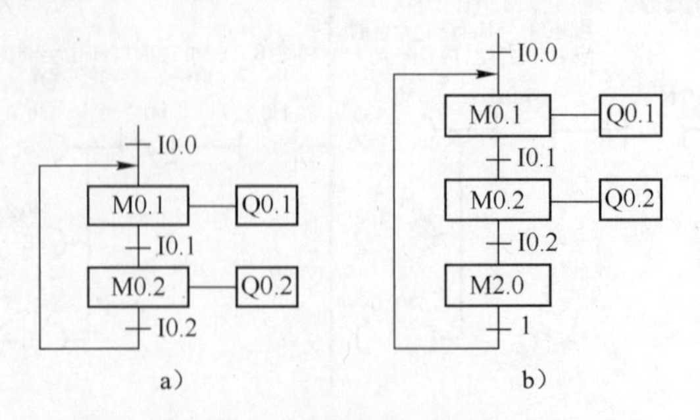

图 5-10 反有两步的闭环的处理

5.2.2 使用起保停电路的编程方法

根据顺序功能图来设计梯形图时，可以用起保停电路来进行当前步的转换。起保停电路仅使用与触点和线圈有关的指令，任何一种 PLC 的指令系统都有这一类指令，因此这是一种通用的编程方法，适用于任意型号的 PLC。

设计起保停电路的关键是找出它的起动条件和停止条件。对应图 5-1 的顺序功能图，根据活动步转换实现的基本原则，转换实现的条件是它的前级步为活动步，并且满足相应的转换条件，所以步 M0.1 变为活动步的条件是它的前级步 M0.0 为活动步，且转换条件 I0.0=1。在起保停电路中，则应将前级步 M0.0 和转换条件 I0.1 对应的常开触点串联，作为控制 M0.1 的起动电路。

当 M0.0 和 I0.1 均为 ON 时，步 M0.1 变为活动步，这时步 M0.0 应变为不活动步，因此可以将 M0.1=1 作为使辅助继电器 M0.0 变为 OFF 的条件，即将后续步 M0.1 的常闭触点与 M0.0 的线圈串联，作为起保停电路的停止电路。

1．单序列的编程方法

（1）当前步的转换

图 5-11 所示是电动机星形起动三角形运行顺序功能图 5-1 对应的起保停方式的梯形图。初始步 M0.0 有两条支路进入，一条是开机闭合一次的 SM0.1，另外一条是当步 M0.2 是当前步且满足转换条件 I0.1=1。M0.0 转换为非当前步是由 M0.1 完成，当 M0.1 为当前步时，M0.0 就转换为非当前步。网络 1 由两条支路：M0.2、I0.1 串联块（一条支路）与 SM0.1（另一条支路）并联，再与自锁触点 M0.0 并联，最后串联 M0.1 的常闭触点，输出 M0.0。即当步 M0.1 为活动步时，将 M0.0 转换为非活动步。

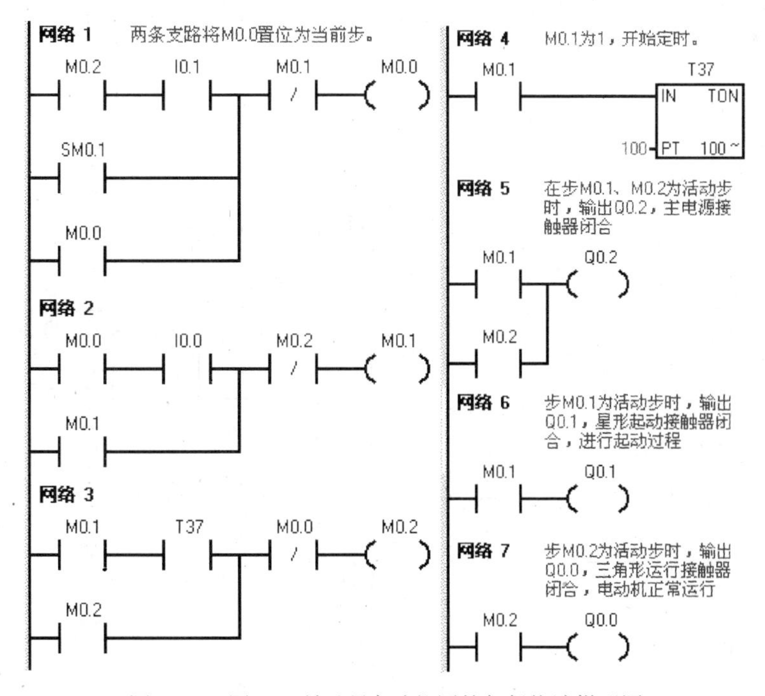

图 5-11 图 5-1 所示顺序功能图的起保停法梯形图

$M0.0=（M0.2 \cdot I0.1+SM0.1+M0.0）\cdot \overline{M0.1}$

网络 2 将步 M0.1 转换为活动步。当 M0.0 为活动步，且 I0.0=1 时，M0.1 转换为活动步，同时将 M0.0 转换为非活动步。由 M0.2 将 M0.1 转换为非活动步。

$M0.1=（M0.0 \cdot 10.0+M0.1）\cdot \overline{M0.2}$

网络 3 是将步 M0.2 转换为活动步的过程，过程与网络 2 相同。

（2）线圈输出和动作执行

若统一将输出线圈和动作执行放在活动步转换完成后处理，梯形图的网络个数可能会增加，但是输出会更清晰。网络 4 到网络 7 是线圈输出和起动定时器。与置位复位法编写梯形图程序的线圈输出和动作执行的处理方法相同，这部分的梯形图也完全相同。

如果某些线圈只在一个活动步输出，或在活动步起动定时器，可以将这些线圈输出和定时器起动与活动步转换网络输出并行，以减少梯形图的网络个数。图 5-12 是将 T37、Q0.0 和 Q0.1 合并到相应的步中后的梯形图程序。梯形图只有 4 个网络，比图 5-11 少了 3 个。注意，线圈 Q0.2 在两个步中有输出，是不能合并到相应的步的，否则会出现同一线圈两次输出的错误。

下面介绍设计梯形图的输出电路的方法。由于步是根据输出变量的状态变化来划分的，它们之间的关系极为简单，可以分为两种情况来处理：

1）某一输出量仅在某一步为 1，可以将它们的线圈分别与对应步的辅助继电器的线圈并联。网络 2 里输出了线圈 Q0.1，起动定时器 T37。网络 3 里输出线圈 Q0.0。

有的人也许会认为，既然如此，不如用这些输出继电器来代表该步。这样做可以节省一些编程元件，但是辅助继电器是完全够用的，多用一些不会增加硬件费用，在设计和键入程序时也多花不了多少时间。全部用辅助继电器来代表步具有概念清楚、编程规范、梯形图易于阅读和查错的优点。

2）某一输出继电器在几步中都应为 1，应将代表各有关步的辅助继电器的常开触点并联后，驱动该输出继电器的线圈。如在图 5-12 中，Q0.2 在步 M0.1 和 M0.2 中都应为 1，所以将 M0.1 和 M0.2 的常开触点并联后，来控制 Q0.2 的线圈。

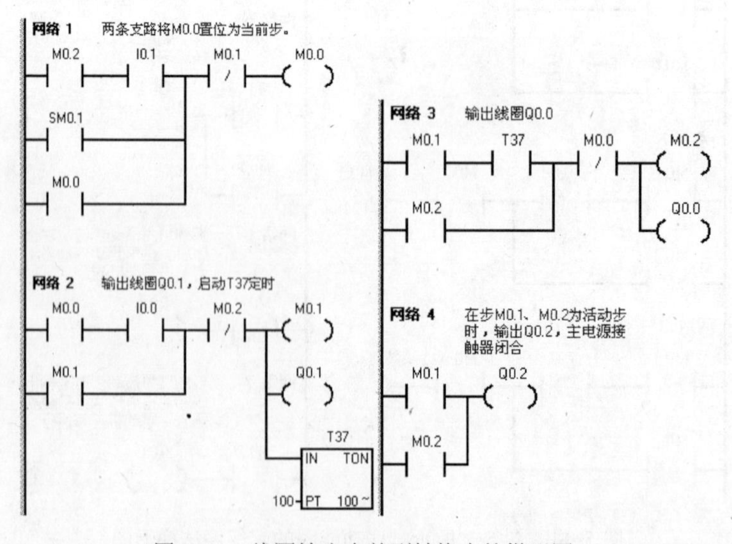

图 5-12 线圈输出合并到转换步的梯形图

2．选择序列的编程方法

用起保停方式可将电动机正反转运行的具有选择分支的顺序功能图（如图 5-5 所示）转换为梯形图，如图 5-13 所示。

网络 1 将 M0.0 转换为当前步。3 条支路将 M0.0 转换为当前步：PLC 由 STOP 状态进入 RUN 状态时，初始化脉冲 SM0.1 将初始步 M0.0 置为 ON；左支路最后一步 M0.2 为当前步且 T37 为 1，置 M0.0 为当前步；右支路的 M1.2 为当前步且 T38 为 1，置 M0.0 为当前步，触点 M0.0 是当前步 M0.0 的自锁。将 M0.0 转换为非当前步有两条支路：M0.0 为当前步且 I0.0 为 1，M0.1 转换为当前步，同时将 M0.0 转换为非当前步；M0.0 为当前步且 I0.1 为 1，M1.1 转换为当前步，同时将 M0.0 转换为非当前步。在梯形图上是 M0.1 和 M1.1 的常闭触点串联在线圈 M0.0 之前。

网络 2 和网络 3 是图 5-5 左边支路对应的梯形图，网络 4 和网络 5 是右边支路对应的梯形图。将定时器的起动合并到当前步的转换网络中。在多个步中有输出的同一个线圈统一放在最后，网络 6 是步 M0.1 或 M1.2 输出线圈 Q0.0，网络 7 为步 M1.1 或 M0.2 输出线圈 Q0.1。

（1）选择序列分支的编程方法

如果某一步的后面有一个由 N 条分支组成的选择序列，该步可能转换到不同的 N 步去，应将这 N 个后续步对应的辅助继电器的常闭触点与该步的线圈串联，作为结束该步的条件。

图 5-13 中步 M0.0 之后有一个选择序列的分支，当它的后续步 M0.1、M1.1 变为活动步时，它应变为不活动步。因为 M0.1 和 M1.1 不是同时变为活动步的，所以需将 M0.1 和 M1.1 的常闭触点与 M0.0 的线圈串联。

（2）选择序列的合并的编程方法

对于选择序列的合并，如果某一步之前有 N 个转换（即有 N 条分支在该步之前合并后进入该步），则代表该步的辅助继电器的起动电路由 N 条支路并联而成，各支路由某一前级步对应的辅助继电器的常开触点与相应转换条件对应的触点或电路串联而成。

在图 5-13 中，步 M0.0 之前有 3 条序列的合并，当步 M0.2 为活动步并且转换条件 T37=1；或步 M1.2 为活动步并且转换条件 T38=1；或 PLC 开机是 SM0.1 闭合一个周期；则步 M0.0 都应变为活动步，即控制 M0.0 的起保停电路的起动条件应为 M0.2 • T37、M1.2 • T37 和 SM0.1 并联。

$$\mathrm{M0.0} = (\mathrm{M0.2} \cdot \mathrm{T37} + \mathrm{M1.2} \cdot \mathrm{T38} + \mathrm{SM0.1} + \mathrm{M0.0}) \cdot \overline{\mathrm{M0.1}} \cdot \overline{\mathrm{M1.1}}$$

3．并行序列的编程方法

用起保停方式将液体混合装置的顺序功能图（如图 5-6 所示）转换为梯形图，如图 5-14 所示。网络 1 中步 M0.0 后是并行分支，结束 M0.0 的当前步可以用两个分支中的一个步，在线圈 M0.0 前串联 M0.1 和 M1.1 的其中一个触点就行。网络 2 和网络 4 分别是两个并行分支的开始。网络 6 是并行支路的结束，由于转换条件为 1，只要 M0.2 和 M1.2 同时为当前步，就将 M0.3 转换为当前步。

（1）并行序列的分支的编程方法

并行序列中各单序列的第一步应同时变为活动步，对控制这些步的起保停电路使用同样的起动电路，可以实现这一要求。

图 5-14 中步 M0.0 之后有一个并行序列的分支，当步 M0.0 为活动步并且转换条件 I1.0 满足，或步 M0.4 为活动步并且转换条件 I1.0 为 1 和 M10.0 为 0 同时得到满足，都应转换到

步 M0.1 和步 M1.1，M0.1 和 M1.1 应同时变为 ON。

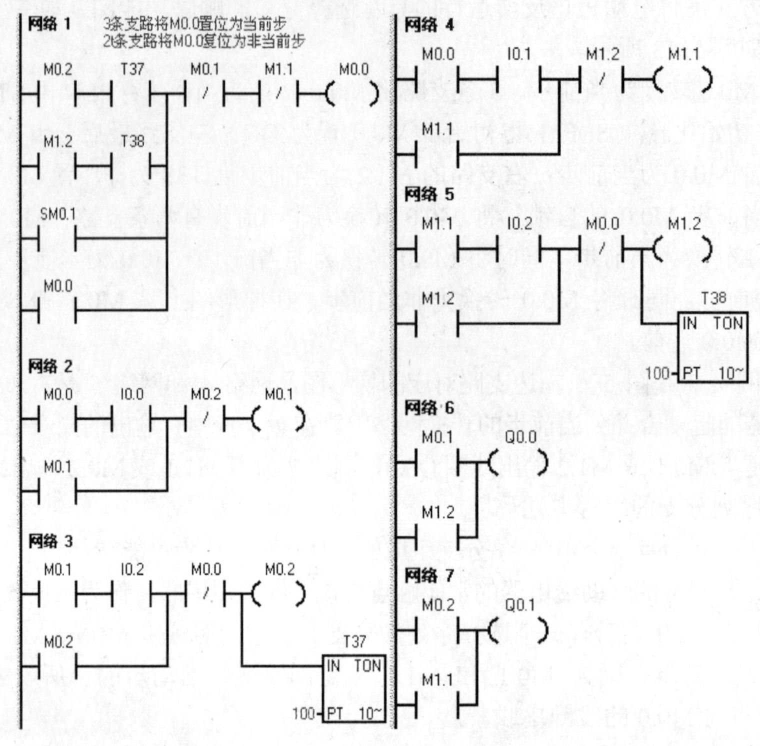

图 5-13　起保停法设计的电动机正反转运行反接制动控制梯形图

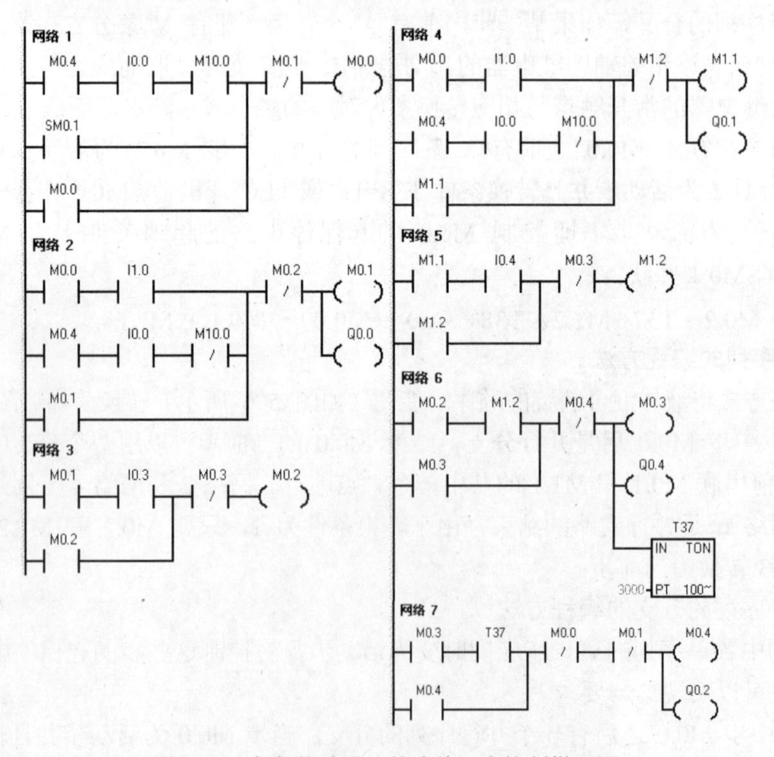

图 5-14　起保停法设计的液体混合控制梯形图

（2）并行序列的合并的编程方法

步 M0.3 之前有一个并行序列的合并，该转换实现的条件是所有的前级步（即步 M0.2 和 M1.2）都是活动步和转换条件满足（此处转换条件恒为 1）。由此可知，应将 M0.2、M1.2 的常开触点串联，作为控制 M0.3 的起保停电路的起动电路。

5.2.3 步进顺序控制指令编程法

将顺序功能图转换为梯形图程序还可以用 PLC 专门的步进顺序控制指令。顺序控制指令是一种由功能图设计梯形图的步进型指令。用步进顺序控制指令转换顺序功能图时，只能用顺序控制继电器（S0.0~S31.7）表示每个步。

1. 顺序控制指令

顺序控制用 3 条指令描述程序的顺序控制步进状态，指令格式如表 5-1 所示。

（1）顺序步开始指令（LSCR）

步开始指令，顺序控制继电器位 S_n=1 时，执行由 LSCR 到 SCRE 之间的程序段（即一个步的输出和动作）的程序。

（2）顺序步结束指令（SCRE）

SCRE 为顺序步结束指令，顺序步的处理程序在 LSCR 和 SCRE 之间。

（3）顺序步转移指令（SCRT）

使能输入有效时，将本顺序步的顺序控制继电器位清零，下一步顺序控制继电器位置 1。

表 5-1 顺序控制指令格式

	LAD	STL	说明
步开始	??.? SCR	LSCR S_n	步开始指令，为步开始的标志，该步的状态元件的位置 1 时，执行该步
步转移	??.? (SCRT)	SCRT S_n	步转移指令，使能有效时，关断本步，进入下一步。该指令由转换条件的接点起动，n 为下一步的顺序控制状态元件
步结束	(SCRE)	SCRE	步结束指令，为步结束的标志

顺序控制指令 LSCR 与 SCRE 将程序划分成若干个段，每个段对应顺序功能图中的一个步。在 LSCR 与 SCRE 之间完成对应步的动作，由转换条件的触点驱动步转移指令，转换当前步到下一步，同时转移指令复位自身步为非当前步。

顺序功能指令使用注意要点。

1）步控制指令 SCR 只对状态元件 S 有效。为了保证程序的可靠运行，驱动状态元件 S 的信号应采用短脉冲。

2）当输出需要保持时，可使用 S/R 指令。

3）不能把同一编号的状态元件用在不同的程序中，例如，如果在主程序中使用了 S0.1，则不能在子程序中再使用。

4）在 SCR 段中不能使用 JMP 和 LBL 指令。即不允许跳入或跳出 SCR 段，也不允许在 SCR 段内跳转。可以使用跳转和标号指令在 SCR 段周围跳转。

5）不能在 SCR 段中使用 FOR、NEXT 和 END 指令。

2．用步进顺序控制指令将顺序功能图转为梯形图

（1）顺序结构功能图转换梯形图

用状态继电器 S 表示步，重新将图 5-2 所示的电动机反接制动顺序功能图画出，如图 5-15 所示。

图 5-16 是用顺序功能指令将图 5-15 转换的梯形图。网络 1 用 SM0.1 置位 S0.0 为 1，将 S0.0 变为当前步，执行 S0.0 对应的 SCR 段，即网络 2 到网络 4 之间的程序段。按下起动按钮 I0.0，执行网络 3 的转换指令“SCRT S0.1”，S0.1 得电为 1，系统使 S0.0 复位为 0，从初始步 S0.0 转换到 S0.1 步，即 S0.1 变为当前步，同时 S0.0 变为非当前步。系统执行 S0.1 对应的 SCR 段，即网络 5 到网络 8 之间的程序段。输出线圈 Q0.0，如果按下停机按钮 I0.1，则执行网络 7 的转换指令，当前步转换到 S0.2 步，同时 S0.1 变为非当前步。步 S0.2 对应的程序段是网络 9 到网络 12，输出线圈 Q0.1 进行反接制动，同时 T37 开始定时。T37 定时时间到时，网络 11 就将当前步转换到 S0.0，同时停机。

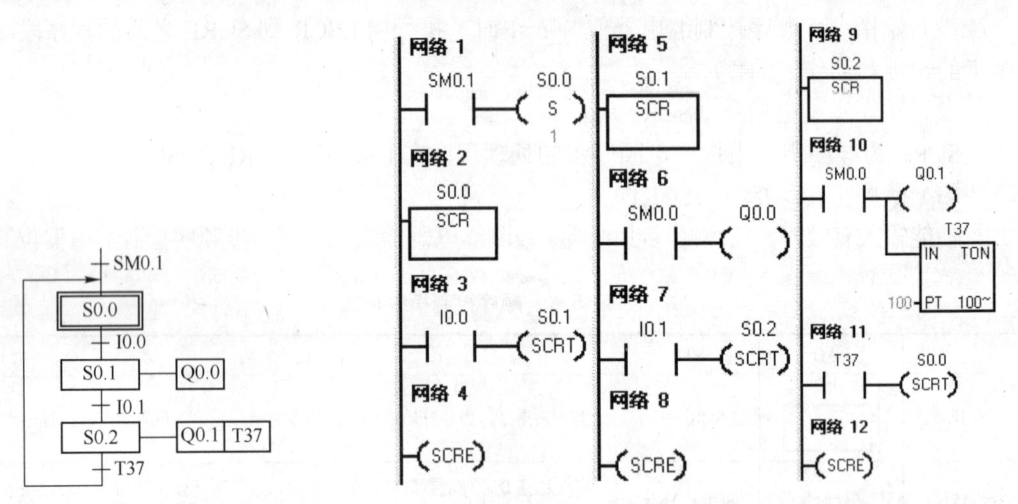

图 5-15　电动机反接制动控制顺序功能图　　　图 5-16　顺序控制指令设计的梯形图

在 SCR 段中，用 SM0.0 的常开触点来驱动该步中应为 1 的输出线圈或起动定时，用转换条件对应的触点驱动转换到后续步的转换指令 SCRT。在 PLC 运行时，只有当前步对应的程序段内的 SM0.0 指令是闭合的，其他步对应的程序段对应的 SM0.0 触点处于断开状态。

如果在多个步中输出同一编号线圈，则统一用相关步名称的继电器的常开触点并联后驱动该线圈输出，不能再分别放在各个 SCR 段中输出。

（2）选择结构的顺序功能图转换梯形图

图 5-17 是用 S 表示步的电动机正反转运行反接制动控制的顺序功能图。图 5-18 是用顺序功能指令设计的梯形图程序。

网络 2 到网络 5 对应步 S0.0，没有输出和动作，网络 3 是由转移条件 I0.0 的常开触点驱动步转移指令转移到 S0.1。网络 4 是由转移条件 I0.1 的常开触点驱动步转移到 S1.1。从 S0.0 步后根据转移条件选择分支，将当前步从 S0.0 转移到 S0.1 或 S1.1，并且系统将 S0.0 变为非当前步。

网络 6 到网络 8 是步 S0.1 对应的程序段，转移条件 I0.2 驱动步转移指令转移到步

S0.2。由于线圈 Q0.0 在步 S0.1 和 S1.2 都有输出，则用 S0.1 和 S1.2 的常开触点并联后驱动线圈 Q0.0 输出（如网络 20 所示）。

网络 9 到网络 12 对应步 S0.2，当 S0.2 为活动步时，SM0.0 闭合，定时器 T37 开始定时。定时时间到时，触点 T37 闭合，驱动步转移指令，将活动步转移到 S0.0。线圈 Q0.1 输出如网络 21 所示，步 S0.2 和 S1.1 的常开触点并联后驱动线圈 Q0.1 输出。

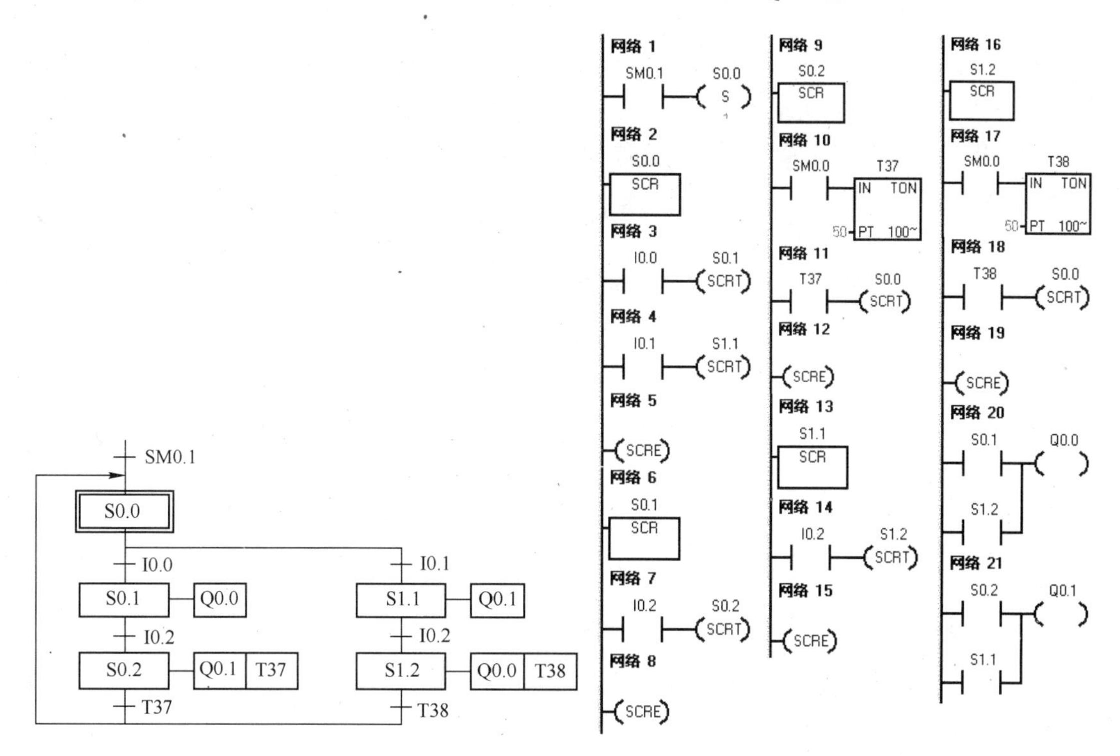

图 5-17　电动机正反转反接制动控制顺序功能图　　图 5-18　电动机正反转运行反接制动控制梯形图

5.3 机械手臂控制程序

机械手臂是自动化工业生产过程中广泛使用的设备。常见的机械手臂有精密机械结构、步进电动机驱动、计算机控制的高精度机械手臂、机械结构电动机驱动继电器或 PLC 控制的机械手臂和气缸构成压缩空气驱动 PLC 控制的机械手臂等。

5.3.1 气缸及电磁阀

1. 气缸

气动执行元件是一种能量转换装置，是将压缩空气的压力能转化为机械能，驱动机构实现直线往复运动、摆动、旋转运动或冲击动作的器件。气动执行元件分为气缸和气马达两大类。气缸用于提供直线往复运动或摆动，输出力和直线速度或摆动角位移。气马达用于提供连续回转运动，输出转矩和转速。

气动控制元件用来调节压缩空气的压力、流量和方向等，以保证执行机构按规定的程序正常工作。气动控制元件按功能可分为压力控制阀、流量控制阀和方向控制阀。

1）双作用气缸由缸筒、活塞、活塞杆、前端盖、后端盖及密封件等组成。双作用气缸内部被活塞分成两个腔。有活塞杆腔称为有杆腔，无活塞杆腔称为无杆腔。

当从无杆腔输入压缩空气时，有杆腔排气，气缸两腔的压力差作用在活塞上所形成的力克服阻力负载推动活塞运动，使活塞杆伸出；当有杆腔进气，无杆腔排气时，使活塞杆缩回。若有杆腔和无杆腔交替进气和排气，活塞实现往复直线运动。

2）半回旋式气缸，也称为摆缸。在压缩空气的作用下可以左右摆动，驱动机械装置在一定角度范围内做半回旋动作。

双作用气缸的外形示意图和符号如图 5-19 所示。

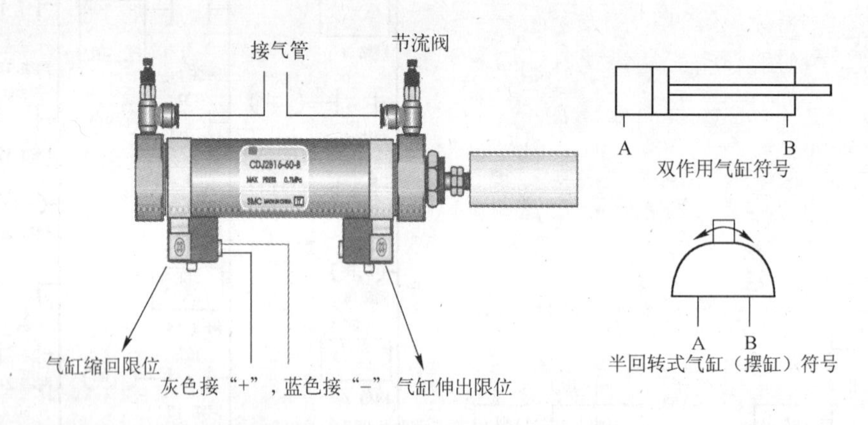

图 5-19　双作用气缸外形、气缸符号

气缸的技术参数有气缸的输出力、负载率、气缸耗气量、最低工作压力、最高工作压力和摩擦阻力等。

2．气动电磁阀

气动电磁阀是用电流控制气流方向的器件。五通阀有 5 个通口、两个电磁驱动线圈、两个手动方向控制按钮。P 口是动力压缩空气进气口， A、B 口分别接气缸的两个出气，01、02 为两个排气口，将气缸腔体内空气排出到大气中去。当左边电磁驱动线圈通电或按下左边手动按钮时，气流通路为 P→A、B→02；当右边电磁驱动线圈通电或按下右边手动按钮时，气流通路为 P→B、A→01。这种阀作控制双作用气缸用。气动电磁阀的外形结构示意图和符号如图 5-20 所示。

常用的气动换向阀还有二通阀、三通阀、四通阀等。

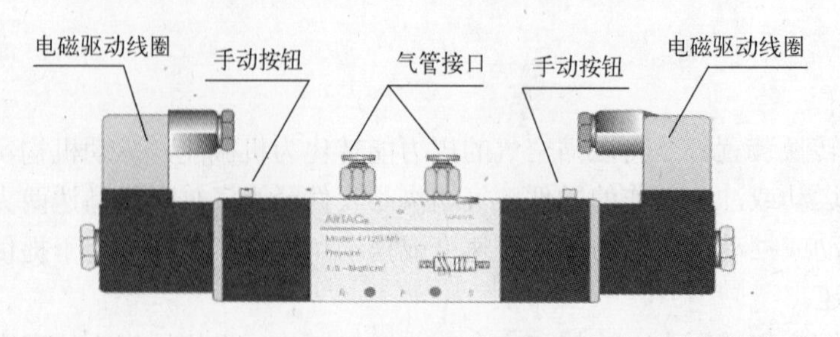

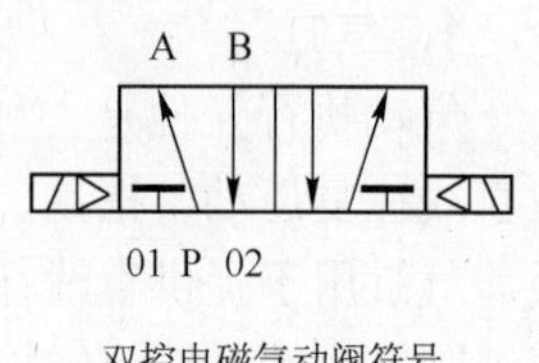

双控电磁气动阀符号

图 5-20　气动五通电磁阀

3．磁性传感器

磁性传感器（也称磁性开关）是一种非接触型的位置检测开关，用于气缸的位置检测。为检测气缸伸出和缩回是否到位，常在气缸的前点和后点上各安装一个磁性传感器，当检测到气缸准确到位后将给 PLC 发出一个信号，则感应开关闭合，磁性传感器上的红色 LED 指示灯亮。磁性传感器接线时应注意棕色接“+”，蓝色接“-”。

4．手抓结构

图 5-21 是机械手抓结构和工作过程示意图。手抓由驱动气缸、换向气动单电磁阀、位置检测磁性开关等构成。当控制信号有电流时，换向单电磁气动阀的电磁线圈通电，压缩空气经过换向气动电磁阀进入到气动手抓的气缸 A 口，腔体内的气体从 B 口排出，推动手抓夹紧。当控制信号无电流时，气动单电磁阀在弹力作用下复位，压缩空气改变换向从 B 口进入手抓气缸，气缸腔体空气从 A 口排出，手抓松开。松开到位时，磁性开关闭合。

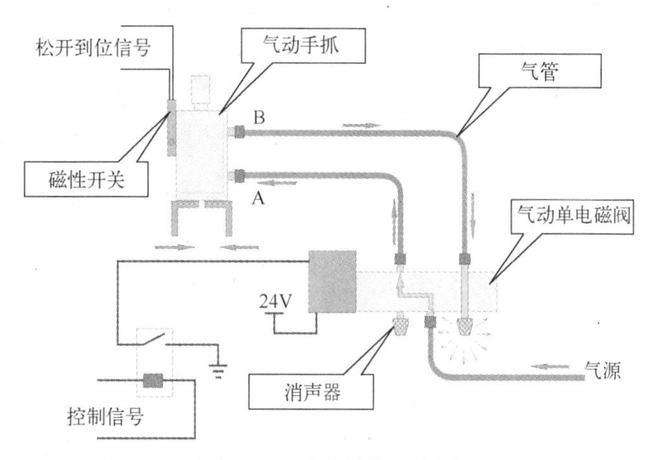

图 5-21　手抓结构示意图

5.3.2　机械手臂的工作过程

1．机械手结构

（1）机械结构

机械手的结构如图 5-22 所示。由旋转摆动气缸、水平伸缩气缸、上下升降气缸、手抓以及各个气缸阀体位置检测的磁性传感器、接近传感器和机械支架构成。整个机械手能完成 4 个自由度动作，手臂伸缩、手臂旋转、手爪上下、手爪紧松。

手爪升降气缸：气缸伸出和缩回带动手爪下降和上升。升降气缸采用双向电控气阀控制，气缸伸出或缩回可任意定位。

磁性位置传感器：检测手爪提升气缸处于伸出或缩回位置。需要给传感器提供电源，接线时棕色导线接“+”、蓝色导线接“-”。

手爪：夹紧时抓取物料，松开时放开物料。抓取物料由单向电控气阀控制，当单向电控气阀得电时，手抓夹紧。单向电控气阀断电时，手爪松开，磁性传感器有信号输出，指示灯亮。

旋转摆动气缸：带动手臂顺时针或反时针方向旋转一定的角度。机械手臂的正反转摆动，由双向电控气阀控制。

接近传感器：机械手臂正转和反转到位后，接近传感器检测到位信号并送给 PLC。

水平伸缩气缸：水平伸缩气缸是双杆气缸，驱动机械手臂伸出、缩回水平移动。由双向电控气阀控制。气缸上装有两个磁性传感器，检测气缸伸出或缩回位置。

限位缓冲器：旋转气缸高速正转和反转到位时，起缓冲减速作用。

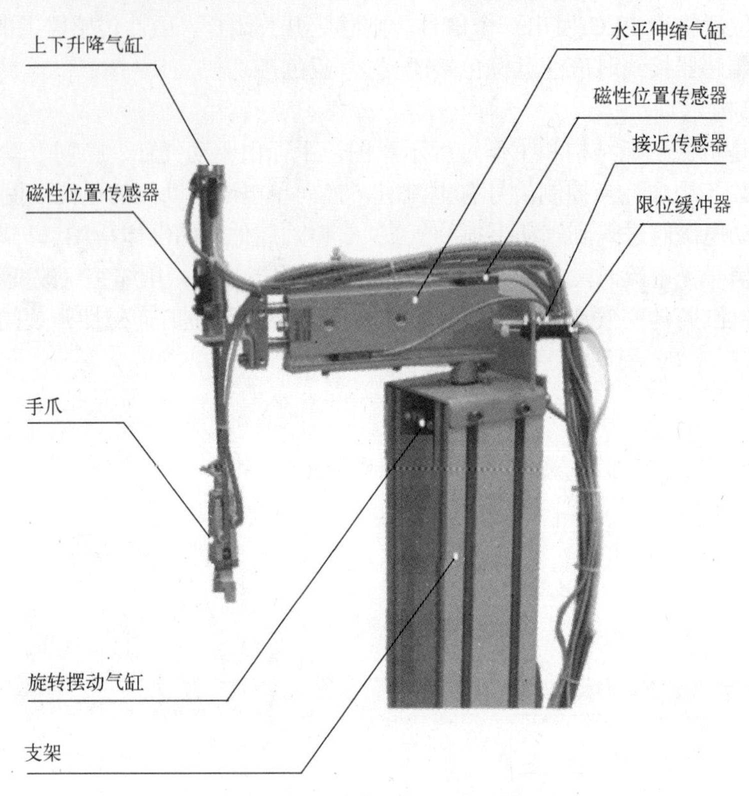

图 5-22 机械手臂气动机构图

（2）动力气路结构

机械手臂动力气路结构如图 5-23 所示。气缸的运动方向由电磁气动阀控制。

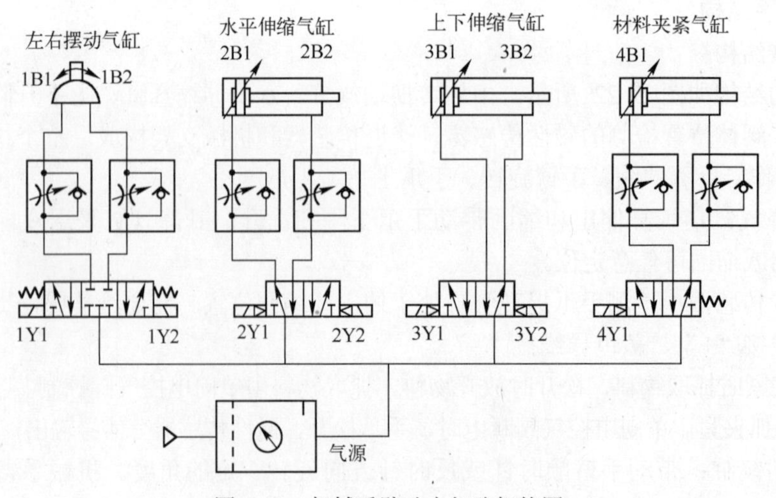

图 5-23 机械手臂动力气路机构图

摆动气缸：由电磁气动阀 1Y 控制，当电磁气动阀的 1Y1 得电，压缩空气从摆缸的左边进气口进入，气缸左向摆动，摆动到位时，位置感应开关 1B1 闭合。当电磁气动阀的 1Y2 得电，压缩空气从摆缸的右边进气口进入，气缸右向摆动，摆动到位时，位置感应开关 1B2 闭合。

水平伸缩气缸：由电磁气动阀 2Y 控制，当电磁气动阀的 2Y1 得电，压缩空气从气缸的左进气口进入，气缸杆伸出，伸出到位时，磁感应传感器 2B2 闭合。当电磁气动阀的 2Y2 得电，压缩空气从气缸的右进气口进入，气缸杆缩回，缩回到位时，感应开关 2B1 闭合。

上下升降气缸：由电磁气动阀 3Y 控制，工作过程与水平伸缩气缸相同。

材料夹紧气缸：由电磁气动阀 4Y 控制。工作过程如手抓结构所述。

2. 机械手工作过程

开始时，机械手处于原始位置。即旋转气缸在左位、水平气缸为伸出位、升降气缸为上位（缩回位）、手抓为放松状态。按下起动按钮后，机械手开始顺序动作。

1）机械手下降：按下起动按钮或收到上位机信号后，3Y1 通电，气缸伸出，到下限位时，3B2 闭合。

2）机械手夹紧：4Y1 通电，延时 0.3s。

3）机械手上升：3Y2 通电，升降气缸缩回，到上限位时，3B1 闭合。

4）机械手缩回：2Y2 通电，水平气缸缩回，缩回到位时，2B1 闭合。

5）机械手右摆：1Y2 通电，摆缸旋转，摆动到右位时，1B2 闭合。

6）机械手伸出：2Y1 通电，水平气缸伸出，伸出到位时，2B2 闭合。

7）机械手下降：机械手收到下位机准备好的信号后，3Y1 通电，升降气缸伸出，下降到位时，3B2 闭合。

8）机械手放松：4Y1 断电，手爪气缸松开，到位时，4B1 闭合。

9）机械手上升：3Y2 通电，升降气缸缩回，上升到位时，3B1 闭合。

10）机械手缩回：2Y2 通电，水平气缸缩回，缩回到位时，2B1 闭合。

11）机械手左摆：1Y1 通电，摆缸旋转，摆动到左位时，1B1 闭合。

12）机械手伸出：2Y1 通电，水平气缸伸出，伸出到位时，2B2 闭合。

按下停止按钮，机械手在完成一个工作周期回到原始位置时停止。按下紧急停机按钮时，机械手不管在什么位置，都能完全停止运动。按下复位按钮，机械手回到原始位置等待上位机信号或起动指令。

3. PLC 端口分配和接线

PLC 控制机械手的端口分配如表 5-5 所示。

表 5-5　机械手 PLC 的 I/O 分配表

序号	输入接口 I 连接物			名称	序号	输出接口 Q 连接物			名称
	名称	符号	位置	I 口		名称	符号	位置	Q 口
1	开始按钮	START	操作面板	I1.0	1	指示灯	HL	操作面板	Q0.7
2	停止按钮	STOP	操作面板	I1.5	2	电磁阀线圈	1Y1	摆动气缸左摆	Q0.0
3	急停按钮	I-STOP	操作面板	I1.2	3	电磁阀线圈	1Y2	摆动气缸右摆	Q0.1

（续）

序号	输入接口 I 连接物			名称	序号	输出接口 Q 连接物			名称
	名称	符号	位置	I 口		名称	符号	位置	Q 口
4	复位按钮	RST	操作面板	I1.1	4	电磁阀线圈	2Y1	水平缸伸出	Q0.2
5	联机输入		上位机信号入	I1.4	5	电磁阀线圈	2Y2	水平缸缩回	Q0.3
6	手动/自动	C/A	操作面板	I1.3	6	电磁阀线圈	3Y1	垂直缸上升	Q0.4
7	磁性开关	1B1	摆动气缸左位	I0.0	7	电磁阀线圈	3Y2	垂直缸下降	Q0.5
8	磁性开关	1B2	摆动气缸右位	I0.1	8	电磁阀线圈	4Y1	材料夹紧	Q0.6
9	磁性开关	2B1	水平气缸缩回	I0.2	9	通信线		信号去上位机	Q1.0
10	磁性开关	2B2	水平气缸伸出	I0.3	10	通信线		信号去下位机	Q1.1
11	磁性开关	3B1	垂直气缸上位	I0.5					
12	磁性开关	3B2	垂直气缸下位	I0.6					
13	磁性开关	4B1	材料夹紧手松	I0.4					
14	通信信号		下位机信号入	I0.7					

根据端口分配表，PLC 与指令按钮、位置磁性感应开关、上位机和下位机通信的连接如图 5-24 所示。

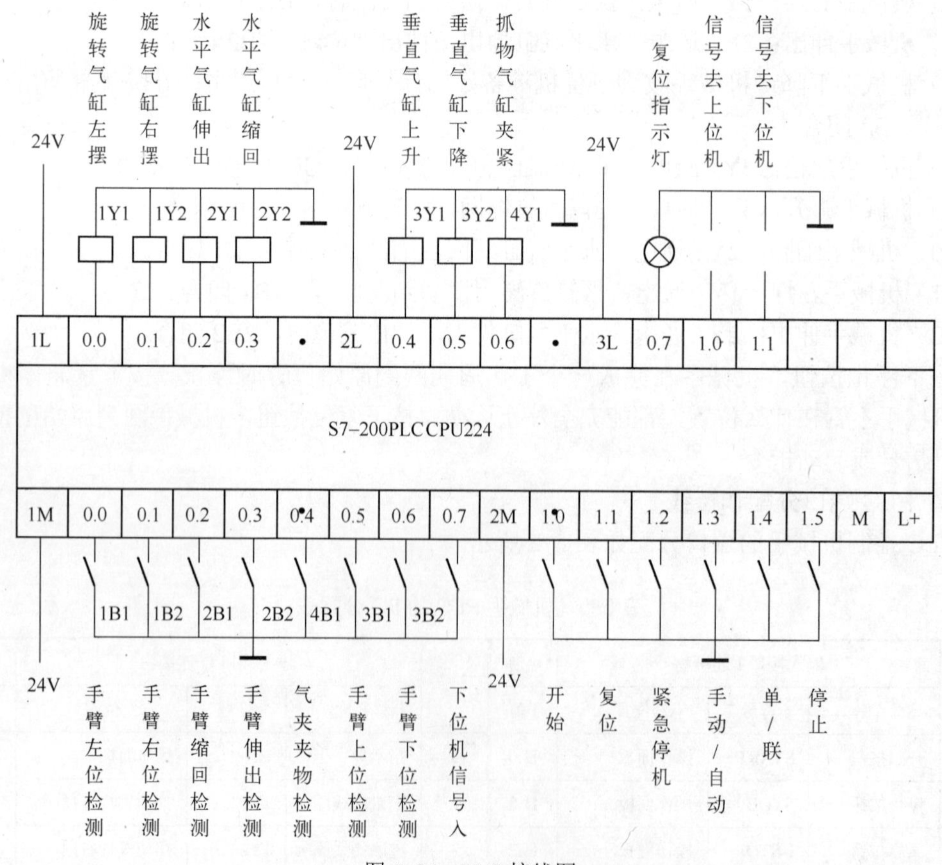

图 5-24　PLC 接线图

5.3.3 机械手臂控制顺序功能图设计

图 5-25 是机械手顺序控制功能图。PLC 由 STOP 到 RUN 状态，进入初始步，等待复位、开始或上位机准备好信号。复位按钮按下时，不管机械手各执行部件处于什么位置，都要回到原始位置，且 4 个执行部件同时回到原始位，并行执行 M0.1、M1.1、M2.1、M4.1 4 步，当 4 个部件到达原始位置时，便等待满足执行 M0.3 步的条件，即开始按钮按下或上位机准备好信号的到来。

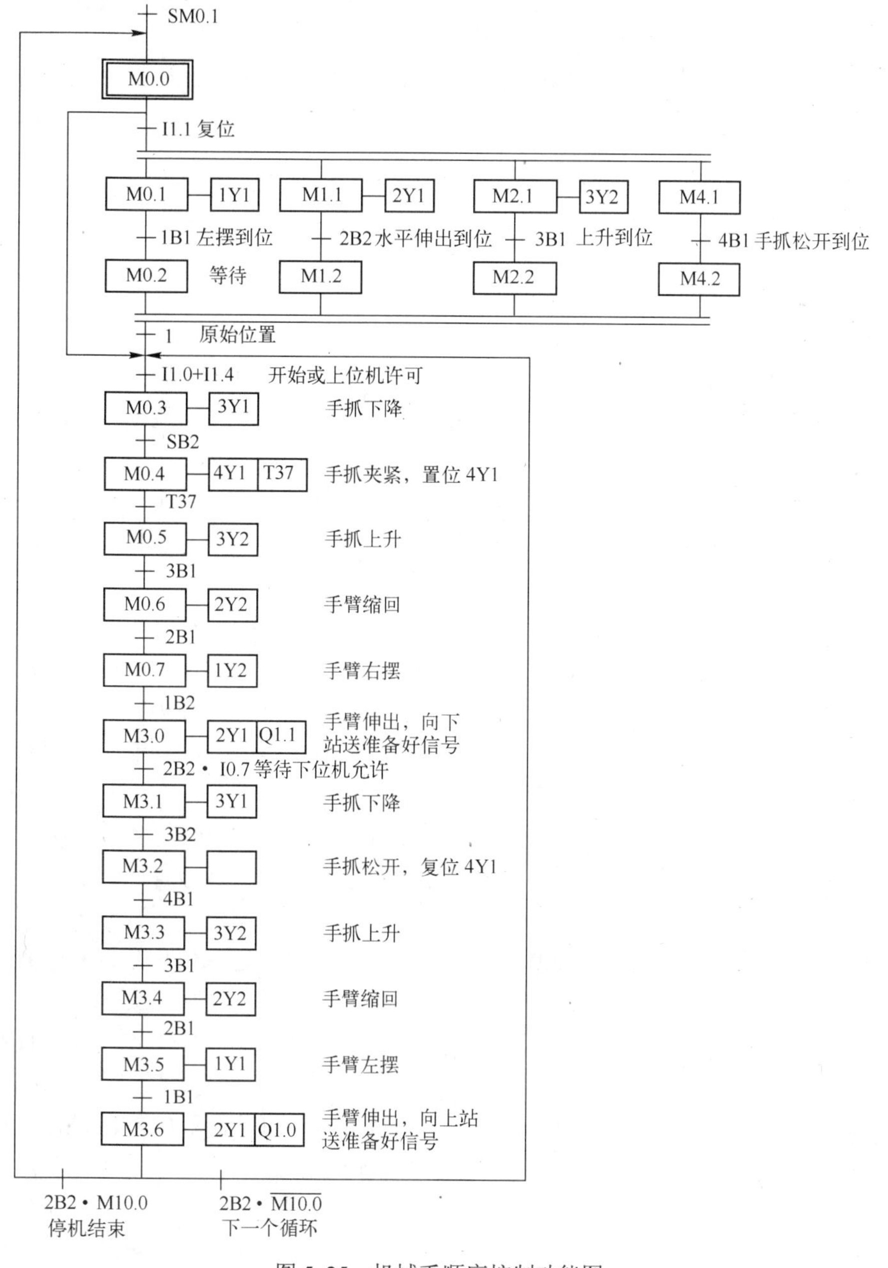

图 5-25 机械手顺序控制功能图

当执行到 M3.0 步时，机械手臂伸出，向下站发出准备好信号，与下站工作进行协调。手臂伸出到位，并且下站准备好的反馈信号到来时，才能转到 M3.1 步执行。

当执行到 M3.6 步时，机械手到达原始位置，向上站发出准备好信号，等待上站传送过来的准备好信号后开始下一个循环的工作过程。

由于机械手是自动化生产设备的一个环节，与前后工序都相互关联，需要与前后工艺设备进行通信，使得工作配合更协调。这种通信工作可以用 PLC 的输入输出端口来完成，也可以用 PLC 的专门通信电缆配合通信指令完成。

请读者根据机械手控制顺序功能图编写梯形图程序并进行调试。在调试过程中要注意气缸机械位置的配合，主要是调节磁感应传感器的位置。

如果没有机械手等专门设备，可以用指示灯表示电磁气动阀的动作，用按钮或开关代替磁感应传感器，对机械手控制程序进行模拟调试。

5.4 思考与练习

1．简述划分步的原则。

2．简述转换实现的条件和转换实现时应完成的操作。

3．锅炉的起动过程中，先起动引风机，1min 后起动鼓风机；锅炉的停机过程中，先关闭鼓风机，10min 后关闭引风机。请设计引风机和鼓风机控制顺序功能图，并编写出相应的梯形图程序。

4．PLC 的输出端口接 8 个广告灯，用顺序功能图的控制方式，进行广告灯组合控制和闪烁时间控制，要求有两种以上的花样。请设计顺序功能图、编写梯形图程序并在 PLC 上调试通过。

5．送料小车用异步电动机拖动，按钮 I0.0 和 I0.1 分别用来起动小车右行和左行。小车在限位开关 I0.2 处装料，Q0.2 为 ON；10s 后装料结束，开始右行，碰到 I0.3 后停下来卸料，Q0.3 为 ON；15s 后左行，碰到 I0.2 后又停下来装料，这样不停地循环工作，直到按下停止按钮 I0.6。画出 PLC 的外部接线图，设计控制送料小车的顺序功能图，编写起保停程序、复位置位程序和顺序控制指令程序。

6．图 5-6a 所示液体混合装置中，先注入液体 A 到液位开关 I0.1，然后再注入液体 B 到液位开关 I0.2，其他工作过程相同。请画出顺序功能图，编写起保停程序、复位置位程序和顺序控制指令的梯形图程序。

7．根据图 5-25 所示的机械手控制顺序功能图，分别编写起保停程序、复位置位程序和顺序控制指令的梯形图程序，并在 PLC 上进行调试。

8．观察并记录距离读者最近的一处三岔路口交通信号灯，用 PLC 控制系统模拟实现该三岔路口的控制功能。画出 PLC 接线图，设计控制顺序功能图，编写梯形图程序并调试。

9．用顺序功能图的方式，重新设计 4.8 节的步进电动机控制程序。请设计步进电动机控制顺序功能图，编写梯形图程序并在 PLC 上调试通过。

第6章 步进电动机控制电路设计

6.1 立即类指令

立即类指令是指执行指令时不受 S7-200PLC 循环扫描工作方式的影响，而对实际的 I/O 点立即进行读写操作，可分为立即读指令和立即输出指令两大类。

立即读指令用于输入 I 接点，该指令读取实际输入点的状态时，并不更新该输入点对应的输入映像寄存器的值。如：当实际输入点（位）是 1 时，其对应的立即触点立即接通；当实际输入点（位）是 0 时，其对应的立即触点立即断开。

立即输出指令用于输出 Q 线圈，执行指令时，立即将新值写入实际输出点和对应的输出映像寄存器。

立即类指令与非立即类指令不同，非立即类指令仅将新值读或写入输入/输出映像寄存器。立即类指令的格式及说明如表 6-1 所示。

表 6-1 立即类指令的格式及说明

LAD	bit ┤ I ├	bit ┤ /I ├	bit —(I)	bit —(SI) N	bit —(RI) N
STL	LDI bit AI bit OI bit	LDNI bit ANI bit ONI bit	=I bit	SI bit，N	RI bit，N
说明	常开立即触点可以装载、串联、并联	常闭立即触点可以装载、串联、并联	立即输出	立即置位	立即复位
操作数及数据类型	Bit：I 数据类型：BOOL		Bit：Q 数据类型：BOOL	Bit：Q，数据类型：布尔 N：VB、IB、QB、MB、SMB、SB、LB、AC、常量、*VD、*AC、*LD 数据类型：字节	

6.2 中断指令

S7-200PLC 设置了中断功能，用于实时控制、高速处理、通信和网络等复杂或特殊的控制任务。中断就是为了暂时停止当前正在运行的程序、去执行需要立即响应的事件而编制的中断服务程序，执行完毕再返回原先被暂停的程序并继续运行。

6.2.1 中断源

1. 中断源的类型

中断源即发出中断请求的事件，又叫中断事件。为了便于识别，系统给每个中断源都分配了一个编号，称为中断事件号。S7-200 系列 PLC 最多有 34 个中断源，分为三大类：通信中断、I/O 中断和时基中断。

（1）通信中断

在自由口通信模式下，用户可通过编程来设置波特率、奇偶校验和通信协议等参数。用户通过编程控制通信端口的事件为通信中断。

（2）I/O 中断

I/O 中断包括外部输入上升/下降沿中断、高速计数器中断和高速脉冲输出中断。S7-200PLC 用输入（I0.0、I0.1、I0.2 或 I0.3）上升/下降沿产生中断。这些输入点用于捕获发生时必须立即处理的事件。高速计数器中断指对高速计数器运行时产生的事件实时响应，包括当前值等于预设值时产生的中断，计数方向的改变时产生的中断或计数器外部复位产生的中断。脉冲输出中断是指预定数目脉冲输出完成而产生的中断。

（3）时基中断

时基中断包括定时中断和定时器 T32/T96 中断。定时中断用于支持一个周期性的活动。周期时间为 1 毫秒至 255ms，时基是 1ms。使用定时中断 0，必须在 SMB34 中写入周期时间；使用定时中断 1，必须在 SMB35 中写入周期时间。将中断程序连接在定时中断事件上，若定时中断被允许，则计时开始，每当达到定时时间值时执行中断程序。定时中断可以用来对模拟量输入进行采样或定期执行 PID 回路。定时器 T32/T96 中断是指允许对定时间隔产生中断。这类中断只能用时基为 1ms 的定时器 T32/T96 构成。当中断被启用后，当前值等于预置值时，在 S7-200PLC 执行的正常 1ms 定时器更新的过程中，执行连接的中断程序。

2．中断优先级和排队等候

优先级是指多个中断事件同时发出中断请求时，CPU 对中断事件响应的优先次序。S7-200PLC 规定的中断优先由高到低依次是：通信中断、I/O 中断和定时中断。每类中断中不同的中断事件又有不同的优先权，如表 6-2 所示。

表 6-2　中断事件及优先级

优先级分组	组内优先级	中断事件号	中断事件说明	中断事件类别
通信中断	0	8	通信口 0：接收字符	通信口 0
	0	9	通信口 0：发送完成	
	0	23	通信口 0：接收信息完成	
	1	24	通信口 1：接收信息完成	通信口 1
	1	25	通信口 1：接收字符	
	1	26	通信口 1：发送完成	
I/O 中断	0	19	PTO 0 脉冲串输出完成中断	脉冲输出
	1	20	PTO 1 脉冲串输出完成中断	
	2	0	I0.0 上升沿中断	外部输入
	3	2	I0.1 上升沿中断	
	4	4	I0.2 上升沿中断	
	5	6	I0.3 上升沿中断	
	6	1	I0.0 下降沿中断	
	7	3	I0.1 下降沿中断	

（续）

优先级分组	组内优先级	中断事件号	中断事件说明	中断事件类别
I/O 中断	8	5	I0.2 下降沿中断	
	9	7	I0.3 下降沿中断	
	10	12	HSC0 当前值=预置值中断	高速计数器
	11	27	HSC0 计数方向改变中断	
	12	28	HSC0 外部复位中断	
	13	13	HSC1 当前值=预置值中断	
	14	14	HSC1 计数方向改变中断	
	15	15	HSC1 外部复位中断	
	16	16	HSC2 当前值=预置值中断	
	17	17	HSC2 计数方向改变中断	
	18	18	HSC2 外部复位中断	
	19	32	HSC3 当前值=预置值中断	
	20	29	HSC4 当前值=预置值中断	
	21	30	HSC4 计数方向改变	
	22	31	HSC4 外部复位	
	23	33	HSC5 当前值=预置值中断	
定时中断	0	10	定时中断 0	定时
	1	11	定时中断 1	
	2	21	定时器 T32 CT=PT 中断	定时器
	3	22	定时器 T96 CT=PT 中断	

一个程序中总共可有 128 个中断。S7-200PLC 在各自的优先级组内按照先来先服务的原则为中断提供服务。在任何时刻，只能执行一个中断程序。一旦一个中断程序开始执行，则一直执行至完成，不能被另一个中断程序打断，即使是更高优先级的中断程序。中断程序执行中，新的中断请求按优先级排队等候。中断队列能保存的中断个数有限，若超出，则会产生溢出。中断队列的最多中断个数和溢出标志位如表 6-3 所示。

表 6-3　中断队列的最多中断个数和溢出标志位

队　　列	CPU 221	CPU 222	CPU 224	CPU 226 和 CPU 226XM	溢出标志位
通讯中断队列	4	4	4	8	SM4.0
I/O 中断队列	16	16	16	16	SM4.1
定时中断队列	8	8	8	8	SM4.2

6.2.2　中断指令

中断指令有 4 条，包括开、关中断指令和中断连接、分离指令。指令格式如表 6-4 所示。

1．开、关中断指令

开中断（ENI）指令全局性允许所有中断事件。关中断（DISI）指令全局性禁止所有中断事件，中断事件的每次出现均被排队等候，直至使用全局开中断指令重新启用中断。

PLC 转换到 RUN（运行）模式时，若开始时中断被禁用，可以通过执行开中断指令，允许所有中断事件。执行关中断指令会禁止处理中断，但是现有中断事件将继续排队等候。

2．中断连接、分离指令

中断连接（ATCH）指令将中断事件（EVNT）与中断程序号码（INT）相连接，并启用中断事件。

分离中断（DTCH）指令取消某中断事件（EVNT）与所有中断程序之间的连接，并禁用该中断事件。

☞注意：

一个中断事件只能连接一个中断程序，但多个中断事件可以调用同一个中断程序。

表 6-4　中断指令格式

	开 中 断	关 中 断	中 断 连 接	中 断 分 离
LAD	(ENI)	(DISI)	ATCH: EN ENO; ????-INT; ????-EVNT	DTCH: EN ENO; ????-EVNT
STL	ENI	DISI	ATCH INT，EVNT	DTCH，EVNT
操作数及数据类型	无	无	INT：常量，0～127 EVNT：常量，CPU 224：0～23，27～33 INT/EVNT 数据类型：字节	EVNT：常量 CPU 224：0～23，27～33 数据类型：字节

6.2.3　中断程序

1．中断程序的概念

中断程序是为处理中断事件而事先编好的程序。中断程序不是由程序调用，而是在中断事件发生时由操作系统调用。在中断程序中不能改写其他程序使用的存储器，最好使用局部变量。中断程序应实现特定的任务，应越短越好，中断程序由中断程序号开始，以无条件返回指令（CRETI）结束。在中断程序中禁止使用 DISI、ENI、HDEF、LSCR 和 END 指令。

2．建立中断程序的方法

方法一：执行菜单命令“编辑”→“插入”(Insert)→“中断”(Interrupt)。

方法二：从指令树建立中断，用鼠标右键单击“程序块”图标并从弹出菜单中选择“插入”(Insert)→“中断”(Interrupt)。

方法三：从“程序编辑器”窗口建立中断，在弹出菜单中选择“插入”(Insert)→“中断”(Interrupt)。

程序编辑器从先前的程序显示更改为新中断程序，在程序编辑器的底部会出现一个新标记，代表新的中断程序。

6.2.4　程序举例

【例 6-1】 编写由 I0.1 的上升沿产生的中断事件的初始化程序。

分析：查表 6-2 可知，I0.1 上升沿产生的中断事件号为 2。所以在主程序中用 ATCH 指令将事件号 2 和中断程序 0 连接起来，并全局开中断。程序如图 6-1 所示。

```
LD      SM0.1        //首次扫描时
ATCH    INT_0，2     //将 INT_0 和 EVNT2 连接
ENI                  //启用全局开中断

LD      SM5.0        //如果检测到 I/O 错误
DTCH    2            //禁用用于 I0.1 的上升沿中断
                     （本网络为可选项）
LD      M5.0         //当 M5.0=1 时
DISI                 //禁用所有的中断
```

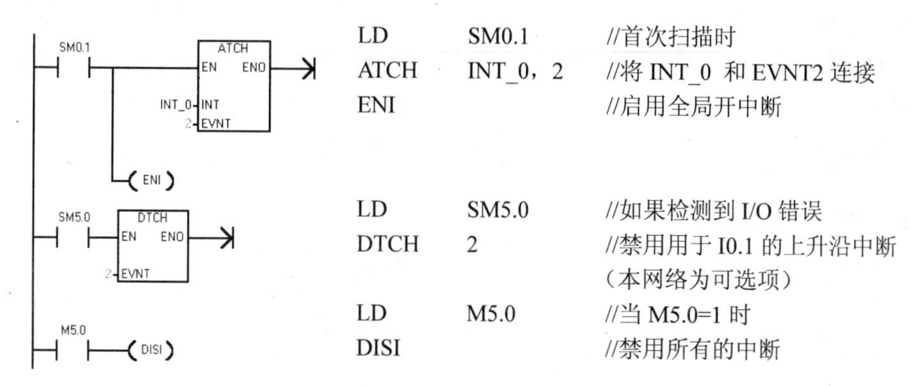

图 6-1　例 6-1 题图

【例 6-2】 编程完成采样工作，要求每 10ms 采样一次。

分析：完成每 10ms 采样一次的要求需用定时中断，查表 6-2 可知，定时中断 0 的中断事件号为 10。因此在主程序中将采样周期（10ms）即定时中断的时间间隔写入定时中断 0 的特殊存储器 SMB34，并将中断事件 10 和 INT-0 连接，并启用全局开中断。在中断程序 0 中，将模拟量输入信号读入，程序如图 6-2 所示。

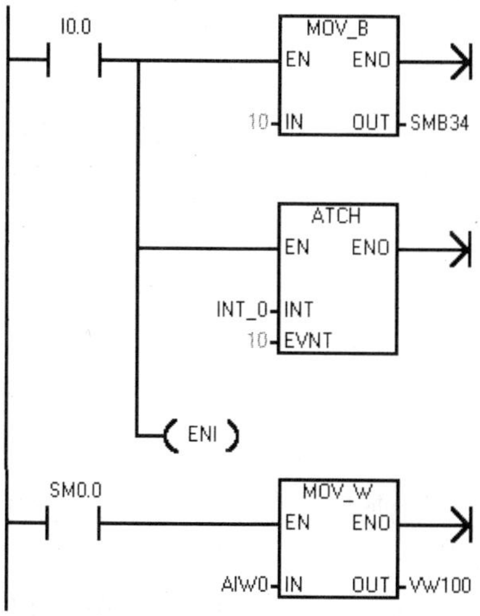

```
LD      I0.0
MOVB    10，SMB34      //将采样周期设为 10ms
ATCH    INT_0，10      //将事件 10 连接 INT_0
ENI                    //启用全局开中断

LD      SM0.0
MOVW    AIW0，VW100 //读入模拟量 AIW0
```

图 6-2　例 6-2 题图

6.3　高速计数器

前面讲述的计数器指令的计数速度受扫描周期的影响，对比 CPU 扫描频率高的脉冲输入，就不能满足控制要求了。为此，SIMATIC S7-200 系列 PLC 设计了高速计数功能（HSC），其计数自动进行，不受扫描周期的影响，最高计数频率取决于 CPU 的类型，CPU22x 系列最高计数频率为 30kHz，用于捕捉比 CPU 扫描速度更快的事件，并产生中断，

执行中断程序，完成预定的操作。高速计数器最多可设置 12 种不同的操作模式。用高速计数器可实现高速运动的精确控制。

西门子 S7-200 CPU22x 系列 PLC 还设有高速脉冲输出，输出频率可达 20kHz，用于 PTO（输出一个频率可调，占空比为 50%的脉冲）和 PWM（输出占空比可调的脉冲），高速脉冲输出的功能可用于对电动机进行速度控制、位置控制和控制变频器对电动机调速。

6.3.1 占用输入/输出端子

CPU224 有 6 个高速计数器，其占用的输入端子如表 6-5 所示。

表 6-5 高速计数器占用的输入端子

高速计数器	占用的输入端子
HSC0	I0.0，I0.1，I0.2
HSC1	I0.6，I0.7，I1.0，I1.1
HSC2	I1.2，I1.3，I1.4，I1.5
HSC3	I0.1
HSC4	I0.3，I0.4，I0.5
HSC5	I0.4

各高速计数器不同的输入端有专用的功能，如时钟脉冲端、方向控制端、复位端和起动端等。

☞注意：

同一个输入端不能用于两种不同的功能。但是高速计数器当前模式未使用的输入端均可用于其他用途，如作为中断输入端或作为数字量输入端。如：如果在模式 2 中使用高速计数器 HSC0，模式 2 使用 I0.0 和 I0.2，则 I0.1 可用于边缘中断或用于 HSC3。

6.3.2 高速计数器的工作模式

1．高速计数器的结构

高速计数器可以看成是由以下几部分构成的器件。

1）控制字：字节，存放高速计数器的方式控制字。在使用高速计数器之前设定工作模式，即将控制方式字写入控制字寄存器。

2）状态字：字节，存放高速计数器的工作状态。可以在程序中读出或作为控制条件使用。

3）当前值单元（计数单元）：双字，是 32 位的加或减计数器，可以读出和写入。

4）设定值单元（预设值单元）：双字，一般在高速计数器的初始化时或在工作过程中写入设定值。

5）输入端口：每个高速计数器根据不同的工作模式，有 1～4 个输入端口，输入计数脉冲、复位控制信号和计数方向控制信号等。

6）中断事件号：每个高速计数器最多有三个中断事件号。由于高速计数器工作在高速状态下，用扫描方式处理高速计数器的事件有可能造成事件的丢失，因此一般采用中断方式处理高速计数器的计数到和相关事件。

高速计数器涉及的寄存器地址如表 6-6 所示。

表 6-6　高速计数器各寄存器单元地址

序　号	项　目	HSC0	HSC1	HSC2	HSC3	HSC4	HSC5
1	状态字	SMB36	SMB46	SMB56	SMB136	SMB146	SMB156
2	控制字	SMB37	SMB47	SMB57	SMB137	SMB147	SMB157
3	计数当前值	SMD38	SMD48	SMD58	SMD138	SMD148	SMD158
4	计数器预设值	SMD42	SMD52	SMD62	SMD142	SMD152	SMD162
5	工作模式	0.1.2.4.6.7.8.9.10	0~12	0~12	0	0.1.2.4.6.7.8.9.10	0
6	端口	I0.0、I0.1、I0.2	I0.6、I0.7、I1.0、I1.1	I1.2、I1.3、I1.4、I1.5	I0.1	I0.3、I0.4、I0.5	I0.4
7	中断事件号	12、27、28	13、14、15	16、17、18	32	29、30、31	33

2. 高速计数器的计数方式

1）单路脉冲输入的内部方向控制加/减计数。即只有一个脉冲输入端，通过高速计数器的控制字节的第 3 位来控制加计数或者减计数。该位=1，加计数；该位=0，减计数。如图 6-3 所示为内部方向控制的单路加/减计数。

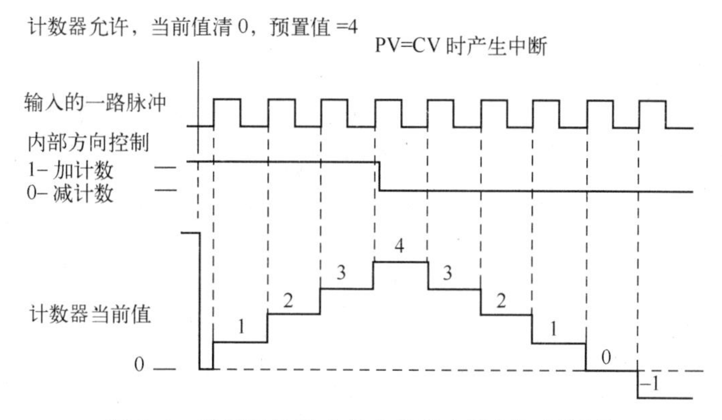

图 6-3　单路脉冲输入的内部方向控制加/减计数

2）单路脉冲输入的外部方向控制加/减计数。即有一个脉冲输入端，有一个方向控制端，方向输入信号等于 1 时，加计数；方向输入信号等于 0 时，减计数。如图 6-4 所示为外部方向控制的单路加/减计数。

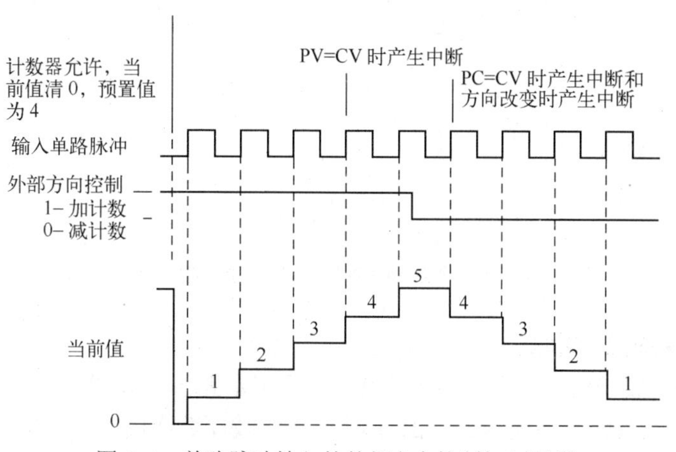

图 6-4　单路脉冲输入的外部方向控制加/减计数

3）两路脉冲输入的单相加/减计数。即有两个脉冲输入端，一个是加计数脉冲，一个是减计数脉冲，计数值为两个输入端脉冲的代数和，如图 6-5 所示。

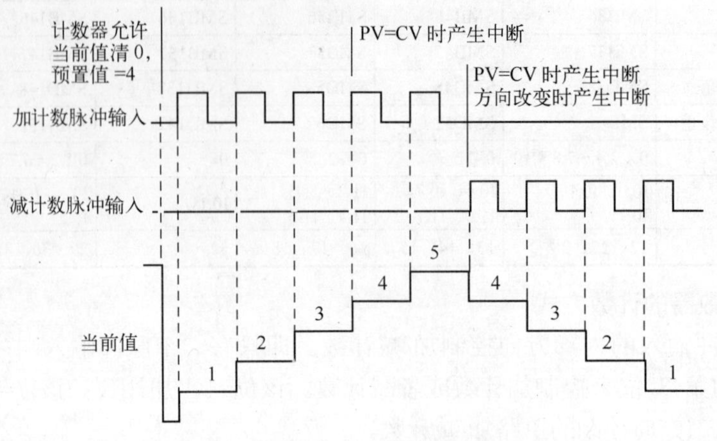

图 6-5　两路脉冲输入的单相加/减计数

4）两路脉冲输入的双相正交计数。即有两个脉冲输入端，输入的两路脉冲为 A 相、B 相，相位互差 90°（正交），A 相超前 B 相 90° 时，加计数；A 相滞后 B 相 90° 时，减计数。在这种计数方式下，可选择 1x 模式（单倍频，一个时钟脉冲计一个数）和 4x 模式（四倍频，一个时钟脉冲计 4 个数）。如图 6-6、图 6-7 所示。

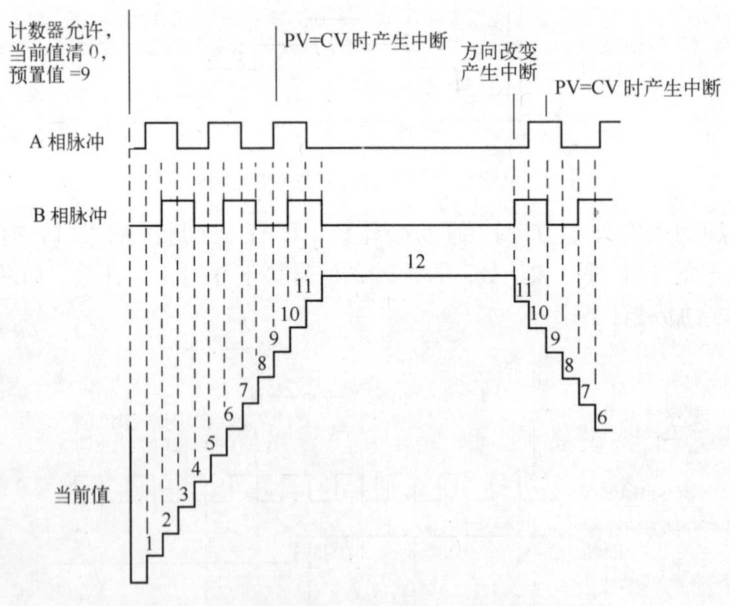

图 6-6　四倍频方式两路脉冲输入的双向正交计数

3．高速计数器的工作模式

高速计数器有 12 种工作模式，模式 0～2 采用单路脉冲输入的内部方向控制加/减计数；模式 3～5 采用单路脉冲输入的外部方向控制加/减计数；模式 6～8 采用两路脉冲输入的加/减计数；模式 9～11 采用两路脉冲输入的双相正交计数。

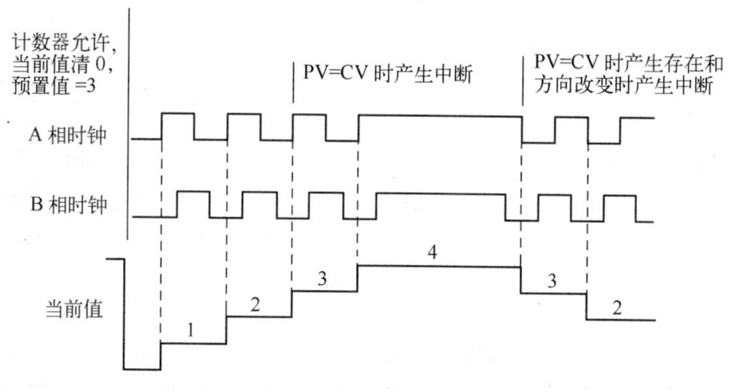

图 6-7　单倍频方式两路脉冲输入的双向正交计数

S7-200 CPU224PLC 有 HSC0-HSC5 共 6 个高速计数器，每个高速计数器有多种不同的工作模式。HSC0 和 HSC4 有模式 0、1、3、4、6、7、8、9、10；HSC1 和 HSC2 有模式 0～11；HSC3 和 HSC5 只有模式 0。每种高速计数器所拥有的工作模式和其占有的输入端子的数目有关，如表 6-7 所示。

表 6-7　高速计数器的工作模式和输入端子的关系及说明

HSC 编号及其对应的输入端子 / HSC 模式	功能及说明	占用的输入端子及其功能			
	HSC0：模式 0、1、3、4、6、7、8、9、10	I0.0	I0.1	I0.2	×
	HSC4：模式 0、1、3、4、6、7、8、9、10	I0.3	I0.4	I0.5	×
	HSC1：所有 12 种模式	I0.6	I0.7	I1.0	I1.1
	HSC2：所有 12 种模式	I1.2	I1.3	I1.4	I1.5
	HSC3：模式 0	I0.1	×	×	×
	HSC5：模式 0	I0.4	×	×	×
0	单路脉冲输入的内部方向控制加/减计数。控制字 SM37.3=0，减计数 SM37.3=1，加计数	脉冲输入端	×	×	×
1			×	复位端	×
2			×	复位端	起动
3	单路脉冲输入的外部方向控制加/减计数。方向控制端=0，减计数 方向控制端=1，加计数	脉冲输入端	方向控制端	×	×
4				复位端	×
5				复位端	起动
6	两路脉冲输入的单相加/减计数。 加计数有脉冲输入，加计数 减计数端脉冲输入，减计数	加计数脉冲输入端	减计数脉冲输入端	×	×
7				复位端	×
8				复位端	起动
9	两路脉冲输入的双相正交计数 A 相脉冲超前 B 相脉冲，加计数 A 相脉冲滞后 B 相脉冲，减计数	A 相脉冲输入端	B 相脉冲输入端	×	×
10				复位端	×
11				复位端	起动

说明：表中“×”表示没有

选用某个高速计数器在某种工作方式下工作后，高速计数器所使用的输入不是任意选择的，必须按系统指定的输入点输入信号。如 HSC1 在模式 11 下工作，就必须用 I0.6 为 A 相脉冲输入端，I0.7 为 B 相脉冲输入端，I1.0 为复位端，I1.1 为起动端。

6.3.3 高速计数器的控制字和状态字

1．控制字节

定义了计数器和工作模式之后，还要设置高速计数器的有关控制字节。每个高速计数器均有一控制字节，它决定了计数器的计数允许或禁用、方向控制（仅限模式 0、1 和 2）或对所有其他模式的初始化计数方向、装入当前值和预置值。控制字节每个控制位的说明如表 6-8 所示。

表 6-8 HSC 的控制字节

HSC0	HSC1	HSC2	HSC3	HSC4	HSC5	说　明
SM37.0	SM47.0	SM57.0		SM147.0		复位有效电平控制： 0=复位信号高电平有效；1=低电平有效
	SM47.1	SM57.1				起动有效电平控制： 0=起动信号高电平有效；1=低电平有效
SM37.2.	SM47.2	SM57.2		SM147.2		正交计数器计数速率选择： 0=4×计数速率；1=1×计数速率
SM37.3	SM47.3	SM57.3	SM137.3	SM147.3	SM157.3	计数方向控制位： 0＝ 减计数；1＝ 加计数
SM37.4	SM47.4	SM57.4	SM137.4	SM147.4	SM157.4	向 HSC 写入计数方向： 0＝ 无更新；1＝ 更新计数方向
SM37.5	SM47.5	SM57.5	SM137.5	SM147.5	SM157.5	向 HSC 写入新预置值： 0＝ 无更新；1＝ 更新预置值
SM37.6	SM47.6	SM57.6	SM137.6	SM147.6	SM157.6	向 HSC 写入新当前值： 0＝ 无更新；1＝ 更新当前值
SM37.7	SM47.7	SM57.7	SM137.7	SM147.7	SM157.7	HSC 允许： 0＝ 禁用 HSC；1＝ 启用 HSC

2．状态字节

每个高速计数器都有一个状态字节，状态位表示当前计数方向以及当前值是否大于预置值。每个高速计数器状态字节的状态位如表 6-9 所示。状态字节的 0～4 位不使用。监控高速计数器状态的目的是使外部事件产生中断，以完成重要的操作。

表 6-9 高速计数器状态字节的状态位

HSC0	HSC1	HSC2	HSC3	HSC4	HSC5	说　明
SM36.5	SM46.5	SM56.5	SM136.5	SM146.5	SM156.5	当前计数方向状态位： 0＝ 减计数；1＝ 加计数
SM36.6	SM46.6	SM56.6	SM136.6	SM146.6	SM156.6	当前值等于预设值状态位： 0＝ 不相等；1＝ 等于
SM36.7	SM46.7	SM56.7	SM136.7	SM146.7	SM156.7	当前值大于预设值状态位： 0＝ 小于或等于；1＝ 大于

6.3.4 高速计数器指令及应用

1．高速计数器指令

高速计数器指令有两条，分别为高速计数器定义指令 HDEF 和高速计数器指令 HSC。

指令格式如表 6-10 所示。

（1）高速计数器定义指令 HDEF

该指令指定高速计数器（HSCx）的工作模式。选择了工作模式，即选择了高速计数器的输入脉冲、计数方向、复位和起动功能。每个高速计数器只能用一条高速计数器定义指令。

（2）高速计数器指令 HSC

该指令根据高速计数器控制位的状态和按照 HDEF 指令指定的工作模式控制高速计数器。参数 N 指定高速计数器的号码。

表 6-10　高速计数器指令格式

LAD	HDEF: EN ENO; ????-HSC; ????-MODE	HSC: EN ENO; ????-N
STL	HDEF　HSC，MODE	HSC　N
功能说明	高速计数器定义指令 HDEF	高速计数器指令 HSC
操作数	HSC：高速计数器的编号，为常量（0～5） 数据类型：字节 MODE 工作模式，为常量（0～11） 数据类型：字节	N：高速计数器的编号，为常量（0～5） 数据类型：字
ENO=0 的出错条件	SM4.3（运行时间），0003（输入点冲突）， 0004（中断中的非法指令），000A（HSC 重复定义）	SM4.3（运行时间），0001（HSC 在 HDEF 之前），0005（HSC/PLS 同时操作）

2. 高速计数器指令的使用

1）每个高速计数器都有一个 32 位当前值和一个 32 位预置值，当前值和预设值均为带符号的整数值。要设置高速计数器的新当前值和新预置值，必须设置控制字节（如表 6-8 所示），令其第 5 位和第 6 位为 1，则允许更新预置值和当前值，新当前值和新预置值写入特殊内部标志位存储区。然后执行 HSC 指令，将新数值传输到高速计数器。当前值和预置值占用的特殊内部标志位存储区如表 6-11 所示。

表 6-11　HSC0～HSC5 当前值和预置值占用的特殊内部标志位存储区

要装入的数值	HSC0	HSC1	HSC2	HSC3	HSC4	HSC5
新的当前值	SMD38	SMD48	SMD58	SMD138	SMD148	SMD158
新的预置值	SMD42	SMD52	SMD62	SMD142	SMD152	SMD162

除控制字节及新预设值和当前值保持字节外，还可以使用数据类型 HC（高速计数器当前值）加计数器号码（0、1、2、3、4 或 5）读取每台高速计数器的当前值。因此，读取操作可直接读取当前值，但只有用上述 HSC 指令才能执行写入操作。

2）执行 HDEF 指令之前，必须将高速计数器控制字节的位设置成需要的状态，否则将采用默认设置。默认设置为：复位和起动输入高电平有效，正交计数速率选择 4×模式。执行 HDEF 指令后，就不能再改变计数器的设置，除非 CPU 进入停止模式。

3）执行 HSC 指令时，CPU 检查控制字节和有关的当前值和预置值。

3．高速计数器指令的初始化

高速计数器指令的初始化步骤如下。

1）用首次扫描时接通一个扫描周期的特殊内部存储器 SM0.1 去调用一个子程序，完成初始化操作。因为采用了子程序，在随后的扫描中，就不必再调用这个子程序，以减少扫描时间，使程序结构更好。

2）在初始化的子程序中，根据希望的控制设置控制字（SMB37、SMB47、SMB137、SMB147、SMB157），如设置 SMB47=16#F8，则为允许计数，写入新当前值，写入新预置值，更新计数方向为加计数，若正交计数设为 4×，复位和起动设置为高电平有效。

3）执行 HDEF 指令，设置 HSC 的编号（0～5），设置工作模式（0～11）。如 HSC 的编号设置为 1，工作模式输入设置为 11，则为既有复位又有起动的正交计数工作模式。

4）用新的当前值写入 32 位当前值寄存器（SMD38、SMD48、SMD58、SMD138、SMD148、SMD158）。如写入 0，则清除当前值，用指令 MOVD 0，SMD48 实现。

5）用新的预置值写入 32 位预置值寄存器（SMD42、SMD52、SMD62、SMD142、SMD152、SMD162）。如执行指令 MOVD　1000，SMD52，则设置预置值为 1000。若写入预置值为 16#00，则高速计数器处于不工作状态。

6）为了捕捉当前值等于预置值的事件，将条件 CV=PV 中断事件（事件 13）与一个中断程序相联系。

7）为了捕捉计数方向的改变，将方向改变的中断事件（事件 14）与一个中断程序相联系。

8）为了捕捉外部复位，将外部复位中断事件（事件 15）与一个中断程序相联系。

9）执行全局中断允许指令（ENI）允许 HSC 中断。

10）执行 HSC 指令使 S7-200PLC 对高速计数器进行编程。

11）结束子程序。

【例 6-3】 高速计数器的应用举例。

（1）主程序

如图 6-8 所示，用首次扫描时接通一个扫描周期的特殊内部存储器 SM0.1 去调用一个子程序，完成初始化操作。

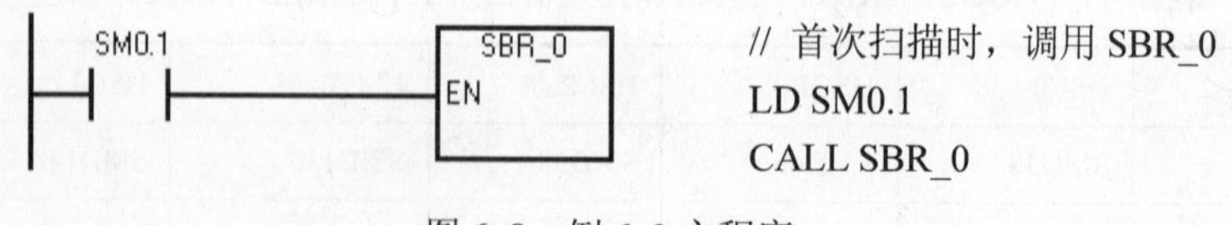

图 6-8　例 6-3 主程序

（2）子程序

如图 6-9 所示，定义 HSC1 的工作模式为模式 11（两路脉冲输入的双相正交计数，具有复位和起动输入功能），设置 SMB47=16#F8（允许计数，更新新当前值，更新新预置值，更新计数方向为加计数，若正交计数设为 4×，复位和起动设置为高电平有效）。HSC1 的当前值 SMD48 清零，预置值 SMD52=50，则当前值 = 预设值时，产生中断（中断事件 13），中断事件 13 连接中断程序 INT-0。

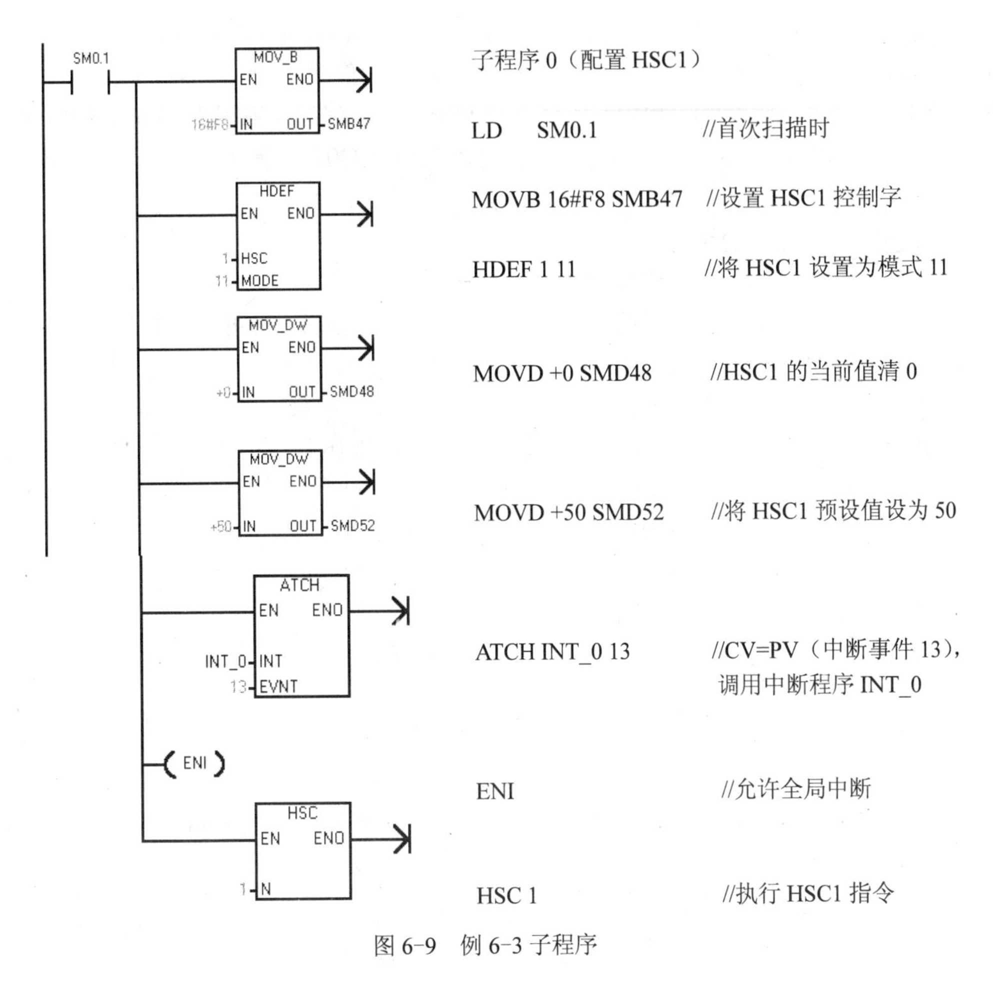

图 6-9　例 6-3 子程序

（3）中断程序 INT-0

如图 6-10 所示。

```
LD SM0.0
MOVD +0 SMD48        // HSC1 的当前值清 0
MOVB 16#C0 SMB47     //只写入一个新当前值，
                      预置值不变，计数方向
                      不变，  HSC1 允许计数
HSC 1                //执行 HSC1 指令
```

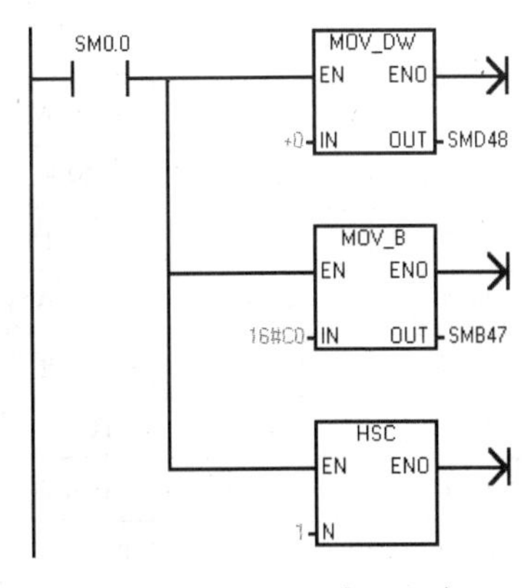

图 6-10　例 6-3 中断程序

6.4　高速脉冲输出

6.4.1　高速脉冲的结构

1．高速脉冲输出占用的输出端子

S7-200PLC 有 PTO、PWM 两种高速脉冲发生器。高速脉冲发生器可以产生周期低于 PLC 扫描周期的高速脉冲，用于对高速设备的控制和调速。PTO 脉冲串功能可输出指定个

数、指定周期的方波脉冲（占空比 50%）；PWM 功能可输出脉宽变化的脉冲信号，用户可以指定脉冲的周期和脉冲的宽度。若一台发生器指定给数字输出点 Q0.0，另一台发生器则指定给数字输出点 Q0.1。当 PTO、PWM 发生器控制输出时，将禁止输出点 Q0.0、Q0.1 的正常使用；当不使用 PTO、PWM 高速脉冲发生器时，输出点 Q0.0、Q0.1 恢复正常的使用，即由输出映像寄存器决定其输出状态。

2. 高速脉冲发生器的结构

高速脉冲发生器由以下几个部分构成。

1）控制字：字节数据，用于设置选择 PTO 或 PWM 输出、脉冲时基选择、刷新选择、高速脉冲输出允许等控制。

2）周期单元：无符号字数据，用子设置输出脉冲的周期数据。

3）脉冲宽度单元：无符号字数据，用于设置 PWM 输出脉冲的脉冲宽度数据。

4）脉冲计数器：无符号双字数据，用于累计输出脉冲的个数。

5）段号单元：字节数据，PTO 输出的多段流水线设置。

6）包络表起始单元：字数据，用于存放包络表的起始地址。

7）状态标志寄存器：字节数据，用于存储 PTO 功能的状态位。程序运行时，根据运行状态使某些位自动置位。可以通过程序来读取相关位的状态，用此状态作为判断条件，实现相应的操作。

8）输出端口：高速脉冲输出端口，Q0.0 和 Q0.1。

这些值放在特殊存储区（SM），具体寄存器地址如表 6-12 所示。执行 PLS 指令时，S7-200PLC 读这些特殊存储器位（SM），然后执行特殊存储器位定义的脉冲操作，即对相应的 PTO/PWM 发生器进行编程。

表 6-12　高速脉冲输出（Q0.0 和 Q0.1）的特殊存储器

Q0.0 和 Q0.1 对 PTO/PWM 输出的控制字节				
Q0.0	Q0.1	说　明		
SM67.0	SM77.0	PTO/PWM 刷新周期值	0 ：不刷新；	1 ：刷新
SM67.1	SM77.1	PWM 刷新脉冲宽度值	0 ：不刷新；	1 ：刷新
SM67.2	SM77.2	PTO 刷新脉冲计数值	0 ：不刷新；	1 ：刷新
SM67.3	SM77.3	PTO/PWM 时基选择	0 ：1 μs；	1 ：1ms
SM67.4	SM77.4	PWM 更新方法	0 ：异步更新；	1 ：同步更新
SM67.5	SM77.5	PTO 操作	0 ：单段操作；	1 ：多段操作
SM67.6	SM77.6	PTO/PWM 模式选择	0 ：选择 PTO	1 ：选择 PWM
SM67.7	SM77.7	PTO/PWM 允许	0 ：禁止；	1 ：允许
Q0.0 和 Q0.1 对 PTO/PWM 输出的周期值				
Q0.0	Q0.1	说　明		
SMW68	SMW78	PTO/PWM 周期时间值（范围：2～65 535）		
Q0.0 和 Q0.1 对 PTO/PWM 输出的脉宽值				
Q0.0	Q0.1	说　明		
SMW70	SMW80	PWM 脉冲宽度值（范围：0～65 535）		

（续）

Q0.0 和 Q0.1 对 PTO 脉冲输出的计数值		
Q0.0	Q0.1	说　明
SMD72	SMD82	PTO 脉冲计数值（范围：1～4 294 967 295）
Q0.0 和 Q0.1 对 PTO 脉冲输出的多段操作		
Q0.0	Q0.1	说　明
SMB166	SMB176	段号（仅用于多段 PTO 操作），多段流水线 PTO 运行中的段的编号
SMW168	SMW178	包络表起始位置，用距离 V0 的字节偏移量表示（仅用于多段 PTO 操作）
Q0.0 和 Q0.1 的状态位		
Q0.0	Q0.1	说　明
SM66.4	SM76.4	PTO 包络由于增量计算错误异常终止　0：无错；　1：异常终止
SM66.5	SM76.5	PTO 包络由于用户命令异常终止　0：无错；　1：异常终止
SM66.6	SM76.6	PTO 流水线溢出　0：无溢出；　1：溢出
SM66.7	SM76.7	PTO 空闲　0：运行中；　1：PTO 空闲

【例 6-4】 设置控制字节。用 Q0.0 作为高速脉冲输出，对应的控制字节为 SMB67，如果希望定义的输出脉冲操作为 PTO 操作，允许脉冲输出，且多段 PTO 脉冲串输出，时基为 ms，试设定周期值和脉冲数。

查表 6-13 可知，应向 SMB67 写入 2#10101101，即 16#AD。用字节数据传送指令，将 16#AD 送到 SMB67 单元：MOVB　16#AD，SMB67。

通过修改脉冲输出（Q0.0 或 Q0.1）的特殊存储器 SM 区（包括控制字节），即更改 PTO 或 PWM 的输出波形，然后再执行 PLS 指令。

☞**注意：**

所有控制位、周期、脉冲宽度和脉冲计数值的默认值均为零。向控制字节（SM67.7 或 SM77.7）的 PTO/PWM 允许位写入零，然后执行 PLS 指令，将禁止 PTO 或 PWM 波形的生成。

3. 脉冲输出（PLS）指令

脉冲输出（PLS）指令的功能为：使能有效时，检查用于脉冲输出（Q0.0 或 Q0.1）的特殊存储器位（SM），然后执行特殊存储器位定义的脉冲操作。指令格式如表 6-13 所示。

表 6-13　脉冲输出（PLS）指令格式

LAD	STL	操作数及数据类型
PLS EN　ENO ????-Q0.X	PLS　Q	Q：常量（0 或 1） 数据类型：字

4. 对输出的影响

PTO/PWM 生成器和输出映像寄存器共用 Q0.0 和 Q0.1。在 Q0.0 或 Q0.1 使用 PTO 或 PWM 功能时，PTO/PWM 发生器控制输出，并禁止输出点的正常使用，输出波形不受输出映像寄存器状态、输出强制和执行立即输出指令的影响；在 Q0.0 或 Q0.1 位置没有使用 PTO

或 PWM 功能时，输出映像寄存器控制输出，所以输出映像寄存器决定输出波形的初始和结束状态，即决定脉冲输出波形从高电平或低电平开始和结束，使输出波形有短暂的不连续，为了减小这种不连续产生的有害影响，应注意以下两点。

1）可在启用 PTO 或 PWM 操作之前，将用于 Q0.0 和 Q0.1 的输出映像寄存器设为零。

2）PTO/PWM 输出必须至少有 10%的额定负载，才能完成从关闭至打开以及从打开至关闭的顺利转换，即提供陡直的上升沿和下降沿。

6.4.2 高速脉冲的使用

1．PTO 的使用

PTO 是可以指定脉冲数和周期的占空比为 50%的高速脉冲串的输出。状态字节中的最高位（空闲位）用来指示脉冲串输出是否完成，可在脉冲串完成时启动中断程序，若使用多段操作，则在包络表完成时起动中断程序。

（1）周期和脉冲数

周期范围从 50～65535ms 或从 2～65535ms，为 16 位无符号数，时基有μs 和 ms 两种，通过控制字节的第三位选择。注意：

如果周期小于 2 个时间单位，则周期的默认值为 2 个时间单位。

周期设定为奇数（如 75ms），会引起波形失真。

脉冲计数范围从 1～4294967295，为 32 位无符号数，如设定脉冲计数为 0，则系统默认脉冲计数值为 1。

（2）PTO 的种类及特点

PTO 功能可输出多个脉冲串，现有脉冲串输出完成时，新的脉冲串输出立即开始。这样就保证了输出脉冲串的连续性。PTO 功能允许多个脉冲串排队，从而形成流水线。流水线分为单段流水线和多段流水线两种。

单段流水线是指流水线中每次只能存储一个脉冲串的控制参数，初始 PTO 段一旦起动，必须按照对第二个波形的要求立即刷新 SM，并再次执行 PLS 指令，第一个脉冲串完成，第二个波形输出立即开始，重复此步骤可以实现多个脉冲串的输出。

单段流水线中的各段脉冲串可以采用不同的时间基准，但有可能造成脉冲串之间的不平稳过渡。输出多个高速脉冲时编程复杂。

多段流水线是指在变量存储区 V 建立一个包络表。包络表存放每个脉冲串的参数，执行 PLS 指令时，S7–200 PLC 自动按包络表中的顺序及参数进行脉冲串输出。包络表中每段脉冲串的参数占用 8 字节，由一个 16 位周期值（2 字节）、一个 16 位周期增量值Δ（2 字节）和一个 32 位脉冲计数值（4 字节）组成。包络表的格式如表 6–14 所示。

表 6–14 包络表的格式

从包络表起始地址的字节偏移	段	说 明
VB_n		段数（1～255）；数值 0 产生非致命错误，无 PTO 输出
VB_{n+1}	段 1	初始周期（2～65 535 个时基单位）
VB_{n+3}		每个脉冲的周期增量Δ（符号整数：-32 768～32 767 个时基单位）
VB_{n+5}		脉冲数（1～4 294 967 295）

（续）

从包络表起始地址的字节偏移	段	说　明
VB_{n+9}	段 2	初始周期（2～65535 个时基单位）
VB_{n+11}		每个脉冲的周期增量Δ（符号整数：-32 768～32 767 个时基单位）
VB_{n+13}		脉冲数（1～4 294 967 295）
VB_{n+17}	段 3	初始周期（2～65 535 个时基单位）
VB_{n+19}		每个脉冲的周期增量值Δ（符号整数：-32 768～32 767 个时基单位）
VB_{n+21}		脉冲数（1～4 294 967 295）

☞注意：

周期增量值Δ为整数 us 或 ms。

多段流水线的特点是编程简单，能够通过指定脉冲的数量自动增加或减少周期，周期增量值Δ为正值会增加周期，周期增量值Δ为负值会减少周期，若Δ为零，则周期不变。在包络表中的所有的脉冲串必须采用同一时基，在多段流水线执行时，包络表的各段参数不能改变。多段流水线常用于步进电动机的控制。

（3）PTO 初始化和操作步骤

1）用首次扫描位（SM0.1）使输出位复位为 0，并调用初始化子程序。这样可减少扫描时间，程序结构更合理。

2）在初始化子程序中设置控制字节。如将 16#D3（时基μs）或 16#DB（时基 ms）写入 SMB67 或 SMB77，控制功能为：允许 PTO/PWM 功能、选择 PTO 操作、选择单段/多段方式、设置更新脉冲宽度值、以及选择时基（μs 或 ms）。

3）当设置为单段脉冲输出方式时，在 SMW68 或 SMW78 中写入一字长的周期值。

4）当设置为单段脉冲输出方式时，在 SMD72 或 SMD82 中写入一双字长的脉冲个数值。

5）当设置为多段脉冲输出方式时，在 SMB166 或 SMB176 中写入一字节长的段号值。

6）当设置为多段脉冲输出方式时，在 SMW168 或 SMW178 中写入一字长的包络表的起始地址。

7）当设置为多段脉冲输出方式时，在 V 区建立多段输出的段数、每段的初始周期值、段内每个脉冲的周期增量、每段的脉冲个数等参数构成的多段脉冲输出参数包络表。

8）执行 PLS 指令，使 S7-200PLC 为 PTO 发生器编程，并从 Q0.0 或 Q0.1 输出脉冲。

9）退出子程序。

2．PWM 的使用

PWM 是脉宽可调的高速脉冲输出，通过控制脉宽和脉冲的周期，实现控制任务。

（1）周期和脉宽

周期和脉宽时基为μs 或 ms，均为 16 位无符号数。

周期的范围为 50～65,535μs，或为 2～65535ms。若周期小于两个时基，则系统默认为两个时基。

脉宽范围为 0～65535μs 或为 0～65535ms。若脉宽大于等于周期，占空比=100%，输出连续接通。若脉宽为 0，占空比为 0%，则输出断开。

（2）更新方式

有两种改变 PWM 波形的方法：同步更新和异步更新。

1）同步更新：不需改变时基时，可以用同步更新。执行同步更新时，波形的变化发生在周期的边缘，形成平滑转换。

2）异步更新：需要改变 PWM 的时基时，则应使用异步更新。异步更新使高速脉冲输出功能被瞬时禁用，与 PWM 波形不同步。这样可能造成控制设备振动。

常见的 PWM 操作是脉冲宽度不同但周期保持不变，即不要求时基改变。因此先选择适合于所有周期的时基，尽量使用同步更新。

（3）PWM 初始化和操作步骤

1）用首次扫描位（SM0.1）使输出位复位为 0，并调用初始化子程序。这样可减少扫描时间，使程序结构更合理。

2）在初始化子程序中设置控制字节。如将 16#D3（时基μs）或 16#DB（时基 ms）写入 SMB67 或 SMB77，控制功能为：允许 PTO/PWM 功能、选择 PWM 操作、设置更新脉冲宽度和周期数值、以及选择时基（μs 或 ms）。

3）在 SMW68 或 SMW78 中写入一字长的周期值。

4）在 SMW70 或 SMW80 中写入一字长的脉宽值。

5）执行 PLS 指令，使 S7-200PLC 为 PWM 发生器编程，并由 Q0.0 或 Q0.1 输出。

6）可为下一输出脉冲预设控制字。在 SMB67 或 SMB77 中写入 16#D2（μs）或 16#DA（ms），控制字节中将禁止改变周期值，允许改变脉宽。以后只要装入一个新的脉宽值，不用改变控制字节，直接执行 PLS 指令就可改变脉宽值。

7）退出子程序。

【例 6-5】 PWM 应用举例。设计程序，从 PLC 的 Q0.0 输出高速脉冲。该串脉冲脉宽的初始值为 0.1s，周期固定为 1s，其脉宽每周期递增 0.1s，当脉宽达到设定的 0.9s 时，脉宽改为每周期递减 0.1s，直到脉宽减为 0。以上过程重复执行。

分析：因为每个周期都有操作，所以须把 Q0.0 接到 I0.0，采用输入中断的方法完成控制任务，并且编写两个中断程序，一个中断程序实现脉宽递增，一个中断程序实现脉宽递减，并设置标志位，在初始化操作时使其置位，执行脉宽递增中断程序，当脉宽达到 0.9s 时，使其复位，执行脉宽递减中断程序。在子程序中完成 PWM 的初始化操作，选用输出端为 Q0.0，控制字节为 SMB67，控制字节设定为 16#DA（允许 PWM 输出，Q0.0 为 PWM 方式，同步更新，时基为 ms，允许更新脉宽，不允许更新周期）。程序如图 6-11、图 6-12 所示。

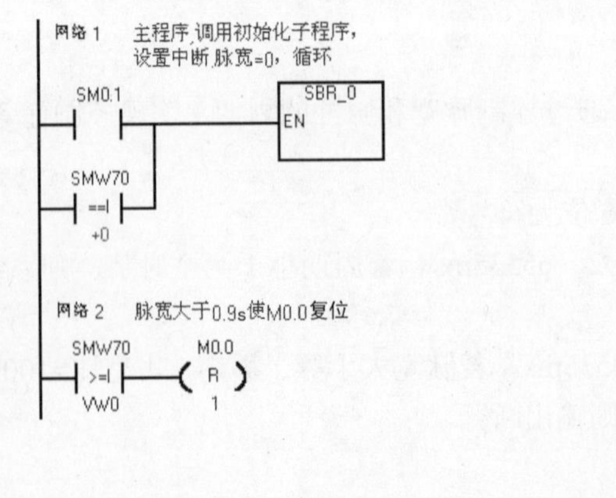

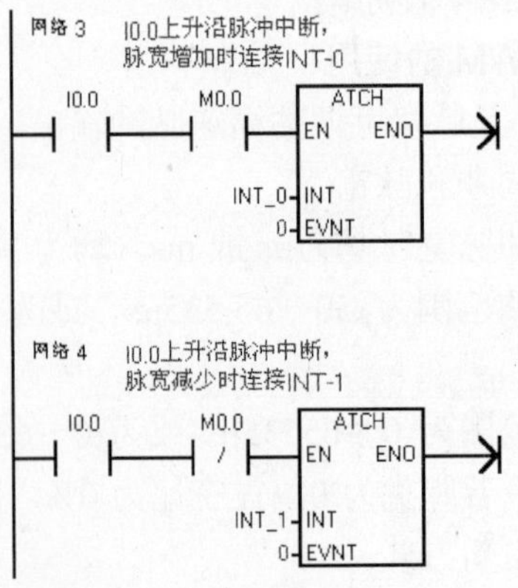

图 6-11　例 6-5 题图 主程序

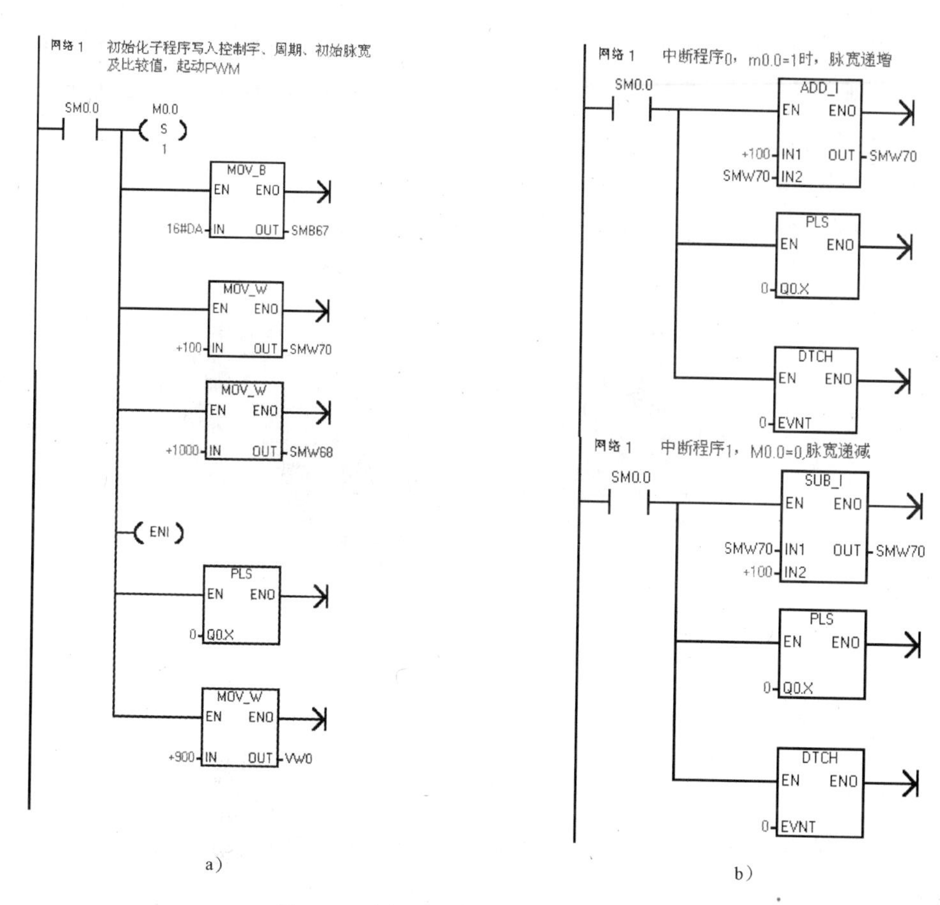

图 6-12 例 6-5 题图子程序、中断程序

a）子程序 b）中断程序

6.5 步进电动机精确定位控制

6.5.1 步进电动机驱动器

1. 步进电动机驱动器

由于步进电动机的驱动电流较大，PLC 的输出端口提供的电流达不到驱动步进电动机的要求。PLC 一般通过步进电动机驱动器，间接控制与驱动步进电动机。步进电动机驱动器给步进电动机提供符合驱动要求的脉冲电流，并进行相应的功能设置。步进电动机及其驱动器的外形如图 6-13 所示。

（1）驱动器功能说明

1）步距设置。

A. 非细分型驱动器由步距控制信号控制，支持在线切换（即刻生效）。B. 细分型驱动器由面板拨动开关设置，不支持在线切换（设置后须重新上电生效）。

2）脱机控制

脱机控制信号生效时（脱机控制光耦导通时）驱动器输出电流为0，电动机无锁定转矩。

3）静止半电流锁定。在无脉冲输入状态约1s后，驱动器输出电流将自动减半，以减少电动机发热，增加使用寿命。

4）停电电动机位置记忆。停电后驱动器自动记忆当前位置，重新上电时驱动器将恢复上次断电前的输出状态，以避免上电时电动机抖动和位置偏移。

图6-13　步进电动机和步进电动机驱动器外形

（2）驱动器使用要求

1）供电电源。

步进电动机驱动器采用单电源或双电源供电，有直流、交流、交直流三种方式，随型号而异。供电电源都支持宽电压范围。供电电压的合适与否关系到步进电动机的运行性能。

A．低的电压有利于减少输出电流纹波、提高电动机运行的平稳性，但较低的电压会影响电动机的起动转矩和高频运行转矩，导致起动频率和最高运行频率降低。

B．偏小的电源容量（输出电流能力）也会影响电动机高频运行转矩，并易导致欠压保护。

C．为了使驱动器更可靠地工作，避免产生欠压、过压保护和损坏，在电压波动严重的情况下应该使用电源稳压器。

D．220V供电时须使用隔离变压器，同时进行可靠接地。

一般情况下用户应该使用驱动器标明的额定电压供电。特殊情况要使用非额定电压的，必须保证电压在安全范围内。

2）电动机接口

A．驱动器和电动机型号必须匹配，如三相混合式电动机必须使用三相混合式驱动器，否则会导致工作异常甚至损坏驱动器和电动机。

B．电动机线必须和驱动器输出端子对应，否则会导致工作异常甚至损坏驱动器和电动机。

C．电动机额定电流必须和驱动器输出电流一致。驱动器输出电流大于电动机额定电流时会导致电动机过热甚至烧坏，驱动器输出电流小于电动机额定电流时会导致输出转矩不足。

3）信号接口

步进电动机驱动器输入输出信号一般采用光隔离，如图 6-14 所示。输入输出信号须满足以下条件。

A．输入电平/电流。

输入电压：3.5V＜U_{in}＜9V

输入电流：5mA＜I_{in}＜20mA

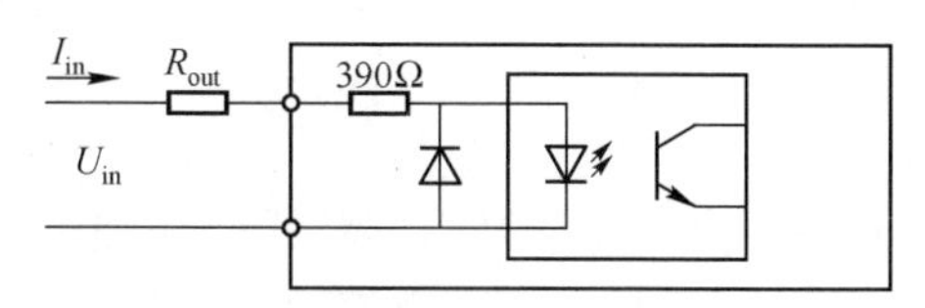

图 6-14 步进电动机驱动器输入接口电路

如果信号不在此范围内，须外接分压/分流电阻 R_{out} 使信号匹配。具体参数计算可参考下式：

$$U_{in} = I_{in} \times (R + 390\Omega) + U_F = I_{in} \times (R + 390\Omega) + 1.2V$$

例如外部信号是 24V，则：

$$R_{out\,min} = \frac{U_{in} - 1.2V}{I_{in\,max}} - 390\Omega = \left(\frac{24-1.2}{20\times10^{-3}} - 390\right)\Omega = 0.75k\Omega$$

$$R_{out\,max} = \frac{U_{in} - 1.2V}{I_{in\,min}} - 390\Omega = \left(\frac{24-1.2}{5\times10^{-3}} - 390\right)\Omega = 4.17k\Omega$$

实际上可取外接电阻 $R_{out} = 2k\Omega$。

B．脉冲宽度如图 6-15 所示。

非细分型：最小脉宽 Tpulse≥10μs，最高频率≤50kHz

细分型：最小脉宽 Tpulse≥2μs，最高频率≤200kHz

C．换向信号

在方向控制(DIR)端口输入换向信号 CW，步进电动机转动方向改变。换向信号与驱动脉冲之间的关系如图 6-16 所示。

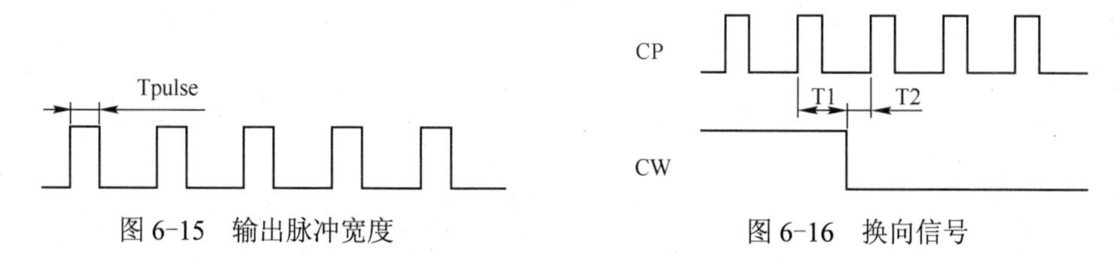

图 6-15 输出脉冲宽度　　图 6-16 换向信号

D．必须在电动机低速或停止时才能换向。换向信号（方向信号 CW 的改变）须在前一方向的最后一个 CP 脉冲有效沿后 5μs、在后一方向的第一个 CP 脉冲有效沿前 5μs，即 T1≥5μs，T2≥5μs。

注：CP 脉冲有效沿指光耦合器从关断到开通的时刻，既 U_{in} 从低到高的过程。步进电动机在脉冲有效沿到来时开始移动一个步距角。

4）工作环境。温度：-10℃～45℃；湿度：10%～85%不结露；无腐蚀性、易燃易爆气体或液体；无金属粉尘。

5）安装。应安装在通风良好、防护妥善的机柜内。对于风机散热的驱动器，注意留出通风风道。对于靠外壳散热的驱动器，应将散热面固定在较厚、较大的金属板或机柜壁上，并保证接触面光滑平整（最好在接触面涂上导热硅脂），或在旁边安装风机散热。

6）接线

A．信号线和强电线路分开，信号线最好用屏蔽线以加强抗干扰能力。B．电动机、电源线必须和接线端子可靠连接。C．保护地须可靠接地。

7）开机、关机。驱动器在关机后应等待 1min 以上再开机。

（3）驱动器的端子

步进电动机驱动器的输出大部分是两相或三相。表 6-15 所示是某两相输出端口的驱动器的端口说明表。

表 6-15　两相步进电动机驱动器端口

端子标记	功　能	说　明
CP+	步进脉冲信号正输入端	光耦开通沿有效，最小脉宽 10 μs
CP-	步进脉冲信号负输入端	
CW+	方向控制信号正输入端	光耦关断时为正转，开通时为反转
CW-	方向控制信号负输入端	
4/8+	4/8 拍控制信号正输入端	光耦关断时为 8 拍，开通时为 4 拍
4/8-	4/8 拍控制信号负输入端	
FREE+	脱机控制信号正输入端	光耦开通时驱动器输出电流为 0，电动机无锁定转矩
FREE-	脱机控制信号负输入端	
TIMING	相原点指示	相原点时发光管亮（绿色）
POWER	电源指示	电源正常时发光管亮(红色)
A	A 相头输出	
/A	A 相尾输出	
B	B 相头输出	
/B	B 相尾输出	
+24V	电源输入	额定电压 DC24V（DC12V～DC36V），2A
0V		

2．步进电动机驱动器与 PLC 及步进电动机的连接

图 6-17 是两相步进电动机、步进电动机驱动器和 PLC 的接线图。

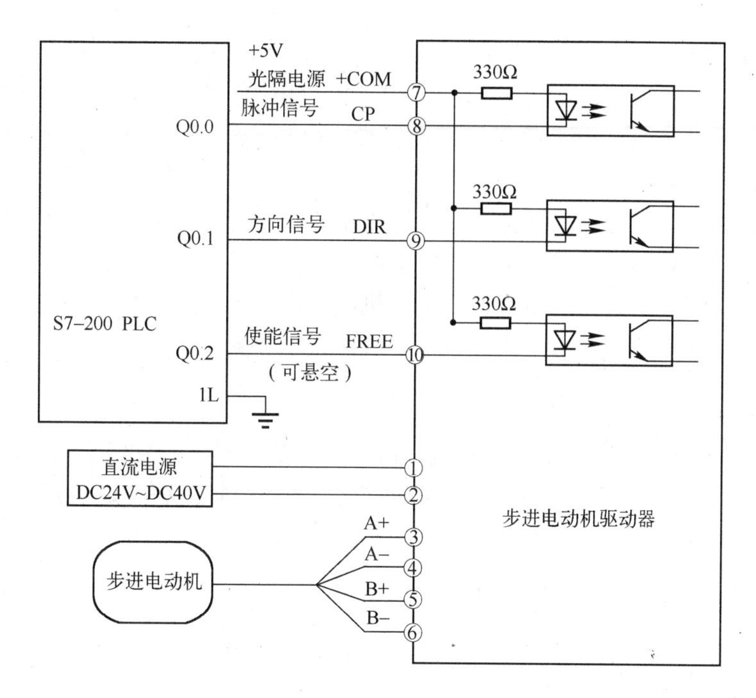

图 6-17　两相步进电动机、步进电动机驱动器和 PLC 接线图

电动机接线：驱动器能驱动所有相电流为额定电流以下的 4 线、6 线或 8 线的两相/四相电动机。对于不同相数的步进电动机，要将步进电动机的驱动线圈相应地串联或并联后才能与驱动器相连接。图 6-18 列出了 4 线、6 线、8 线步进电动机的接法。

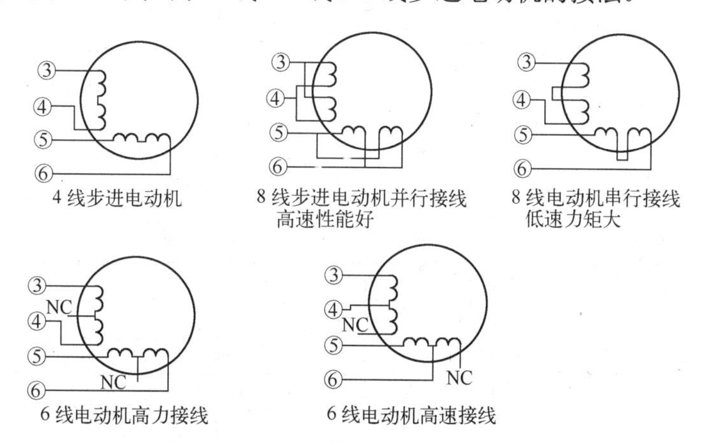

图 6-18　不同线圈数步进电动机接线方法

3．步进电动机驱动器设置

为了取得最满意的驱动效果，需要选取合理的供电电压和设定电流。供电电压的高低决定电动机的高速性能，而电流设定值决定电动机的输出力矩。

（1）供电电压的选定

一般来说，供电电压越高，电动机高速时力矩越大，越能避免高速时掉步。但另一方面，电压太高可能损坏驱动器，而且在高电压下工作时，低速运动振动较大。

（2）输出电流的设定值

对于同一电动机，电流设定值越大时，电动机输出力矩越大，但电流大时电动机和驱动器的发热也比较严重。所以一般情况是把电流设成供电动机长期工作时出现温热但不过热时的数值。

4 线电动机和 6 线电动机高速度模式：输出电流设成等于或略小于电动机额定电流值。

8 线电动机高力矩模式：输出电流设成电动机额定电流的 70%。

8 线电动机串联接法：输出电流设成电动机额定电流的 70%。

8 线电动机并联接法：输出电流设成电动机额定电流的 1.4 倍。

☞注意：

电流设定后请运转电动机 15 ~ 30min，如电动机温升太高，则应降低电流设定值。如降低电流值后，电动机输出力矩不够则请改善散热条件，保证电动机及驱动器均不烫手为宜。

（3）细分数和电流选择

步进电动机驱动器上一般用拨码开关设置步进角的细分数和驱动电流的大小。步进角细分数由开关 K1、K2、K3 选择，详细如表 6-16 所示。驱动电流值由开关 K4、K5、K6 选择，具体设置如表 6-17 所示。

表 6-16　步进电动机驱动器步进角细分数选择表

细分倍数	步数/圈(1.8°/整步)	K1	K2	K3
1	200	ON	ON	ON
2	400	OFF	ON	ON
4	800	ON	OFF	ON
8	1600	OFF	OFF	ON
16	3200	ON	ON	OFF
32	6400	OFF	ON	OFF
64	12800	ON	OFF	OFF

表 6-17　步进电动机驱动器驱动电流设置表

电　流　值	K4	K5	K6
0.15	ON	ON	ON
0.25	OFF	ON	ON
0.40	ON	OFF	ON
0.50	OFF	OFF	ON
0.60	ON	ON	OFF
0.70	OFF	ON	OFF
0.85	ON	OFF	OFF
1.00	OFF	OFF	OFF

可根据选用的步进电动机的驱动电流参数和步进角的要求进行设置。

6.5.2　步进电动机精确定位控制程序设计

步进电动机的精确定位控制就是一定时间内让步进电动机转过准确的角度，给步进电动机精确的脉冲数量，达到精确定位的目的。可以根据运动部件要求达到的具体位置、减速机构的减速比例等计算出从初始位置运行到达目标位置需要的脉冲数量，也可以通过估算、实验、修改的方式得到需要的脉冲数量。根据步进电动机的起始位置、步进角和细分设定情况，计算出给驱动器的脉冲个数。根据控制对象的工艺要求设置输出脉冲的周期，达到工艺的要求。

1．控制要求

步进电动机的控制要求如图 6-19 所示。从 A 点到 B 点为加速过程，从 B 到 C 为恒速运行，从 C 到 D 为减速过程，共需要 60000 个脉冲。起动和停止时的脉冲速度是 2kHz，运行时的脉冲速度是 10kHz。起动和停止速度过大则步进电动机无力，速度过小则步进电动机摇摆或抖动。

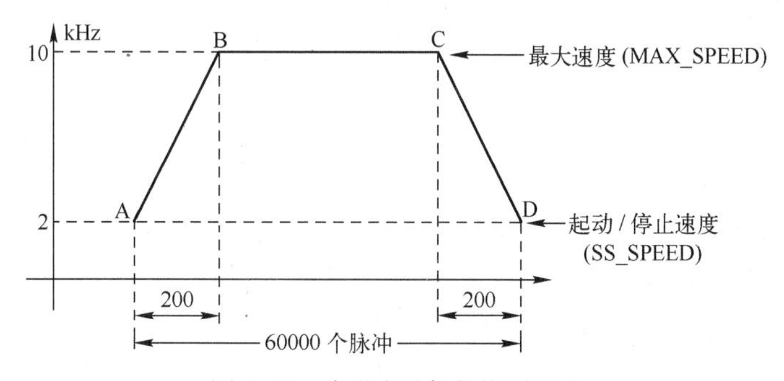

图 6-19　步进电动机的控制要求

（1）根据控制要求列出 PTO 包络表

包络表可以分为 3 段，需建立 3 段脉冲的包络表。起始和终止脉冲频率为 2 kHz，最大脉冲频率为 10 kHz ，所以起始和终止周期为 500 μs，与最大频率的周期为 100 μs。

1 段：加速运行，应在约 200 个脉冲时达到最大脉冲频率；

2 段：恒速运行，约 60000-200-200=59600 个脉冲；

3 段：减速运行，应在约 200 个脉冲时完成。

各段的每个脉冲周期增量值Δ用以下式确定。

周期增量值Δ=（该段结束时的周期时间-该段初始的周期时间）/该段的脉冲数

用该式计算出 1 段的周期增量值Δ为-2 μs，2 段的周期增量值Δ为 0，3 段的周期增量值Δ为 2 μs。包络表设置在 VB200 开始的 V 存储区中，包络表如表 6-18 所示。

表 6-18　图 6-19 的包络表

V 变量存储器地址	段号	参 数 值	说　明
VB200		3	段数
VB201	段 1	500 μs	初始周期
VB203		-2 μs	每个脉冲的周期增量Δ
VB205		200	脉冲数

（续）

V变量存储器地址	段　号	参数值	说　明
VB209	段2	100μs	初始周期
VB211		0	每个脉冲的周期增量Δ
VB213		59600	脉冲数
VB217	段3	100μs	初始周期
VB219		2 μs	每个脉冲的周期增量Δ
VB221		200	脉冲数

在程序中调用指令可将表中的数据送入V变量存储区中。

（2）多段流水线PTO初始化和操作步骤

用一个子程序实现PTO初始化，首次扫描（SM0.1）时从主程序调用初始化子程序，执行初始化操作。以后的扫描不再调用该子程序，这样减少扫描时间，程序结构更好。

初始化操作步骤如下。

1）首次扫描（SM0.1）时将输出Q0.0或Q0.1复位（置0），并调用完成初始化操作的子程序。

2）在初始化子程序中，根据控制要求设置控制字并写入SMB67或SMB77特殊存储器。如写入16#A0（选择μs递增）或16#A8（选择ms递增），两个数值表示允许PTO功能、选择PTO操作、选择多段操作、以及选择时基（μs或ms）。

3）将包络表的首地址（16位）写入SMW168（或SMW178）。

4）在变量存储器V中写入包络表的各参数值。一定要在包络表的起始字节中写入段数。在变量存储器V中建立包络表的过程也可以在一个子程序中完成，在此只须调用设置包络表的子程序。

5）设置中断事件并全局开中断。如果想在PTO完成后，立即执行相关功能，则须设置中断，将脉冲串完成事件（中断事件号19）连接一中断程序。

6）执行PLS指令，使S7-200PLC为PTO/PWM发生器编程，高速脉冲串由Q0.0或Q0.1输出。

7）退出子程序。

2．步进电动机的控制程序

分析：编程前首先选择高速脉冲发生器为Q0.0，并确定PTO为3段流水线。设置控制字节SMB67为16#A0表示允许PTO功能、选择PTO操作、选择多段操作、以及选择时基为μs，不允许更新周期和脉冲数。建立3段的包络表，并将包络表的首地址装入SMW168。PTO完成调用中断程序，使Q1.0接通。PTO完成的中断事件号为19。用中断调用指令ATCH将中断事件19与中断程序INT-0连接，并启用全局开中断。执行PLS指令，退出子程序。本例题的主程序、初始化子程序和中断程序如图6-20所示。

高速脉冲输出控制程序可以用指令向导配置完成：“工具”→“位置控制向导”。

3．步进电动机控制调试

（1）调试过程

1）按图6-18连接步进电动机、步进电动机驱动器和PLC。输入端口按钮所需的DC24V电源可由PLC提供。驱动器所需的DC24V和DC5V电源由专门的电源模块供电。

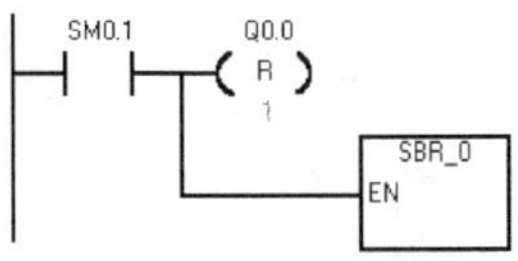

```
LD    SM0.1        // 首次扫描时，将 Q0.0 复位
R     Q0.0 1
CALL  SBR_0   //调用子程序 0

子程序 0          // 写入 PTO 包络表
LD    SM0.0
MOVB  3 VB200   //将包络表段数设为 3
// 段 1:
MOVW +500 VW201 //段 1 的初始循环时间
                  设为 500ms
MOVW -2 VW203    //段 1 的Δ设为-2 ms
MOVD +200 VD205   //段 1 的脉冲数设为 200
// 段 2:
MOVW +100 VW209   //段 2 的初始周期
                   设为 100 ms
MOVW +0 VW211     //段 2 的Δ设为 0 ms
MOVD +59600 VD213   //段 2 中的脉冲数
                      设为 59400
// 段 3:
MOVW +100 VW217 //段 3 的初始周期设为 100ms
MOVW +2 VW219 //段 3 的Δ设为 2ms
MOVD +200 VD221 //段 3 中的脉冲数设为 200

LD        SM0.0
MOVB   16#A0，SMB67   //设置控制字节
MOVW   +200，SMW168  //将包络表起始地址
                         指定为 V200
ATCH    INT_0，19   //设置中断
ENI                   //全局开中断
PLS     0             //起动 PTO，由 Q0.0 输出
中断程序 0
LD SM0.0        // PTO 完成时，输出 Q1.0
= Q1.0
```

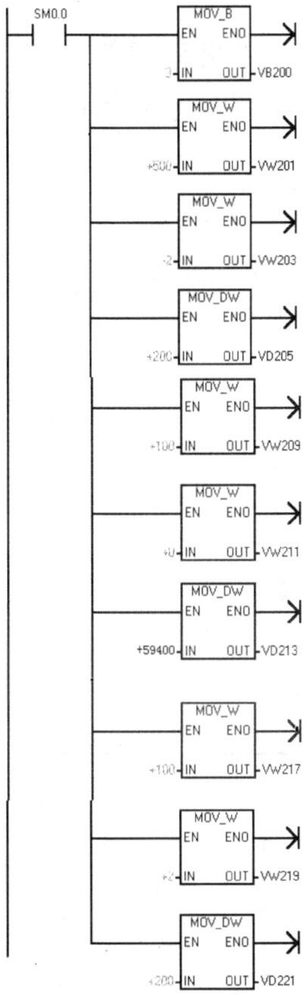

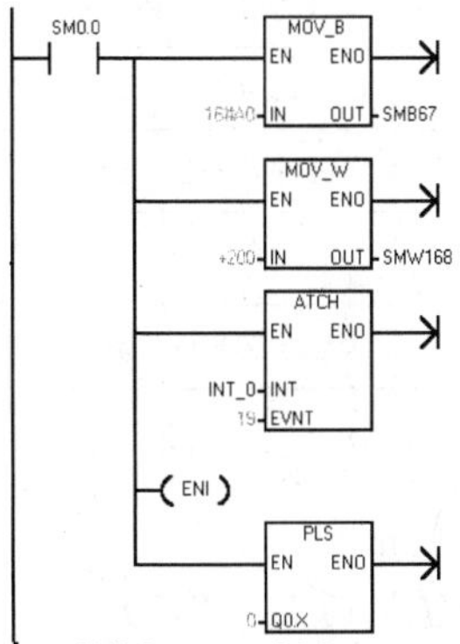

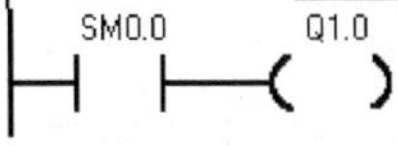

图 6-20　步进电动机控制的主程序、初始化子程序和中断程序

2）设置驱动器的输出电流和细分数。

3）连接 PLC 与计算机的通信电缆。启动 PLC 编程软件 STEP 7-Micro/WIN 40。单击“通信”图标，建立通信连接。

4）按图 6-21 所示编辑梯形图并编译，然后下载到 PLC，运行 PLC。

5）观察步进电动机的运行情况，是否完成步进电动机精确定位的功能。

（2）改进程序和增加按钮接线

请读者完成以下功能：修改脉冲输出指令的参数，改变步进电动机的旋转定位角度和起动、运行和停机速度。在 PLC 的端口 I0.0 接一个按钮，每按下一次按钮，步进电动机转动方向改变一次；每按下一次按钮，步进电动机旋转 360°。

6.6 PID 控制

6.6.1 PID 指令

1. PID 算法

在工业生产过程控制中，模拟信号 PID（由比例、积分、微分构成的闭合回路）调节是常见的一种控制方法。运行 PID 控制指令，S7-200PLC 将根据参数表中的输入测量值、控制设定值及 PID 参数进行 PID 运算，求得输出控制值。参数表中有 9 个参数，全部为 32 位的实数，共占用 36 字节。PID 控制回路的参数如表 6-19 所示。

表 6-19　PID 控制回路的参数表

地址偏移量	参　数	数据格式	参数类型	说　明
0	过程变量当前值 PV_n	双字，实数	输入	必须在 0.0～1.0 范围内
4	给定值 SP_n	双字，实数	输入	必须在 0.0～1.0 范围内
8	输出值 M_n	双字，实数	输入/输出	在 0.0～1.0 范围内
12	增益 K_c	双字，实数	输入	比例常量，可为正数或负数
16	采样时间 T_s	双字，实数	输入	以秒为单位，必须为正数
20	积分时间 T_i	双字，实数	输入	以分钟为单位，必须为正数
24	微分时间 T_d	双字，实数	输入	以分钟为单位，必须为正数
28	上一次的积分值 M_x	双字，实数	输入/输出	0.0 和 1.0 之间（根据 PID 运算结果更新）
32	上一次过程变量 PV_{n-1}	双字，实数	输入/输出	最近一次 PID 运算值

典型的 PID 算法包括三项：比例项、积分项和微分项。即输出=比例项+积分项+微分项。计算机在周期性地采样并离散化后进行 PID 运算，算法如下：

$$M_n=K_c(SP_n-PV_n)+K_c(T_s/T_i)(SP_n-PV_n)+M_x+K_c(T_d/T_s)(PV_{n-1}-PV_n)$$

其中各参数的含义已在表 5-15 中描述。

比例项 $K_c(SP_n-PV_n)$：能及时地产生与偏差（SP_n-PV_n）成正比的调节作用，比例系数 K_c 越大，则比例调节作用越强，系统的稳态精度越高，但 K_c 过大会使系统的输出量振荡加剧，稳定性降低。

积分项 K_c（T_s/T_i）（SP_n-PV_n）+M_x：与偏差有关，只要偏差不为 0，PID 控制的输出就会因积分作用而不断变化，直到偏差消失、系统处于稳定状态，所以积分的作用是消除稳态误差，提高控制精度。但积分的动作缓慢，会给系统的动态稳定带来不良影响，很少单独使用。从式中可以看出：积分时间常数增大，则积分作用减弱，消除稳态误差的速度减慢。

微分项 K_c（T_d/T_s）（PV_{n-1}-PV_n）：根据误差变化的速度（既误差的微分）进行调节，具有超前和预测的特点。微分时间常数 T_d 增大时，则超调量减少，动态性能得到改善，但如 T_d 过大，系统输出量在接近稳态时可能会上升缓慢。

2．PID 控制回路选项

在很多控制系统中，有时只采用一种或两种控制回路。例如，可能只要求比例控制回路或比例积分控制回路。应用时可通过设置常量参数值选择所需的控制回路。

1）如果不需要积分回路（即在 PID 计算中无“I”），则应将积分时间 T_i 设为无限大。由于积分项为含有 M_x 的初始值，因此虽然没有积分运算，积分项的数值也可能不为零。

2）如果不需要微分运算（即在 PID 计算中无“D”），则应将微分时间 T_d 设定为 0.0。

3）如果不需要比例运算（即在 PID 计算中无“P”），但需要 I 或 ID 控制，则应将增益值 K_c 指定为 0.0。因为 K_c 是计算积分和微分项公式中的系数，将循环增益设为 0.0 会导致在积分和微分项计算中使用的循环增益值为 1.0。

3．回路输入量的转换和标准化

每个回路的给定值和过程变量都是实际数值，其大小、范围和工程单位可能不同。因此在 PLC 进行 PID 控制之前，必须将其转换成标准化浮点表示法。步骤如下：

1）将实际数值从 16 位整数转换成 32 位浮点数或实数。下列指令说明如何将整数数值转换成实数。

```
XORD AC0，AC0 //将 AC0 清 0
ITD AIW0，AC0  //将输入数值转换成双字
DTR AC0，AC0   //将 32 位整数转换成实数
```

2）用下式将实数转换成 0.0 至 1.0 之间的标准化数值。

实际数值的标准化数值=实际数值的非标准化数值或原始实数/取值范围+偏移量

其中，取值范围=最大可能数值-最小可能数值=32000（单极数值）或 64000（双极数值）

偏移量：对单极数值取 0.0，对双极数值取 0.5

单极（0～32000），双极（-32000～32000）

如将上述 AC0 中的双极数值（间距为 64000）标准化：

```
/R    64000.0，AC0         //使累加器中的数值标准化
+R    0.5，AC0             //加偏移量 0.5
MOVR  AC0，VD100           //将标准化数值写入 PID 回路参数表中
```

4．PID 回路输出转换为成比例的整数

程序执行后，PID 回路输出 0.0 和 1.0 之间的标准化实数数值，必须被转换成 16 位成比例整数数值后，才能驱动模拟输出。

PID 回路输出成比例实数数值=（PID 回路输出标准化实数值-偏移量）×取值范围

程序如下：

```
MOVR    VD108，AC0        //将 PID 回路输出送入 AC0
-R   0.5，AC0             //将双极数值减偏移量 0.5
*R   64000.0，AC0         //将 AC0 的值乘以取值范围，变为成比例实数数值
ROUND   AC0，AC0          //将实数四舍五入取整，变为 32 位整数
DTI     AC0，AC0          //将 32 位整数转换成 16 位整数
MOVW    AC0，AQW0         //将 16 位整数写入 AQW0
```

5．PID 指令

PID 指令：使能有效时，根据回路参数表（TBL）中的输入测量值、控制设定值及 PID 参数进行 PID 计算。格式如表 6-20 所示。

表 6-20　PID 指令格式

LAD	STL	说　明
PID EN　ENO ????-TBL ????-LOOP	PID TBL，LOOP	TBL：参数表起始地址 VB 数据类型：字节 LOOP：回路号，常量（0～7） 数据类型：字节

☞说明：

1）程序中可使用 8 条 PID 指令，编号分别为 0～7，不能重复使用。

2）使 ENO = 0 的错误条件：0006（间接地址），SM1.1（溢出，参数表起始地址或指令中指定的 PID 回路指令号码操作数超出范围）。

3）PID 指令不对参数表输入值范围进行检查。因此必须保证过程变量和给定值积分项前值和过程变量前值在 0.0 和 1.0 之间。

6.6.2　PID 控制功能的应用

1．控制任务

一恒压供水水箱，通过变频器驱动的水泵供水，要维持水位在满水位的 70%。过程变量 PV_n 为水箱的水位（由水位检测计提供），设定值为 70%，PID 输出控制变频器，即控制水箱注水调速电动机的转速。要求开机后先手动控制电动机，待水位上升到 70%时，转换到 PID 自动调节。

2．PID 回路参数表（如表 6-21 所示）

表 6-21　恒压供水 PID 控制参数表

地　址	参　数	数　值
VB100	过程变量当前值 PV_n	水位检测计提供的模拟量经 A/D 转换后的标准化数值
VB104	给定值 SP_n	0.7
VB108	输出值 M_n	PID 回路的输出值（标准化数值）
VB112	增益 K_c	0.3
VB116	采样时间 T_s	0.1

（续）

地　址	参　数	数　值
VB120	积分时间 T_i	30
VB124	微分时间 T_d	0（关闭微分作用）
VB128	上一次积分值 M_x	根据 PID 运算结果更新
VB132	上一次过程变量 PV_{n-1}	最近一次 PID 的变量值

3．程序分析

（1）I/O 分配

手动/自动切换开关 I0.0　　模拟量输入 AIW0　　模拟量输出 AQW0

（2）程序结构

由主程序、子程序和中断程序构成。主程序用来调用初始化子程序，子程序用来建立 PID 回路初始参数表和设置中断，由于是定时采样，所以采用定时中断（中断事件号为 10），设置周期时间和采样时间相同（0.1s），并写入 SMB34。中断程序用于执行 PID 运算，I0.0=1 时，执行 PID 运算，本例标准化时采用单极性（取值范围 0～32000）。

4．语句表程序

主程序

```
LD      SM0.1
CALL    SBR_0
```

子程序（建立 PID 回路参数表，设置中断以执行 PID 指令）

```
LD      SM0.0
MOVR    0.7，VD104       //写入给定值(注满 70%)
MOVR    0.3，VD112       //写入回路增益（0.25）
MOVR    0.1，VD116       //写入采样时间（0.1s）
MOVR    30.0，VD120      //写入积分时间（30min）
MOVR    0.0，VD124       //设置无微分运算
MOVB    100，SMB34       //写入定时中断的周期 100ms
ATCH    INT_0，10        //将 INT-0（执行 PID）和定时中断连接
ENI                      //全局开中断
```

中断程序（执行 PID 指令）

```
LD      SM0.0
ITD     AIW0，AC0        //将整数转换为双整数
DTR     AC0，AC0         //将双整数转换为实数
/R      32000.0，AC0     //标准化数值
MOVR    AC0，VD100       //将标准化 PV 写入回路参数表
LD      I0.0
PID     VB100，0         //PID 指令设置参数表起始地址为 VB100
LD      SM0.0
MOVR    VD108，AC0       //将 PID 回路输出移至累加器
```

```
*R      32000.0，AC0     //实际化数值
ROUND   AC0，AC0         //将实际化后的数值取整
DTI     AC0，AC0         //将双整数转换为整数
MOVW    AC0，AQW0        //将数值写入模拟输出
```

可以通过向导设置 PID 控制程序：在与 PLC 通信联机条件下，执行菜单命令“工具”→“PID 调节而控制面板”，根据向导提示完成设置。

5．梯形图程序

梯形图程序如图 6-21 所示。

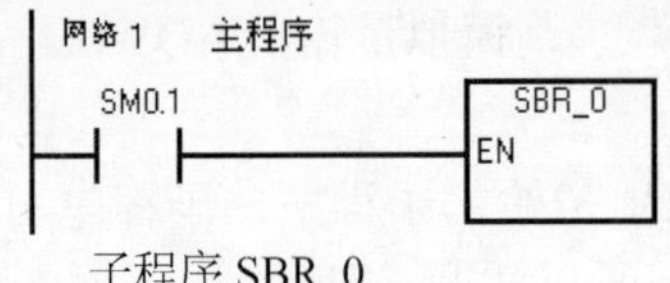

子程序 SBR_0

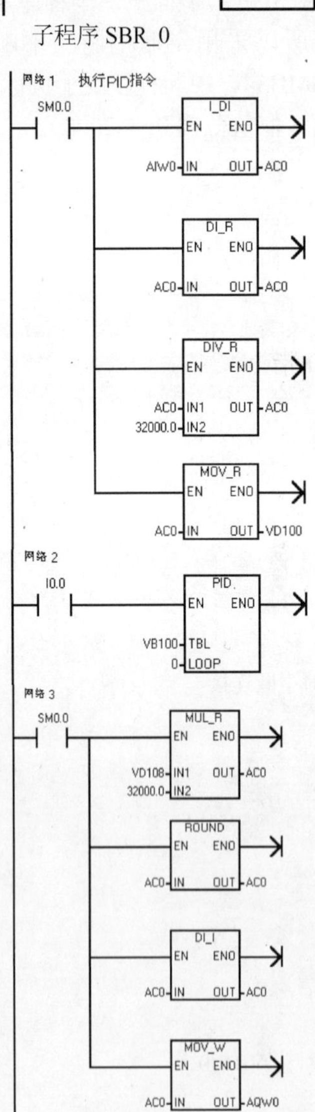

中断程序 INT-0

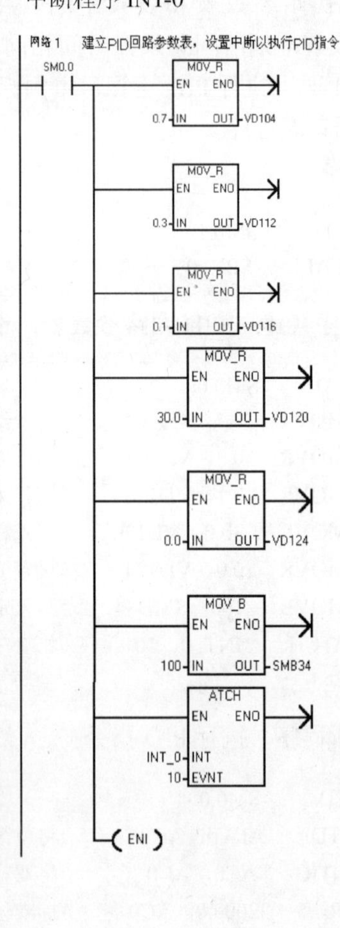

图 6-21 恒压供水 PID 控制

6.7 时钟指令

利用时钟指令可以实现调用系统实时时钟或根据需要设定时钟，这令控制系统运行的监视、运行记录及实时时间的控制十分方便。时钟指令有两条：读实时时钟和设定实时时钟。指令格式如表 6-22 所示。

表 6-22　读实时时钟和设定实时时钟指令格式

LAD	STL	功 能 说 明
READ_RTC EN　ENO ????-T	TODR　T	读取实时时钟指令：系统读取实时时钟当前时间和日期，并将其载入以地址 T 起始的 8 字节的缓冲区
SET_RTC EN　ENO ????-T	TODW　T	设定实时时钟指令：系统将包含当前时间和日期以地址 T 起始的 8 字节的缓冲区装入 PLC 的时钟
输入 / 输出 T 的操作数：VB、IB、QB、MB、SMB、SB、LB、*VD、*AC、*LD；数据类型：字节		

指令使用说明：

1）8 字节缓冲区（T）的格式如表 6-23 所示。所有日期和时间值必须采用 BCD 码表示，如：对于年份，仅使用年份最低位的两个数字，16#05 代表 2005 年；对于星期，1 代表星期日，2 代表星期一，7 代表星期六，0 表示禁用星期。

表 6-23　8 字节缓冲区的格式

地址	T	T+1	T+2	T+3	T+4	T+5	T+6	T+7
含义	年	月	日	小时	分钟	秒	0	星期
范围	00～99	01～12	01～31	00～23	00～59	00～59		0～7

2）S7-200 CPU 不根据日期核实星期是否正确，不检查无效日期。如 2 月 31 日为无效日期，但可以被系统接受。所以必须确保输入正确的日期。

3）不能同时在主程序和中断程序中使用 TODR/TODW 指令，否则将产生非致命错误（0007），SM4.3 置 1。

4）对于没有使用过时钟指令或长时间断电或内存丢失后的 PLC，在使用时钟指令前，要通过 STEP7 软件“PLC”菜单对 PLC 时钟进行设定，然后才能开始使用时钟指令。时钟可以设定成与 PC 系统时间一致，也可用 TODW 指令自由设定。

【例 6-6】 编写程序，按要求控制灯的定时接通和断开。要求 18：00 开灯，06：00 关灯。时钟缓冲区从 VB0 开始。程序如图 6-22 所示。

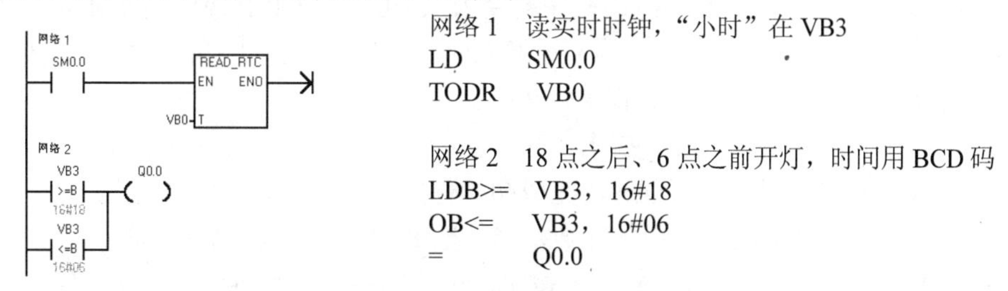

图 6-22　例 6-6 控制灯的定时接通和断开程序

【例 6-7】 编写程序，要求读时钟并以 BCD 码显示秒钟。程序如图 6-23 所示。

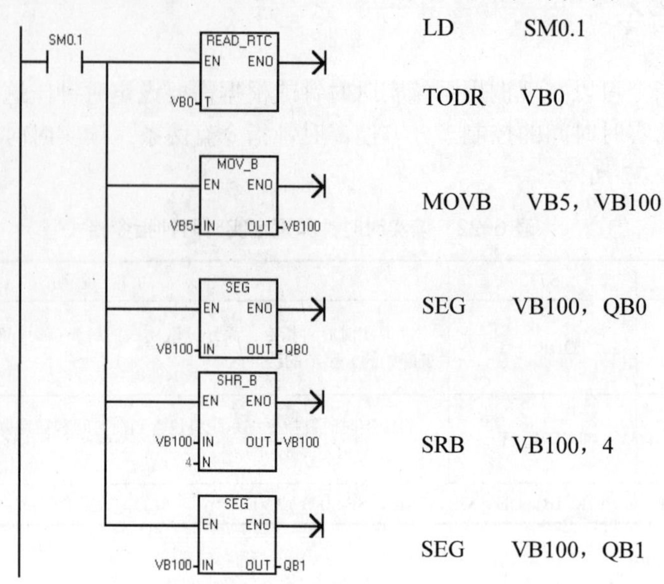

图 6-23 例 6-7 读时钟并以 BCD 码显示秒钟

☞说明：

时钟缓冲区从 VB0 开始，VB5 中存放着秒钟，第一次用 SEG 指令将字节 VB100 的秒钟低 4 位转换成七段显示码由 QB0 输出，接着用右移位指令将 VB100 右移 4 位，将其高 4 位变为低 4 位，再次使用 SEG 指令，将秒钟的高 4 位转换成七段显示码由 QB1 输出。

6.8 思考与练习

1．编写程序完成数据采集任务，要求每 100ms 采集一个数据。

2．编写一个输入/输出中断程序，要求实现：

1）从 0～255 的计数；

2）当输入端 I0.0 为上升沿时，执行中断程序 0，程序采用加计数；

3）当输入端 I0.0 为下降沿时，执行中断程序 1，程序采用减计数；

4）计数脉冲为 SM0.5。

3．编写实现脉宽调制 PWM 的程序。要求从 PLC 的 Q0.1 输出高速脉冲，脉宽的初始值为 0.5s，周期固定为 5s，脉宽每周期递增 0.5s，当脉宽达到设定的 4.5s 时，改为每周期递减 0.5s，直到脉宽减为 0。以上过程重复执行。

4．编写一高速计数器程序，要求：

1）首次扫描时调用一个子程序，完成初始化操作；

2）用高速计数器 HSC1 实现加计数，当计数值=200 时，将当前值清 0。

5．在 PLC 的输入端口 I1.0 接一个按钮，设计程序，使得每按下一次按钮，步进电动机转动 720°。设步进电动机的步进角是 1.8°。

6. 在 PLC 的输入端口 I0.0 接一个按钮，设计程序，使得每按下一次按钮，步进电动机正向旋转 21600°，到位后延时 10s，再反向旋转返回到起始位置。PLC 与步进电动机驱动器的连接方式为：Q0.1 接步进电动机驱动器的脉冲输入端，Q0.2 接驱动器的方向控制端，Q0.3 接驱动器的允许端。设步进电动机的步进角是 1.8°。请画出系统电路原理图，设计控制程序并进行调试。

第7章　PLC网络控制系统设计

随着工业的发展，单台PLC已不能胜任企业规模生产过程的控制需求，需要多台PLC联网对生产过程进行监测与控制。PLC生产厂家都给PLC产品增加了联网通信功能。本章在介绍PLC的通信网络基础知识后，将给出西门子S7-200 PLC网络控制系统的设计调试方法。

7.1　通信网络基础

7.1.1　数据通信方式

不同的独立系统经传输线路互相交换数据就是通信，构成整个通信的线路称为网络。通信的独立系统可以是计算机、PLC或其他有通信能力的数字设备。传输数据的通信介质可以是双绞线、同轴电缆、光缆或无线电波等。

1．数据传输方式

（1）并行通信（Parallel Communication）与串行通信(Serial Communication)

并行通信是指通信中同时传送构成一字或字节的多位二进制数据。

串行通信是指通信中构成一字或字节的多位二进制数据是一位一位被传送的。

与并行通信相比，串行通信的传输速度慢，但传输线数量少，成本比并行传输低，故常用于远距离传输且速度要求不高的场合，如计算机与PLC间的通信、计算机USB口与外围设备的数据传送等。串行通信只需要两根线，成本低。并行通信的速度快，但传输线数量多，成本高，故常用于近距离传输的场合，如计算机内部的数据传输、计算机与打印机的数据传输等。

（2）异步传输与同步传输

发送端与接收端之间的同步问题是数据通信中的一个重要问题。同步不好，通信将不能正常进行。

1）异步传输。信息以字符为单位进行传输，当发送一个字符代码时，字符前面都具有自己的一位起始位，极性为0，接着发送5到8位的数据位、1位奇偶校验位和1到2位的停止位。数据位的长度视传输数据的格式而定，奇偶校验位可有可无，停止位的极性为1，在数据线上不传输数据时全部为1。异步传输中一个字符中的各个位是同步的，但字符与字符之间的间隔是不确定的，也就是说线路上一旦开始传输数据就必须按照起始位、数据位、奇偶校验位、停止位这样的格式连续传送，但传输下一个数据的时间不确定，不发送数据时线路保持1状态。异步传输数据格式如图7-1所示。

异步传输的优点就是收、发双方不需要严格的位同步，所谓“异步”是指字符与字符之间的异步，字符内部仍为同步。其次异步传输电路比较简单，网络协议易实现，所以得到了广泛的应用。缺点在于通信效率比较低。

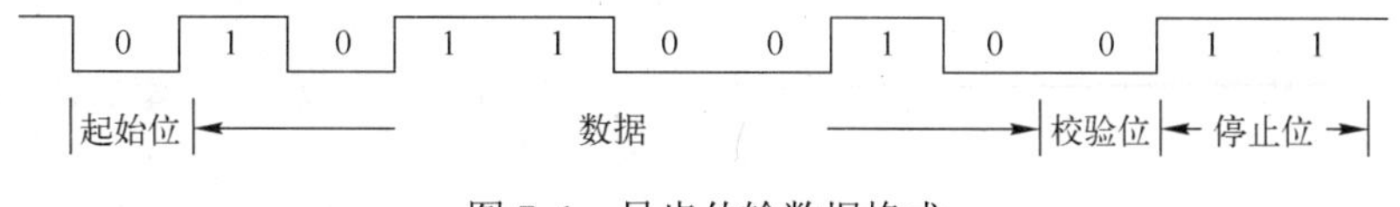

图 7-1 异步传输数据格式

2）同步传输。不仅字符内部为同步，字符与字符之间也要保持同步。信息以数据块为单位进行传输，收、发双方必须以同频率连续工作，并且保持一定的相位关系，这就需要通信系统中有专门使发送装置和接收装置同步的时钟脉冲。在一组数据或一个报文之内不需要启停标志，但在传输中要分成组，一组含有多个字符代码或多个独立的码元。在每组的开始和结束需加上规定的码元序列作为标志序列。发送数据前，必须先发送标志序列，接收端通过检验该标志序列实现同步。同步传输的特点是可获得较高的传输速度。

2．数据传送方向

在通信线路上按照数据传送的方向可以划分为单工、半双工和全双工通信方式，如图 7-2 所示。

（1）单工通信方式

单工通信方式就是指数据的传送始终保持一个方向，而不进行反向传送，如图 7-2a 所示。其中 A 端只能作为发送数据端发送数据，B 端只能接收数据。

（2）半双工通信方式

半双工通信就是指信息可以在两个方向上传送，但同一时刻只限于一个方向传送，如图 7-2b 所示。只有一条线路，两个方向上传送数据是分时进行的。

（3）全双工通信方式

全双工通信能在两个方向上同时发送和接收数据，如图 7-2c 所示。

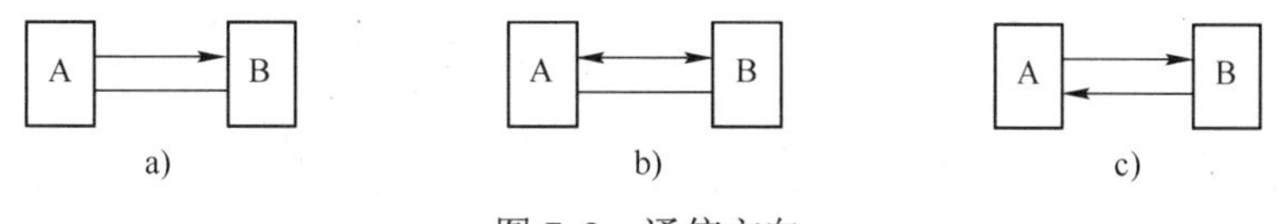

图 7-2 通信方向

a）单工通信 b）半双工通信 c）全双工通信

3．传输介质

在控制网络中普遍使用的传输介质有同轴电缆、双绞线、光缆、无线电、红外线和微波等。其中双绞线(带屏蔽)成本较低、安装简单；而光缆尺寸小、重量轻、传输距离远，但成本高、安装维修困难。

（1）双绞线

一对相互绝缘的线以螺旋形式绞合在一起就构成了双绞线，两根线一起作为一条通信电路使用，两根线螺旋排列的目的是为了使各线对之间的电磁干扰减小到最小。

双绞线根据传输特性可分为 5 类，1 类双绞线常用做传输电话信号，3、4、5 类或超 5 类双绞线通常用于连接以太网等局域网。3 类和 5 类的区别在于绞合的程度不同，3 类线绞合较松，而 5 类线绞合较紧、使用的塑料绝缘性更好。5 类线带宽为 100MHz，适用于

100Mbit/s 的高速数据传输。

（2）同轴电缆

同轴电缆是从内到外依次由内导体（芯线）、绝缘层、屏蔽层铜线网及外保护层组成的。由于从横截面看这 4 层构成了 4 个同心圆而得名。

同轴电缆外面加了一层屏蔽铜丝网，是为了防止外界的电磁干扰而设计的，因此它比双绞线的抗外界电磁干扰能力要强。根据阻抗的不同，可分为基带同轴电缆和宽带同轴电缆。基带同轴电缆特性阻抗为 50Ω，适用于计算机网络的连接，由于是基带传输，数字信号不经调制直接送上电缆，是单路传输，数据传输速率可达 10Mbit/s。宽带同轴电缆特性阻抗为 75Ω，常用于有线电视信号（CATV）的传输，如传输有线电视的同轴电缆带宽达 750MHz，可同时传输几十路电视信号，并同时通过调制解调器支持 20Mbit/s 的计算机数据传输。

（3）光纤

光纤又称光导纤维或光缆，常应用于远距离且快速地传输大量信息时，它是由石英玻璃经特殊工艺拉成细丝来传输光信号的，一般直径在 8~9μm（单模光纤）及 50～62.5μm（多模光纤），它能传输的数据量十分大。

光纤根据工艺的不同可分为单模光纤和多模光纤两大类。单模光纤由于直径小（与光波波长相当），因此如同一个波导，使光脉冲在其中没有反射，而沿直线进行传输。单模光纤所使用的光源为方向性好的半导体激光。多模光纤在给定的工作波长上，光源发出的光脉冲以多条线路（又称多种模式）同时传输，经多次全反射后先后到达接收端，它所使用的光源为发光二极管。单模光纤由于传输时没有反射，所以衰减小，传输距离远，数据传输速率高。

光纤具有如下优点：1）所传输的是数字的光脉冲信号，不会受电磁干扰，不怕雷击，不易被窃听；2）数据传输安全性好；3）传输距离长，且带宽宽，传输速度快。

缺点是光纤系统设备价格昂贵，光纤的连接与连接头的制作需要专门工具和专门培训的人员。

（4）无线介质

无线介质分为两类，一类为使用微波波长或更长波长的无线电频谱，另一类则是光波及红外光范畴的频谱。无线电频谱的典型实例是使用微波频率较低（2.4GHz）的扩频微波通信信道。如蓝牙技术通信，直接利用安装在计算机上或外部设备上的小型红外线收、发窗口来进行两机器或设备之间的信息交换，而摆脱了传统的插头插座连接方式，省去了接线的麻烦。

4．串行通信接口

在工业网络中，设备或网络之间一般采用串行通信方式传送数据，常用的串行通信接口有以下几种。

（1）RS-232 接口

RS-232C 是美国电子工业协会（Electronic Industry Association，EIA）制定的串行接口标准。它已经成为国际上通用的标准。RS-232C 既是一种协议标准，又是一种电气标准，它采用单端的双极性电源电路，可用于最远距离为 15m、最高速率达 20kbit/s 的串行异步通信。

计算机上配有 RS-232C 接口，它使用一个 25 针的连接器。PLC 一般使用 9 针连接器，距离较近时，3 针也可以完成。

RS-232C 不足之处：1）传输速率不够快。RS-232C 标准规定最高速率为 20kbit/s，不能适应高速的同步通信。2）传输距离不够远。RS-232C 标准规定各装置之间的电缆长度不得超过 15m。

（2）RS-485 接口

RS-485 为半双工传送方式，不能同时发送和接收信号。RS-485 接口的传输线采用差动接收和平衡发送方式传输数据，有较高的通信速率和较强的抑制共模干扰的能力，适合远距离数据传输。S7-200 系列 PLC 内部集成的 PPI 接口的物理特性为 RS-485 串行接口，可以用双绞线组成串行通信网络，这样不仅可以与计算机的 RS-232C 接口互联通信，而且可以构成分布式系统，系统中最多可有 32 个站，新的接口部件允许连接 128 个站。

（3）RS-422 接口

RS-422 接口的传输线采用差动接收和差动发送的方式传输数据，有较高的通信速率和较强的抗干扰能力，适合远距离传输，企业应用较多。

RS-422 与 RS-485 的区别在于 RS-485 采用的是半双工传送方式，而 RS-422 采用的是全双工传送方式。RS-422 用两对差分信号线，而 RS-485 用一对差分信号线。

7.1.2 网络概述

1. 网络结构

（1）简单网络

多台设备通过传输线相连接，实现多设备之间的信息交换，就形成了网络结构。图 7-3 是一种最简单的网络结构，由单个主设备和多个从设备组成。

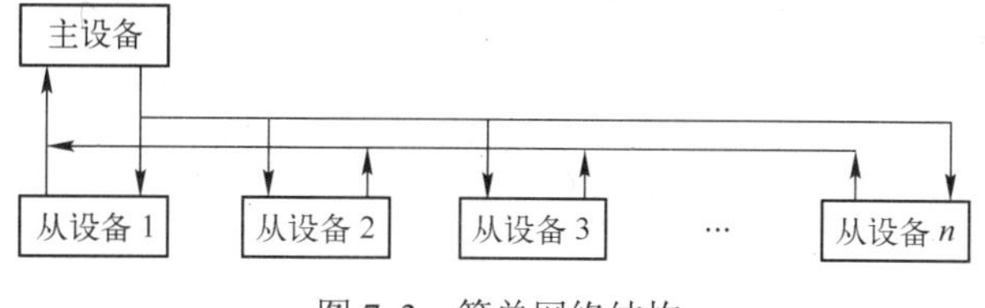

图 7-3 简单网络结构

（2）多级网络

现代大型企业中，一般采用多级网络的形式，可用金字塔结构来描述产品可实现的功能。这个金字塔的特点是：上层负责生产管理，底层负责现场监测与控制，中间层负责生产过程的监控和优化。

国际标准化组织（ISO）对企业自动化系统确立了初步的模型，如图 7-4 所示。

实际工厂中不一定都要这 6 级，一般采用 3~4 级子网构成复合型结构。不同的层采用相应的通信协议和总线。

图 7-5 是西门子公司的生产金字塔及网络，由下到上依次是过程测量与控制级、过程监控级、工厂与过程管理级和公司管理级。由三级总线复合而成。

2. 通信协议

（1）通信协议

为了实现任何设备之间的通信，通信双方必须对通信的方式和方法进行约定，否则双方无法接收和发送数据。这可以从两个方面进行理解：一是硬件方面，也就是规定了硬件接线的个数、信号电平的表示方法及通信接头的物理形状等；二是软件方面，也就是双方如何理解收或发数据的含义，如何要求对方传出数据等。一般把此约定称为通信协议。

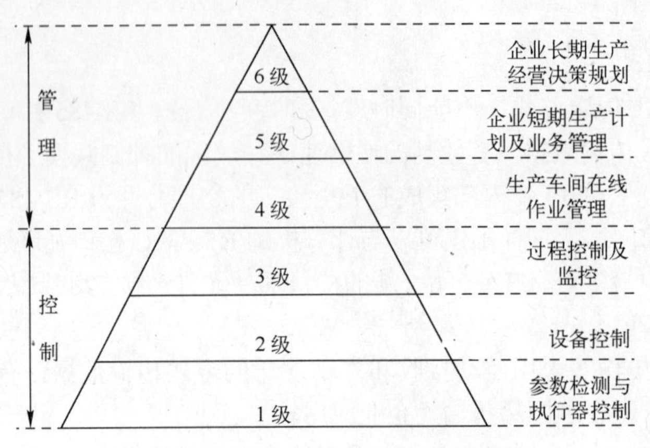

图 7-4　ISO 企业管理控制系统模型

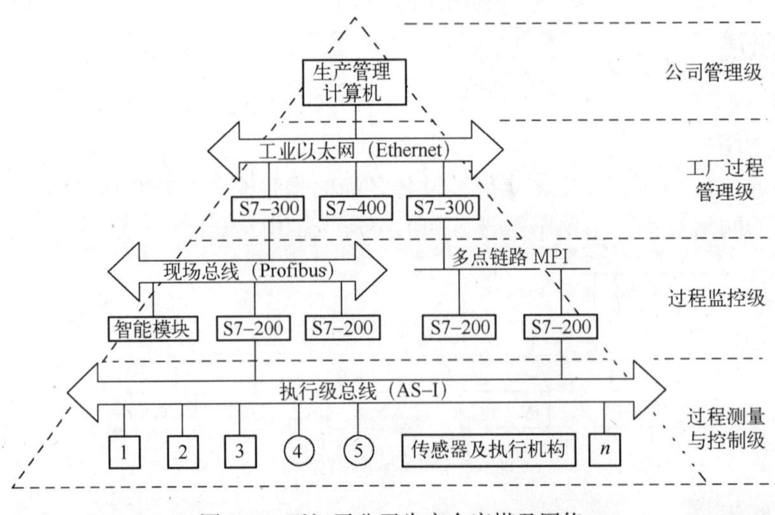

图 7-5　西门子公司生产金字塔及网络

PLC 网络是由各种数字设备(包括 PLC、计算机等)和终端设备等通过通信线路连接起来的复合系统。在这个系统中，数字设备的型号、通信线路类型、连接方式、同步方式、通信方式等的不同，给网络各节点间的通信带来了不便，甚至可能影响到 PLC 网络的正常运行。因此在网络系统中，为确保数据通信双方能正确而自动地进行通信，应针对通信过程中的各种问题制定一整套的约定，这就是网络系统的通信协议，又称网络通信规程。通常通信协议必备的两种功能是通信和信息传输，包括识别和同步、错误检测和修正等。

（2）体系结构

网络的结构通常包括网络体系结构、网络组织结构和网络配置。比较复杂的 PLC 控制系统网络的体系结构常可被分解成一个个相对独立、又有一定联系的层面。这样就可以将网络系统进行分层，各层执行各自承担的任务，层与层之间可以设有接口。层次的设计结构是目前人们常用的设计方法。

网络组织结构是指从网络的物理实现方面来描述网络的结构；

网络配置是指从网络的应用方面来描述网络的布局、硬件、软件等；

网络体系结构是指从功能上来描述网络的结构，至于体系结构中所确定的功能怎样实现，由网络生产厂家解决。

（3）现场总线

现场总线（FieldBus）将分散于现场的各种设备连接起来，并有效实施对设备的监控。它是一种可靠、快速、能经受工业现场环境且成本低廉的通信总线。PLC 的生产厂商将现场总线技术应用于各自的产品之中构成工业局域网的最底层。

现场总线技术实际上是实现现场设备数字化通信的一种工业现场层的网络通信技术。按照国际电工委员会 IEC61158 的定义，现场总线是“安装在过程区域的现场设备、仪表与控制室内的自动控制装置系统之间的一种串行、数字式、多点通信的数据总线。”也就是说基于现场总线的系统是以单个分散的、数字化、智能化的测量和控制设备作为网络的节点，将它们用总线相连，从而实现信息的相互交换，使得不同网络、不同现场设备之间可以信息共享。现场设备的各种运行参数、状态信息及故障信息等通过总线传输到远离现场的控制中心，而控制中心又可以将各种控制、维护、组态命令送往相关的设备，从而建立起具有自动控制功能的网络。通常将这种位于网络底层的自动化及信息集成的数字化网络称之为现场总线系统(FieldBus)。

西门子通信网络的中间层为现场总线，用于车间级和现场级的国际标准，传输速率最大为 12Mbit/s，响应时间的典型值为 1ms，使用屏蔽双绞线电缆（最长 9.6km）或光缆（最长 90km），最多可接 127 个从站。

7.2 S7-200 PLC 的网络与通信

7.2.1 S7-200 PLC 网络部件

S7-200 PLC 网络部件包括通信端口、PC / PPI 电缆、通信卡及 S7-200 PLC 通信扩展模块等。

1．通信端口

S7-200 系列 PLC 内部集成的 PPI 接口的物理特性为 RS-485 串行接口，为 9 针 D 形，该端口符合欧洲标准 EN50170 中的 PROFIBUS 标准。RS-485 串行接口外形如图 7-6 所示。S7-200 PLC 通信口各引脚名称见表 7-1。

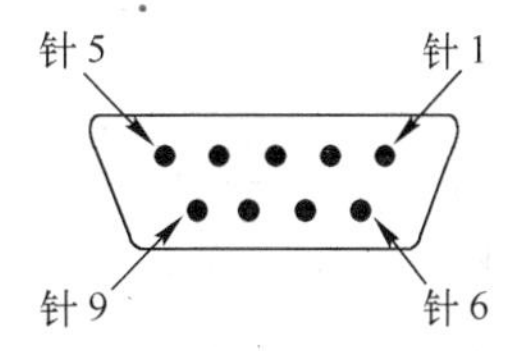

图 7-6　RS-485 串行接口外形

表 7-1　S7-200PLC 通信口各引脚名称

引　脚	名　称	端口 0/端口 1
1	屏蔽	机壳地
2	24V 返回	逻辑地
3	RS-485 信号 B	RS-485 信号 B
4	发送申请	RTS（TTL）
5	5V 返回	逻辑地

（续）

引　脚	名　称	端口 0/端口 1
6	+5V	+5V，100Ω串联电阻
7	+24V	+24V
8	RS-485 信号 A	RS-485 信号 A
9	不用	10 位协议选择（输入）
连接器外壳	屏蔽	机壳接地

2. PC / PPI 电缆

用计算机编程时，一般用 PC/PPI(个人计算机/点对点接口)电缆连接计算机与 PLC，这是一种低成本的通信方式。PC / PPI 电缆外形如图 7-7 所示。

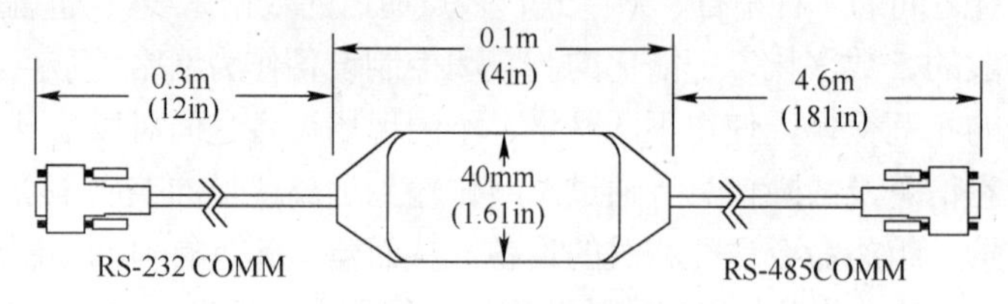

图 7-7　PC/PPI 电缆外形

将 PC/PPI 电缆标有“PC”的 RS-232 端连接到计算机的 RS-232 通信接口，标有“PPI”的 RS-485 端连接到 CPU 模块的通信口，拧紧两边螺钉即可。

PC/PPI 电缆上的 DIP 开关选择的波特率如表 7-2 所示，应与编程软件中设置的波特率一致，一般可选通信速率的默认值 9600bit/s。

表 7-2　开关设置与波特率的关系

开关 1、2、3	波特率/（bit/s）	转 换 时 间/ms
000	38400	0.5
001	19200	1
010	9600	2
011	4800	4
100	2400	7
101	1200	14
110	600	28

3. 网络连接器

利用西门子公司提供的网络连接器可以把多个设备很容易地连到网络中。连接器有两组螺钉端子，可以连接网络的输入和输出。通过网络连接器上的选择开关可以对网络进行配置和终端匹配。两个连接器中的一个连接器仅提供连接到 CPU 的接口，而另一个连接器增加了一个编程接口，如图 7-8 所示。带有编程接口的连接器可以把 SIMATIC 编程器或操作面板增加到网络中，而不用改动现有的网络连接。编程口连接器把 CPU 的信号传到编程口（包括电源引线）。

进行网络连接时，连接的设备应共享一个共同的参考点。参考点不同时，在连接电缆中会产生电流，这些电流会造成通信故障或设备损坏，此时可将通信电缆所连接的设备进行隔离，以防止不必要的电流。

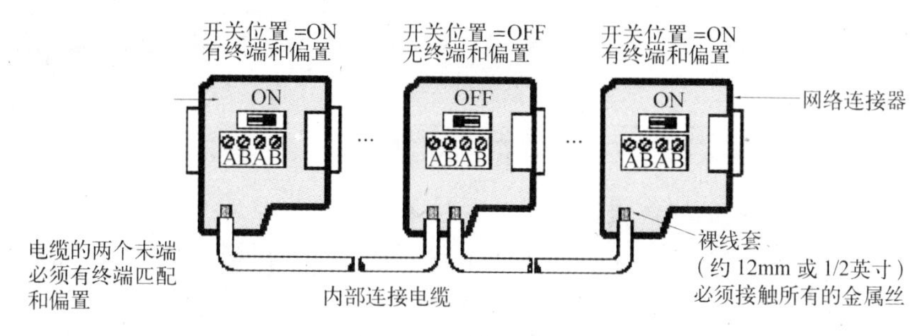

图 7-8　网络连接器

4. PROFIBUS 网络电缆

当通信设备相距较远时，可使用 PROFIBUS 电缆进行连接，表 7-3 列出了 PROFIBUS 网络电缆的性能指标。

表 7-3　PROFIBUS 网络电缆的性能指标

通 用 特 性	规　　范
类型	屏蔽双绞线
导体截面积	24AWG（0.22mm^2 或更粗）
电缆电容量	<60pF/m
阻抗	100～200Ω

PROFIBUS 网络的最大长度取决于波特率和所用电缆的类型，表 7-4 列出了规范电缆时网络段的最大长度。

表 7-4　PROFIBUS 网络段的最大长度

传 输 速 率	网络段的最大电缆长度/m
9.6～93.75kbit/s	1200
187.5kbit/s	1000
500kbit/s	400
1～1.5Mbit/s	200
3～12Mbit/s	100

5. 网络中继器

西门子公司提供连接到 PROFIBUS 网络环的网络中继器，如图 7-9 所示。利用中继器可以延长网络通信距离，允许在网络中加入设备，并且提供了一个隔离不同网络环的方法。在波特率为 9600bit/s 时，PROFIBUS 允许在一个网络环上最多有 32 个设备，这时通信的最长距离是 1200m。每个中继器允许加入另外 32 个设备，而且可以把网络再延长 1200m。在网络中最多可以使用 9 个中继器，每个中继器为网络环提供偏置和终端匹配。

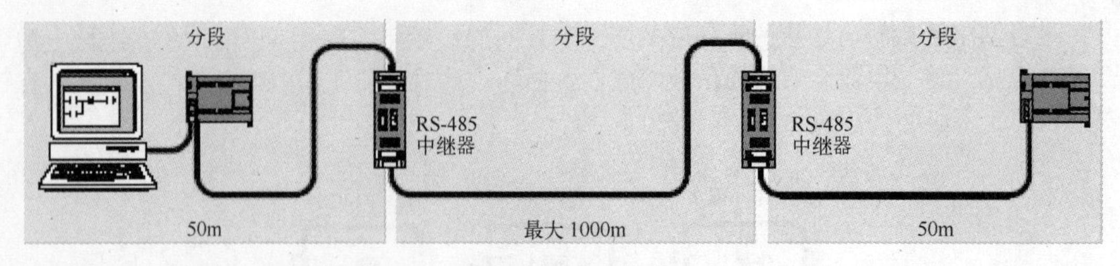

图 7-9　网络中继器

6. EM277 PROFIBUS-DP 模块

EM277 PROFIBUS-DP 模块是专门用于 PROFIBUS-DP 协议通信的智能扩展模块。它的外形如图 7-10 所示。EM277 机壳上有一个 RS-485 接口，通过接口可将 S7-200 系列 CPU 连接至网络，它支持 PROFIBUS-DP 和 MPI 从站协议。上面的地址选择开关可进行地址设置，地址范围为 0～99。

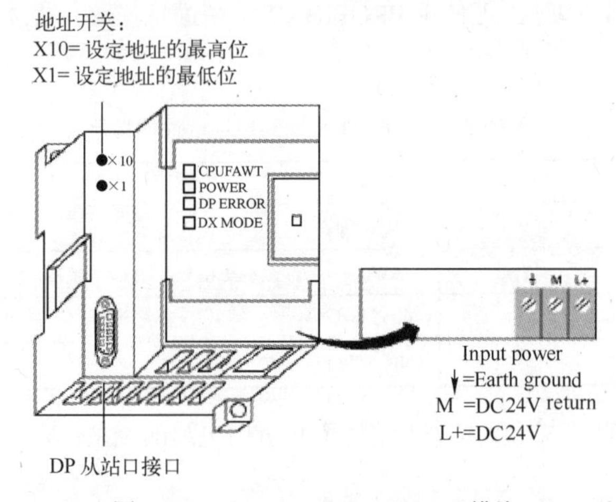

图 7-10　EM277 PROFIBUS-DP 模块

PROFIBUS-DP 是由欧洲标准 EN50170 和国际标准 IEC611158 定义的一种远程 I/O 通信协议。遵守这种标准的设备，即使是由不同公司制造的，也是兼容的。DP 表示分布式外围设备，即远程 I/O。PROFIBUS 表示过程现场总线。EM277 模块作为 PROFIBUS-DP 协议下的从站，从而实现通信功能。

除以上介绍的通信模块外，还有其他的通信模块。如用于本地扩展的 CP243-2 通信处理器，利用该模块可增加 S7-200 系列 CPU 的输入、输出点数。

7.2.2　S7-200 PLC 通信协议

S7-200 PLC 支持以下协议：点对点接口（PPI）、多点接口（MPI）、PROFIBUS、TCP/IP、自由口协议、USS。

这些协议是异步的、基于字符的协议，具有一个起始位、八个数据位、一个偶数校验位和一个停止位。通信帧将取决于特殊的起动与停止字符、源站地址与目标站地址、帧长度以及数据完整性的检验和。协议可同时在一个网络上运行，而不会相互干扰，只要每个协议的波特率相同。

1. PPI 协议

PPI 是一种主从设备协议。可以通过 PC/PPI 电缆或两芯双绞线进行联网。支持的波特率为 9.6kbit/s、19.2kbit/s 和 187.5kbit/s。主设备给从属装置发送请求，从属装置进行响应。从属装置不发出信息，而是一直等到主设备发送请求或轮询时才作出响应，如图 7-11 所示。STEP 7-Micro/WIN 和 HMI（人机接口设备）通过网络读写 S7-200 CPU，同时 S7-200 CPU 之间使用网络读写指令相互读写数据（点到点通信）。

主设备与从属装置的通信将通过按 PPI 协议进行管理的共享连接来进行。PPI 不限制与任何一个从属装置进行通信的主设备的数目，但网络上最多可安装 32 个主设备。

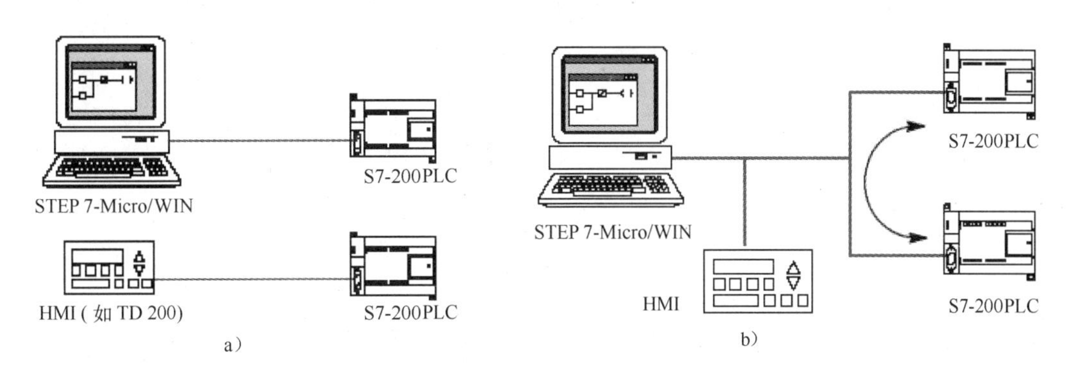

图 7-11　PPI 网络

a）单主站 PPI 网络　b）多主站 PPI 网络

如果在用户程序中激活 PPI 主设备模式，则 S7-200 CPU 在 RUN（运行）模式时可用做主设备。激活 PPI 主设备模式之后，可使用“网络读取 NETR”或“网络写入 NETW”指令从其他 S7-200 PLC 读取数据或将数据写入其他 S7-200 PLC。当 S7-200 PLC 用作 PPI 主设备时，它将仍然作为从属装置对来自其他主设备的请求进行响应。

PPI 高级协议允许网络设备建立设备之间的逻辑连接。对于 PPI 高级协议，存在由每台设备提供的有限数目的连接。S7-200 PLC 所支持连接的数目如表 7-5 所示。

所有 S7-200 CPU 均支持 PPI 和 PPI 高级协议，而 PPI 高级协议是 EM 277 模块可支持的唯一 PPI 协议。

表 7-5　S7-200 CPU 和 EM 277 模块的连接数

模　　块	波 特 率	连　　接
S7-200 CPU 端口 0 端口 1	9.6 kbit/s、19.2 kbit/s 或 187.5 kbit/s	4
EM 27 模块	9.6 kbit/s、19.2 kbit/s 或 187.5 kbit/s	4
	9.6 kbit/s、12 kbit/s	每个模块 6 个

2. MPI 协议

MPI 是多点通信协议。S7-200 PLC 可以通过通信接口连接到 MPI 网上，主要用于 S7-300/400 CPU 与 S7-200 PLC 通信的网络中。通过 MPI 协议可实现作为主站的 S7-300/400 CPU 与 S7-200 PLC 通信。在 MPI 网络中，S7-200 PLC 作为从站，从站之间不能直接通信。

MPI 协议允许进行主设备与主设备和主设备与从属装置之间的通信。为了与 S7-200 CPU 进行通信，STEP 7-Micro/WIN 需要建立一个主设备与从属装置之间的连接。MPI 协议不与用做主设备的 S7-200 CPU 进行通信。网络设备通过任意两台设备之间的独立连接（由 MPI 协议进行管理）进行通信。设备之间的通信将受限于 S7-200 CPU 或 EM277 模块所支持的连接数目。图 7-12 是一个 MPI 网络，在这个网络中，S7-300 PLC 可以用 XGET 和 XPUT 指令与 S7-200 PLC 进行通信，并且 HMI 可以监控 S7-200 PLC 或者 S7-300 PLC。EM277 只能作为从站。STEP 7-Micro/WIN 可通过所连接的 EM 277 编程或监视 S7-200 CPU。为使用高于 187.5 kbit/s 的速率与 EM 277 通信，可将 STEP 7-Micro/WIN 组态为通过 CP 卡使用 MPI 协议，因为 PPI 多主站电缆的最高波特率为 187.5 kbit/s。

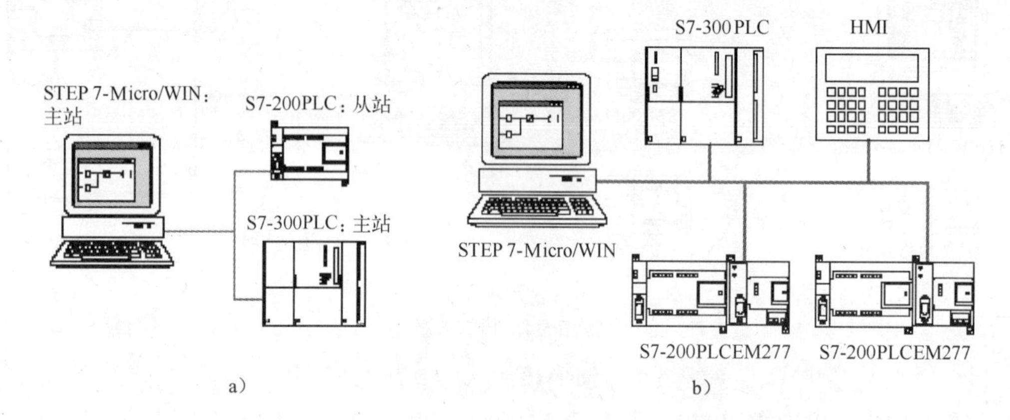

图 7-12　MPI 网络

a）基本 MPI 网络　b）高速 MPI 网络

对于 MPI 协议，S7-300 PLC 和 S7-400 PLC 将使用 XGET 和 XPUT 指令从 S7-200 CPU 中读写数据。指令的具体使用方法请参照 S7-300 PLC 用户手册。

3．PROFIBUS 协议

PROFIBUS 协议用于具有分布式 I/O 设备（远程 I/O）的高速通信。许多来自各个不同厂家的 PROFIBUS 设备均可使用，这些设备包括从简单的输入或输出模块到电动机控制器和 PLC。

PROFIBUS 网络的典型特点就是具有一个主设备和多个 I/O 从属装置。如图 7-13 所示。将主设备配置为知道连接的 I/O 从属装置的型号及地址。主设备将初始化网络，并验证网络上的从属装置是否与配置相符。主设备可将输出数据连续地写入从属装置，并从中读出输入数据。

当 DP 主设备成功地配置从属装置时，它就拥有了该从属装置。如果网络上存在第二个主设备，则它将只能有限地对属于第一个主设备的从属装置进行访问。

4．TCP/IP

S7-200 PLC 通过使用以太网（CP 243-1）或因特网（CP 243-1 IT）扩充模块可支持 TCP/IP 以太网通信。这些模块所支持的连接数目和波特率如表 7-6 所示。

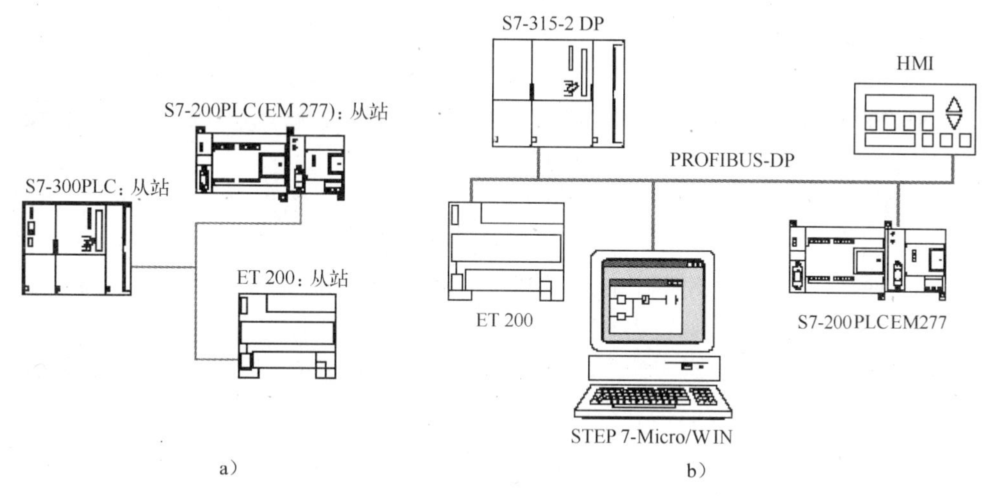

图 7-13　PROFIBUS 网络

a）基本网络　b）复杂网络

表 7-6　以太网（CP 243-1）和互联网（CP 243-1 IT）模块的连接数目

模　　块	波　特　率	连　　接
以太网（CP 243-1）模块	10～100 Mbit/s	8 个常规目的的连接
互联网（CP 243-1 IT）模块		1 个 STEP 7-Micro/WIN 连接

在图 7-14 所示的网络中，STEP 7-Micro/WIN 通过以太网连接与两个 S7-200 PLC 通信，而这两个 S7-200 PLC 分别带有以太网(CP 243-1)模块和互联网(CP 243-1 IT)模块。S7-200 CPU 可以通过以太网连接来交换数据。安装了 STEP 7-Micro/WIN 之后，PC 上会有一个标准浏览器图标，可以用它来访问互联网（CP 243-1 IT）模块的主页。若要使用以太网连接，需使用 TCP/IP 组态 STEP 7-Micro/WIN。

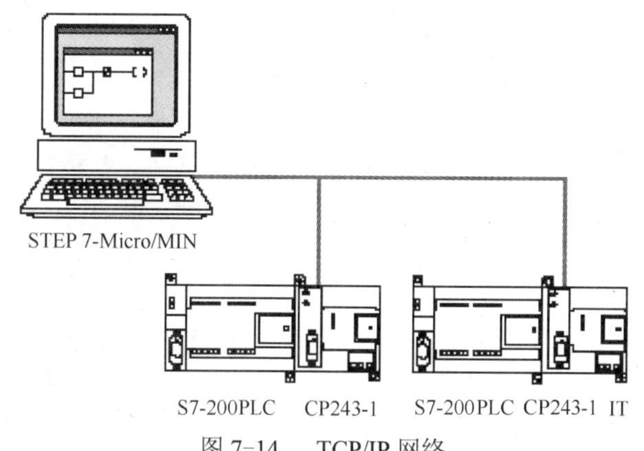

图 7-14　TCP/IP 网络

TCP/IP 的设置方法：

“设置 PG/PC 接口”对话框中的选项数取决于 PC 上的以太网接口类型。选择将计算机连接到以太网的接口类型，在这个以太网中连有 CP243-1 或 CP243-1 IT 模块。

在“通信”对话框中，必须为每个希望用它们进行通信的以太网/互联网模块指定远端 IP 地址（一个或多个）。

5．用户自定义协议（自由口通信模式）

自由口通信是用户通过用户程序对通信口进行操作，自己定义通信协议。应用自由口通信方式，S7-200 PLC 可以与任何通信协议已知、具有串行口的智能设备控制器（如打印机、条形码阅读器、变频器、上位计算机等）进行通信。

自由口模式允许应用程序控制 S7-200 CPU 的通信口。在自由口模式下可以使用用户定义的通信协议来实现与多种类型的智能设备的通信。自由口模式支持 ASCII 和二进制协议。

要使用自由口模式，需要使用特殊存储器字节 SMB30 (端口 0)和 SMB130 (端口 1)。应用程序中可使用以下步骤控制通信口的操作。

1）发送指令(XMT)和发送中断：发送指令允许 S7-200 PLC 从 COM 端口最多发送 255 个字符；发送中断通知程序发送完成。

2）接收字符中断：接收字符中断将通知用户程序，COM 端口上的字符已经接收完毕，应用程序就可以根据所用的协议对该字符进行相关的操作。

3）接收指令(RCV)：接收指令接收 COM 端口的整条消息，然后在完成消息接收后，生成程序中断。需要在 SM 存储器中定义条件来控制接收指令开始和停止接收消息。接收指令可以根据特定的字符或时间间隔来启动和停止接收消息，实现多数通信协议。

自由口模式只有在 S7-200 PLC 处于 RUN 模式时才能被激活。如果将 S7-200 PLC 设置为 STOP 模式，那么所有的自由口通信都将中断，而且通信口会按照 S7-200 PLC 系统块中的组态转换到 PPI 协议。自由口通信结构表见表 7-7。

表 7-7　自由口通信结构表

网络组态		描　述
通过 RS-232 连接使用自由口协议	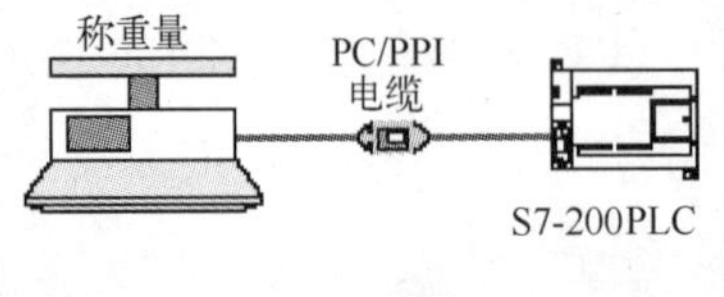 称重量 PC/PPI 电缆 S7-200PLC	实例：使用带 RS-232 端口电子天平的 S7-200PLC ● RS-232/PPI 多主站电缆连接在天平的 RS-232 端口与 S7-200 CPU 的 RS-485 端口之间（将电缆设置为 PPI/自由口模式，开关 5=0） ● S7-200 CPU 使用自由口与天平通信 ● 波特率范围是 1200～115.2kbit/s ● 用户程序定义通信协议
使用 USS 协议	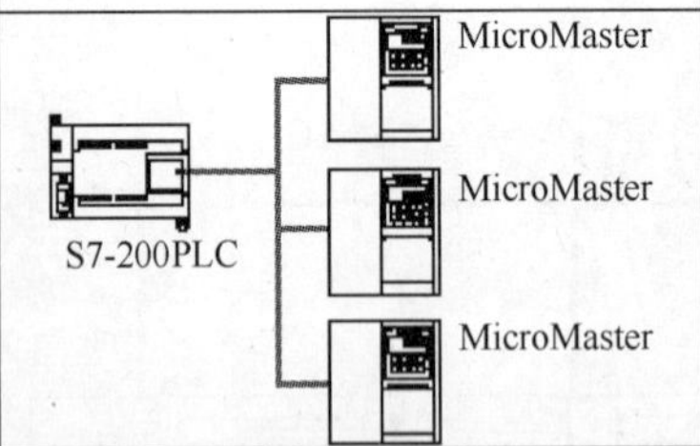 MicroMaster MicroMaster MicroMaster S7-200PLC	实例：使用带 SIMODRIVE MicroMaster 驱动器的 S7-200 PLC  应用示例 ● STEP 7-Micro/WIN 提供 USS 库 ● S7-200 CPU 是主站，驱动是从站。关于 USS 程序的示例，可参阅相关资料
创建用户程序来模仿另外一种网络上的从站设备	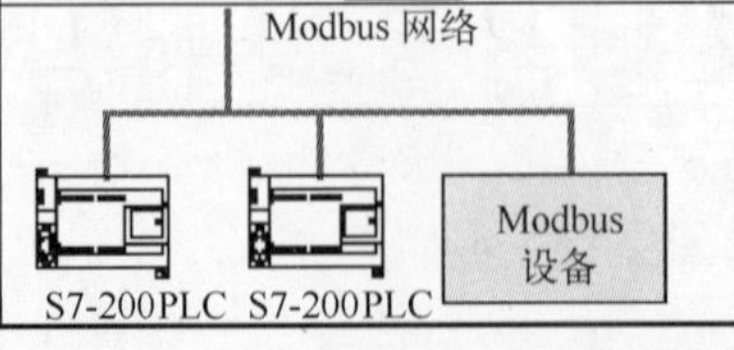 Modbus 网络 S7-200PLC　S7-200PLC Modbus 设备	实例：将 S7-200 CPU 连接到 Modbus 网络  应用示例 ● S7-200 PLC 中的用户程序模仿一个 Modbus 从站 ● STEP 7-Micro/WIN 提供 Modbus 库。关于 Modbus 程序的实例，可参阅相关资料

6．USS 协议

USS 协议是西门子传动产品（变频器等）通信的一种协议，S7-200 PLC 提供 USS 协议的指令，用户使用这些指令可以实现对变频器的控制。通过程序 USS 总线最多可以接 30 台变频器（从站），然后用一个主站（PC 或 PLC）进行控制，包括起动/停止、频率设定和参数修改等操作。每个从站都有一个从站号（在从站设备的参数中进行设定），主站根据从站号识别每个传动设备。USS 总线是一种主从总线结构，从站只是对主站发来的报文作出回应并发送报文。

7.3 PPI 通信网络控制系统设计

PPI 是一种主从协议通信，主从站在一个令牌环网中，主站发送要求到从站，从站响应，从站不发信息，只是等待主站的要求并对要求作出响应。如果在用户程序中使用 PPI 主站模式，就可以在主站程序中使用网络读写指令来读写从站信息。

串行通信是工业现场常用的方式，S7-200 PLC 的通信端口是一个 RS-485 端口，默认的通信协议为 PPI。用户在使用网络读写和向导程序时，必须注意两个或多个通信的 PLC 之间通信参数设置要一致，在主从模式下只能有一个主站。

7.3.1 PPI 网络控制任务

1. PPI 网络控制任务

网络中有 5 台 PLC，主站 1 的地址为 1，从站 2 的地址为 2。要求用从站 2 PLC 的输入控制主站 1 PLC 的输出。从站 2 PLC 的输入 I1.0~I1.7，分别对应控制主站 1 PLC 的输出 Q1.0~1.7。网络结构如图 7-15 所示。

PLC 的网络读写命令可实现多个 PLC 之间的通信。

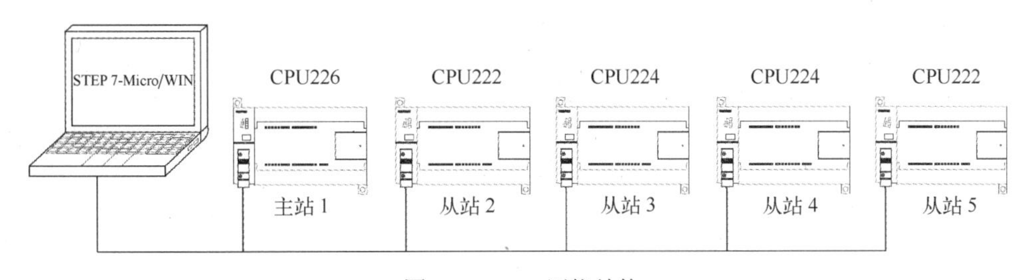

图 7-15　PPI 网络结构

2. PPI 控制网络设计与调试步骤

（1）网络部件连接与设置

用专用网线连接各站 PLC 的端口 0，用 PC/PPI 编程电缆连接网络连接器的编程口，将主站的运行开关拨到 STOP 状态。利用 SETP 7 V4.0 软件搜索网络中的 5 个站，如图 7-16 所示，如果能全部搜索到表明网络连接正常。

使用西门子提供的两种网络连接器可以把多个设备很容易地连到网络中。两种连接器都有两组端子板，可以连接网络的输入和输出。一种连接器仅提供连接到 CPU 的接口，而另一种连接器增加了一个编程接口。两种网络连接器还有网络偏置和终端偏置的选择开关，OFF 位置时未接终端电阻。接在网络终端处的连接器上的开关应放在 ON 位置。

当数据从 RS-232 传输到 RS-485 口时，PC/PPI 电缆是发送模式。当数据从 RS-485 传输到 RS-232 口时，PC/PPI 电缆是接收模式。当检测到 RS-232 的发送线有字符时，电缆应立即从接收模式切换到发送模式。当 RS-232 的发送线处于闲置的时间超过电缆切换时间时，电缆要切换到接收模式。

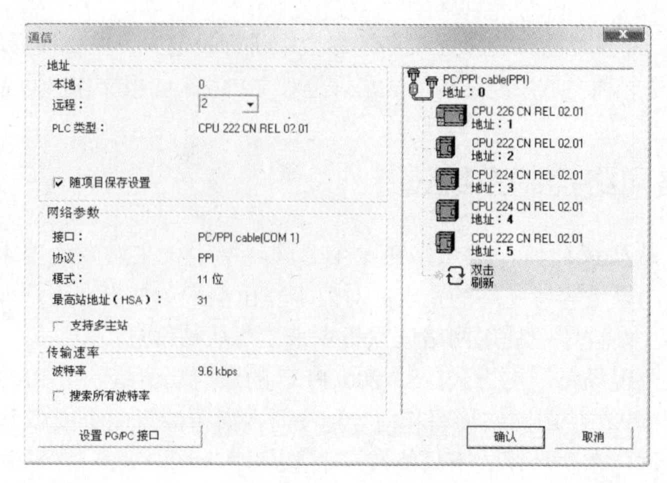

图 7-16　网络连接状态

（2）设置通信端口参数

设置需要通信的 PLC 的通信参数，同时为保证编程软件的正常使用，相应的通信参数也必须进行设置。

（3）控制程序设计

在连接网络并设置好通信参数后，设计网络控制程序，在主站中进行初始化主站 PPI 模式，根据网络控制要求编辑调试控制程序，与系统块一同下载到 PLC 中。

（4）系统调试

将网络中的 PLC 切换到 RUN 状态，按下从站 2 输入端口 I1 上接的按钮，查看主站 1 的输出状态。

7.3.2　网络设置

1．设置网络参数

S7-200 PLC 的默认通信参数为：地址是 2，波特率为 9.6kbit/s，8 位数据位、1 位偶检验位、1 位停止位、1 位起始位。其地址和波特率可以根据实际情况进行更改，其他的数据格式是不能更改的。

对网络上的每一台 PLC，应设置其系统块中的通信端口参数。对用作 PPI 通信的端口（PORT0 或 PORT1），指定其 PLC 地址（站号）和波特率。设置后把系统块下载到 PLC。具体操作如下。

设置 PLC 的通信参数：运行 PC 上的 STEP 7 V4.0 程序，打开设置端口界面。选择“系统块”的“通信端口”命令，出现如图 7-17 所示的提示窗口后设置地址和波特率。把主站 1 的 PLC 系统块里端口 0 的 PLC 地址设置为 1，波特率设置为 9.6 kbit/s。同样方法设定从站 2 PLC 端口 0 的 PLC 地址设置为 2，波特率为 9.6 kbit/s；从站 3 的 PLC 端口 0 的 PLC 地址设置为 3，波特率为 9.6 kbit/s；从站 4 的 PLC 端口 0 的 PLC 地址设置为 4，波特率为 9.6 kbit/s；从站 5 的 PLC 端口 0 的 PLC 地址设置为 5，波特率为 9.6 kbit/s。

参数设置完成后必须将数据下载到 PLC 中，下载时选中“系统块”复选框，否则设置的参数在 PLC 中不会生效，如图 7-18 所示。

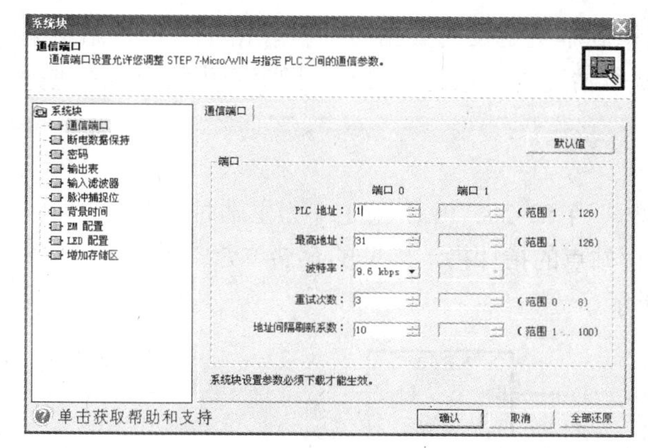

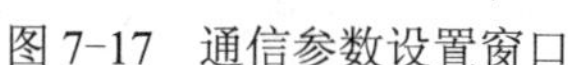

图 7-17　通信参数设置窗口

图 7-18　程序下载窗口选项

2. 主站/从站方式设置

主站/从站方式设置是通过对 PLC 的特殊功能寄存器 SMB30 和 SMB130 的设置进行的。其中 SMB30 控制端口 0 的通信方式，SMB130 控制端口 1 的通信方式。可以对 SMB30、SMB130 进行读、写操作，如表 7-8 所示，这些字节设置自由口通信的操作方式，并可选择自由端口或者系统所支持的协议。

表 7-8　对 SMB30、SMB130 进行读写操作

高位　　　　　　　　　　　　　　　　　　　　低位

p	p	d	b	b	b	m	m

SMB30 控制端口 0　　SMB130 控制端口 1

pp	校验选择：　00=不校验；01=偶校验；10=不校验；11=奇校验
d	字符数据：　0=每个字符 8 位；1=每个字符 7 位
bbb	通信速率： 000=38400bit/s；001=19200bit/s；010=9600bit/s；011=4800bit/s；100=2400bit/s；101=1200bit/s；110=115.2kbit/s；111=57.6kbit/s；
mm	协议选择：　00=PPI/从站模式；01=自由口模式；10= PPI/主站模式；11=保留

将主站 1 的 PLC 的自由端口 0 的通信方式设置为 PPI 协议的主站模式，设置指令如图 7-19 所示。

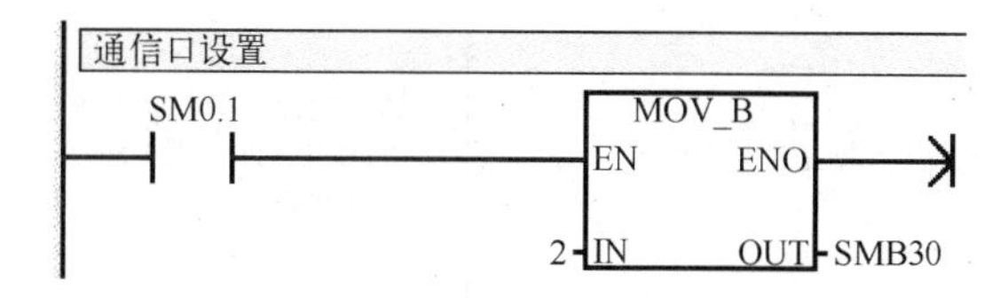

图 7-19　设置为 PPI 主站程序

由于 SM30、SM130 的默认值是 0，作为从站可以不作设置。

7.3.3　网络读/写指令

1. 网络读指令

NETR（Network Read）：网络读指令，当 S7-200 PLC 被定义为主站时，该指令从指定

站点上读取数据指针指定的地址单元的数据到本机定义的数据缓冲区表格中。远程站点编号、远程数据地址指针、本机数据、指令执行情况等信息在由 TAL 指定表头的表格中进行设定。

2. 网络写指令

NETW（Network Write）：网络写指令，当 S7-200 PLC 被定义为主站时，该指令将本机表格 TBL 的数据缓冲区的数据写入到远程站点的指针指定地址的存储单元中去。

网络读/网络写指令的格式如图 7-20 所示。

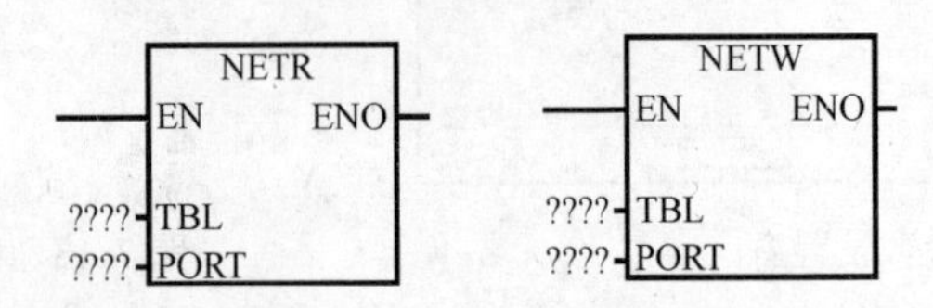

图 7-20　网络读 NETR 网络写指令 NETW 的格式

TBL：缓冲区首址，操作数为字节。

PROT：操作端口，CPU226 为 0 或 1，其他 CPU 只能为 0。

NETR 指令通过端口（PROT）接收远程设备的数据并保存在表（TBL）中，可从远方站点最多读取 16 字节的信息。被读取数据的远程 PLC 编号在 TBL 中设定，同时要设定远程 PLC 上数据存储器的地址。

NETW 指令通过端口（PORT）向远程设备写入表（TBL）中数据缓冲区的数据，可向远方站点最多写入 16 字节的信息。写入目标 PLC 及其存储器的地址在 TBL 中设定。

在程序中可以有任意多条 NETR/NETW 指令，但在任意时刻最多只能有 8 条 NETR 及 NETW 指令有效。TBL 表的参数定义如表 7-9 所示。表头地址以 VB100 为例，表中各参数的意义如下。

表 7-9　TBL 表的参数定义

参数定义		参数说明
VB100	D　A　E　0　错误码（4 位）	
VB101	远程站点的地址	被访问的远程 PLC 地址
VB102	指向远程站点的数据指针（双字）	数据指针：指向远程 PLC 上数据存储单元地址。数据指针 VD102（即占用 VB102～VB105）的内容是远程 PLC 上数据存储器的地址
VB103		
VB104		
VB105		
VB106	数据长度（1～16 字节）	指出读或写数据的字节数
VB107	数据字节 0	保存数据的 1～16 字节，其长度在“数据长度”字节中定义 对于 NETR 指令，此数据区是执行 NETR 后存放从远程站点读取来的数据区 对于 NETW 指令，此数据区是执行 NETW 前发送给远程站点去的数据存储区
VB108	数据字节 1	
…	…	
VB122	数据字节 15	

表中 VB100 字节的意义：

D：操作完成情况。0=未完成，1=功能完成。

A：激活（操作已排队）。0=未激活，1=激活。

E：错误。0=无错误，1=有错误。

4 位错误代码的说明如下。

0：无错误。

1：超时错误。远程站点无响应。

2：接收错误。有奇偶错误等。

3：离线错误。重复的站地址或无效的硬件引起冲突。

4：排队溢出错误。多于 8 条 NETR/NETW 指令被激活。

5：违反通信协议。没有在 SMB30 中允许 PPI，就试图使用 NETR/NETW 指令。

6：非法参数。

7：没有资源。远程站点忙（正在进行上载或下载）。

8：第 7 层错误。违反应用协议。

9：信息错误。错误的数据地址或错误的数据长度。

3. 网络读/写指令的使用方法

在使用网络读/写指令前，要先在初始化程序中设定 PPI 主站模式、表首地址、从站（远程）PLC 编号、数据指针、数据长度，并确定 PLC 端口。

在主站 PLC 的控制程序中应用网络读指令读取远程从站 PLC 上的数据，用于数据处理等相关控制目的；用网络写指令向远程 PLC 中写入数据，供远程目标 PLC 使用，从而实现以数据交流为手段的网络控制目标。程序结构如图 7-21 所示。

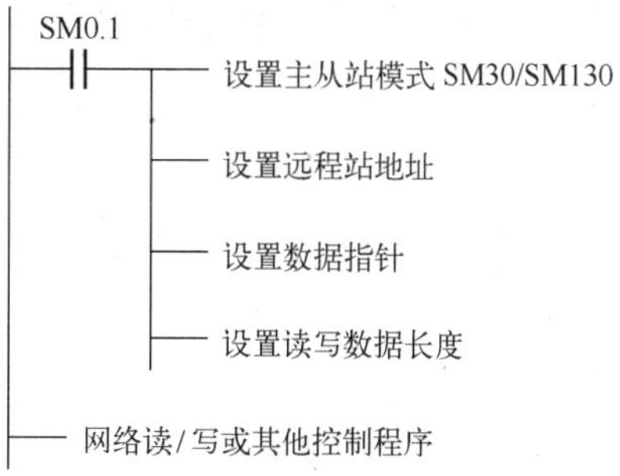

图 7-21　网络读/写程序结构

4. 网络读/写命令向导的使用

除了直接编写程序外，还可以利用编程软件 SETP 7-Micro/WIN 提供的指令向导功能，由向导编写好程序，这样只要直接使用其程序即可。以上面的任务为例，讲解如何利用向导完成任务。

（1）解决方法

主站中有程序而从站中无程序，所以主站的程序不仅要读取从站的输入，同时还要把主站的输入写到从站的输出中。

（2）解决步骤

首先，必须设置好从站和主站的通信参数，设置方法和前面的一样，在此不再重复，现在利用向导直接产生程序。

1）执行菜单命令“工具”→“指令向导”→“NETW/NETR”，出现如图 7-22 所示的对话框。

2）因为要在程序中使用读和写两个操作，所以网络读/写操作的项数值为 2，设置好后单击“下一步”按钮，弹出如图 7-23 所示的对话框。

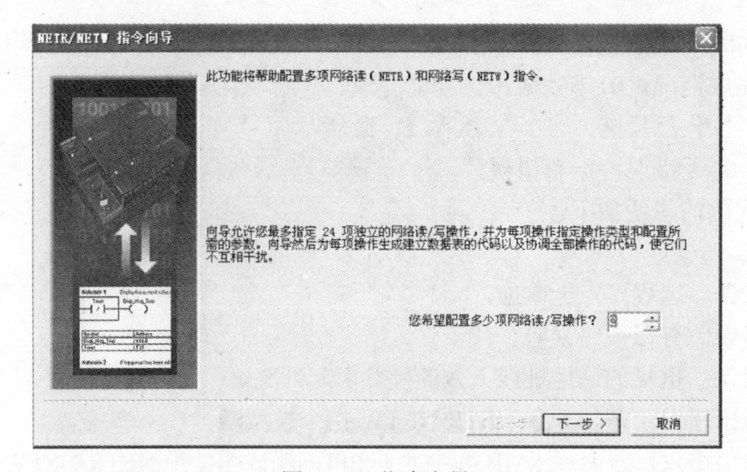

图 7-22　指令向导

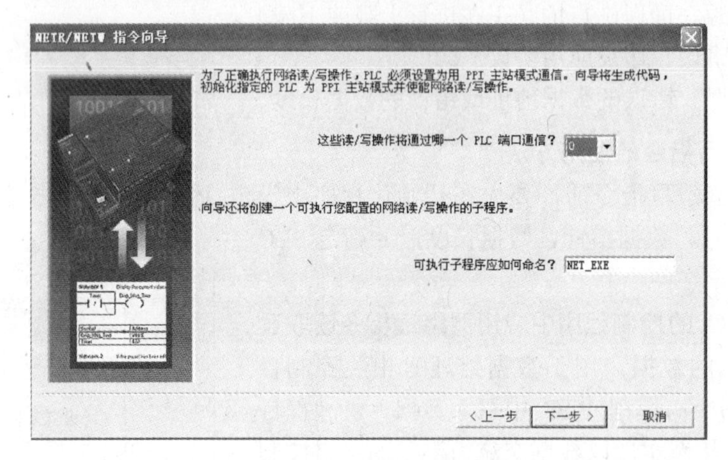

图 7-23　命名网络读写子程序名称

3）设定使用的通信口，此处为通信口 0，因为向导会自动生成子程序，所以必须给子程序设定一个名称，然后单击“下一步”按钮，弹出如图 7-24 所示的对话框。

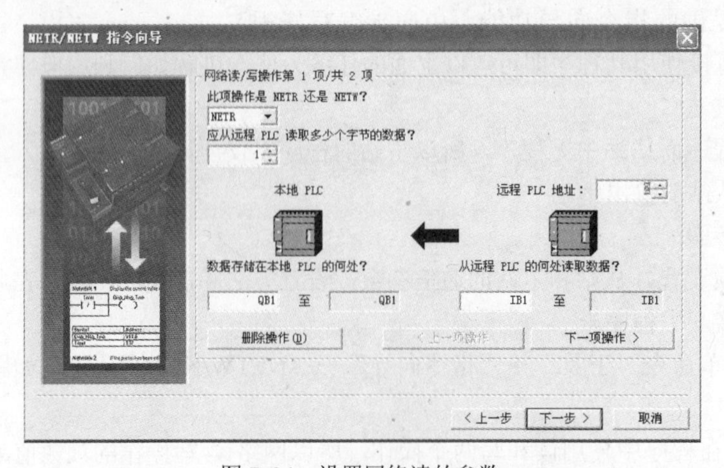

图 7-24　设置网络读的参数

4）要配置读和写网络命令，应先配置网络读命令，此时按图中所示设定好参数，“删除操作”命令可以删除当前的操作项，同时也会把网络读/写命令减少一个，即网络读/写命令向导对话框 1 中设定的参数要减 1。单击“下一项操作>”和“<上一项操作”按钮可以在不同的网络读/写命令之间切换设置参数对话框。参数设置好后，单击“下一项操作>”按钮，弹出如图 7-25 所示的对话框。

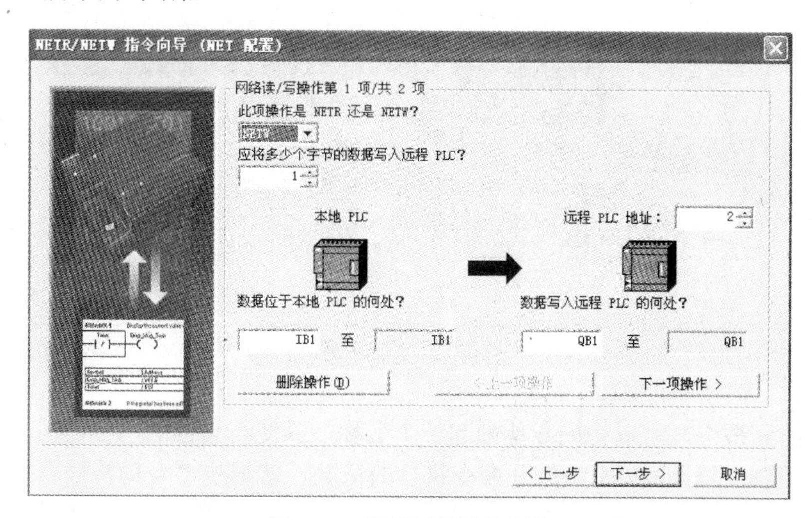

图 7-25　设置网络写的参数

5）在此项操作中，要选择网络写命令，按图 7-25 所示设置好参数。其参数的含义对话框中的文字表达很清楚。单击“下一步>”按钮，出现如图 7-26 所示的对话框。

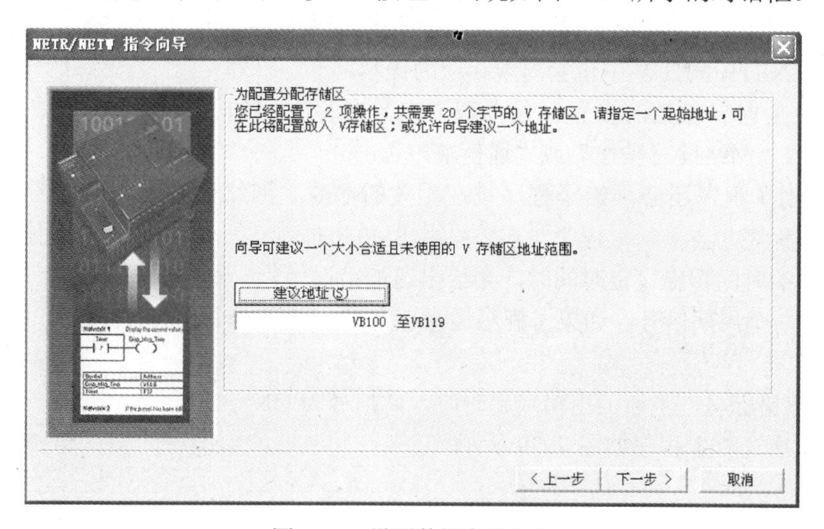

图 7-26　设置数据存储地址

6）生成的子程序要使用一定数量的、连续的存储区，本项目中提示要用 20 字节的存储区，向导只要求设定连续存储区的起始位置即可。但是一定要注意，存储区必须是其他程序中没有使用的，否则程序无法正常运行。设定好存储区起始位置后，单击“下一步>”按钮，出现如图 7-27 所示的对话框。

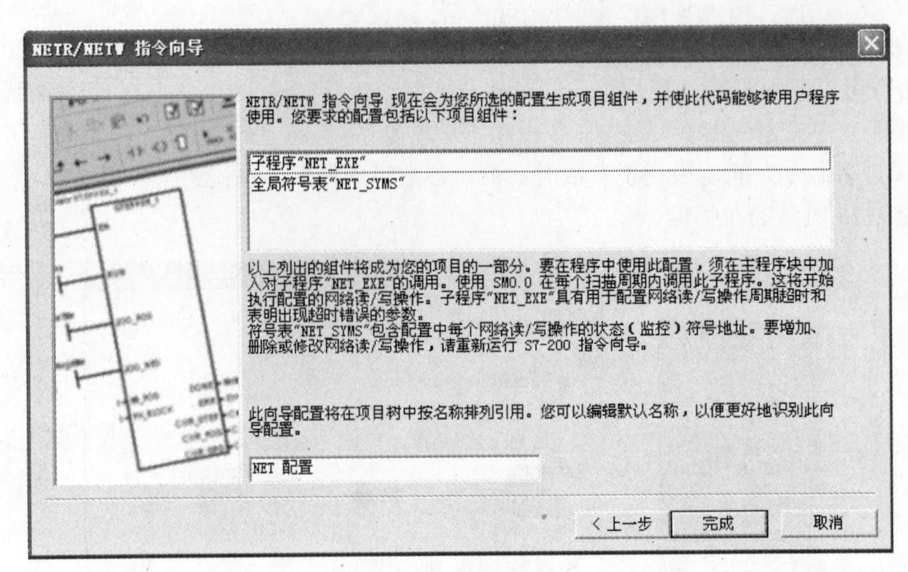

图 7-27　完成向导

7）在此对话框中，可以为向导单独起一个名称，以便与其他的网络读写命令向导区分开。如果要监视此子程序中网络读/写命令执行的情况，请记住"全局符号表"的名称。如果要检查或更改前面设置的参数，单击"上一步"按钮，最后单击"完成"按钮，出现"完成"对话框。

8）单击"是"按钮退出向导，此时程序中会自动产生一个子程序，此项目中子程序的名称为"NET_EXE"。要使子程序"NET_EXE"运行、不断地读取和写入数据，必须在主程序中不停地调用它。在指令树的最下面"调用子程序"中出现了"NET_EXE"子程序，在"向导"的 NETR/NETW 中也会出现相应的提示。

如果要改变向导参数的设置，只要双击向导名称下面的子程序即可，如图 7-28 中的"起始地址"或"网络读写操作"或"通信端口"。

9）要调用子程序还必须给子程序设定相关的参数。网络读写子程序如图 7-29 所示，EN 为 0 时子程序才会执行，程序要求必须用 SM0.0 控制。Timeout 用于时间控制，以秒为单位，当通信的时间超出设定时间时，会给出通信错误信号，即 Error 为 ON。

Cycle 是一个周期信号，如果子程序运行正常，会发出一个在 ON（1）和 OFF（0）之间跳变的信号。

Error 为出错标志，当通信出错或超时时，此信号为 ON（1）。

10）综上所述，主程序如图 7-29 所示。

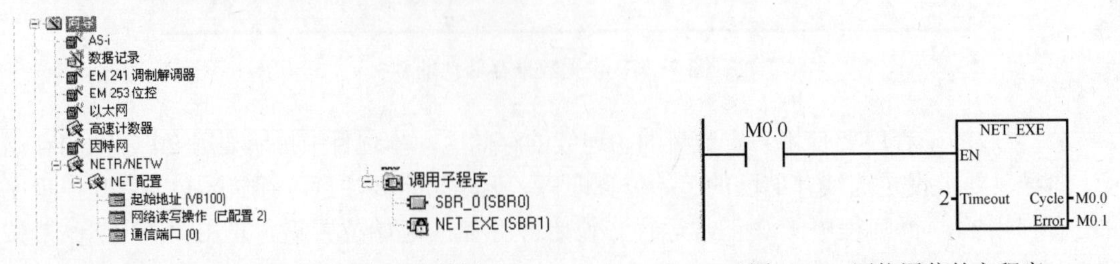

图 7-28　网络读写向导完成后的提示　　　　图 7-29　网络通信的主程序

11）本程序中设定超时时间为 2s，周期信号 Cycle 输出到 M0.0 中，错误标志 Error 保存在 M0.1 中。如果要监视通信程序运行的情况，可以打开“符号表”中的 NET_SYMS 子表，找到通信程序用到的各种标志的地址并监视即可，如图 7-30 所示。

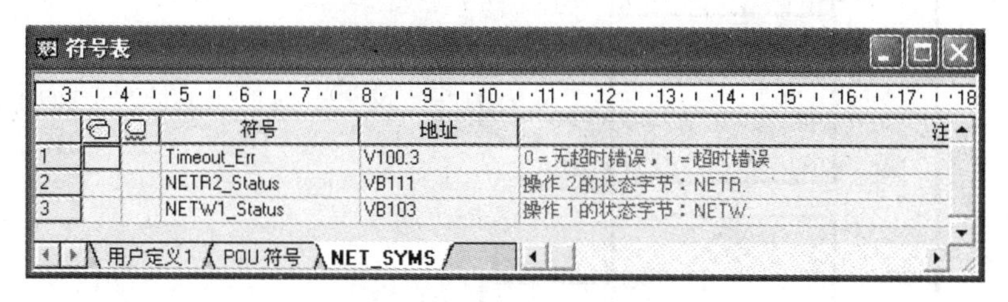

图 7-30　通信程序符号表

7.3.4　PPI 网络控制程序设计与调试

1．初始化网络参数

（1）设置主站和从站模式，对 SMB30 或 SM130 置初值

PPI 通信的主站 PLC 程序中，必须在上电的第 1 个扫描周期用特殊存储器 SMB30 指定其主站属性。在 PPI 模式下，控制字节的 2~7 位是被忽略掉的，即 SMB30=00000010。定义 PPI 主站。由于 SMB30 中协议选择默认值是 00=PPI 从站，因此从站不需要初始化。

（2）设置网络读/写指令的表格初值

1）设置需要读取数据的从站地址编号；

2）设置从站的要读取数据的地址指针；

3）设置要求读取或写入数据的字节数；

4）启动网络读取或写入指令。

在执行网络读命令之前，要先设置好 TBL 表。假定表的首地址为 VB100，则 TBL 表的设置参数如表 7-10 所示。

表 7-10　网络读/写表定义

VB100	D	A	E	0	错 误 代 码
VB101	从站地址：2				
VB102	指针 VD102 指向从站 2 PLC 数据单元的地址，即指向 IB0（&IB0）				
VB103					
VB104					
VB105					
VB106	读数据长度：1				
VB107	网络读指令读取从站 2 的 IB1 单元的值，存入 VB107 中				

2．设计网络控制程序

当命令执行后，成功读到数据时，V100.7 为 ON，V100.5 为 OFF，此时 VB107 就是正确的数据，可以用此数据直接控制主站的输出端口 QB1。程序如图 7-31、图 7-32 所示。

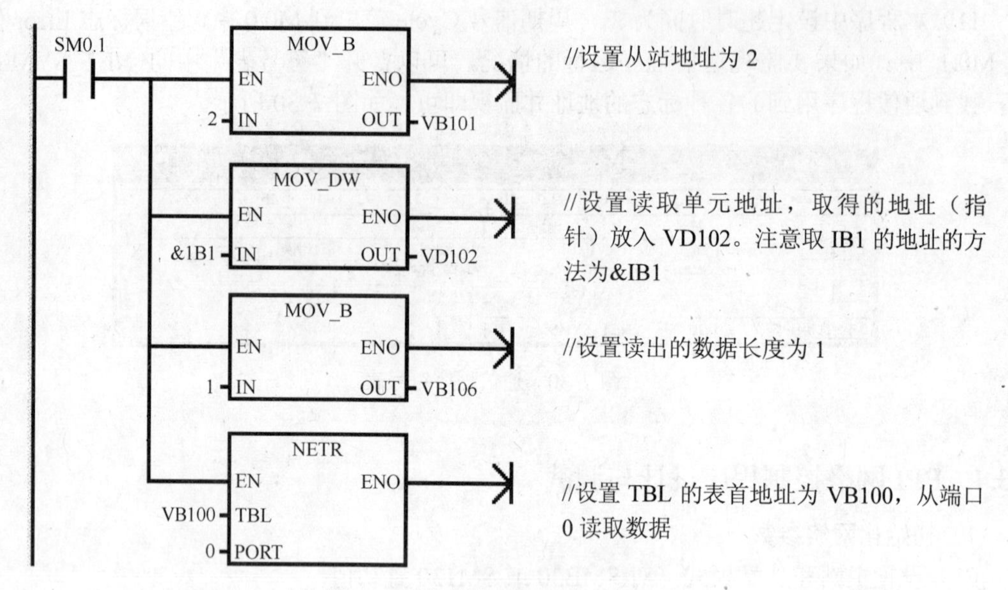

图 7-31　初始化 PPI 网络 TBL 表

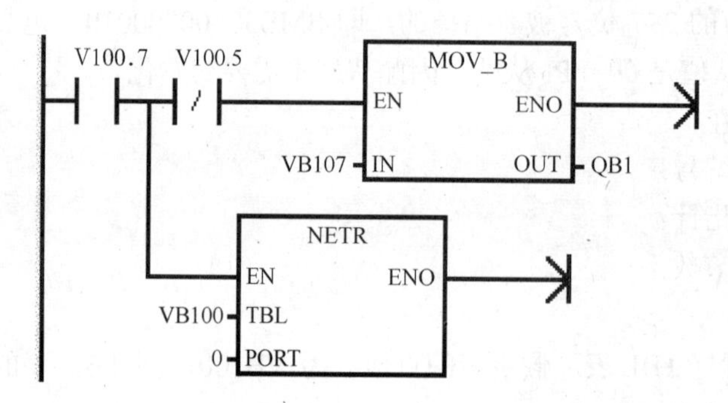

//正确读取数据。将从站2的IB1读入到主站1的VB107中，用VB107控制输出QB1，从而实现了从站2的输入I0.0～I0.7控制主站1的输出Q0.1～A0.7。用从站的输入控制主站的输出

//设置表首地址为VB100，从端口0读取数据。只要通信完成，都应该重新读数据，而不论本次通信是否出错

图 7-32　网络读程序

3．程序与系统调试

当把程序下载到主站 PLC 以后，连接 PPI 电缆，然后将 PLC 置于 RUN 状态，运行程序。按下接在从站 2 PLC 的 IB1 端口上的按钮，观察主站 1 PLC 输出端口 QB1 上对应的指示灯是否亮，以检验程序是否正确。

7.4　自由口协议网络实现

7.4.1　自由口协议网络基础

1．XMT（Transmit）/RCV（Receive）发送与接收指令

XMT/RCV 指令格式和功能说明如表 7-11 所示。

2．自由端口模式

CPU 的串行通信口可由用户程序控制，这种操作模式称为自由端口模式。当选择了自由

端口模式时，用户程序便可以使用接收中断、发送指令（XMT）和接收指令（RCV）来进行通信操作。在自由端口模式下，通信协议完全由用户程序控制。SMB30（用于端口 0）和 SMB130（如果 CPU 有两个端口，则用于端口 1）用于选择波特率、奇偶校验、数据位数和通信协议。

表 7-11　发送与接收指令功能说明

	发送指令	接收指令
梯形图	XMT: EN ENO, ????-TBL, ????-PORT	RCV: EN ENO, ????-TBL, ????-PORT
语句表	XMT　TBL, PORT	RCV　TBL, PORT
TBL	缓冲区首地址，操作数为字节	
PORT	操作端口，CPU226/CPU226XM 可为 0 或 1，其他 CPU 只能为 0	
功能	当 S7-200 PLC 被定义为自由端口通信模式时，发送指令（XMT）可以将发送数据缓冲区（TBL）中的数据通过指令指定的通信端口（PORT）发送出去，发送完成时将产生一个中断事件，数据缓冲区的第一个数据指明了要发送的字节数	当 S7-200 PLC 被定义为自由端口通信模式时，接收指令（RCV）可以通过指令指定的通信端口（PORT）接收信息并存储于接收数据缓冲区（TBL）中，接收完成时也将产生一个中断事件，数据缓冲区的第一个数据指明了接收的字节数

只有 CPU 处于 RUN 模式时，才能进行自由端口通信。通过向 SMB30（端口 0）或 SMB130（端口 1）的协议选择区置 1，可以允许自由端口模式。处于自由端口模式时，PPI 通信被禁止，此时不能与编程设备通信（如使用编程设备对程序状态监视或对 CPU 进行操作）。在一般情况下，可以用发送指令（XMT）向打印机或显示器发送信息。其他的如条码阅读器、重量计等的连接，在这种情况下，都必须通过编写用户程序，以支持自由端口模式下设备同 CPU 通信的协议。

当 CPU 处于 STOP 模式时，自由端口模式被禁止，通信口自动切换为 PPI 协议的操作，重新建立与编程设备的正常通信。

☞注意：

可以用反映 CPU 工作方式的模式开关当前位置的特殊存储器 SM0.7 来控制自由端口模式的启用。当 SM0.7 为 0 时，模式开关处于 TREM 位置；当 SM0.7 为 1 时，模式开关处于 RUN 位置。只有当模式开关位于 RUN 位置时才允许自由端口模式。为了使用编程设备对程序状态进行监视或对 CPU 进行操作，可以把模式开关改变到任何其他位置（如 STOP 或 TERM 位置）。

3．自由口的初始化与控制字节

SMB30 和 SMB130 分别配置通信端口 0 和 1，用来为自由端口通信选择波特率、奇偶校验和数据位数。自由端口的控制字节定义如表 7-12 所示。

4．用 XMT 指令发送数据

用 XMT 指令可以方便地发送一或多字节缓冲区的内容，最多为 255 字节。XMT 缓冲区的数据格式如表 7-13 所示。

表 7-12　特殊功能寄存器 SM30 和 SM130

端口 0	端口 1	描述自由口模式控制字节
SMB30 格式	SMB130 格式	MSB　　　　　　　　　　　LSB P　P　D　B　B　B　M　M
SMB30.6 和 SMB30.7	SMB130.6 和 SMB130.7	PP：校验选择 00=无奇偶校验；01=偶校验；10=无奇偶校验；11=奇校验
SMB30.5	SMB130.5	D：每个字符的数据位 0=每个字符 8 位；1=每个字符 7 位
SMB30.2 到 SMB30.4	SMB130.2 到 SMB130.4	BBB：自由口波特率 000=38400bit/s；001=19200bit/s； 010=9600bit/s； 011=4800bit/s；100=2400bit/s； 101=1200bit/s； 110=115.2kbit/s；111=57.6kbit/s；
SMB30.0 和 SMB30.1	SMB130.0 和 SMB130.1	MM：协议选择 00=PPI/从站模式（默认设置）；01=自由口协议；10=PPI/主站模式；11=保留

表 7-13　XMT 发送数据缓冲区的格式

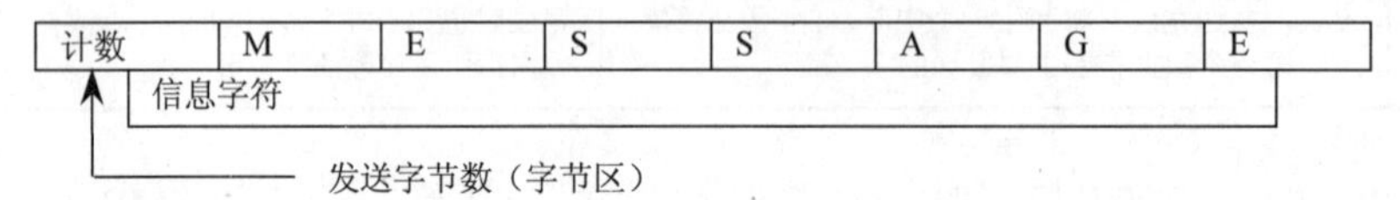

如果有一个中断服务程序连接到发送结束事件上，在发送缓冲区的最后一个字符时则会产生一个中断（对端口 0 为中断事件 9，对端口 1 为中断事件 26）。当然也可以不用中断来判断发送指令（如向打印机发送信息）是否完成，而是监视 SM4.5 或 SM4.6 的状态，以此来判断发送指令是否完成。

如果把发送字符数设置为 0，然后执行 XMT 指令，则可以产生一个中断（BREAK）事件。发送 BREAK 的操作和发送任何其他信息的操作是一样的，当 BREAK 发送完成时，产生一个 XMT 中断，并且 SM4.5 或 SM4.6 反映了发送操作当前的状态。

5．用 RCV 指令接收数据

用 RCV 接收指令可以方便地接收一或多字节缓冲区的内容，最多为 255 字节，这些字符被存储在接收缓冲区中，接收缓冲区的格式如表 7-14 所示。

表 7-14　RCV 接收数据缓冲区的格式

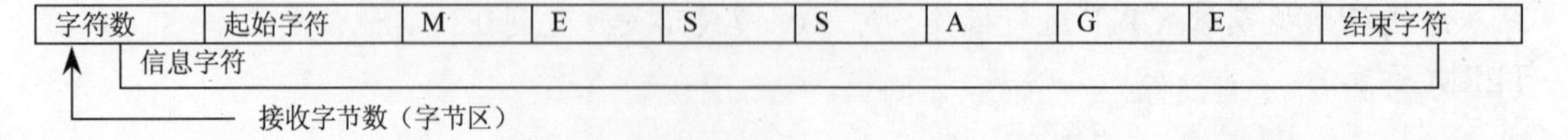

如果有一个中断程序连接到接收完成事件上，在接收到缓冲区中的最后一个字符时则会产生一个中断（对端口 0 为中断事件 23，对端口 1 为中断事件 24）。当然也可以不使用中断，而是通过监视 SMB86（对端口 0）或 SMB186（对端口 1）状态的变化，进行接收信息状态的判断。当接收指令没有被激活或接收已经结束时，SMB86 或 SMB186 为 1；当正在接收时，它们为 0。

使用接收指令时，允许用户选择信息接收开始和信息接收结束的条件。如表 7-15 所示，用 SMB86～SMB94 对端口 0 进行设置，用 SMB186～SMB194 对端口 1 进行设置。应该注意的是，当接收信息缓冲区超界或奇偶校验错误时，接收信息功能会自动终止。所以必须为接收信息功能操作定义一个启动条件和一个结束条件。接收指令支持的启动条件有：空闲线检测、起始字符检测、空闲线和起始字符检测、断点检测、断点和起始检测和任意字符检测。支持的结束信息的方式有：结束字符检测、字符间隔定时器、信息定时器、最大字符记数、校验错误、用户结束或以上几种结束方式的组合。

表 7-15　自由口通信的特殊功能寄存器

端口 0	端口 1	描　　述
SMB86	SMB186	接收信息状态字节 7　　　　　　　　0 n　r　e　0　0　t　c　p n：1=用户通过禁止命令结束接收信息 r：1=接收信息结束：输入参数或缺少起始和结束条件 e：1=收到结束字符 t：1=接收信息结束：超时 c：1=接收信息结束：字符数超长 p：1=接收信息结束：奇偶校验错误
SMB87	SMB187	接收信息控制字节 7　　　　　　　　0 en　sc　ec　il　c/m　tmr　bk　0 en：0=禁止接收信息功能 1=允许接收信息功能 每次执行 RCV 指令时检查允许/禁止接收信息位 sc：0=忽略 SMB88 或 SMB188 1= 使用 SMB88 或 SMB188 的值检测起始信息 ec：0=忽略 SMB89 或 SMB189 1= 使用 SMB89 或 SMB189 的值检测结束信息 il：0=忽略 SMB90 或 SMB190 1= 使用 SMB90 或 SMB190 的值检测结束信息 c/m：0=定时器是内部字符定时器 1= 定时器是信息定时器 tmr：0=忽略 SMB92 或 SMB192 1= 当执行 SMB92 或 SMB192 时终止接收 bk：0=忽略中断条件 1= 使用中断条件来检测起始信息 信息的中断控制字节位用来定义识别信息的标准。信息的起始和结束需定义 起始信息=il*se+bk*sc 结束信息=ec+tmr+最大字符数 起始信息编程： 1. 空闲检测：　　il=1，sc=0，bk=0，SMW90>0 2. 起始字符检测：il=0，sc=1，bk=0，SMW90 被忽略 3. 中断检测：　　il=0，sc=1，bk=1，SMW90 被忽略 4. 对一个信息的响应：il=1，sc=0，bk=0，SMW90=0（信息定时器用来终止没有响应的接收） 5. 中断一个起始字符：il=0，sc=1，bk=1，SMW90 被忽略 6. 空闲和一个起始字符：il=1，sc=1，bk=0，SMW90>0 7. 空闲和起始字符（非法）：il=1，sc=1，bk=0，SMW90=0 注意：通过超时和奇偶校验错误（如果允许），可以自动结束接收过程
SMB88	SMB188	信息字符的开始
SMB89	SMB189	信息字符的结束
SMB90 SMB91	SMB190 SMB191	空闲线时间段按 ms 设定。空闲线时间溢出后接收的第一个字符是新的信息的开始字符。SMB90（或 SMB190）是最高有效字节，SMB91（或 SMB191）是最低有效字节
SMB92 SMB93	SMB192 SMB193	中间字符/信息计时器溢出值按 ms 设定。如果超过这个时间段，则终止接收信息。SMB92（或 SMB192）是最高有效字节，SMB93（或 SMB193）是最低有效字节
SMB94	SMB194	要接收的最大字符（1～255 字节） 注：这个范围必须设置到希望的最大缓冲区大小，即使信息的字符数始终达不到

6．使用字符中断控制接收数据

为了完全适应对各种通信协议的支持，可以使用字符中断控制的方式来接收数据。该方式每接收一个字符都会产生中断。在执行连接到接收字符中断事件上的中断程序前，接收到的字条存储在 SMB2 中，校验状态（如果允许的话）存储在 SMB3.0 中。

SMB2 是自由端口接收字符缓冲区。在自由端口模式下，每一个接收到的字符都会被存储在这个单元中，以方便用户程序访问。

SMB3 用于自由端口模式，并包含一个校验错误标志位。当接收字符的同时检测到校验错误时，SMB3.0 被置位，该字节的所有其他位保留。用该信号丢弃本信息或产生对本信息的否定确认。

☞注意：

SMB2 和 SMB3 是端口 0 和端口 1 共用的。当接收的字符来自端口 0 时，执行与事件（中断事件 8）相连接的中断程序，此时 SMB2 中存储从端口 0 接收的字符，SMB3 中存储该字符的检验状态；当接收的字符来自端口 1 时，执行与事件（中断事件 25）相连接的中断程序，此时 SMB2 中存储从端口 1 接收的字符，SMB3 中存储该字符的检验状态。

7.4.2 自由口协议网络实现

1．自由口协议网络设计任务

自由口通信方式具有与外围设备通信方便自由、利于计算机控制等特点，因此这一通信方式被越来越多的监控系统所采用，以实现上位 PC 机和 PLC 之间的通信：PLC 接收上位 PC 发送的一串字符，直到接收到回车符为止，PLC 又将信息发送回 PC 机。

2．PLC 通信程序设计

整个 PLC 通信程序包括主程序、初始化子程序、校验子程序、读写数据子程序以及接收完成、发送完成中断程序。PLC 的自由口部分通信程序如图 7-33 所示。

此通信模式下，发送和接收指令是程序的核心指令，它们与网络读写指令类似的是，用户程序不能直接控制通信芯片而必须通过操作系统。两者不同的是，发送接收指令与网络上通信对象的地址无关，而仅对本地的通信端口操作。用户程序中应考虑电缆的切换时间：S7-200 CPU 从接收到 RS-232 设备的请求报文到它发送响应报文的延迟时间必须大于等于电缆的切换时间，可用定时中断来实现切换延时。

3．上位机通信程序介绍

计算机可用来做上位机。上位机通信程序在 VB6.0 环境下开发，利用 VB 可以开发出良好的图形界面，并且其提供的 MSComm 通信控件使得 VB 在开发可视化监控系统方面很有优势。

（1）MSComm 控件

MSComm 是微软提供的扩展控件，用于支持 VB 程序对串口的访问，该控件隐藏了大部分串口通信的底层运行过程和许多繁琐的处理过程，同时支持事件驱动通信的机制。在通信过程中，应用该控件时只需设置、监视 MSComm 控件的属性和事件即可完成对串行口的初始化和数据输入输出工作，可以轻松完成通信的设计。它为应用程序提供了通过串行接口收发数据的简便方法，在 VB、VC、Delphi 等语言中均可使用。

MSComm 控件的主要属性：1）CommPort 设置并返回通信端口号。在设计时，端口号可以设置成 1～16 的任何数（默认值为 1）。如果用 PortOpen 属性打开一个并不存在的端口时，就会产生错误。

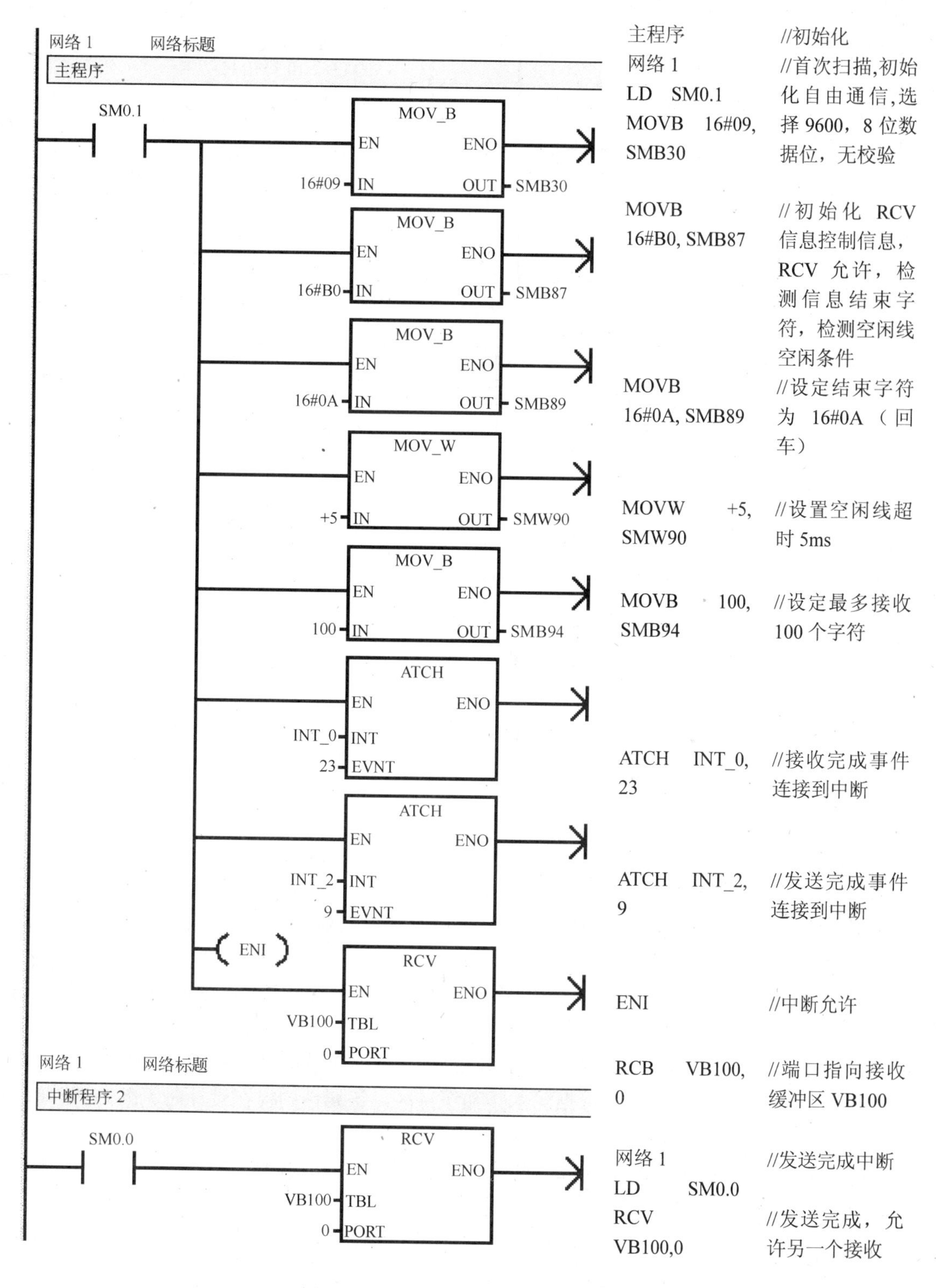

图 7-33 PLC 的自由口部分通信程序

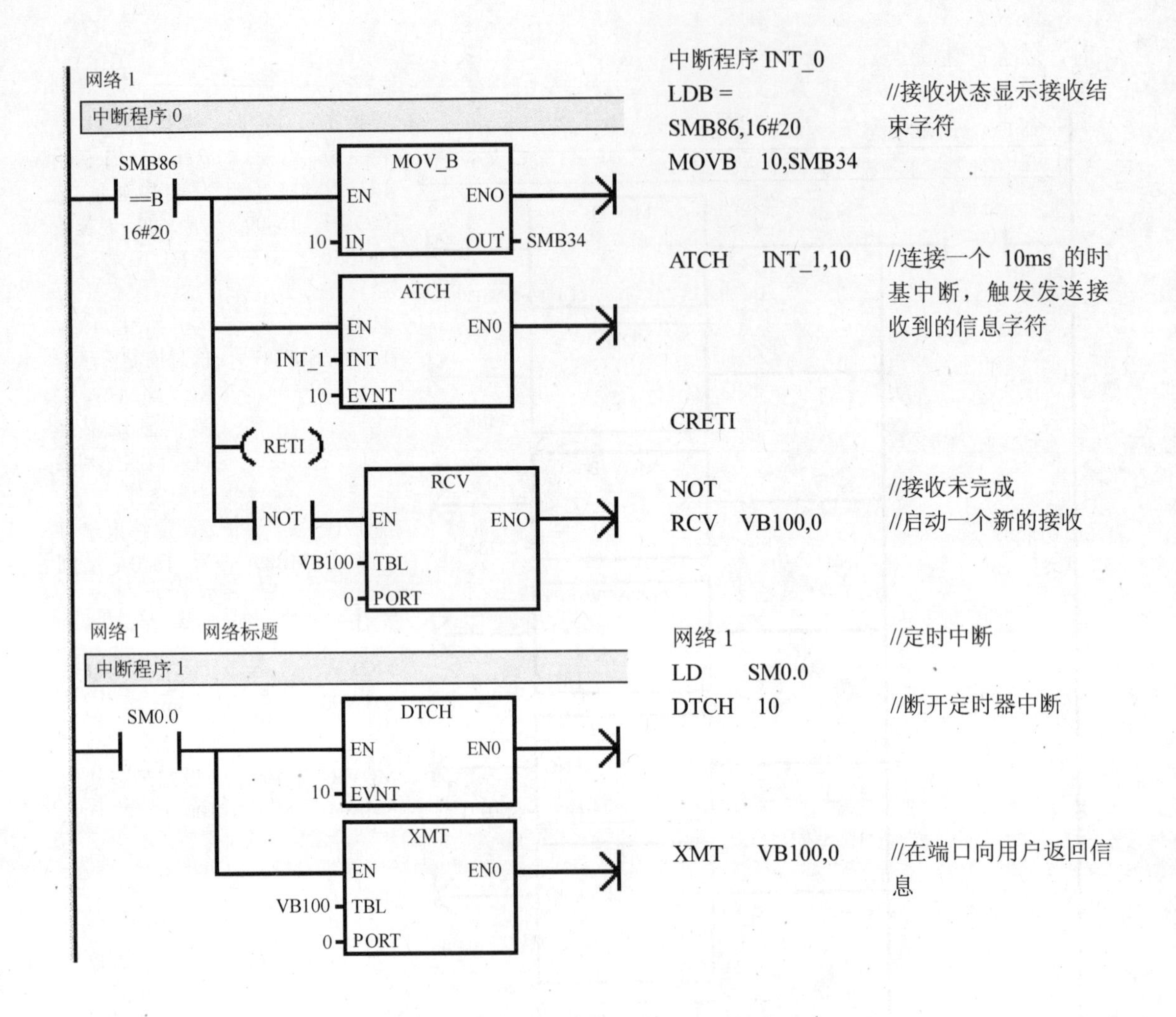

图 7-33 PLC 的自由口部分通信程序（续）

2）Settings 以字符串的形式设置并返回波特率、奇偶校验、数据位、停止位参数。格式为“BBBB，P，D，S”，其中 BBBB 为波特率；P 为奇偶校验；D 为数据位数；S 为停止位数。

3）PortOpen 设置并返回通信端口的状态。Boolean 类型：值为 True 时打开，值为 False 时关闭。

4）Input 用于从接收缓冲区返回和删除字符，该属性在设计时无效，运行时为只读。

5）Output 用于将要发送的数据输入传输缓冲区，该属性同样在设计时无效，运行时为只读。

6）PortOpen 设置并返回通信端口的状态，也可以打开和关闭端口。

以下是上位机通信程序部分：

```
Private Sub OK_Click()
On Error GoTo SettingError
intPort=Val(Fomd.Port.Text)
```

```
intTime=Val(Form2.Time.Text)
strSet=Form2.Setting.Text
If Not Forlnl.MSComml.PortOpen Then
Forml.MSComml.CommPort=intPort
Forml.MSComml.Settings=strSet
Forml.MSComml.PortOpen=True
End If
Form2.Hide
Unload Form2
Exit Sub
SettingError:
intPort=1
intTime=1000
strSet="9600，n，8，I"
Form2.Show
Form2.Port.Text=Str(intPort)
Form2.Setting.Text=strSet
Form2.Time.Text=Str(intTime)
MsgBox(Error(Err.Number))
End Sub
```

（2）通信步骤

在 VB 中利用 MSComm 控件实现通信的步骤为：

1）加入通信控件 MSComm。在 VB6.0 环境下，从“工程”菜单里的“部件”中将“Microsoft Comm Control 6.0”选中并添加到工具窗口中。使用时，用鼠标选中该图标，然后在窗口中拖拉即可。

2）设置通信端口号码，即 CommPort 属性。当输入一个并不存在的端口号时，有相应的操作提示。

3）设置传输速度等参数，即 Settings 属性。就仪器或工业场合来说，常见的传输速度为 9600bit/s，若传输距离较近而设备也满足时，使用更高的传输速度也可以。

4）设置其他相关参数。

5）打开通信端口，即将 PortOpen 属性设成 True。

6）使用 Input 及 Output 属性，送出字符串或读入字符串。

7）使用完 MSComm 通信控件后，将通信端口关闭，即将 PortOpen 属性设成 False。

在自由口模式下，通信双方的通信参数是由用户自行设定的。RS-232 通常用于异步传输，既然是异步传输，双方并没有一个可参考的同步时钟作为基准，因此要想使数据读取正常，必须让通信双方获得相同的通信速度，即波特率一定要相同。另外，在 PLC 网络中，主站个数越少，通信速度越快；波特率越大，通信速度也会越快，但抗干扰能力降低。因此，对于本系统中这种单主站的网络，设置参数时要注意波特率不宜设置得过大。

7.5 思考与练习

1．什么是并行传输？什么是串行传输？

2．什么是异步传输和同步传输？

3．RS-232、RS485 和 RS422 各有什么特点？

4．常见的网络部件有哪些？它们的特点是什么？

5．常见的网络拓扑结构有哪些？

6．S7-200 PLC 网络常用的通信协议有哪些？

7．网络读写指令中的数据表格表头设为 VB60，数据长度 10 字节，端口号 0，数据地址 IB0，远程 PLC 地址编号 12，请定义该表格。

8．用网络向导设置网络读写指令。

9．NETR/NETW 指令各操作数的含义是什么？如何应用？

10．在图 7-15 所示的网络中，控制要求如下：当从站 3 的输入端口 I0.0～I0.7 的外接按钮按下时，在从站 5 的输出端口 Q0.0～Q0.7 的指示灯亮。请设计程序并上机调试，实现这一功能。

11．简述自由口通信程序设计的基本过程。

第 8 章　三菱 PLC 及其生产线控制电路设计

三菱 PLC 是较早进入中国控制领域的可编程控制器，在国内的控制市场上占有较高的份额。本章以三菱 FX_{2N}PLC 为例，介绍三菱 PLC 的端口、内部寄存器、基本指令和功能指令及基本应用。

8.1　三菱 FX_{2N} 系列 PLC

8.1.1　三菱 FX_{2N} PLC 简介

FX_{2N} PLC 是三菱 FX 系列 PLC 家族中最先进的。FX_{2N} 系列具备如下特点：程序执行速度更快、全面补充了通信功能、适合世界各国不同的电源以及满足单个需要的大量特殊功能模块，可以为工厂自动化应用提供最大的灵活性和控制能力。具有大量为实际应用而开发的特殊功能：模拟 I/O、高速计数器、16 轴定位控制、脉冲串输出或为 J 和 K 型热电偶或 Pt 传感器开发了温度模块。每一个 FX_{2N} PLC 主单元可配置总计达 8 个的特殊功能模块。三菱 FX_{2N} 系列 PLC 和扩展模块的外形图如图 8-1 所示。

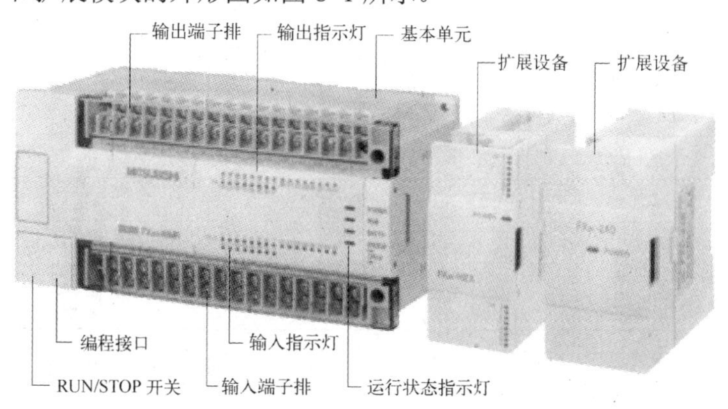

图 8-1　三菱 FX_{2N} 系列 PLC 和扩展模块的外形图

8.1.2　三菱 FX_{2N} 系列 PLC 型号含义

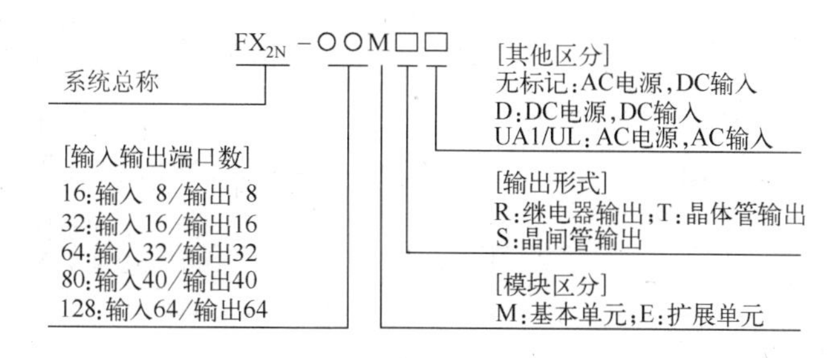

8.1.3 FX_{2N} PLC 性能规格

FX_{2N} PLC 系列 PLC 的内部器件和相关技术规格如表 8-1 所示。

表 8-1 FX 系列 PLC 技术规格

项目		规格	备注
运转控制方式		通过储存的程序周期运转	
I/O 控制方法		批次处理方法(当执行 END 指令时)	I/O 指令可以刷新
运转处理时间		基本指令：0.8μs/指令 应用指令：1.52 至几百微秒/指令	
编程语言		逻辑梯形图和指令清单	使用步进梯形图能生成 SFC 类型程序
程序容量		8000 步内置	使用附加寄存盒可扩展到 16000 步
指令数目		基本顺序指令：27 步进梯形指令：2 应用指令：128	最大可用 298 条应用指令
I/O 配置		最大硬体 I/O 配置点 256，依赖于用户的选择（最大软件可设定地址输入 256、输出 256）	
辅助继电器（M 线圈）	一般	500 点	M0～M499
	锁定	2572 点	M500～M3071
	特殊	256 点	M8000～M8255
状态继电器（S 线圈）	一般	490 点	S0～S499
	锁定	400 点	S500～S899
	初始	10 点	S0～S9
	信号报警器	100 点	S900～S999
定时器（T）	100ms	范围：0～3276.7s 200 点	T0～T199
	10ms	范围：0～327.67s 46 点	T200～T245
	1ms 保持型	范围：0～32.767s 4 点	T246～T249
	100ms 累积型	范围：0～3276.7s 6 点	T250～T255
计数器（C）	一般 16 位	范围：0～32767 数 200 点	C0～C199 类型：16 位上计数器
	锁定 16 位	100 点（子系统）	C100～C199 类型：16 位上计数器
	一般 32 位	15 点	C200～C219 类型：16 位上/下计数器
	锁定 32 位	15 点	C220～C234 类型：16 位上/下计数器
高速计数（C）	单相	范围：−2147483648～+2147483647 一般规则：选择组合计数频率不大于 20kHz 的计数器组合 注意所有的计数器锁定	C235～C240 6 点
	单相 c/w 起始停止输入		C241～C245 5 点
	双相		C246～C250 5 点
	A/B 相		C251～C255 5 点
数据寄存器（D）	一般	200 点	D0～D199 类型：32 位元件的 16 位数据存储寄存器对
	锁定	7800 点	D200～D7999 类型：32 位元件的 16 位数据存储寄存器对
	文件寄存器	7000 点	D1000～D7999 通过 14 块 500 程式步的参数设置。类型：16 位数据存储寄存器

（续）

项　目		规　格	备　注
	特殊	256 点	D8000～D8255 类型：16 位数据存储寄存器
	变址	16 点	V0～V7 以及 Z0～Z7 类型：16 位数据存储寄存器
指标（P）	用于 CALL	128 点	P0～P127
	用于中断	6 输入点、3 定时器、6 计数器	100*～150*和 16*～18* (上升触发*=1，下降触发*=0，**=时间(单位：ms))
嵌套层次		用于 MC 和 MRC 时 8 点	N0～N7
常数	十进位 K	16 位：-32768～+32768 32 位：-2147483648～+2147483647	
	十六进位 H	16 位：0000～FFFF 32 位：00000000～FFFFFFFF	
	浮点	32 位：$\pm1.175*10^{-38}$，$\pm3.403*10^{-38}$（不能直接输入）	

FX 系列 PLC 编程元件及编号如表 8-2 所示。PLC 编程元件的编号由字母和数字组成，其中输入继电器和输出继电器用八进制数字编号，其他均采用十进制数字编号。

表 8-2　FX 系列 PLC 编程元件及编号

编程元件 ＼ PLC 型号		FX_{0S} PLC	FX_{1S} PLC	FX_{0N} PLC	FX_{1N} PLC	FX_{2N} PLC （FX_{2NC} PLC）
输入继电器 X (按八进制编号)		X0～X17 (不可扩展)	X0～X17 (不可扩展)	X0～X43 (可扩展)	X0～X43 (可扩展)	X0～X77 (可扩展)
输出继电器 Y (按八进制编号)		Y0～Y15 (不可扩展)	Y0～Y15 (不可扩展)	Y0～Y27 (可扩展)	Y0～Y27 (可扩展)	Y0～Y77 (可扩展)
辅助继电器 M	普通用	M0～M495	M0～M383	M0～M383	M0～M383	M0～M499
	保持用	M496～M511	M384～M511	M384～M511	M384～M1535	M500～M3071
	特殊用	M8000～M8255(具体见使用手册)				
状态寄存器 S	初始状态用	S0～S9	S0～S9	S0～S9	S0～S9	S0～S9
	返回原点用	—	—	—	—	S10～S19
	普通用	S10～S63	S10～S127	S10～S127	S10～S999	S20～S499
	保持用	—	S0～S127	S0～S127	S0～S999	S500～S899
	信号报警用	—	—	—	—	S900～S999
定时器 T	100ms	T0～T49	T0～T62	T0～T62	T0～T199	T0～T199
	10ms	T24～T49	T32～T62	T32～T62	T200～T245	T200～T245
	1ms	—		T63	—	—
	1ms 累积	—	T63	—	T246～T249	T246～T249
	100ms 累积	—	—	—	T250～T255	T250～T255
计数器 C	16 位增计数（普通）	C0～C13	C0～C15	C0～C15	C0～C15	C0～C99
	16 位增计数（保持）	C14、C15	C16～C31	C16～C31	C16～C199	C100～C199
	32 位可逆计数（普通）	—	—	—	C200～C219	C200～C219
	32 位可逆计数（保持）	—	—	—	C220～C234	C220～C234

（续）

PLC 型号 / 编程元件		FX_{0S} PLC	FX_{1S} PLC	FX_{0N} PLC	FX_{1N} PLC	FX_{2N} PLC（FX_{2NC} PLC）
	高速计数器	C235～C255(具体见使用手册)				
数据寄存器 D	16 位普通用	D0～D29	D0～D127	D0～D127	D0～D127	D0～D199
	16 位保持用	D30、D31	D128～D255	D128～D255	D128～D7999	D200~D7999
	16 位特殊用	D8000～D8069	D8000～D8255	D8000～D8255	D8000～D8255	D8000～D8195
	16 位变址用	V Z	V0～V7 Z0～Z7	V Z	V0～V7 Z0～Z7	V0～V7 Z0～Z7
指针 N、P、I	嵌套用	N0～N7	N0～N7	N0～N7	N0～N7	N0～N7
	跳转用	P0～P63	P0～P63	P0～P63	P0～P127	P0～P127
	输入中断用	I00*～I30*	I00*～I50*	I00*～I30*	I00*～I50*	I00*～I50*
	定时器中断	—	—	—	—	I6**～I8**
	计数器中断	—	—	—	—	I010～I060
常数 K、H	16 位	K:-32 768～32 767 H:0000～FFFFH				
	32 位	K:-2 147 483 648～2 147 483 647 H:00000000～FFFFFFFF				

8.1.4 常用特殊辅助继电器

符 号	名 称	功 能 描 述
M8000 （M8001）	运行监视用特殊辅助继电器	PLC 运行时 M8000 得电（M8001 断电），PLC 停止时 M8000 失电（M8001 得电）
M8002（M8003）	初始脉冲特殊辅助继电器	M8002（M8003）只在 PLC 开始运行的第一个扫描周期内得电（断电），其余时间均断电（得电）。
M8011、M8012、M8013、M8014	周期脉冲特殊辅助继电器	分别为产生周期为 10ms、100ms、1s、1min 脉冲的特殊辅助继电器 （ PLC RUN ）
M8004	出错特殊继电器	当 PLC 出现硬件出错、参数出错、语法出错、电路出错、操作出错、运算出错等时，M8004 得电
M8020	零标志	
M8021	错标志	
M8022	进位标志	

8.1.5 FX_{2N} PLC 内部继电器介绍

1. 输入继电器 X

输入继电器与输入端相连，它是专门用来接收 PLC 外部开关信号的元件。PLC 通过输入接口将外部输入信号状态（接通时为“1”，断开时为“0”）读入并存储在输入映像寄存器中。

输入继电器必须由外部信号驱动，不能用程序驱动，所以在程序中只能出现触点而不可能出现线圈。由于输入继电器（X）为输入映像寄存器中的状态，所以其触点的使用次数不限。

FX 系列 PLC 的输入继电器以八进制进行编号，FX_{2N} PLC 输入继电器的编号范围为 X000～X267（184 点）。注意，基本单元输入继电器的编号是固定的，扩展单元和扩展模块是由与基本单元最靠近开始，顺序进行编号。如：基本单元 FX_{2N}-64M PLC 的输入继电器编号为 X000～X037（32 点），如果接有扩展单元或扩展模块，则扩展的输入继电器从 X040 开始编号。

2．输出继电器 Y

输出继电器是用来将 PLC 的内部信号输出给外部负载（用户输出设备）的设备。输出继电器线圈是由 PLC 内部程序的指令驱动，线圈状态被传送给输出单元，再由输出单元对应的硬触点来驱动外部负载。

每个输出继电器在输出单元中都对应有唯一一个常开硬触点，但在程序中供编程的输出继电器，不管是常开还是常闭触点，都可以无限次使用。

FX 系列 PLC 的输出继电器也是八进制编号，其中 FX_{2N} PLC 编号范围为 Y000～Y267（184 点）。与输入继电器一样，基本单元的输出继电器的编号是固定的，扩展单元和扩展模块的编号也是由与基本单元最靠近开始，顺序进行编号。

在实际使用中，输入、输出继电器的数量取决于具体系统的配置情况。

3．辅助继电器 M

辅助继电器是 PLC 中数量最多的一种继电器，一般的辅助继电器与继电器控制系统中的中间继电器相似。辅助继电器不能直接驱动外部负载，负载只能由输出继电器的外部触点驱动。辅助继电器的常开与常闭触点在 PLC 内部编程时可无限次使用。

辅助继电器采用 M 与十进制数共同组成编号（只有输入输出继电器才用八进制数）。

（1）通用辅助继电器（M0～M499）

FX_{2N} 系列共有 500 点通用辅助继电器。通用辅助继电器在 PLC 运行时，如果电源突然断电，则全部线圈均 OFF。当电源再次接通时，除了因外部输入信号而变为 ON 的以外，其余的仍将保持 OFF 状态，它们没有断电保护功能。通用辅助继电器常在逻辑运算中起到辅助运算、状态暂存、移位等作用。

根据需要可通过程序设定将 M0～M499 变为断电保持辅助继电器。

（2）断电保持辅助继电器（M500～M3071）

FX_{2N} 系列有 M500～M3071 共 2572 个断电保持辅助继电器。它与普通辅助继电器不同的是具有断电保护功能，即能记忆电源中断瞬时的状态，并在重新通电后再现其状态。它之所以能在电源断电时保持其原有的状态，是因为电源中断时用 PLC 中的锂电池保持它们映像寄存器中的内容。其中 M500～M1023 可由软件将其设定为通用辅助继电器。

（3）特殊辅助继电器

PLC 内有大量的特殊辅助继电器，它们都有各自的特殊功能。FX_{2N} 系列中有 256 个特殊辅助继电器，可分成触点型和线圈型两大类。

1）触点型：线圈由 PLC 自动驱动，用户只可使用其触点。如：

M8000：运行监视器（在 PLC 运行中接通），M8001 与 M8000 相反逻辑。

M8002：初始脉冲（仅在运行开始时瞬间接通一个周期），M8003 与 M8002 相反逻辑。

M8011、M8012、M8013 和 M8014 分别是产生 10ms、100ms、1s 和 1min 时钟脉冲的特殊辅助继电器。

2）线圈型：在用户程序驱动线圈后，PLC 执行特定的动作。

M8033：若使其线圈得电，则 PLC 停止时要保持输出映像存储器和数据寄存器内容。

M8034：若使其线圈得电，则 PLC 的输出要全部禁止。

M8039：若使其线圈得电，则 PLC 要按 D8039 中指定的扫描时间工作。

4. 状态器 S

状态器用来纪录系统运行中的状态，是编制顺序控制程序的重要编程元件，与后续的步进顺控指令 STL 配合应用。

状态器有 5 种类型：初始状态器 S0～S9 共 10 点；回零状态器有 S10～S19，共 10 点；通用状态器有 S20～S499，共 480 点；具有状态断电保持的状态器有 S500～S899，共 400 点；供报警用的状态器有（可用作外部故障诊断输出）S900～S999，共 100 点。

在使用状态器时应注意：1）状态器与辅助继电器一样有无数的常开和常闭触点；2）状态器不与步进顺控指令 STL 配合使用时，可作为辅助继电器 M 使用；3）FX_{2N}系列 PLC 可通过程序设定将 S0～S499 设置为有断电保持功能的状态器。

5. 定时器 T

PLC 中的定时器（T）相当于继电器控制系统中的通电型时间继电器。它可以提供无限对常开常闭延时触点。定时器中有一个设定值寄存器（一字长），一个当前值寄存器（一字长）和一个用来存储输出触点的映像寄存器（一个二进制位），这 3 个量使用同一地址编号，但使用场合不一样，意义也不同。

FX_{2N} 系列 PLC 中定时器可分为通用定时器和积算定时器两种。它们是通过对一定周期的时钟脉冲进行累计而实现定时的，时钟脉冲的周期有 1ms、10ms、100ms 三种，当所计数值达到设定值时触点动作。设定值可用常数 K 或数据寄存器 D 的内容来设置。

（1）通用定时器

通用定时器的特点是不具备断电保持功能，即当输入电路断开或停电时定时器复位。通用定时器有 100ms 和 10ms 两种。

100ms 通用定时器（T0～T199）共 200 点，其中 T192～T199 为子程序和中断服务程序专用定时器。这类定时器是对 100ms 时钟累积计数，设定值为 1～32767，所以定时范围为 0.1～3276.7s。

10ms 通用定时器（T200～T245）共 46 点。这类定时器是对 10ms 时钟累积计数，设定值为 1～32767，所以定时范围为 0.01～327.67s。

下面举例说明通用定时器的工作原理。如图 8-2 所示，当输入 X000 接通时，定时器 T1 从 0 开始对 100ms 时钟脉冲进行累积计数，当计数值与设定值 K118 相等时，定时器的常开触点接通 Y000，经过的时间为 118×0.1s=11.8s。当 X000 断开后定时器复位，计数值变为 0，常开触点断开，Y000 也随之断开。若外部电源断电，定时器也将复位。

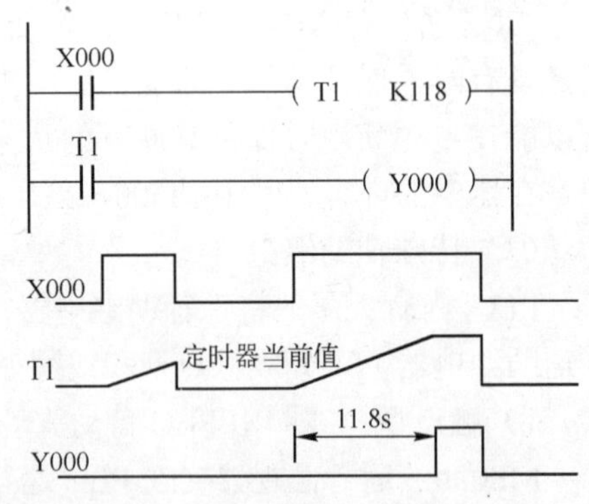

图 8-2 通用定时器工作原理

（2）积算定时器

积算定时器具有计数累积的功能。在定时过程中如果断电或定时器线圈失电，则积算定时器将保持当前的计数值（当前值），在通电或定时器线圈得电后继续累积，即当前值具有保持功能，只有将积算定时器复位，当前值才变为零。

1）1ms 积算定时器（T246～T249）共 4 点，是对 1ms 时钟脉冲进行累积计数的，定时的时间范围为 0.001～32.767s。

2）100ms 积算定时器（T250～T255）共 6 点，是对 100ms 时钟脉冲进行累积计数的，定时的时间范围为 0.1～3276.7s。

下面举例说明积算定时器的工作原理。如图 8-3 所示，当 X000 接通时，T251 当前值计数器开始累积 100ms 的时钟脉冲的个数。当 X000 经 t0 后断开，而 T251 尚未计数到设定值 K66 时，其计数的当前值保留。当 X000 再次接通时，T251 从保留的当前值开始继续累积，经过 t1 时间，当前值达到 K66 时，定时器的触点动作。累积的时间为 t0+t1=0.1×66s=6.6s。当复位输入 X001 接通时，定时器才复位，当前值变为零，触点也随之复位。

6. 计数器 C

FX_{2N} 系列 PLC 计数器分为内部计数器和高速计数器两类。

（1）内部计数器

内部计数器在执行扫描操作时对内部信号（如 X、Y、M、S、T 等）进行计数。内部输入信号的接通和断开时间应比 PLC 的扫描周期稍长。

1）16 位增计数器。C0～C199 共 200 点，其中 C0～C99 为通用型，C100～C199 共 100 点为断电保持型（断电保持型即断电后能保持当前值待通电后继续计数）。这类计数器为递加计数，应用前要先设置设定值，当输入信号（上升沿）个数累加到设定值时，计数器动作，常开触点闭合、常闭触点断开。计数器的设定值为 1～32767（16 位二进制），设定值除了用常数 K 设定外，还可间接通过指定数据寄存器设定。

下面举例说明通用型 16 位增计数器的工作原理。如图 8-4 所示，X002 为复位信号，当 X002 为 ON 时 C1 复位。X003 是计数输入，每当 X003 接通一次计数器当前值增加 1（注意 X002 断开，计数器不会复位）。当计数器计数当前值达到设定值 6 时，计数器 C1 的输出触点动作，Y000 被接通。此后即使输入 X003 再接通，计数器的当前值也保持不变。当复位输入 X002 接通时，执行 RST 复位指令，计数器复位，输出触点也复位，Y000 被断开。

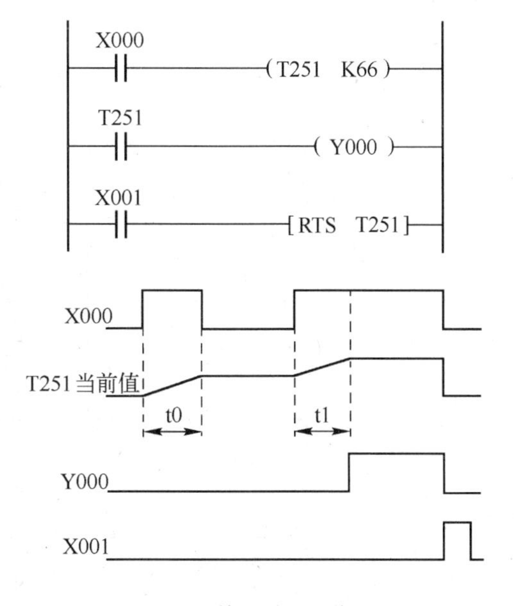

图 8-3 积算定时器工作原理

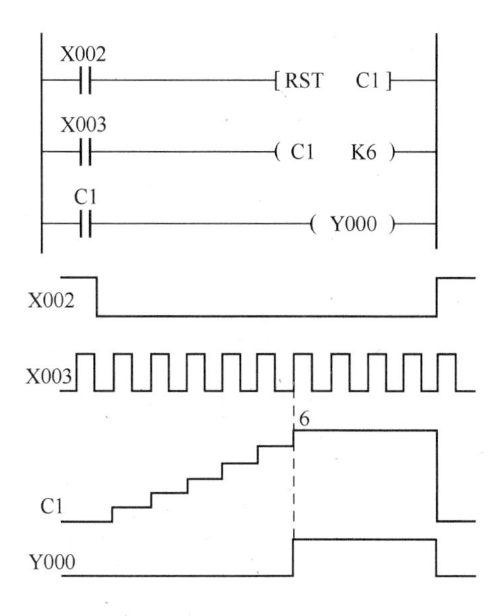

图 8-4 通用型 16 位增计数器

2）32 位增/减计数器。C200～C234 共有 35 点 32 位增/减计数器，其中 C200～C219

（共 20 点）为通用型，C220～C234（共 15 点）为断电保持型。这类计数器与 16 位增计数器除位数不同外，还在于它能通过控制实现增/减双向计数。它们的设定值范围均为 –214783648～214783647（32 位）。

C200～C234 是增计数还是减计数，分别由特殊辅助继电器 M8200～M8234 设定。对应的特殊辅助继电器被置为 ON 时为减计数，置为 OFF 时为增计数。

计数器的设定值与 16 位计数器一样，可直接用常数 K 或间接用数据寄存器 D 的内容作为设定值。在间接设定时，要使用编号紧连在一起的两个数据计数器。

如图 8-5 所示，X010 用来控制 M8200，X010 闭合时为减计数方式。X012 为计数输入，C200 的设定值为 6（可正、可负）。设置 C200 为增计数方式（M8200 为 OFF），当 X012 计数输入累加由 5→6 时，计数器的输出触点动作。当前值大于 6 时计数器仍为 ON 状态。只有当前值由 6→5 时，计数器才变为 OFF。只要当前值小于 4，则输出保持为 OFF 状态。复位输入 X011 接通时，计数器的当前值为 0，输出触点也随之复位。

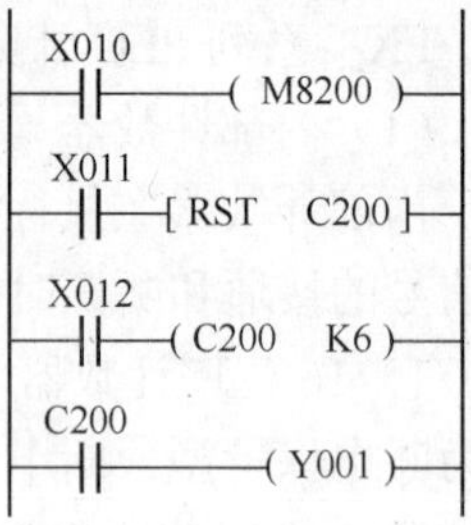

```
X010
─┤├──────( M8200 )─
X011
─┤├──────[ RST  C200 ]─
X012
─┤├──────( C200  K6 )─
C200
─┤├──────( Y001 )─
```

图 8-5　32 位增/减计数器

（2）高速计数器（C235～C255）

高速计数器与内部计数器相比除允许输入的频率高之外，应用也更为灵活。高速计数器均有断电保持功能，通过参数设定也可变成非断电保持。FX_{2N} PLC 有 C235～C255 共 21 点高速计数器，适合用来作为高速计数器输入的 PLC 输入端口有 X000～X007。但 X000～X007 不能重复使用，即如果某一个输入端已被某个高速计数器占用，它就不能再用于其他高速计数器，也不能用作他用。各高速计数器对应的输入端如表 8-3 所示。

表 8-3　高速计数器简表

输　入		X000	X001	X002	X003	X004	X005	X006	X007
单相单计数输入	C235	U/D							
	C236		U/D						
	C237			U/D					
	C238				U/D				
	C239					U/D			
	C240						U/D		
	C241	U/D	R						
	C242			U/D	R				
	C243				U/D	R			
	C244	U/D	R					S	
	C245			U/D	R				S
单相双计数输入	C246	U	D						
	C247	U	D	R					
	C248				U	D	R		
	C249	U	D	R				S	
	C250				U	D	R		S

（续）

输　入		X000	X001	X002	X003	X004	X005	X006	X007
双相	C251	A	B						
	C252	A	B	R					
	C253				A	B	R		
	C254	A	B	R				S	
	C255				A	B	R		S

表中，U 表示加计数输入；D 为减计数输入；B 表示 B 相输入；A 为 A 相输入；R 为复位输入；S 为启动输入。X006、X007 只能用作启动信号，而不能用作计数信号。

高速计数器可分为 4 类：1）单相单计数输入高速计数器（C235～C245）。单相单输入高速计数器触点动作与 32 位增/减计数器相同，可进行增或减计数（取决于 M8235～M8245 的状态）。

如图 8-6a 所示为无启动/复位端单相单计数输入高速计数器的应用。当 X010 断开时，M8235 为 OFF，此时 C235 为增计数方式（反之为减计数）。由 X012 选中 C235，从表 8-3 中可知其输入信号来自 X000，故 C235 对 X000 信号增计数，当前值达到 2345 时，C235 常开接通，Y001 得电。X011 为复位信号，当 X011 接通时，C235 复位。

如图 8-6b 所示为带启动/复位端单相单计数输入高速计数器的应用。由表 8-3 可知，X001 和 X006 分别为复位输入端和启动输入端。利用 X010 通过 M8244 可设定增/减计数方式。当 X012 为接通、且 X006 也接通时，计数器开始计数，计数的输入信号来自于 X000，C244 的设定值由 D0 和 D1 指定。除了可用 X001 立即复位外，也可用梯形图中的 X011 复位。

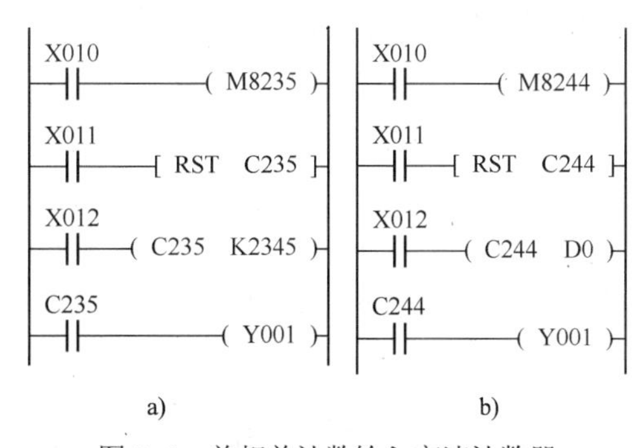

图 8-6　单相单计数输入高速计数器

a) 无启动/复位端　b) 带启动/复位端

1）单相双计数输入高速计数器（C246～C250）。这类高速计数器具有两个输入端，一个为增计数输入端，另一个为减计数输入端。利用 M8246～M8250 的 ON/OFF 动作可监控 C246～C250 的增/减计数动作。

如图 8-7 所示，X010 为复位信号，有效（ON）则 C248 复位。由表 8-3 可知，也可利用 X005 对其复位。当 X011 接通时，选中 C248，则输入来自 X003 和 X004。

X010
RST　C248
X011
C248　D2

图 8-7　单相双计数输入高速计数器

2）双相高速计数器（C251～C255）。A 相和 B 相信号决定计数器是增计数还是减计数。当 A 相为 ON 时，若 B 相由 OFF 到 ON，则为增计数；当 A 相为 ON 时，若 B 相由 ON 到 OFF，则为减计数，如图 8-8b 所示。

如图 8-8a 所示，当 X022 接通时，C251 计数开始。由表 8-3 可知，其输入来自 X000（A 相）和 X001（B 相）。只有当计数使当前值超过设定值时，则 Y005 为 ON。如果 X021 接通，则计数器复位。根据不同的计数方向，Y006 为 ON（增计数）或为 OFF（减计数），即用 M8251～M8255，可监视 C251～C255 的增/减计数状态。

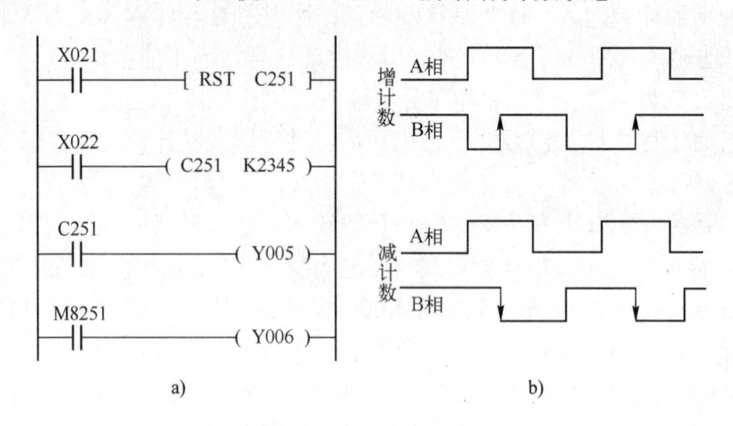

图 8-8　双相高速计数器

☞注意：

高速计数器的计数频率较高，它们的输入信号的频率受两方面的限制。一是全部高速计数器的处理时间。因为它们采用中断方式，所以计数器用的越少，可计数频率就越高；二是输入端的响应速度，其中 X000、X002、X003 最高频率为 10kHz，X001、X004、X005 最高频率为 7kHz。

7. 数据寄存器 D

PLC 在进行输入输出处理、模拟量控制和位置控制时，需要许多数据寄存器存储数据和参数。数据寄存器为 16 位，最高位为符号位。可用两个数据寄存器来存储 32 位数据，最高位仍为符号位。数据寄存器有以下几种类型。

（1）通用数据寄存器（D0～D199）

共 200 点。当 M8033 为 ON 时，D0～D199 有断电保护功能；当 M8033 为 OFF 时则它们无断电保护功能，这种情况下 PLC 由 RUN→STOP 或停电时，数据全部清零。

（2）断电保持数据寄存器（D200～D7999）

共 7800 点，其中 D200～D511（共 12 点）有断电保持功能，可以利用外部设备的参数设置改变通用数据寄存器与有断电保持功能的数据寄存器的分配；D490～D509 供通信用；D512～D7999 的断电保持功能不能用软件改变，但可用指令清除它们的内容。根据参数设定可以将 D1000 以上作为文件寄存器。

（3）特殊数据寄存器（D8000～D8255）

共 256 点。特殊数据寄存器的作用是监控 PLC 的运行状态，如扫描时间、电池电压等。未加定义的特殊数据寄存器用户不能使用。具体可参见用户手册。

（4）变址寄存器（V/Z）

FX_{2N}系列 PLC 有 V0～V7 和 Z0～Z7 共 16 个变址寄存器，它们都是 16 位的寄存器。变址寄存器 V/Z 实际上是一种特殊用途的数据寄存器，用于改变元件的编号（变址），如 V0=5，则执行 D20V0 时，被执行的编号为 D25（D20+5）。变址寄存器可以像其他数据寄存器一样进行读写，需要进行 32 位操作时，可将 V、Z 串联使用（Z 为低位，V 为高位）。

8. 指针（P、I）

在 FX 系列 PLC 中，指针用来指示分支指令的跳转目标和中断程序的入口标号。分为分支用指针和中断用指针。

（1）分支用指针（P0～P127）

FX_{2N} PLC 有 P0～P127 共 128 点分支用指针。分支用指针用来指示跳转指令（CJ）的跳转目标或子程序调用指令（CALL）调用子程序的入口地址。

如图 8-9 所示，当 X000 常开接通时，执行跳转指令 CJ P2，则 PLC 跳到标号为 P2 处之后的程序去执行。

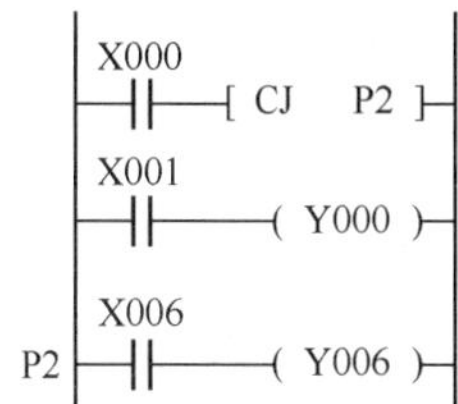

图 8-9 分支用指针

（2）中断用指针（I0□□～I8□□）

中断用指针是用来指示某一中断程序的入口位置。执行中断后遇到 IRET（中断返回）指令，则返回主程序。中断用指针有以下 3 种类型。

1）输入中断用指针（I00□～I50□）。共 6 点，它是用来指示由特定输入端的输入信号而产生中断的中断服务程序的入口位置，这类中断不受 PLC 扫描周期的影响，可以及时处理外界信息。

2）定时器中断用指针（I6□□～I8□□）。共 3 点，是用来指示周期定时中断的中断服务程序的入口位置，这类中断的作用是 PLC 以指定的周期定时执行中断服务程序，定时循环处理某些任务。处理的时间也不受 PLC 扫描周期的限制。□□表示定时范围，可在 10～99ms 中选取。

3）计数器中断用指针（I010～I060）。共 6 点，它们用在 PLC 内置的高速计数器中。根据高速计数器的计数当前值与计数设定值之间的关系确定是否执行中断服务程序。它常用于利用高速计数器优先处理计数结果的场合。

8.2 三菱 FX_{2N} 系列 PLC 指令

8.2.1 基本指令

FX 系列 PLC 有基本逻辑指令 20 或 27 条、步进指令两条、功能指令一百多条（不同型号有所不同）。本节以 FX_{2N} PLC 为例，介绍基本逻辑指令和步进指令及其应用。

FX_{2N} PLC 共有 27 条基本逻辑指令，其中包含了有些子系列 PLC 的 20 条基本逻辑指令。

1. 取指令与输出指令（LD/LDI/LDP/LDF/OUT）

（1）LD（取指令）

一个常开触点与左母线连接的指令，每一个以常开触点开始的逻辑行都用此指令。

（2）LDI（取反指令）

一个常闭触点与左母线连接的指令，每一个以常闭触点开始的逻辑行都用此指令。

（3）LDP（取上升沿指令）

与左母线连接的常开触点的上升沿检测指令，仅在指定位元件的上升沿（由 OFF→ON）时接通一个扫描周期。

（4）LDF（取下降沿指令）

与左母线连接的常闭触点的下降沿检测指令。

（5）OUT（输出指令）

对线圈进行驱动的指令，也称为输出指令。

取指令与输出指令的使用如图 8-10 所示。

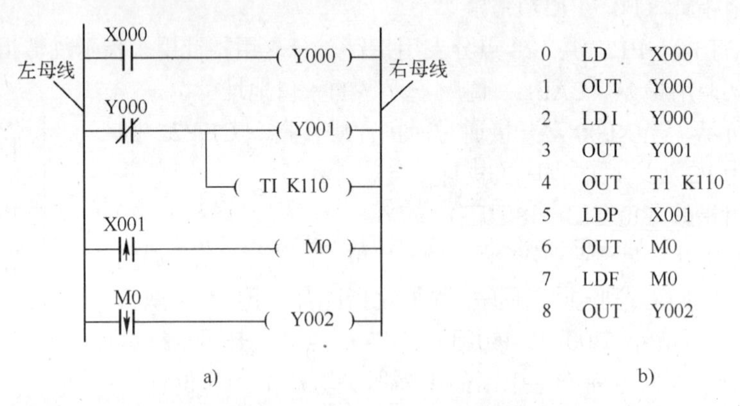

图 8-10 取指令与输出指令的使用

a) 梯形图程序 b）语句表程序

取指令与输出指令的使用说明：

1）LD、LDI 指令既可用于输入与左母线相连的触点，也可与 ANB、ORB 指令配合实现块逻辑运算；

2）LDP、LDF 指令仅在对应元件有效时维持一个扫描周期的接通。当 M1 有一个下降沿时，则 Y3 只有一个扫描周期为 ON；

3）LD、LDI、LDP、LDF 指令的目标元件为 X、Y、M、T、C、S；

4）OUT 指令可以连续使用若干次（相当于线圈并联），对于定时器和计数器，在 OUT 指令之后应设置常数 K 或数据寄存器；

5）OUT 指令的目标元件为 Y、M、T、C 和 S，但不能为 X。

2. 三菱 FX 系列 PLC 触点串联指令（AND/ANI/ANDP/ANDF）

（1）AND（与指令）

一个常开触点串联连接指令，完成逻辑“与”运算。

（2）ANI（与反指令）

一个常闭触点串联连接指令，完成逻辑“与非”运算。

（3）ANDP

上升沿检测串联连接指令。

（4）ANDF

下降沿检测串联连接指令。

触点串联指令的使用如图 8-11 所示。

触点串联指令的使用说明：

1）AND、ANI、ANDP、ANDF 都是单个触点串联连接的指令，串联次数没有限制，可反复使用；

2）AND、ANI、ANDP、ANDF 指令的目标元件为 X、Y、M、T、C 和 S；

3）图 8-11 中 OUT M100 指令之后通过 T1 的触点去驱动 Y004 称为连续输出。

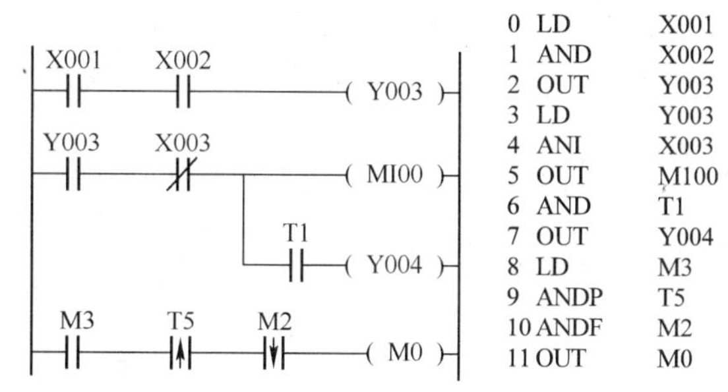

图 8-11　触点串联指令的使用

3.触点并联指令（OR/ORI/ORP/ORF）

（1）OR（或指令）

用于单个常开触点的并联，实现逻辑“或”运算。

（2）ORI（或非指令）

用于单个常闭触点的并联，实现逻辑“或非”运算。

（3）ORP

上升沿检测并联连接指令。

（4）ORF

下降沿检测并联连接指令。

触点并联指令的使用如图 8-12 所示。

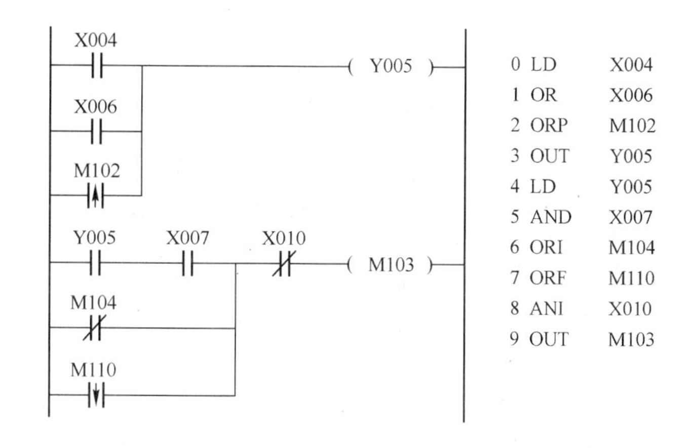

图 8-12　触点并联指令的使用

触点并联指令的使用说明：

1）OR、ORI、ORP、ORF 指令都是指单个触点的并联，并联触点的左端接到 LD、LDI、LDP 或 LPF 处，右端与前一条指令对应触点的右端相连。触点并联指令连续使用的次数不限；

2）OR、ORI、ORP、ORF 指令的目标元件为 X、Y、M、T、C、S。

4.　块操作指令（ORB / ANB）

（1）ORB（块或指令）

用于两个或两个以上的触点串联连接的电路之间的并联。ORB 指令的使用如图 8-13 所示。

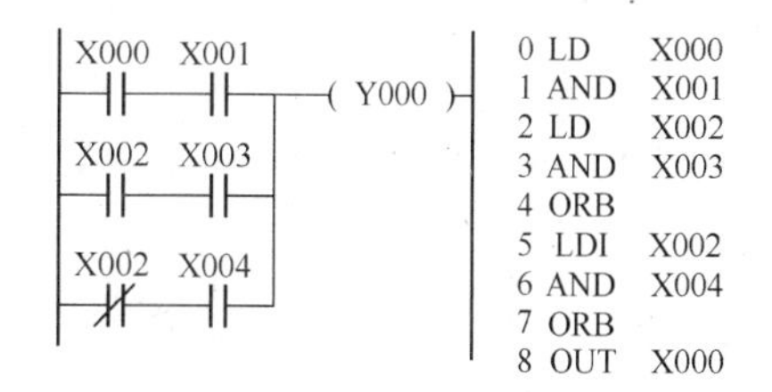

图 8-13　ORB 指令的使用

ORB 指令的使用说明：

1）几个串联电路块并联连接时，每个串联电路块开始时应该用 LD 或 LDI 指令；

2）有多个电路块并联回路时，如对每个电路块使用 ORB 指令，则并联的电路块数量没有限制；

3）ORB 指令也可以连续使用，但这种程序写法不推荐使用，因 LD 或 LDI 指令的使用次数不得超过 8 次，也就是 ORB 只能连续使用 8 次以下。

（2）ANB（块与指令）

用于两个或两个以上触点并联连接的电路之间的串联。ANB 指令的使用说明如图 8-14 所示。

ANB 指令的使用说明：

1）并联电路块串联连接时，并联电路块的开始均用 LD 或 LDI 指令；

2）多个并联回路块连接再按顺序和前面的回路串联时，ANB 指令的使用次数没有限制，也可连续使用，但与 ORB 一样，连续使用次数在 8 次以下。

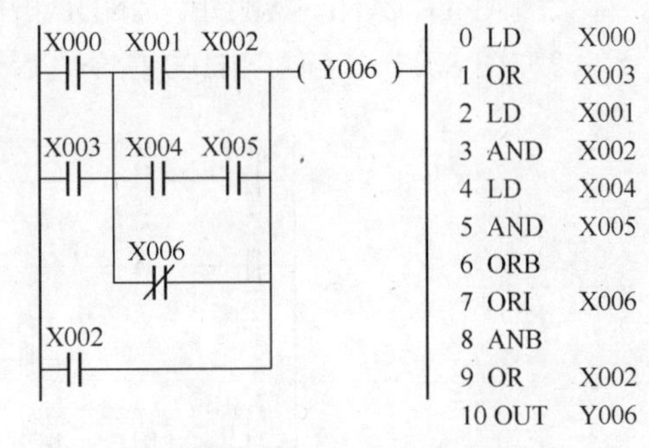

图 8-14　ANB 指令的使用

5. 堆栈指令（MPS/MRD/MPP）

堆栈指令是 FX 系列 PLC 中新增的基本指令，用于多重输出电路，为编程带来便利。在 FX 系列 PLC 中有 11 个存储单元，它们专门用来存储程序运算的中间结果，被称为栈存储器。

（1）MPS（进栈指令）

将运算结果送入栈存储器的第一段，同时将先前送入的数据依次移到栈的下一段。

（2）MRD（读栈指令）

将栈存储器的第一段数据（最后进栈的数据）读出且该数据继续保存在栈存储器的第一段，栈内的数据不发生移动。

（3）MPP（出栈指令）

将栈存储器的第一段数据（最后进栈的数据）读出且该数据从栈中消失，同时将栈中其他数据依次上移。

堆栈指令的使用如图 8-15 所示，其中图 8-15a 为一层堆栈，进栈后的信息可无限次使用，最后一次使用 MPP 指令弹出信号；图 8-15b 为二层堆栈，它用了两个栈单元。

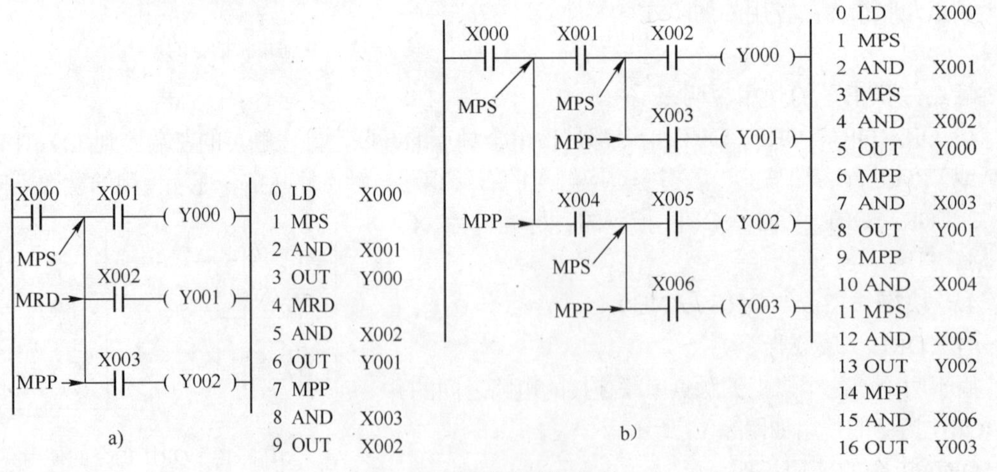

图 8-15　堆栈指令的使用

a）一层堆栈　b）二层堆栈

堆栈指令的使用说明：1）堆栈指令没有目标元件；

2）MPS 和 MPP 必须配对使用；

3）由于栈存储单元只有 11 个，所以栈的层次最多为 11 层。

6. 置位与复位指令（SET/RST）

（1）指令的定义

1）SET（置位指令）的作用是使被操作的目标元件置位并保持。

2）RST（复位指令）的作用是使被操作的目标元件复位并保持清零状态。

SET/RST 指令的使用如图 8-16 所示。当 X000 常开接通时，Y001 变为 ON 状态并一直保持该状态，即使 X000 断开，Y001 的 ON 状态仍维持不变；只有当 X001 的常开闭合时，Y001 才变为 OFF 状态并保持，即使 X001 的常开断开，Y001 也仍为 OFF 状态。

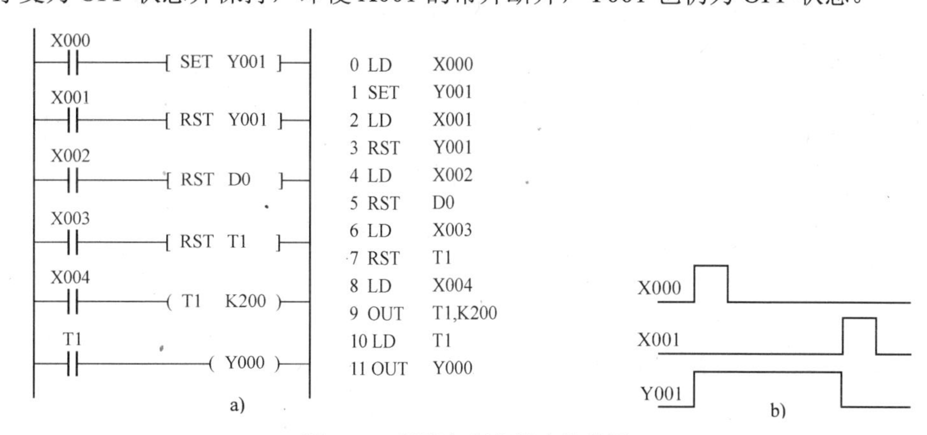

图 8-16　置位与复位指令的使用

（2）SET、RST 指令的使用说明：

1）SET 指令的目标元件为 Y、M、S，RST 指令的目标元件为 Y、M、S、T、C、D、V、Z。RST 指令常被用来对 D、Z、V 的内容清零，还用来复位积算定时器和计数器；

2）对于同一目标元件，SET、RST 可多次使用，顺序也可随意，但最后执行者有效。

7. 微分指令（PLS/PLF）

（1）指令的定义

1）PLS（上升沿微分指令）在输入信号上升沿产生一个扫描周期的脉冲输出。

2）PLF（下降沿微分指令）在输入信号下降沿产生一个扫描周期的脉冲输出。微分指令的使用如图 8-17 所示，利用微分指令可检测到信号的边沿，通过置位和复位命令控制 Y001 的状态。

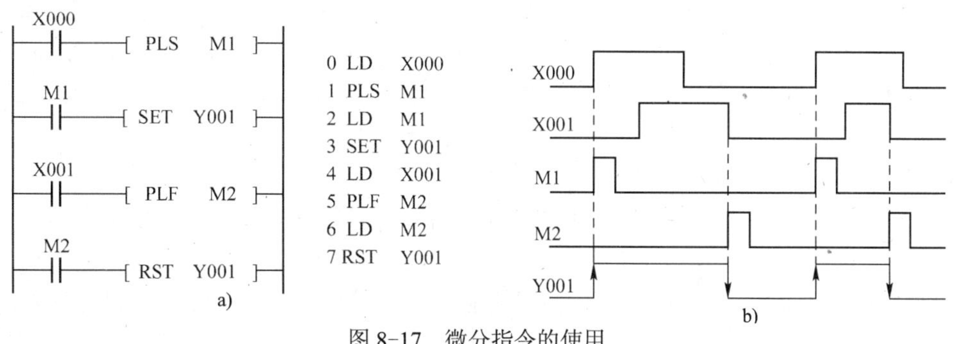

图 8-17　微分指令的使用

（2）PLS、PLF 指令的使用说明

1）PLS、PLF 指令的目标元件为 Y 和 M；

2）使用 PLS 时，仅在驱动输入为 ON 后的一个扫描周期内目标元件为 ON。如图 8-17 所示，M1 仅在 X000 的常开触点由断到通时的一个扫描周期内为 ON。使用 PLF 指令时只是利用输入信号的下降沿驱动，其他与 PLS 相同。

8. 主控指令（MC/MCR）

（1）指令的定义

1）MC（主控指令）用于公共串联触点的连接。执行 MC 后，左母线移到 MC 触点的后面。

2）MCR（主控复位指令）是 MC 指令的复位指令，即可利用 MCR 指令恢复原左母线的位置。

在编程时常会出现这样的情况，多个线圈同时受一个或一组触点控制，如果在每个线圈的控制电路中都串入同样的触点，将占用很多存储单元，使用主控指令就可以解决这一问题。

（2）MC、MCR 指令的使用说明

1）MC、MCR 指令的目标元件为 Y 和 M，但不能用特殊辅助继电器。MC 占 3 个程序步，MCR 占 2 个程序步；

2）主控触点在梯形图中与一般触点垂直。主控触点是与左母线相连的常开触点，是控制一组电路的总开关。与主控触点相连的触点必须用 LD 或 LDI 指令；

3）MC 指令的输入触点断开时，在 MC 和 MCR 之内的积算定时器、计数器、用复位/置位指令驱动的元件保持之前的状态不变。非积算定时器和计数器及用 OUT 指令驱动的元件将复位；

4）在一个 MC 指令区内若再使用 MC 指令称为嵌套。嵌套级数最多为 8 级，编号按 N0→N1→N2→N3→N4→N5→N6→N7 顺序增大，每级的返回用对应的 MCR 指令，从编号大的嵌套级开始复位。

9. 常数的表示方法

K 是表示十进制整数的符号，主要用来指定定时器或计数器的设定值及应用功能指令操作数值。H 是表示十六进制数，主要用来表示应用功能指令的操作数值。如 20 用十进制表示为 K20，用十六进制则表示为 H14。

8.2.2 FX_{2N} PLC 功能指令

早期的 PLC 大多用于开关量控制，因此基本指令和步进指令已经能满足控制要求。从 20 世纪 80 年代开始，PLC 生产厂家为适应控制系统的其他控制要求（如模拟量控制等），在小型 PLC 上增设了大量的功能指令（也称应用指令）。功能指令的出现大大拓宽了 PLC 的应用范围，也给用户编制程序带来了极大的方便。

1. 功能指令的表示格式

功能指令的表示格式与基本指令不同。功能指令用编号 FNC00～FNC294 表示，并给出对应的助记符（大多用英文名称或缩写表示）。如 FNC45 的助记符是 MEAN（平均），使用手持式简易编程器时键入 FNC45；使用智能编程器或在计算机上编程时也可键入助记符 MEAN。

有的功能指令没有操作数，而大多数功能指令有 1～4 个操作数。如图 8-18 所示为一个计算平均值指令，它有 3 个操作数，[S]表示源操作数，[D]表示目标操作数，如果使用变址功能，则可表示为[S.]和[D.]。当源操作数或目标操作数不止一个时，用[S1.]、[S2.]、[D1.]、[D2.]表示。用 n 和 m 表示其他操作数，常用来表示常数 K 和 H，或作为源操作数和目标操作数的补充说明，当这样的操作数多时可用 n1、n2 和 m1、m2 等来表示。

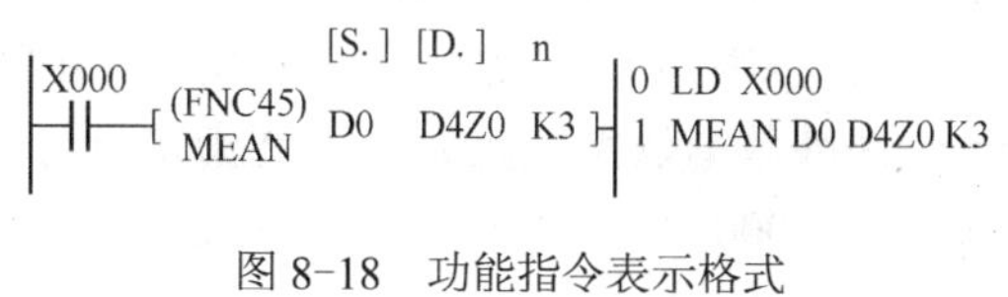

图 8-18 功能指令表示格式

图中源操作数为 D0、D1、D2，目标操作数为 D4Z0（Z0 为变址寄存器），K3 表示有 3 个数，当 X0 接通时，执行的操作为[（D0）+（D1）+（D2）]÷3→（D4Z0），如果 Z0 的内容为 20，则运算结果送入 D24 中。

功能指令的指令段通常占 1 个程序步，16 位操作数占 2 步，32 位操作数占 4 步。

2. 数据传送类指令 MOV/SMOV/CMOV/BMOV/FMOV

（1）传送指令 MOV

（D）MOV（P）指令的编号为 FNC12，该指令的功能是将源数据传送到指定的目标。如图 8-19 所示，当 X000 为 ON 时，则将[S.]中的数据 K100 传送到目标操作元件[D.]即 D10 中。在指令执行时，常数 K100 会自动转换成二进制数。当 X0 为 OFF 时，则指令不执行，数据保持不变。

```
          [S.]  [D.]
|X000
|--| |--[ MOV  K100  D10 ]-|
```

图 8-19 传送指令的使用

使用 MOV 指令时应注意。

1）源操作数可取所有数据类型，目标操作数可以是 KnY、KnM、KnS、T、C、D、V、Z；

2）16 位运算时占 5 个程序步，32 位运算时则占 9 个程序步。

（2）移位传送指令 SMOV

SMOV（P）指令的编号为 FNC13。该指令的功能是将源数据（二进制）自动转换成 4 位 BCD 码，再进行移位传送，传送后的目标操作数元件的 BCD 码自动转换成二进制数。如图 8-20 所示，当 X000 为 ON 时，将 D1 中右起第 4 位（m1=4）开始的 2 位（m2=2）BCD 码移到目标操作数 D2 的右起第 3 位（n=3)和第 2 位。然后 D2 中的 BCD 码会自动转换为二进制数，而 D2 中的第 1 位和第 4 位 BCD 码不变。

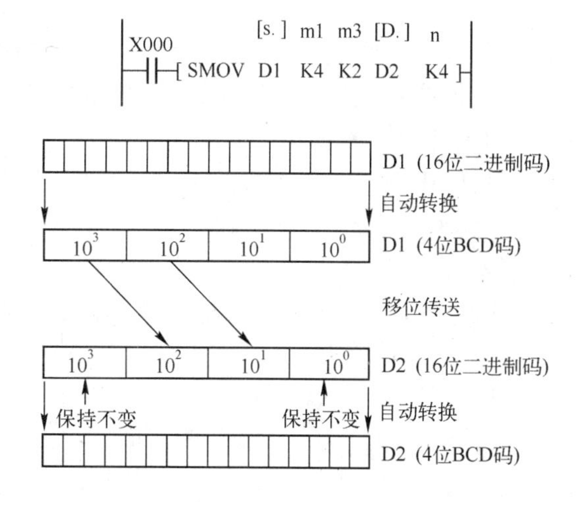

图 8-20 移位传送指令的使用

使用移位传送指令时应该注意。

1）源操作数可取所有数据类型，目标操作数可为 KnY、KnM、KnS、T、C、D、V、Z；

2）SMOV 指令只有 16 位运算，占 11 个程序步。

（3）取反传送指令 CML

（D）CML（P）指令的编号为 FNC14。它是将源操作数元件的数据逐位取反并传送到指定目标。如图 8-21 所示，当 X000 为 ON 时，执行 CML，将 D0 的低 4 位取反向后传送到 Y3～Y0 中。

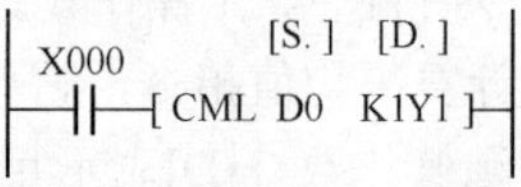

X000 [S.] [D.] CML D0 K1Y1

图 8-21 取反传送指令的使用

使用取反传送指令 CML 时应注意。

1）源操作数可取所有数据类型，目标操作数可为 KnY、KnM、KnS、T、C、D、V、Z.，若源数据为常数 K，则该数据会自动转换为二进制数；

2）16 位运算占 5 个程序步，32 位运算占 9 个程序步。

（4）块传送指令 BMOV

BMOV（P）指令的 ALCE 编号为 FNC15，是将源操作数指定元件开始的 *n* 个数据组成数据块传送到指定的目标。传送顺序既可从高元件号开始，也可从低元件号开始，传送顺序自动决定。若用到需要指定位数的位元件，则源操作数和目标操作数的指定位数应相同。

使用块传送指令时应注意。

1）源操作数可取 KnX、KnY、KnM、KnS、T、C、D 和文件寄存器，目标操作数可取 KnT、KnM、KnS、T、C 和 D；

2）只有 16 位操作，占 7 个程序步；

3）如果元件号超出允许范围，数据则仅传送到允许范围内的元件中。

（5）多点传送指令 FMOV

（D）FMOV（P）指令的编号为 FNC16。它的功能是将源操作数中的数据传送到指定目标开始的 *n* 个元件中，传送后 *n* 个元件中的数据完全相同。

使用多点传送指令 FMOV 时应注意。

1）源操作数可取所有的数据类型，目标操作数可取 KnX、KnM、KnS、T、C、和 D，*n* 小于等于 512；

2）16 位操作占 7 个程序步，32 位操作则占 13 个程序步；

3）如果元件号超出允许范围，则数据仅送到允许范围内的元件中。

3. 算术运算指令 ADD/SUB/MUL/DIV

（1）加法指令 ADD

（D）ADD（P）指令的编号为 FNC20。它是将指定的源元件中的二进制数相加结果送到指定的目标元件中去。如图 8-22 所示，当 X000 为 ON 时，执行（D10）+（D12）→（D14）。

（2）减法指令 SUB

(D) SUB(P)指令的编号为 FNC21。它是将[S1.]指定的元件中的内容以二进制形式减去[S2.]指定的元件的内容，其结果存入由[D.]指定的元件中。如图 8-23 所示，当 X000 为 ON 时，执行（D10）-（D12）→（D14）。

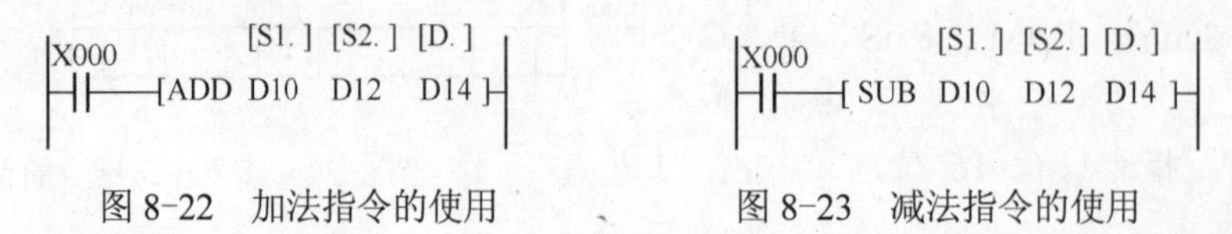

图 8-22 加法指令的使用　　图 8-23 减法指令的使用

使用加法和减法指令时应该注意。

1）操作数可取所有数据类型，目标操作数可取 KnY、KnM、KnS、T、C、D、V 和 Z.；

2）16 位运算占 7 个程序步，32 位运算占 13 个程序步；

3）数据为有符号二进制数，最高位为符号位（0 为正，1 为负）；

4）加法指令有 3 个标志：零标志（M8020）、借位标志（M8021）和进位标志（M8022）。当运算结果超过 32767（16 位运算）或 2147483647（32 位运算）时，则进位标志置 1；当运算结果小于–32767（16 位运算）或-2147483647（32 位运算）时，借位标志就会置 1。

（3）乘法指令 MUL

（D）MUL（P）指令的编号为 FNC22。数据均为有符号数。如图 8-24 所示，当 X000 为 ON 时，将二进制 16 位数[S1.]、[S2.]相乘，结果送到[D.]中。D 为 32 位，即（D0）×（D2）→（D5，D4）（16 位乘法）；当 X001 为 ON 时，则有（D1，D0）×（D3，D2）→（D7，D6，D5，D4）（32 位乘法）。

（4）除法指令 DIV

（D）DIV（P）指令的编号为为 FNC23。其功能是将[S1.]指定为被除数，[S2.]指定为除数，将除得的结果送到[D.]指定的目标元件中，余数送到[D.]的下一个元件中。如图 8-24 所示，当 X000 为 ON 时（D0）÷（D2）→（D4）商，（D5）余数（16 位除法）；当 X001 为 ON 时（D1，D0）÷（D3，D2）→（D5，D4）商，（D7，D6）余数（32 位除法）。

使用乘法和除法指令时应注意。

1）源操作数可取所有数据类型，目标操作数可取 KnY、KnM、KnS、T、C、D、V 和 Z.，要注意 Z 只有 16 位乘法时能用，32 位不可用；

2）16 位运算占 7 个程序步，32 位运算为 13 个程序步；

3）32 位乘法运算中，如用位元件作目标，则只能得到乘积的低 32 位，高 32 位将丢失，这种情况下应先将数据移入字元件再运算；除法运算中若将位元件指定为[D.]，则无法得到余数，除数为 0 时发生运算错误；

4）积、商和余数的最高位为符号位。

（5）加 1 和减 1 指令

加 1 指令（D）INC（P）的编号为 FNC24；减 1 指令（D）DEC（P）的编号为 FNC25。INC 和 DEC 指令分别是当条件满足则将指定元件的内容加 1 或减 1。如图 8-25 所示，当 X000 为 ON 时，（D10）+1→（D10）；当 X001 为 ON 时，（D11）–1→（D11）。若指令是连续指令，则每个扫描周期均作一次加 1 或减 1 运算。

使用加 1 和减 1 指令时应注意。

1）指令的操作数可为 KnY、KnM、KnS、T、C、D、V、Z；

2）当进行 16 位操作时为 3 个程序步，32 位操作时为 5 个程序步；

3）在 INC 运算时，如数据为 16 位，则由+32767 再加 1 变为-32768，但标志不置位；同样，32 位运算由+2147483647 再加 1 就变为-2147483648 时，标志也不置位；

4）在 DEC 运算时，16 位运算-32768 减 1 变为+32767，且标志不置位；32 位运算由–2147483648 减 1 变为+2147483647，标志也不置位。

4. 逻辑运算类指令 WAND/WOR/WXOR/NEG

（1）逻辑与指令 WAND

（D）WAND（P）指令的编号为 FNC26。是将两个源操作数按位进行与操作，结果送到指定元件中。

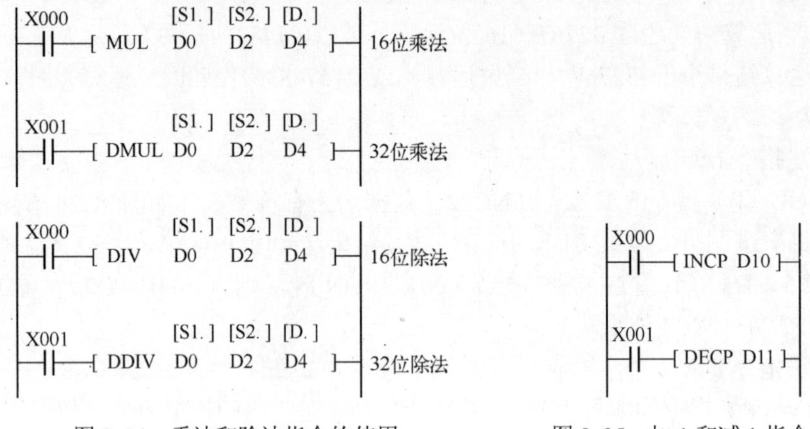

图 8-24　乘法和除法指令的使用　　　　图 8-25　加 1 和减 1 指令

（2）逻辑或指令 WOR

（D）WOR（P）指令的编号为 FNC27。它是对两个源操作数按位进行或运算，结果送到指定元件中。如图 8-26 所示，当 X001 有效时，（D10）∨（D12）→（D14）。

（3）逻辑异或指令 WXOR

（D）WXOR（P）指令的编号为 FNC28。它是对源操作数按位进行逻辑异或运算。

（4）求补指令 NEG

（D）NEG（P）指令的编号为 FNC29。其功能是将[D.]指定的元件内容的各位先取反再加 1，将其结果再存入原来的元件中。

WAND、WOR、WXOR 和 NEG 指令的使用如图 8-26 所示。

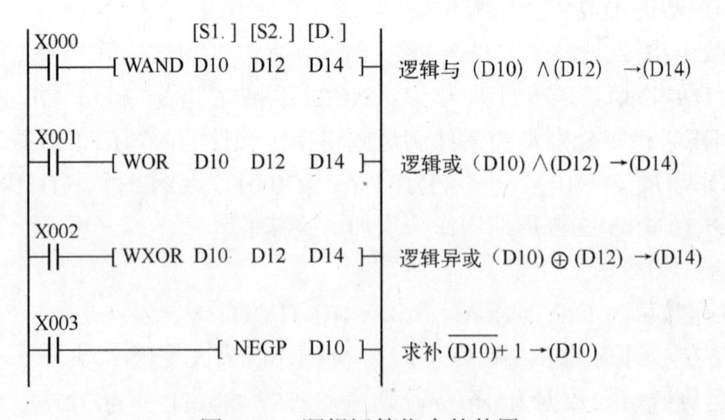

图 8-26　逻辑运算指令的使用

使用逻辑运算指令时应该注意。

1）WAND、WOR 和 WXOR 指令的[S1.]和[S2.]均可取所有的数据类型，而目标操作数可取 KnY、KnM、KnS、T、C、D、V 和 Z；

2）NEG 指令只有目标操作数，可取 KnY、KnM、KnS、T、C、D、V 和 Z；

3）WAND、WOR、WXOR 指令的 16 位运算占 7 个程序步，32 位运算占 13 个程序步，而 NEG 分别占 3 步和 5 步。

5．比较指令 CMP ZCP

比较指令包括 CMP（比较）和 ZCP（区间比较）两条。

（1）比较指令 CMP

（D）CMP（P）指令的编号为 FNC10，是将源操作数[S1.]和源操作数[S2.]的数据进行比较，比较结果用目标元件[D.]的状态来表示。如图 8-27 所示，当 X001 为接通时，把常数 100 与 C20 的当前值进行比较，比较的结果送入 M0～M2 中。X001 为 OFF 时不执行，M0～M2 的状态也保持不变。

（2）区间比较指令 ZCP

（D）ZCP（P）指令的编号为 FNC11，指令执行时将源操作数[S.]与[S1.]和[S2.]的内容进行比较，并将比较结果送到目标操作数[D.]中。如图 8-28 所示，当 X001 为 ON 时，把 C20 当前值与 K210 和 D10 相比较，将结果送到 M10、M11、M12 中。若 X001 为 OFF，则 ZCP 不执行，M10、M11、M12 不变。

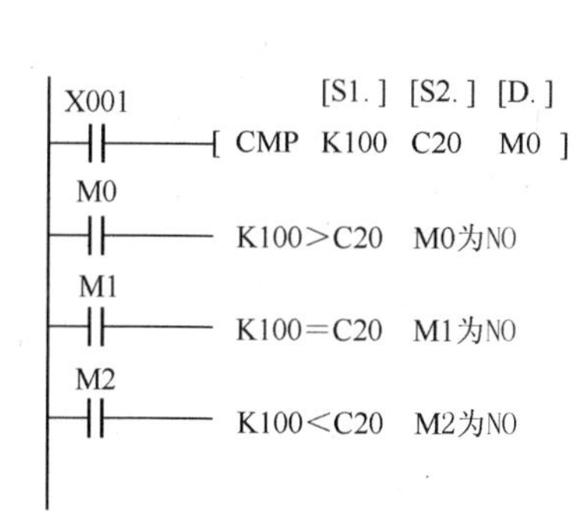

图 8-27 比较指令的使用

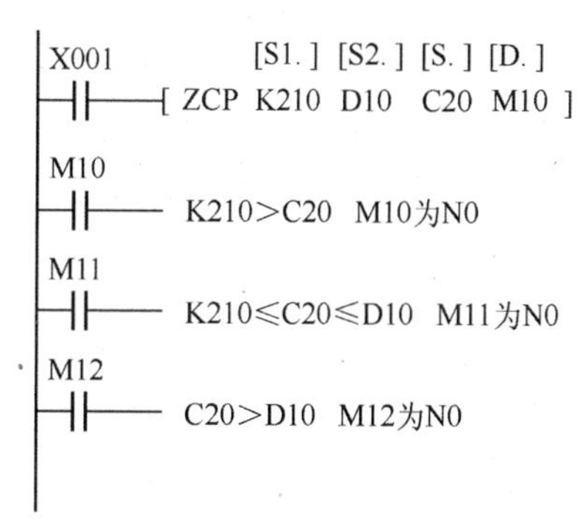

图 8-28 区间比较指令的使用

使用比较指令 CMP/ZCP 时应注意。

1）[S1.]、[S2.]可取任意数据格式，目标操作数[D.]可取 Y、M 和 S；

2）使用 ZCP 时，[S2.]的数值不能小于[S1.]；

3）所有的源数据都被看成二进制值处理。

6. 循环与移位类指令 ROR/ROL/RCR/RCL/SFTR/SFTL/WSFR/WSFL/SFWR/SFRD

（1）循环移位指令 ROR/ROL

右、左循环移位指令(D)ROR(P)和(D)ROL(P)的编号分别为 FNC30 和 FNC31。执行这两条指令时，各位数据向右（或向左）循环移动 *n* 位，最后一次移出来的那一位同时存入进位标志 M8022 中，如图 8-29 所示。

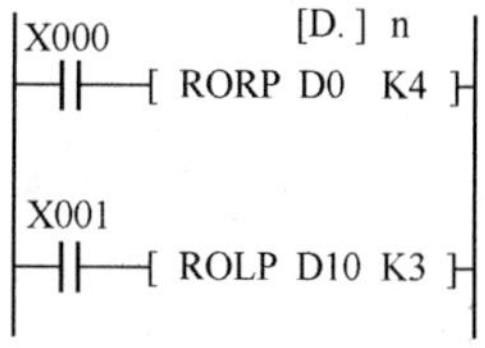

（2）带进位的循环移位指令 RCR/RCL

带进位的循环右、左移位指令（D）RCR（P）和（D）RCL（P）的编号分别为 FNC32 和 FNC33。执行这两条指令时，各位数据连同进位（M8022）向右（或向左）循环移动 *n* 位。

X000 [D.] n RORP D0 K4

X001 ROLP D10 K3

图 8-29 右、左循环移位指令

使用 ROR/ROL/RCR/RCL 指令时应该注意：

1）目标操作数可取 KnY、KnM、KnS、T、C、D、V 和 Z，目标元件中指定位元件的组合只有在 K4（16 位）和 K8（32 位指令）时有效；

2）16 位指令占 5 个程序步，32 位指令占 9 个程序步；

3）用连续指令执行时，循环移位操作每个周期执行一次。

（3）位右移和位左移指令 SFTR/SFTL

位右、左移指令 SFTR(P)和 SFTL(P)的编号分别为 FNC34 和 FNC35。它们使位元件中的状态成组地向右（或向左）移动。*n*1 指定位元件的长度，*n*2 指定移位位数，*n*1 和 *n*2 的关系及范围因机型不同而有差异，一般为 *n*2≤*n*1≤1024。使用位右移和位左移指令时应注意：

1）源操作数可取 X、Y、M、S，目标操作数可取 Y、M、S；

2）只有 16 位操作，占 9 个程序步。

（4）字右移和字左移指令 WSFR/WSFL

字右移和字左移指令 WSFR（P）和 WSFL（P）的编号分别为 FNC36 和 FNC37。字右移和字左移指令以字为单位，工作过程与位移位相似，是将 *n*1 个字右移或左移 *n*2 个字。

使用字右移和字左移指令时应注意：

1）源操作数可取 KnX、KnY、KnM、KnS、T、C 和 D，目标操作数可取 KnY、KnM、KnS、T、C 和 D；

2）字移位指令只有 16 位操作，占用 9 个程序步；

3）*n*1 和 *n*2 的关系为 *n*2≤*n*1≤512。

（5）先入先出写入和读出指令 SFWR/SFRD

先入先出写入指令和先入先出读出指令 SFWR（P）和 SFRD（P）的编号分别为 FNC38 和 FNC39。

使用 SFWR 和 SFRD 指令时应注意：

1）目标操作数可取 KnY、KnM、KnS、T、C 和 D，源操作数可取所有的数据类型；

2）这两条指令只有 16 位运算，占 7 个程序步。

7. 条件跳转指令 CJ（P）

条件跳转指令 CJ（P）的编号为 FNC00，操作数为指针标号 P0～P127，其中 P63 为 END 所在步序，不需标记。指针标号允许用变址寄存器修改。CJ 和 CJP 都占 3 个程序步，指针标号占 1 个程序步。

如图 8-30 所示，当 X20 接通时，则由 CJ P9 指令跳到标号为 P9 的指令处开始执行，跳过了程序的一部分，减少了扫描周期。如果 X20 断开，则跳转不会执行，程序按原顺序执行。

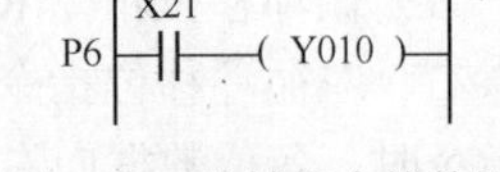

图 8-30　跳转指令的使用

使用跳转指令时应注意：

1）CJ（P）指令表示为脉冲执行方式；

2）在一个程序中一个标号只能出现一次，否则将出错；

3）在跳转执行期间，即使被跳过程序的驱动条件改变，但其线圈（或结果）仍保持跳转前的状态，因为跳转期间根本没有执行这段程序；

4）如果在跳转开始时定时器和计数器已在工作，则在跳转执行期间它们将停止工作，直到跳转条件不满足后又继续工作。但对于正在工作的定时器 T192～T199 和高速计数器 C235～C255 来说，不论有无跳转它们仍连续工作；

5）若积算定时器和计数器的复位（RST）指令在跳转区外，则即使它们的线圈被跳转，对它们的复位仍然有效。

其他功能指令请参考三菱 FX_{2N} 系列 PLC 使用手册。

8.3 三菱 PLC 编程软件 SWOPC-FXGP/WIN-C 的使用

8.3.1 主要功能与系统配置

三菱电机的 SWOPC- FXGP/WIN-C 是专为 FX 系列 PLC 设计的编程软件，界面和帮助文件均已汉化，它占用的存储空间少，安装后仅 1.8MB，但功能较强，可在 Windows 操作系统中运行。

1. SWOPC-FXGP/WIN-C 编程软件的主要功能

1）可用梯形图、指令表和 SFC（顺序功能图）符号来创建 PLC 的程序，可以给编程元件的程序块加上注释，可将程序存储为文件，或用打印机打印出来；

2）通过串行口通信，可将用户程序和数据寄存器中的值下载到 PLC，可以读出未设置口令的 PLC 中的用户程序，或检查计算机和 PLC 中的用户程序是否相同；

3）可实现各种监控和测试功能，如梯形图监控、元件监控、强制 ON/OFF、改变 T、C、D 的当前值等。

2. 系统配置

使用个人计算机，CPU 要求在 486 以上，内存在 8MB 以上，显示器的分辨率为 800×600 像素、16 色或更高。一般用价格便宜的三菱 PLC 编程通信转换接口电缆 SC-09 来连接 PLC 和计算机，用它实现 RS-232C 接口（计算机侧）和 RS-422 接口（PLC 侧）的转换。SWOPC-FXGP/WIN-C 编程软件与手持式编程器相比，功能强大、使用方便，编程电缆的价格比手持式编程要便宜得多。因此在选择编程工具时，建议优先考虑 SWOPC- FXGP/WIN-C 编程软件。

3. 软件使用的一般性问题

安装好软件后，在桌面上自动生成“FXGP/WIN-C”图标，用鼠标左键双击该图标，可打开编程软件。执行菜单命令“文件”→“退出”，将退出编程软件。

执行菜单命令“文件”→“新建”，可创建一个新的用户程序，在弹出的窗口中选择 PLC 的型号后单击“确认”按钮。

“文件”菜单中的其他命令属于通用的 Windows 软件的操作。

8.3.2 梯形图程序的生成与编辑

1. 一般性操作

按住鼠标左键并拖动鼠标，可在梯形图内选中同一块电路里的若干个元件，被选中的元件被蓝色的矩形覆盖。使用工具条中的图标或“编辑”菜单中的命令，可实现被选中的元件的剪切、复制和粘贴操作。用删除〈Delete〉键可将选中的元件删除。执行菜单命令“编辑”→“撤销键入”可取消刚刚执行的命令或输入的数据，回到原来的状态。

使用“编辑”菜单中的“行删除”和“行插入”可删除一行或插入一行。

菜单命令“标签设置”和“跳向标签”是为跳到光标指定的电路块的起始步序号设置的。

执行菜单命令“查找”→“标签设置”，则光标所在处的电路块的起始步序号被记录下来，最多可设置5个步序号。执行菜单命令“查找”→“跳向标签”时，将跳至选择的标签设置处。

2. 放置元件

使用“视图”菜单中的“功能键”和“功能图”命令，可选择是否显示窗口底部的触点、线圈等元件图标或浮动的元件图标框，如图8-31所示。

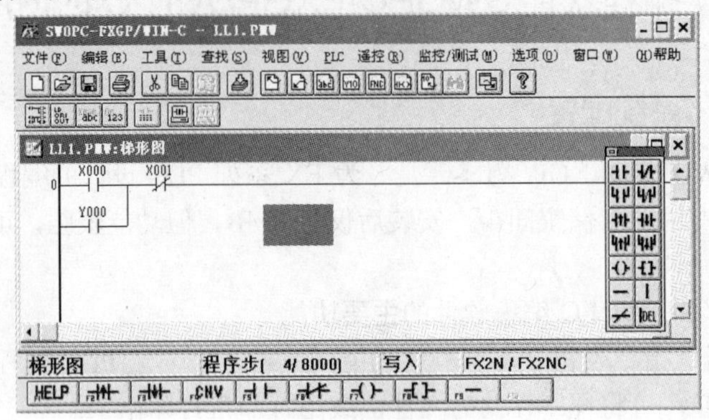

图8-31　梯形图编辑器

（1）放置触点

将光标（深蓝色矩形）放在欲放置元件的位置，用鼠标单击要放置的触点的图标，可以放置常开、常闭、并联常开、并联常闭及串联上升沿和下降沿触点、并联上升沿和下降沿触点。此时将弹出“输入元件”窗口，可在文本框中输入元件号。输入触点的对话框如图8-32所示，单击“确认”按钮就可以放置一个触点。

在对话框中输入触点的名称和编号。触点名称和编号范围是：X000～X377、Y000～Y377、M0～M8255、S0～S999、T0～T255、C0～C255。

（2）放置线圈

将光标（深蓝色矩形）放在欲放置元件的位置，用鼠标点击要放置的线圈的图标，可直接输出应用指令的指令助记符和指令中的参数，助记符和参数之间用空格分隔开，再单击“确认”按钮。

在对话框中输入元件的名称和编号。元件名称和编号范围是：Y000～377、M0～8255、S0～999、T0～255、C0～255。输入定时器和计数器时要有元件号和设定值，定时器和计数器的元件号和设定值用空格键隔开，如图8-33所示。

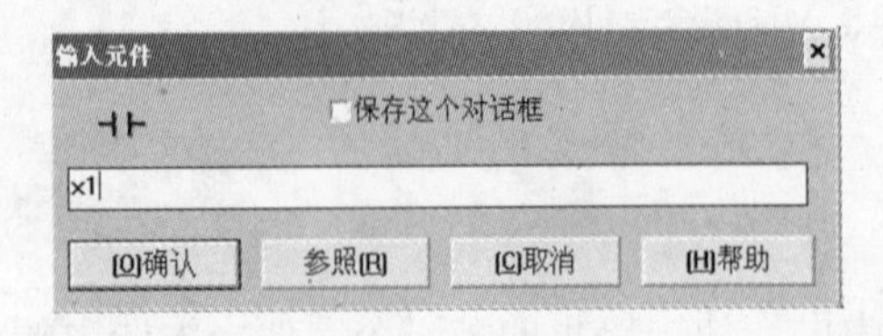

图8-32　输入触点元件对话框

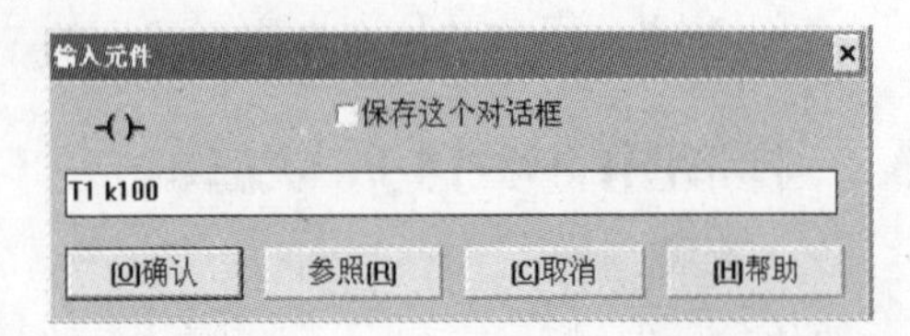

图8-33　输入线圈元件对话框

（3）输入功能指令

将光标（深蓝色矩形）放在欲放置元件的位置，用鼠标单击要放置的线圈的图标。在对话框中输入功能指令名称、源操作数和目标操作数，它们之间用空格隔开，大小写字母都可以。如输入应用指令“DMOVP D10 D12”，则表示在输入信号的上升沿，将D10和D11

中的 32 位数据传送到 D12 和 D13 中去，如图 8-34 所示。

如果对功能指令的名称符号不清楚，如需要比较两个数据的大小并进行控制的指令，可以单击输入指令对话框的“参照”按钮，弹出指令表对话框如图 8-35 所示。

图 8-34 输入功能指令对话框

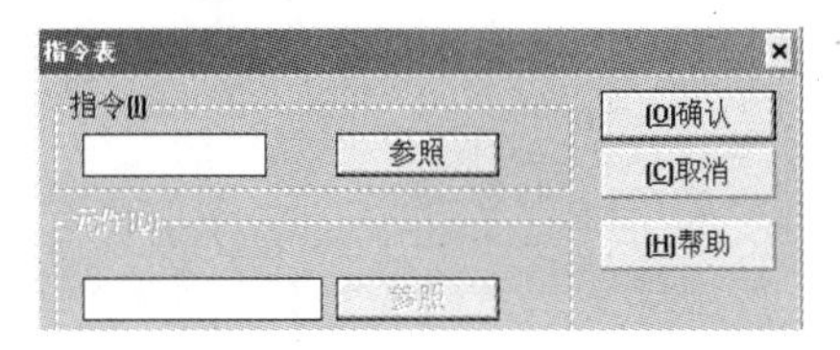

图 8-35 指令表对话框

单击指令表对话框中的“指令”选项框右边的“参照”按钮，弹出“指令参照”对话框，如图 8-36 所示。拖动指令类型框的上下滚动条选择需要的指令类型“移动比较等”后，在指令选择框中选择需要的指令 CMP（10），单击“确认”按钮。

回到指令表对话框，这时指令选项框中已经有比较指令名称“CMP”了，如图 8-37 所示。比较指令有 3 个参数，在元件选项框中 3 个参数栏目均已由灰色变为可用。

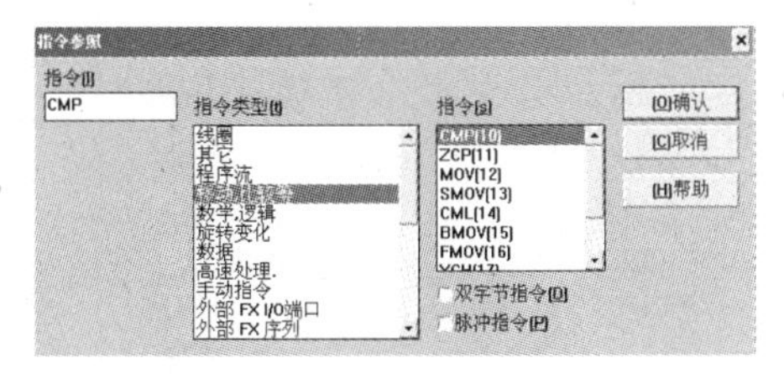

图 8-36 指令参照对话框

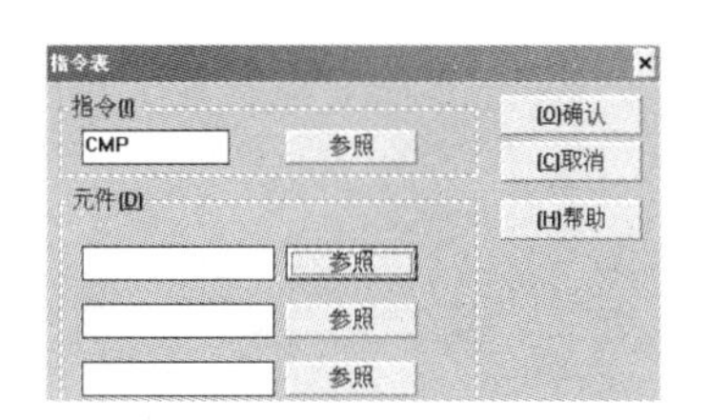

图 8-37 选择 CMP 指令后的指令表对话框

单击第一个参数输入栏右边的“参照”按钮，弹出“元件说明”对话框，如图 8-38 所示。“元件范围限制”文本框显示出各类元件的元件号范围，选中其中某一类元件的范围后，“元件名称”文本框中将显示程序中已有的元件名称。选择 D0…8255，在元件输入栏中输入元件编号 D10。数据比较的参数数据类型是字，如果选择位元件，则要将位组合成字，即在“位元件组”的下拉菜单选择 K4。重复这一步骤，完成另外两个参数的设定，最后单击指令表对话框的“确认”按钮，完成功能指令的输入。

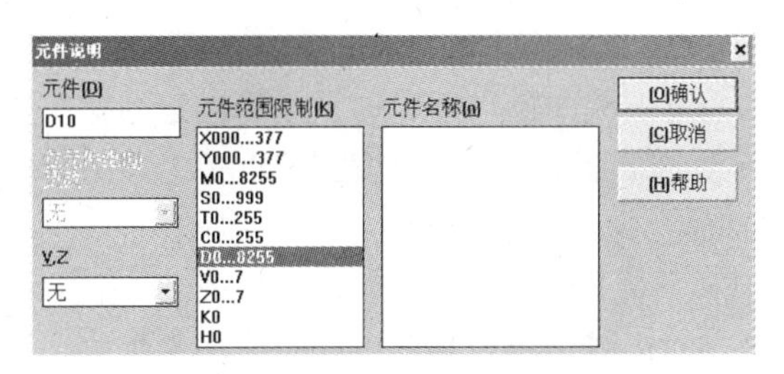

图 8-38 “元件说明”对话框

（4）放置梯形图中的垂直线

放置梯形图中的垂直线时，垂直线从矩形光标左侧中点开始往下面放。用“| DEL”图标删除垂直线时，欲删除的垂直线的上端应在矩形光标的左侧中点处。

用鼠标左键双击某个已存在的触点、线圈或应用指令，在弹出的“输入元件”对话框中可修改元件的参数。

用鼠标选中左侧母线的左边要设标号的地方，按计算机键盘上的〈P〉键，在弹出的对话框中输入标号值，单击“确认”按钮完成操作。

3. 注释

（1）添加元件名

执行菜单命令“编辑”→“元件名”，可设置光标选中的元件的名称，如“QD”。元件名只能使用数字和字符，一般由汉语拼音或英语的缩写和数字组成。

（2）添加元件注释

执行菜单命令“编辑”→“元件注释”，可给光标选中的元件加上注释。注释可使用多行汉字，如“SB1-启动按钮”，如图 8-39 所示。用类似的方法可以给线圈加上注释，线圈的注释在线圈的右侧，也可以使用多行汉字。

（3）添加程序块注释

执行菜单命令“工具”→“转换”→“编辑”→“程序块注释”，可在光标指定的程序块上面加上程序块的注释，如图 8-40 所示的“电动机起保停控制程序”。

图 8-39　添加元件注释

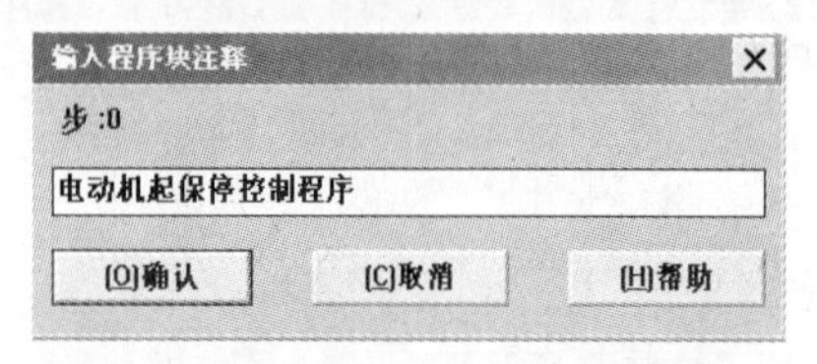

图 8-40　添加程序块注释

（4）梯形图注释显示方式的设置

执行菜单命令“视图”→“显示注释”，将弹出“梯形图注释设置”对话框，可选择是否显示元件名称、元件注释、线圈注释和程序块注释，以及元件注释和线圈注释每行的字符数和所占的行数，注释可放在元件上面或下面。

4. 程序的转换和清除

执行菜单命令“工具”→“转换”，可检查程序是否有语法错误。如果没有错误，则梯形图被转换格式并存放在计算机内，同时图中的灰色区域变白。若有错误，将显示“梯形图错误”。

如果在未完成转换的情况下关闭梯形图窗口，则新创建的梯形图并不会被保存。

菜单命令“工具”→“全部清除”可清除编程软件中当前所有用户的程序。

5. 程序的检查

执行菜单命令“选项”→“程序检查”，在弹出的对话框中可选择检查的项目。语法检查主要检查命令代码及命令的格式是否正确，电路检查用来检查梯形图电路中的缺陷，双线圈检查用于显示同一编程元件被重复用于某些输出指令的情况，可设置被检查的指令。同一编程元件的线圈（对应于 OUT 指令）在梯形图中一般只允许出现一次。但是在不同时工作的 STL 电路块中，或在跳步条件相反的跳步区中，同一编程元件的线圈可以分别出现一次。对同一元件一般允许多次使用除 OUT 指令之外的其他输出类指令。

6. 查找功能

使用“查找”菜单中的命令“到顶”和“到底”，可将光标移到梯形图的开始处或结束处。使用“元件名查找”、“元件查找”、“指令查找”、和“触点/线圈查找”命令，可查找到指令所在的电路块，单击“查找”窗口中的“向上”和“向下”按钮，可找到光标的上面或下面其他相同的查找对象。通过“查找”菜单中的“跳至标签”命令还可以跳到指定的程序步。

7. 视图命令

可以在“视图”菜单中选择显示梯形图、指令表、SFC（顺序功能图）或注释视图。

执行菜单命令“视图”→“注释视图”→“元件注释/元件名称”后，在对话框中选择要显示的元件号，将显示该元件及相邻元件的注释和元件名称。

使用菜单命令“视图”→“注释视图”还可以显示程序注释视图和线圈注释视图，显示之前可以设置起始的步序号。执行菜单命令“视图”→“寄存器”，会弹出如图 8-41 所示的对话框。选择显示格式为“列表”时，可用多种数据格式中的一种来显示所有数据寄存器中的数据。选择显示格式为“行”时，则会在一行中同时显示同一数据寄存器分别用二进制、十六进制、ASCII 码和二进制表示的值。

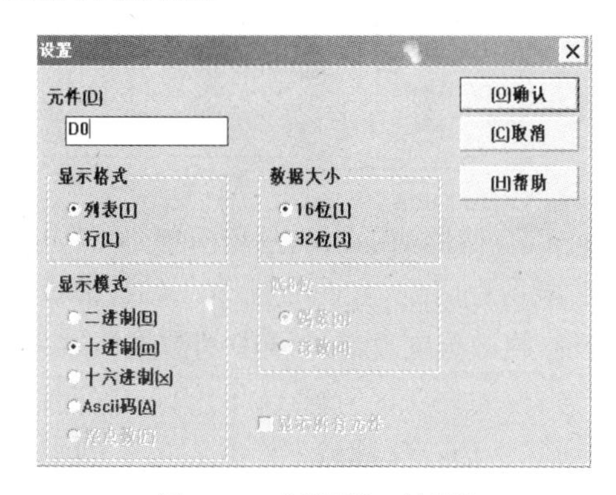

图 8-41 “设置”对话框

8.3.3 指令表的生成与编辑

使用菜单命令“视图”→“指令表”，可进入指令表编辑状态，逐行输入指令。

指定要操作的步序号范围之后，在“视图”菜单中执行菜单命令“NOP 覆盖写入”、“NOP 插入”和“NOP 删除”，可在指令表程序中作相应的操作。

使用菜单命令“工具”→“命令”，则在弹出的“指令表”对话框中，将显示光标所在行的指令，单击指令后面的“参照”按钮，将出现指令参照对话框，可帮助使用者选择指令。

单击指令、元件和参数右面的“参照”按钮，将出现“元件说明”对话框（如图 8-38 所示），显示元件的范围和所选元件类型中已存在的元件的名称。

8.3.4 PLC 的操作

对 PLC 进行操作之前，首先应使用编程通信转换接口电缆 SC-09 连接好计算机的 RS232C 接口和 PLC 的 RS-422 编程器接口，并设置好计算机的通信端口参数。

1. 端口设置

执行菜单命令“PLC”→“端口设置”，可选择计算机与 PLC 通信的 RS-232C 串行口（COM1～COM4）和通信速率（9600bit/s 或 192000bit/s）。

2. 文件传送

执行菜单命令“PLC”→“寄存器（R）数据传送”→“读入”将PLC中的程序传送到计算机中，执行完读入功能后，计算机中的程序将被读入的程序替代，最好用一个新生成的程序来存放读入的程序。PLC 的实际型号与编程软件中设置的型号必须一致。传送中的“读”、“写”是相对于计算机而言的。

执行菜单命令“PLC”→“寄存器（R）数据传送”→“写出”可将计算机中的程序发送到PLC中，执行写出功能时，PLC上的RUN开关应在“STOP”位置，如果使用了RAM或 E^2PROM 存储器卡，其写保护开关应处于判断状态。在弹出的窗口中选择“范围设置”，可减少写出所需的时间。

菜单命令“PLC”→“传送”→“校验”用来比较计算机和 PLC 中的顺控程序是否相同。如果二者不相符，将显示与PLC不相符的指令的步序号。选中某一步序号，可显示计算机和PLC中该步序号的指令。

3. 寄存器数据传送

寄存器数据传送的操作与文件传送的操作类似，用来将PLC中的寄存器数据读入计算机、将已创建的寄存器数据成批传送到PLC中，或将计算机中的寄存器数据与PLC中的数据进行比较。

4. 存储器清除

执行菜单命令“PLC”→“存储器清除”，在弹出的窗口中可选择。

1）“PLC存储空间”：清除后程序全为NOP指令，参数被设置为默认值；

2）“数据元件存储空间”：将数据文件缓冲区中的数据清零；

3）“位元件存储空间”：将位元件X、Y、M、S、T、C复位为OFF状态。

单击“确认”按钮执行清除操作，特殊数据寄存器的数据不会被清除。

5. PLC的串口设置

计算机和PLC之间使用RS通信指令和RS-232C通信适配器进行通信时，通信参数用特殊数据寄存器D8120来设置，执行菜单命令“PLC”→“串口设置（D8120）”时，在“串口设置（D8120）”对话框中设置与通信有关的参数。执行此命令时设置的参数将被传送到PLC的D8120中去。

6. PLC口令修改与删除

（1）设置新口令

执行菜单命令“PLC”→“口令修改与删除”时，在弹出的“PLC 设置”对话框的“新口令”文本框中输入新口令，单击“确认”按钮或按〈Enter〉键完成操作。设置口令后，在执行传送操作之前必须先输入正确的口令。

（2）修改口令

在“旧口令”输入文本框中，输入原有口令；在“新口令”输入文本框中输入新的口令，单击“确认”按钮或按〈Enter〉键，旧口令则被新口令代替。

（3）清除口令

在“旧口令”文本框中，输入 PLC 原有的口令；在新口令文本框中输入 8 个空格，单击“确认”按钮或按〈Enter〉键后，口令则被清除。或执行菜单命令“PLC”→“PLC 存储器清除”后，口令也将被清除。

7. 遥控运行/停止

执行菜单命令“PLC”→“遥控运行/停止”，在弹出的窗口中选择“运行”或“停止”，单击“确认”按钮后可改变PLC的运行模式。

8. PLC诊断

执行菜单命令“PLC”→“PLC 诊断”，将显示与计算机相连的PLC的状况，给出出错信息、扫描周期的当前值、最大值和最小值，以及PLC的运行状态。

9. 采样跟踪

采样跟踪的目的在于存储与时间相关的元件的动态值，并在时间表中显示，或在 PLC 中设置采样条件，显示基于 PLC 中采样数据的时间表。采样由 PLC 执行，结果存入 PLC 中，这些数据可被计算机读入并显示出来。

首先执行菜单命令“PLC”→“采样跟踪”→“参数设置”，在弹出的如图 8-42 所示的对话框中，设置采样的次数、时间、元件及触发条件。采样次数的范围为1～512，采样时间为 0～200（以 10ms 为单位）。执行菜单命令“PLC”→“采样跟踪”→“运行”，则设置的参数被写入 PLC 中。执行菜单命令“PLC”→“采样跟踪”→“显示”，则当 PLC 完成采样后，采样数据被读出并显示。

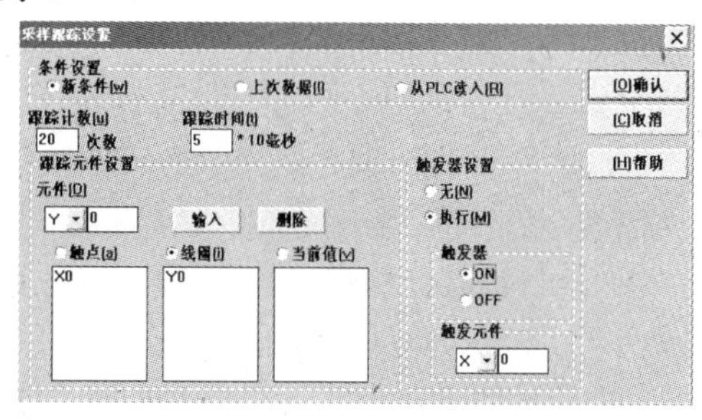

图 8-42 “采样跟踪设置”对话框

执行采样中的“从结果文件中读取”和“写入结果文件”命令，采样的数据可从文件中读取，或将采样结果写入文件。

8.3.5 PLC的监控与测试

1. 开始监控

在梯形图方式下执行菜单命令“监控/测试”→“开始监控”后，用绿色表示触点或线圈的接通，定时器、计数器和数据寄存器的当前值在元件号的上面显示。

2. 元件监控

执行菜单命令“监控/测试”→“进入元件监控”后，会出现元件监控画面，图中绿色的方块表示常开触点闭合、线圈通电。双击左侧的深蓝色矩形光标，将出现“设置元件”对话框，输入元件号和要监视的连续的点数（元件数），可监控元件号相邻的若干个元件，可选择显示的数据是 16 位还是 32 位的。在监控画面中用鼠标选中某一被监控元件后，按〈DEL〉键可将它删除，停止对它的监控。使用菜单命令“视图”→“显示元件设置”，可改变元件监控时显示的数据位数和显示格式（如十进制/十六进制）。

3. 强制 ON/OFF

执行菜单命令“监控/测试”→“强制 ON/OFF”，在弹出的“强制 ON/OFF”对话框的

“元件”栏内输入元件号，选择“设置”（应为置位，Set）后单击“确认”按钮，可设置该元件为 ON。选择“重新设置”（应为复位，Reset）后按钮“确认”按钮，可设置该元件为 OFF。单击“取消”按钮后关闭强制对话框。

4. 强制 Y 输出

菜单命令“监控/测试”→“强制 Y 输出”与“监控/测试”→“强制 ON/OFF”的使用方法相同，在弹出的窗口中，ON 和 OFFBC 取代了“强制 ON/OFF”中的“设置”和“重新设置”。

5. 改变当前值

执行菜单命令“监控/测试”→“改变当前值”后，在弹出的对话框中输入元件号和新的当前值，单击“确认”按钮后新的值被送入 PLC。

6. 改变计数器或定时器的设定值

该功能仅在监控梯形图时有效，如果光标所在的位置为计数器或定时器的线圈，则执行菜单命令“监控/测试”→“改变设置值”后，在弹出的对话框中将显示计数器或定时器的元件号和原有的设定值，输入新的设定值，单击“确认”按钮后新的设定值被送入 PLC。用同样的方法可以改变 D、V 和 Z 的当前值。

8.3.6 编程软件与 PLC 的参数设置

“选项”菜单主要用于参数设置，包括口令设置、PLC 型号设置、串行口参数设置、元件范围设置和字体的设置等。使用“注释移动”命令可将程序中的注释复制到注释文件中。菜单命令“打印文件题头”用来设置打印时标题中的信息。

执行菜单命令“选项”→“参数设置”后弹出的对话框如图 8-43 所示，可设置实际使用的存储器的容量，设置是否使用以 500 步（即 500 字）为单位的文件寄存器和注释区，以及是否有锁存（断电保持）功能和元件的范围。如果没有特殊要求，单击“缺省”（默认）按钮后可使用默认的设置值。

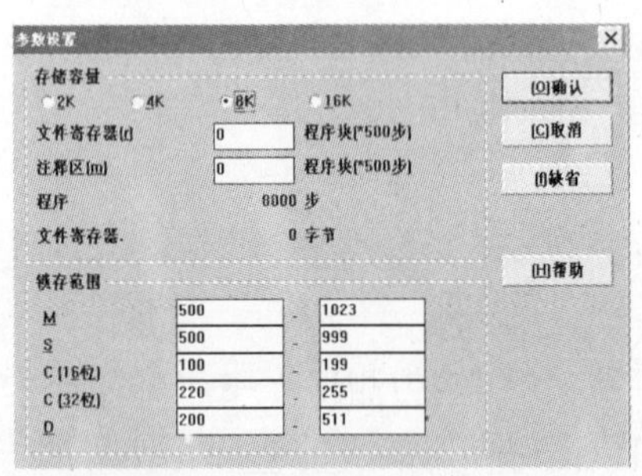

图 8-43 “参数设置”对话框

8.4 三菱 FX_{2N} PLC 控制生产线电路分析

8.4.1 电动机的正反转运行控制

1. I/O 分配及外部接线

三相异步电动机的正转、反转、停止的继电器控制的主控制电路和继电器辅助控制电路图如图 1-24 所示。该图为按钮和电气双重互锁的正反停电路。PLC 控制的输入输出配置及外部接线图与西门子 PLC 的接线相同，电动机在正反转切换时，为了防止因主电路电流过大或接触器质量不好，而导致某一接触器的主触点被断电时产生的电弧熔焊而粘结，其线圈断电后主触点仍然是接通的，这时，如果另一接触器线圈通电，仍将造成三相电源短路事故。为了防止这种情况的出现，应在 PLC 的外部设置由 KM1 和 KM2 的常闭触点组成的硬件互锁电路，若 KM1 的主触点被电弧熔焊，这时其辅助常闭触点处于断开状态，因此 KM2 线圈不可能得电。

2. 程序设计

采用 PLC 控制的梯形图、语句表如图 8-44 所示。图中利用 PLC 输入映像寄存器的 X002 和 X003 的常闭接点实现互锁，以防止正反转切换时的相间短路。

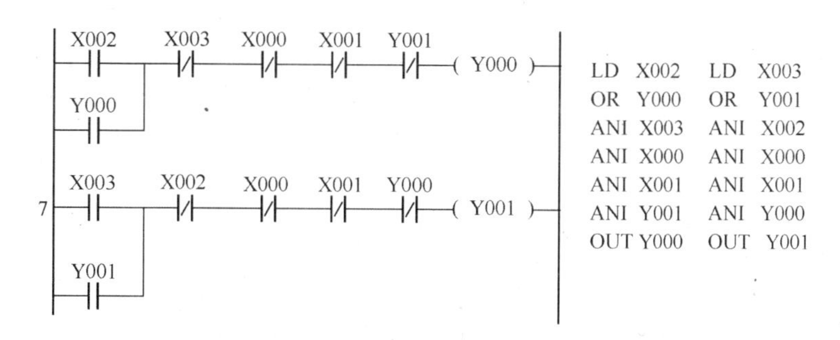

图 8-44 控制梯形图和语句表程序

按下正向起动按钮 SB2 时，常开触点 X002 闭合，驱动线圈 Y000 接通并自锁，通过输出电路，接触器 KM1 得电吸合，电动机正向起动并稳定运行。

按下反转起动按钮 SB3 时，常闭触点 X003 断开 Y000 的线圈，KM1 失电释放，同时 X003 的常开触点闭合接通 Y001 线圈并自锁，通过输出电路，接触器 KM2 得电吸合，电动机反向起动并稳定运行。

按下停止按钮 SB1，或过载保护 FR 动作，都可使 KM1 或 KM2 失电释放，电动机停止运行。

8.4.2 PLC 控制生产线电路分析

生产流水线是工厂普遍使用的基础生产设备。产品在流水线上由传送带传动，设备和人员对产品进行加工。流水线控制是 PLC 最常见的应用。在分析流水线的生产工艺流程基础上，分析控制电路工作原理和控制程序结构，便能对流水线设备进行检测和维护。

1. 任务提出

图 8-45 是从电气控制方面画出的某生产流水线的电气平面结构图，是整条流水线的一部分，由一个控制柜即一台 PLC 控制，由 4 段动力传送带和 1 段无动力滚筒构成。每段传送带都有一个或几个红外检测传感器，用于检测生产线上产品的积压情况和产品的流速。这段流水线由相连的传送带和全自动无人捆扎机配合工作，按下起动按钮后，M1、M2、M3、M4 全部运行，当产品积压较多时，各传送带之间一级接一级地保护，从而避免产品堆积的情况出现。

2. 控制原理分析

当 M3、M4 传送带停止运行时，正在 M2 传送带上运行的产品遮挡住光电传感器 PH2，M2 停止运行，当 M2 停止运行时，在 M1 传送带上的产品遮挡住光电传感器 PH1，M1 停止运行，生产线的动力一级接一级地停机保护。在控制系统中，PLC 需要 16 个输入点（采用过载保护占用输入点的方式），13 个输出点。PLC 的资源分配如表 8-4 所示。

表 8-4　PLC 资源分配表

输入资源			输出资源		
输入继电器	输入元件	作　用	输出继电器	元　件	作　用
X0	PH0	控制推缸	Y 0		备用
X1	PH1	保护 M1	Y1	KM1	M1 正转
X2	PH2	保护 M2	Y2	KM2	M2 正转
X3	PH3	捆扎感应	Y3	KM3A	M3 正转
X4	PH4	堆积感应	Y4	KM3B	M3 反转
X5	PH5	捆扎感应	Y5	KM4A	M4 正转
X6	PH6	捆扎感应	Y6	KM4B	M4 反转
X7	转换开关	自动/手动	Y7		备用
X10	转换开关	带数选择	Y10	K0	输出 2#控制
X11	按钮	手动前进	Y11	K1	给打带指令
X12	按钮	手动后退	Y12	V1	推缸退回
X13	PH7	捆扎感应	Y13	V2	推缸推出
X14		打带完毕	Y14	蜂鸣器	报警
X15	热继电器常闭	过载保护 M3	Y15	指示灯	报警
X16	热继电器常闭	过载保护 M4			
X17	中间继电器	来自 2#控制			

3. 资源分配

图 8-46 是生产线的电气控制原理图。其中 M1、M2 是电动机的起动控制，M3、M4 是正反转控制。PLC 的输入端口接各起动按钮、保护按钮、停机按钮和光电传感器的检测输出信号，还有来自打包机 PLC 的通信信号、前一段流水线控制 PLC 的通信信号。PLC 输出信号去控制流水线的 4 段动力电动机和灯光电铃报警，并送出信号到打包机和前段部分的 PLC 控制器。

控制系统中的所有输入到 PLC 检测和按钮等触点全部采用常开触点。PLC 的起动是利用一个起保停电路来控制 PLC 输入 AC220V 电源来控制的，所以不占用 PLC 内部的触点。如图 8-47 所示为控制电路接线图。

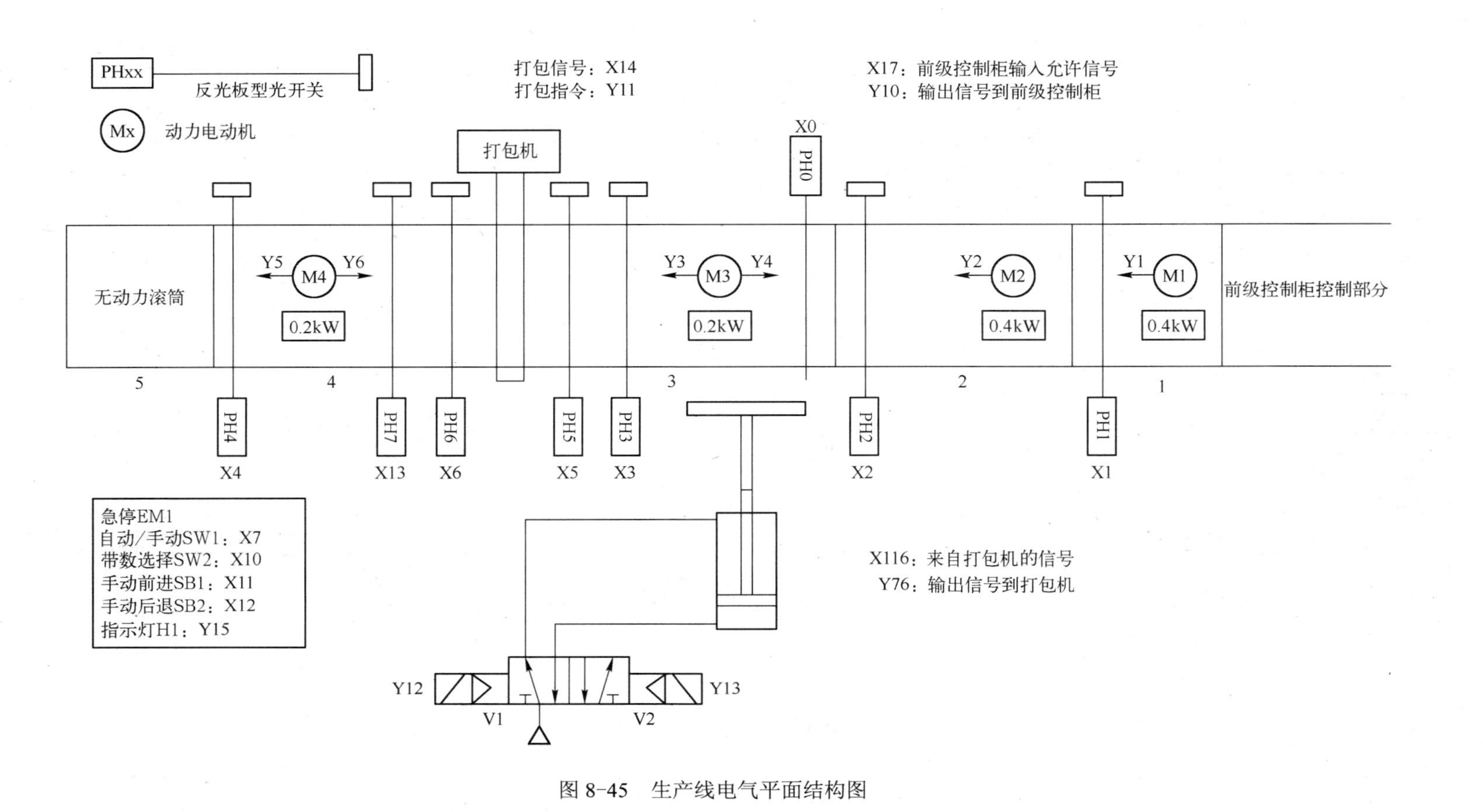

图 8-45　生产线电气平面结构图

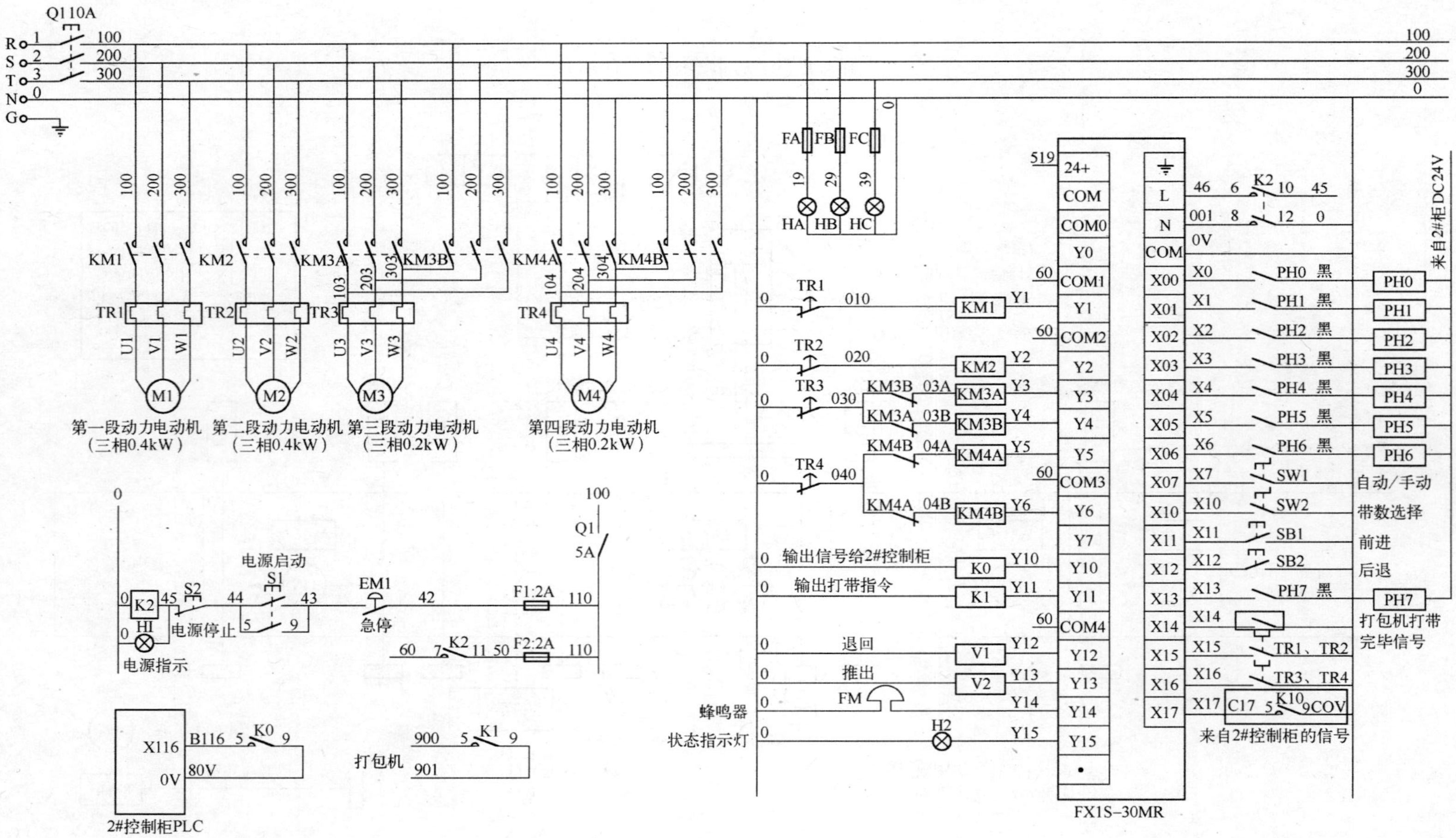
Q110A
R S T N G
KM1 KM2 KM3A KM3B KM4A KM4B
TR1 TR2 TR3 TR4
M1 M2 M3 M4
第一段动力电动机（三相0.4kW）
第二段动力电动机（三相0.4kW）
第三段动力电动机（三相0.2kW）
第四段动力电动机（三相0.2kW）
FA FB FC
HA HB HC
电源启动
S1 S2 EM1
急停
电源停止
电源指示
K2 H1
Q1 5A
F1:2A F2:2A
2#控制柜PLC
X116 B116 80V 0V
K0 K1
打包机
输出信号给2#控制柜
输出打带指令
退回
推出
FM
蜂鸣器
状态指示灯
H2
FX1S-30MR
来自2#柜DC24V
PH0 PH1 PH2 PH3 PH4 PH5 PH6 PH7
自动/手动
带数选择
前进
后退
SW1 SW2 SB1 SB2
打包机打带完毕信号
TR1、TR2
TR3、TR4
来自2#控制柜的信号

图 8-46　生产线电气控制原理图

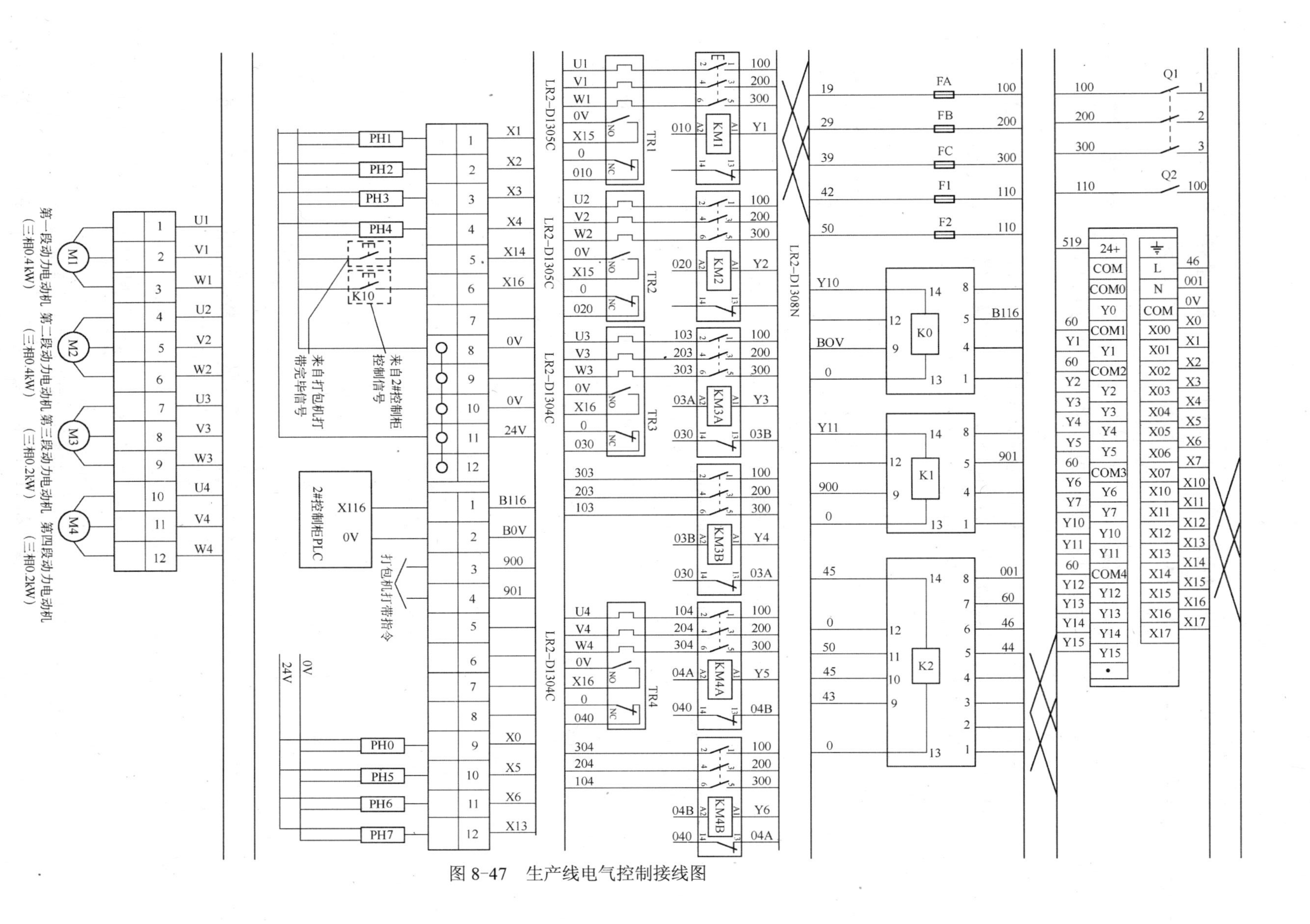

图 8-47 生产线电气控制接线图

（1）起动过程

按下起动按钮 S1 驱动中间继电器 K2 通电并自锁，K2 的常开触点闭合，从而给 PLC 提供 AC 220V 的交流电源，驱动 PLC 工作。

（2）停止过程

按下 S2，中间继电器 K2 线圈断电，使 PLC 停止工作。当出现紧急情况时，可以按 EM1（紧急开关）或 S2（停止按钮）来断开 PLC 的电源，起到保护作用。

（3）PLC 保护装置

在 PLC 的起动电路上加一个如接线图所示的保护装置（熔断器），当 PLC 内部元件出现短路或起动电路过电流或过载时熔断器会熔断，起到保护电路的作用。

注：PLC 内部电路已装有保护电路。

4. 程序分析：

（具体程序请通过电子邮件 yzjoin@163.com 联系作者。）

第 0 行：Y2 输出与输入 X1 为“与”关系，其中只要有一个满足条件时 Y1 就处于导通状态，也就是说，第一节滚筒运行，要是 Y2 和 X1 同时都不满足条件，Y1 就处于断开状态（X1 是 Y1 前端的光电传感器起到保护的第一节滚筒作用）

第 3 行：Y3 输出与输入 X2 当中只要有一个满足条件时，Y2 就处于导通状态，第二节滚筒运行（原理同第一节基本相同）。

第 6 行：X7 为自动/手动转换开关，PLC 内部程序 X7 用的是常闭触点，当外部转换开关打到 ON 状态时，程序进入手动状态，进入手动状态主要只是用来控制 M3、M4 两节传送带，因为在半自动无人捆扎机捆扎时难免会出现捆扎误差，这就要人工来进行操作，主要用 X11、X12 来进行前进和后退操作。X11 为手动前进输入继电器，X12 为手动后退输入继电器，输出继电器 Y3、Y5 分别控制 M3、M4 前进，输出继电器 Y4、Y6 分别控制 M3、M4 后退。

（1）手动前进

当 X7 为手动状态时，按下 X11 手动按钮，则 X12 为常闭状态（因为内部程序为常闭），输出 PLC 内部中间继电器 M6 控制输出继电器 Y3、Y5，从而控制 M3、M4 前进（正转），同时 Y4、Y6 不动作（内部自锁保护）。

（2）手动后退

当 X7 为手动状态时，按下 X12，则 X11 为常开状态（因为内部程序 X11 为常闭），M6 不动作，输出继电器 Y4、Y6、M3、M4 后退（反转）。

☞**注意：**

X11、X12 在程序中用输入继电器互锁，互锁用来保护正转反转不同时进行，因为控制电路，即同一电动机正转反转同时进行是绝对不允许的，那样轻则烧毁电路，重则出现安全事故。所以在程序设计时一定要注意。

第 19 行、26 行、33 行、94 行、102 行、113 行、这 6 行主要起到解决产品堆积过密的作用，因为产品堆积过密会严重影响自动捆扎的质量。

第 50 行、57 行、66 行、74 行、81 行、87 行的程序主要是起到完成自动捆扎的作用。

X6、X13、X3、X5 为控制捆扎带数的光电传感器，当产品进入捆扎区域时，首先 X6 给

M10 一个上升沿的脉冲，M10 置位 M14，M14 驱动 Y11 动作，Y11 是通过控制一个中间继电器 K1（见接线图）来控制 900、901 接通，从而控制自动捆扎机捆扎的，捆扎机捆扎完成后返回一个信号 X14 给 PLC 复位 M14（程序的 94 行）控制 M7，目的是为了在捆扎时 M3、M4 不前进（正转）。自动捆扎机就是这样一次又一次对产品进行捆扎的，并可以无限次地循环下去。X10 为带数的选择，就是要捆 3 条带还是 4 条带，接通 X10 为 4 条，断开 X10 为 3 条。

第 125 行是由一个气动推缸组成的小装置，起到将产品推到生产线侧面的作用。

因为产品捆扎时是在侧面捆扎的，所以产品必须靠近捆扎机的侧面才不会影响捆扎的质量。因此，在捆扎前一段 M2 前端要加入一个自动推出和收回的推缸。

当产品运行到光电传感器 X0 处，X0 的常开触点闭合，X0 给 PLC 内部中间继电器 M15 一个下降沿的信号 M15，M15 置位 M16，M16 驱动 Y13（电磁阀）动作推出推缸，1s 后 T10 的常开触点闭合，常闭触点断开，复位 M16，X0 同时给 M17 一个下降沿的信号，M17 置位 M18，M18 和磁性开关 X17 串联驱动 Y12（电磁阀）动作，推缸收回（X17 为磁性开关，推缸推出到位后闭合磁性开关）。1s 后 T11 常开触点闭合，常开触点断开，复位 M18，就这样一个推出和收回的过程就完成了，产品也顺利地被推到捆扎机这一侧。

第 152 行，Y1 控制第一节传送带运行后同时控制 Y10 动作，Y10 同时也通过控制一个中间继电器 K0（见接线图）来控制后面的 PLC 输入继电器，让后一段传送带和本段传送带互锁。

第 154 行，当 X7 为自动时，Y15 指示灯为常亮，表示设备正处于正常运行，当 X7 为手动时，程序 X7 的常闭触点和 M8013 串联驱动 Y15（M8013 为产生 1s 时钟脉冲的特殊辅助继电器），所以 Y15 为每 1s 闪烁一次。

第 158 行其实好似一个正反转保护装置。

X15、X16 为热继电器 NO 上的触点，当热继电器出现热保护时，X15、X16 常开触点闭合，X15、X16 与 X7 并联后再串联一个 M8013（M8013 为产生 1s 时钟脉冲的特殊辅助继电器，原理同上），X15、X16、X7 当中只要有一个常开触点闭合都会驱动 Y14 动作，Y14 控制一个蜂鸣器进行报警，表示电路出现故障应立即停止 PLC 工作，进行检修。

5. 设备维护

在工厂电气控制中，控制线路常见的故障主要体现在各种开关不动作或者是误动作，主要包括光电传感器、转换开关、磁性开关、电磁阀和中间继电器，偶尔也会出现 PLC 触点吸合不能断开的现象，较少出现的是 PLC 内部程序的丢失。由于设备维护的某些问题是一眼就可以察觉的，而有些问题是要一步一步才能判断出来、得出结论的。因此设备维护就是先发现问题、分析问题、最后解决问题的过程。

（1）M1 电动机不能运行（Y1 控制），M1 电动机不运行

首先要到电箱看（如接线图所示）PLC 的 Y1 有没有输出，若 Y1 有输出，但控制三相电动机的交流接触器不吸合，则可能是交流接触器的线圈已经烧坏，也有可能是热继电器的常闭触点被保护了，所以要先将热继电器的常闭触点接通。

☞**注意：**

如果将热继电器的常闭触点接通后电动机能转动，表明热继电器进行了过载保护，这时可以根据电动机功率的大小将热继电器的保护电流适当调大，一般可以超过电动机额定电流的 10%～20%，不宜过大，否则热继电器就不能起到保护电动机的作用。

（2）自动捆扎机不能自动捆扎而是需要人来控制才能捆扎

M3、M4 配合半自动无人捆扎机，M3、M4 只能手动运行而不能自动运行，就是要求在自动捆扎过程中必须由人来按捆扎机的前进按钮才能进行捆扎，而不能自动捆扎。因为当捆扎机不能自动运行时，PLC 的 Y15 就会驱动报警灯每 1s 闪烁一次，Y14 驱动的蜂鸣器也会报警（前面的程序分析已经提到），就是自动捆扎机的 X7 输入触点没有输入，而 X7 的输入点是靠一个常开、常闭的转换开关控制的，问题在于转换开关的常开触点不能闭合，此时应立刻更换此开关，就能实现自动捆扎了。

（3）PLC 内部触点吸合后不能断开

当 PLC 以 M3、M4 为自动前进状态，按急停开关不能停止，将 X7 开关转换为手动状态时，M3、M4 仍然继续前进，电动机始终停不下来，通过观察得出 PLC 的 Y3、Y5 一直为熄灭状态，但是用验电笔或万用表来测量都显示有输出，证明 PLC 的输出触点已经损坏（吸合后不能断开），就无法进行正常的生产，这就必须借助于笔记本电脑或手持编程器来更改程序，用三菱的编程软件（SWOPC-FXGP/WINC）将程序读入笔记本电脑，将程序中的 Y3、Y5 改为其他未用的 PLC 触点，修改程序后转换程序，检查有无语法错误和双线圈输出，检查无误后将程序读入 PLC，然后将 PLC 的外部接线 Y3、Y5 接到修改后的输出点，电路就可以进行正常的运行了。

8.5 思考与练习

1．用三菱 PLC 实现以下控制要求。

1）起动时，电动机 M1 先起动，才能起动电动机 M2，停止时，电动机 M1、M2 同时停止；

2）起动时，电动机 M1，M2 同时起动，停止时，只有在电动机 M2 停止时，电动机 M1 才能停止。

2．用三菱 PLC 设计电动机正反转控制电路，要求有电路热继电器保护和正反转互锁，停机后 10s 才能进行下次起动。输入：正转起动按钮 ZQ（X1）、反转起动按钮 FQ（X2）、停机按钮 TZ（X0）；输出：正转接触器 KZ（Y0）、反转接触器 KF（Y1）。画出主控制电路和辅助控制电路图，并设计出控制梯形图程序。

3．用三菱 PLC 实现以下控制要求：有电动机三台，起动时先起动 Y0 和 Y1，5s 后再起动 Y2。停止时同时停止。设 Y0、Y1、Y2 分别驱动电动机的接触器。X0 为起动按钮，X1 为停车按钮，试编写程序。

4．用 PLC 控制电动机星形起动-三角形运行，要求 Q0.0 为电源主控接触器，Q0.1 为星形联结接触器，Q0.2 为三角形联结接触器。I0.1 为起动按钮，I0.0 为停止按钮，星形-三角形联结切换延时时间为 8s。试编写 PLC 梯形图程序，并画出辅助控制电路图和主控制电路接线图。

5．用三菱 PLC 设计 PLC 电动机两地正反转控制电路，要求有电路热继电器保护和正反转互锁。甲地输入正转起动按钮 X0、反转起动按钮 X2、停机按钮 X5；乙地输入正转起动按钮 X1、反转起动按钮 X3、停机按钮 X4；输出为正转接触器 Y0、反转接触器 Y1。画出主控制电路和辅助控制电路图，并设计出控制梯形图程序。

6．设计周期为 5s、占空比为 20%的方波输出信号程序。

7．用三菱 PLC 设计一个每 1s 闪一次的 LED 程序。

8．用三菱 PLC 设计两地正反转控制电路，要求停机 20 s 后才能再次起动。设计主控制电路、辅助控制电路和控制程序。

9．设计一个延时 10h 的 PLC 程序。

10．用三菱 PLC 设计出符合下列功能的 PLC 控制电路图，并编程序实现该功能：电动机起保停控制加点动控制。输入为起动按钮 X0，停止按钮 X1，点动按钮 X3；输出为 Y0。

附　　录

附录A　西门子S7-200系列PLC指令一览表

布尔指令	
LD N LDI N LDN N LDNI N	装载 立即装载 取反后装载 取反后立即装载
A N AI N AN N ANI N	与 立即与 取反后与 取反后立即与
O N OI N ON N ONI N	或 立即或 取反后或 取反后立即或
LDBx N1, N2	装载字节比较的结果 N1(x:<,<=,=,>=,>,<>) N2
ABx N1, N2	与字节比较的结果
OBx IN1, IN2	或字节比较的结果 IN1 (x:<,<=,=,>=,>,<>) IN2
LDWx IN1, IN2	装载字比较的结果 N1(x:<,<=,=,>=,>,<>)N2
Awx IN1, IN2	与字比较的结果 IN1 (x:<,<=,=,>=,>,<>) IN2
OWx N1, N2	或字比较的结果 IN1 (x:<,<=,=,>=,>,<>) IN
LDDx IN1, IN2	装载双字比较的结果 IN1 (x:<,<=,=,>=,>,<>) IN2
ADx IN1, IN2	与双字比较的结果 IN1 (x:<,<=,=,>=,>,<>) IN2
ODx IN1, IN2	或双字比较的结果 IN1 (x:<,<=,=,>=,>,<>) IN2
LDRx IN1, IN2	装载实数比较的结果 IN1 (x:<,<=,=,>=,>,<>) IN2
ARx IN1, IN2	与实数比较的结果 IN1 (x:<,<=,=,>=,>,<>) IN2
ORx IN1, IN2	或实数比较的结果 IN1 (x:<,<=,=,>=,>,<>) IN2
NOT	堆栈取反
EU	检测上升沿

（续）

ED	检测下降沿
= Bit =1 Bit	赋值 立即赋值
S BIT,N R BIT,N SI BIT,N RI BIT,N	置位一个区域 复位一个区域 立即置位一个区域 立即复位一个区域
LDSx IN1,IN2	字符串比较的装载结果 IN1 (x: =, <>) IN2
ASx IN1,IN2	字符串比较的与结果 IN1 (x: =, <>) IN2
OSXI IN1,IN2	字符串比较的或结果 IN1 (x: =, <>) IN2
ALD OLD	与装载 或装载
LPS LRD LPP LDS N	逻辑进栈(堆栈控制) 逻辑读(堆栈控制) 逻辑出栈(堆栈控制) 装载堆栈(堆栈控制)
AENO	与ENO
数学、增减指令	
+I IN1, OUT +D IN1, OUT +R IN1, OUT	整数、双整数或实数加法 IN1+OUT=OUT
-I IN1, OUT -D IN1, OUT -R IN1, OUT	整数、双整数或实数减法 OUT-IN1=OUT
MUL IN1, OUT	整数乘法(16*16->32)
*I IN1, OUT *D IN1, OUT *R IN1, IN2	整数、双整数或实数乘法 IN1 * OUT = OUT
DIV IN1, OUT	整数除法(16/16->32)
/I IN1, OUT /D IN1, OUT /R IN1, OUT	整数、双整数或实数除法 OUT / IN1 = OUT
SQRT IN, OUT	平方根
LN IN, OUT	自然对数
EXP IN, OUT	自然指数

（续）

SIN IN, OUT	正弦
COS IN, OUT	余弦
TAN IN, OUT	正切
INCB OUT INCW OUT INCD OUT	字节、字和双字增 1
DECB OUT DECW OUT DECD OUT	字节、字和双字减 1
PID Table, Loop	PID 回路
定时器和计数器指令	
TON Txxx, PT TOF Txxx, PT TONR Txxx, PT BITIM OUT CITIM IN, OUT	接通延时定时器 断开延时定时器 带记忆的接通延时定时器 起动间隔定时器 计算间隔定时器
CTU Cxxx, PV CTD Cxxx, PV CTUD Cxxx, PV	增计数 减计数 增/减计数
实时时钟指令	
TODR T TODW T TODRX T TODWX T	读实时时钟 写实时时钟 扩展读实时时钟 扩展写实时时钟
程序控制指令	
END	程序的条件结束
STOP	切换到 STOP 模式
WDR	看门狗复位(300ms)
JMP N IBL N	跳到定义的标号 定义一个跳转的标号
CALL N[N1,…] CRET	调用子程序[N,1，…可以有 16 个可选参数] 从 SBR 条件返回
FOR INDX,INIT,FINAL NEXT	For/Next 循环
LSCR N SCRT N CSCRE SCRE	顺控继电器段的起动、转换，条件结束和结束
DLED IN	诊断 LED

（续）

传送、移位、循环和填充指令	

MOVB IN, OUT
MOVW IN, OUT
MOVD IN, OUT
MOVR IN, OUT
	字节、字、双字和实数传送

BIR IN, OUT BIW IN, OUT	立即读取传送字节 立即写入传送字节
BMB IN, OUT, N BMW IN, OUT, N BMD IN, OUT, N	字节、字和双字块传送
SWAP IN	交换字节
SHRB DATA, S_BIT, N	寄存器移位
SRB OUT, N SRW OUT, N SRD OUT, N	字节、字和双字右移
SLB OUT, N SLW OUT, N SLD OUT, N	字节、字和双字左移
RRB OUT, N RRW OUT, N RRD OUT, N	字节、字和双字循环右移
RLB OUT, N RLW OUT, N RLD OUT, N	字节、字和双字循环左移
逻辑操作	
ANDB IN1, OUT ANDW IN1, OUT ANDD IN1, OUT	对字节、字和双字取逻辑与
ORB IN1, OUT ORW IN1, OUT ORD IN1, OUT	对字节、字和双字取逻辑或
XORB IN1, OUT XORW IN1, OUT XORD IN1, OUT	对字节、字和双字取逻辑异或
INVB OUT INVW OUT INVD OUT	对字节、字和双字取反 (1 的补码)

（续）

字符串指令	
SLEN IN, OUT	字符串长度
SCAT IN, OUT	连接字符串
SCPY IN, OUT	复制字符串
SSCPY IN, INDX, N,OUT	复制子字符串
CFND IN1, IN2, OUT	字符串中查找第一个字符
SFND IN1, IN2, OUT	在字符串中查找字符串
表、查找和转换指令	
ATT TABLE, DATA	把数据加到表中
LIFO TABLE, DATA	从表中取数据
FIFO TABLE, DATA	
FND= TBL, PTN, INDX	根据比较条件在表中查找数据
FND<> TBL, PTN,INDX	
FND< TBL, PTN, INDX	
FND> TBL, PTN, INDX	
FILL IN, OUT, N	用给定值占满存储器空间
BCDI OUT	把 BCD 码转换成整数
IBCD OUT	把整数转换成 BCD 码
BTI IN, OUT	把字节转换成整数
ITB IN, OUT	把整数转换成字节
ITD IN, OUT	把整数转换成双整数
DTI IN, OUT	把双整数转换成整数
DTR IN, OUT	把双字转换成实数
TRUNC IN, OUT	把实数转换成双字
ROUND IN, OUT	把实数转换成双字
ATH IN, OUT, LEN	把 ASCII 码转换成十六进制格式
HTA IN, OUT, LEN	把十六进制格式转换成 ASCII 码
ITA IN, OUT, FMT	把整数转换成 ASCII 码

（续）

DTA IN, OUT, FM	把双整数转换成 ASCII 码
RTA IN, OUT, FM	把实数转换成 ASCII 码
DECO IN, OUT	解码
ENCO IN, OUT	编码
SEG IN, OUT	产生七段格式
ITS IN, FMT, OUT	把整数转为字符串
DTS IN, FMT, OUT	把双整数转换成字符串
RTS IN, FMT, OUT	把实数转换成字符串
STI STR, INDX, OUT	把子字符串转换成整数
STD STR, INDX, OUT	把子字符串转换成双整数
STR STR, INDX, OUT	把子字符串转换成实数
中断指令	
CRETI	从中断条件返回
ENI	允许中断
DISI	禁止中断
ATCH INT, EVENT	给事件分配中断程序
DTCH EVENT	解除事件
通讯指令	
XMT TABLE, PORT	自由端口传送
RCV TABLE, PORT	自由端口接受消息
TODR TABLE, PORT	网络读
TODW TABLE, PORT	网络写
GPA ADDR, PORT	获取端口地址
SPA ADDR, PORT	设置端口地址
高速指令	
HDEF HSC, Mode	定义高速计数器模式
HSC N	激活高速计数器
PLS X	脉冲输出

附录 B　FX_{2N} 系列 PLC 功能指令一览表

分类	FNC NO.	指令助记符	功能说明	对应不同型号的 PLC				
				FX_{0S} PLC	FX_{0N} PLC	FX_{1S} PLC	FX_{1N} PLC	FX_{2N} PLC FX_{2NC} PLC
程序流程	00	CJ	条件跳转	✓	✓	✓	✓	✓
	01	CALL	子程序调用	×	×	✓	✓	✓
	02	SRET	子程序返回	×	×	✓	✓	✓
	03	IRET	中断返回	✓	✓	✓	✓	✓
	04	EI	开中断	✓	✓	✓	✓	✓
	05	DI	关中断	✓	✓	✓	✓	✓
	06	FEND	主程序结束	✓	✓	✓	✓	✓
	07	WDT	监视定时器刷新	✓	✓	✓	✓	✓
	08	FOR	循环的起点与次数	✓	✓	✓	✓	✓
	09	NEXT	循环的终点	✓	✓	✓	✓	✓
传送与比较	10	CMP	比较	✓	✓	✓	✓	✓
	11	ZCP	区间比较	✓	✓	✓	✓	✓
	12	MOV	传送	✓	✓	✓	✓	✓
	13	SMOV	位传送	×	×	×	×	✓
	14	CML	取反传送	×	×	×	×	✓
	15	BMOV	成批传送	×	✓	✓	✓	✓
	16	FMOV	多点传送	×	×	×	×	✓
	17	XCH	交换	×	×	×	×	✓
	18	BCD	二进制转换成 BCD 码	✓	✓	✓	✓	✓
	19	BIN	BCD 码转换成二进制	✓	✓	✓	✓	✓
算术与逻辑运算	20	ADD	二进制加法运算	✓	✓	✓	✓	✓
	21	SUB	二进制减法运算	✓	✓	✓	✓	✓
	22	MUL	二进制乘法运算	✓	✓	✓	✓	✓
	23	DIV	二进制除法运算	✓	✓	✓	✓	✓
	24	INC	二进制加 1 运算	✓	✓	✓	✓	✓
	25	DEC	二进制减 1 运算	✓	✓	✓	✓	✓
	26	WAND	字逻辑与	✓	✓	✓	✓	✓
	27	WOR	字逻辑或	✓	✓	✓	✓	✓
	28	WXOR	字逻辑异或	✓	✓	✓	✓	✓
	29	NEG	求二进制补码	×	×	×	×	✓

（续）

分类	FNC NO.	指令助记符	功能说明	对应不同型号的PLC				
				FX_{0S} PLC	FX_{0N} PLC	FX_{1S} PLC	FX_{1N} PLC	FX_{2N} PLC FX_{2NC} PLC
循环与移位	30	ROR	循环右移	×	×	×	×	✓
	31	ROL	循环左移	×	×	×	×	✓
	32	RCR	带进位右移	×	×	×	×	✓
	33	RCL	带进位左移	×	×	×	×	✓
	34	SFTR	位右移	✓	✓	✓	✓	✓
	35	SFTL	位左移	✓	✓	✓	✓	✓
	36	WSFR	字右移	×	×	×	×	✓
	37	WSFL	字左移	×	×	×	×	✓
	38	SFWR	FIFO（先入先出）写入	×	×	✓	✓	✓
	39	SFRD	FIFO（先入先出）读出	×	×	✓	✓	✓
数据处理	40	ZRST	区间复位	✓	✓	✓	✓	✓
	41	DECO	解码	✓	✓	✓	✓	✓
	42	ENCO	编码	✓	✓	✓	✓	✓
	43	SUM	统计 ON 位数	×	×	×	×	✓
	44	BON	查询位某状态	×	×	×	×	✓
	45	MEAN	求平均值	×	×	×	×	✓
	46	ANS	报警器置位	×	×	×	×	✓
	47	ANR	报警器复位	×	×	×	×	✓
	48	SQR	求平方根	×	×	×	×	✓
	49	FLT	整数与浮点数转换	×	×	×	×	✓
高速处理	50	REF	输入输出刷新	✓	✓	✓	✓	✓
	51	REFF	输入滤波时间调整	×	×	×	×	✓
	52	MTR	矩阵输入	×	×	✓	✓	✓
	53	HSCS	比较置位（高速计数用）	×	✓	✓	✓	✓
	54	HSCR	比较复位（高速计数用）	×	✓	✓	✓	✓
	55	HSZ	区间比较（高速计数用）	×	×	×	×	✓
	56	SPD	脉冲密度	×	×	✓	✓	✓
	57	PLSY	指定频率脉冲输出	✓	✓	✓	✓	✓
	58	PWM	脉宽调制输出	✓	✓	✓	✓	✓
	59	PLSR	带加减速脉冲输出	×	×	✓	✓	✓

（续）

分类	FNC NO.	指令助记符	功能说明	对应不同型号的 PLC				
				FX_{0S} PLC	FX_{0N} PLC	FX_{1S} PLC	FX_{1N} PLC	FX_{2N} PLC FX_{2NC} PLC
方便指令	60	IST	状态初始化	✓	✓	✓	✓	✓
	61	SER	数据查找	×	×	×	×	✓
	62	ABSD	凸轮控制（绝对式）	×	×	✓	✓	✓
	63	INCD	凸轮控制（增量式）	×	×	✓	✓	✓
	64	TTMR	示教定时器	×	×	×	×	✓
	65	STMR	特殊定时器	×	×	×	×	✓
	66	ALT	交替输出	✓	✓	✓	✓	✓
	67	RAMP	斜波信号	✓	✓	✓	✓	✓
	68	ROTC	旋转工作台控制	×	×	×	×	✓
	69	SORT	列表数据排序	×	×	×	×	✓
外部I/O设备	70	TKY	10 键输入	×	×	×	×	✓
	71	HKY	16 键输入	×	×	×	×	✓
	72	DSW	BCD 数字开关输入	×	×	✓	✓	✓
	73	SEGD	七段码译码	×	×	×	×	✓
	74	SEGL	七段码分时显示	×	×	✓	✓	✓
	75	ARWS	方向开关	×	×	×	×	✓
	76	ASC	ASCⅡ码转换	×	×	×	×	✓
	77	PR	ASCⅡ码打印输出	×	×	×	×	✓
	78	FROM	BFM 读出	×	✓	×	✓	✓
	79	TO	BFM 写入	×	✓	×	✓	✓
外围设备	80	RS	串行数据传送	×	✓	✓	✓	✓
	81	PRUN	八进制位传送(#)	×	×	✓	✓	✓
	82	ASCI	十六进制数转换成 ASCI 码	×	✓	✓	✓	✓
	83	HEX	ASCI 码转换成十六进制数	×	✓	✓	✓	✓
	84	CCD	校验	×	✓	✓	✓	✓
	85	VRRD	电位器变量输入	×	×	✓	✓	✓
	86	VRSC	电位器变量区间	×	×	✓	✓	✓
	87	—	—					
	88	PID	PID 运算	×	×	✓	✓	✓
	89	—	—					

（续）

分类	FNC NO.	指令助记符	功能说明	对应不同型号的PLC				
				FX_{0S} PLC	FX_{0N} PLC	FX_{1S} PLC	FX_{1N} PLC	FX_{2N} PLC FX_{2NC} PLC
浮点数运算	110	ECMP	二进制浮点数比较	×	×	×	×	✓
	111	EZCP	二进制浮点数区间比较	×	×	×	×	✓
	118	EBCD	二进制浮点数→十进制浮点数	×	×	×	×	✓
	119	EBIN	十进制浮点数→二进制浮点数	×	×	×	×	✓
	120	EADD	二进制浮点数加法	×	×	×	×	✓
	121	EUSB	二进制浮点数减法	×	×	×	×	✓
	122	EMUL	二进制浮点数乘法	×	×	×	×	✓
	123	EDIV	二进制浮点数除法	×	×	×	×	✓
	127	ESQR	二进制浮点数开平方	×	×	×	×	✓
	129	INT	二进制浮点数→二进制整数	×	×	×	×	✓
	130	SIN	二进制浮点数 sin 运算	×	×	×	×	✓
	131	COS	二进制浮点数 cos 运算	×	×	×	×	✓
	132	TAN	二进制浮点数 tan 运算	×	×	×	×	✓
	147	SWAP	高低字节交换	×	×	×	×	✓
定位	155	ABS	ABS 当前值读取	×	×	✓	✓	×
	156	ZRN	原点回归	×	×	✓	✓	×
	157	PLSY	可变速的脉冲输出	×	×	✓	✓	×
	158	DRVI	相对位置控制	×	×	✓	✓	×
	159	DRVA	绝对位置控制	×	×	✓	✓	×
时钟运算	160	TCMP	时钟数据比较	×	×	✓	✓	✓
	161	TZCP	时钟数据区间比较	×	×	✓	✓	✓
	162	TADD	时钟数据加法	×	×	✓	✓	✓
	163	TSUB	时钟数据减法	×	×	✓	✓	✓
	166	TRD	时钟数据读出	×	×	✓	✓	✓
	167	TWR	时钟数据写入	×	×	✓	✓	✓
	169	HOUR	计时仪	×	×	✓	✓	
外围设备	170	GRY	二进制数→格雷码	×	×	×	×	✓
	171	GBIN	格雷码→二进制数	×	×	×	×	✓
	176	RD3A	模拟量模块（FX_{0N}-3A）读出	×	✓	×	✓	×
	177	WR3A	模拟量模块（FX_{0N}-3A）写入	×	✓	×	✓	×

（续）

分类	FNC NO.	指令助记符	功能说明	对应不同型号的PLC				
				FX_{0S} PLC	FX_{0N} PLC	FX_{1S} PLC	FX_{1N} PLC	FX_{2N} PLC FX_{2NC} PLC
触点比较	224	LD=	(S1)= (S2)时起始触点接通	×	×	✓	✓	✓
	225	LD>	(S1)> (S2)时起始触点接通	×	×	✓	✓	✓
	226	LD<	(S1)< (S2)时起始触点接通	×	×	✓	✓	✓
	228	LD<>	(S1)<> (S2)时起始触点接通	×	×	✓	✓	✓
	229	LD<=	(S1)<= (S2)时起始触点接通	×	×	✓	✓	✓
	230	LD>=	(S1)>= (S2)时起始触点接通	×	×	✓	✓	✓
	232	AND=	(S1)= (S2)时串联触点接通	×	×	✓	✓	✓
	233	AND>	(S1)> (S2)时串联触点接通	×	×	✓	✓	✓
	234	AND<	(S1)< (S2)时串联触点接通	×	×	✓	✓	✓
	236	AND<>	(S1)<> (S2)时串联触点接通	×	×	✓	✓	✓
	237	AND<=	(S1)<= (S2)时串联触点接通	×	×	✓	✓	✓
	238	AND>=	(S1)>= (S2)时串联触点接通	×	×	✓	✓	✓
	240	OR=	(S1)= (S2)时并联触点接通	×	×	✓	✓	✓
	241	OR>	(S1)> (S2)时并联触点接通	×	×	✓	✓	✓
	242	OR<	(S1)< (S2)时并联触点接通	×	×	✓	✓	✓
	244	OR<>	(S1)<> (S2)时并联触点接通	×	×	✓	✓	✓
	245	OR≤	(S1)≤(S2)时并联触点接通	×	×	✓	✓	✓
	246	OR≥	(S1)≥(S2)时并联触点接通	×	×	✓	✓	✓

参 考 文 献

[1] SIEMENS 公司．SIMATIC S7-200 可编程控制器系统手册. 2008.

[2] 田淑珍．可编程控制器原理与应用[M]．北京：机械工业出版社，2005.

[3] 廖常初．S7-200 PLC 基础教程[M]．北京：机械工业出版社，2009.

[4] 王永华．现代电气控制及 PLC 应用技术[M]．北京：北京航空航天大学出版社.

[5] 吕景泉．自动化生产线安装与调试[M]．北京：中国铁道出版社，2008.

[6] 刘小春，黄有全．电气控制与 PLC 技术应用[M]. 北京：电子工业出版社，2009.

[7] 廖常初．PLC 基础及应用[M]．北京：机械工业出版社，2003.

[8] 冉文．电机与电气控制[M]．西安：西安电子科技大学出版社，2006.

[9] 翟红．西门子 S7-200PLC 应用教程[M]．北京：机械工业出版社，2007.

[10] 袁红斌，刘斐．西门子 S7-200 PLC 应用教程[M]．北京：机械工业出版社，2007.

[11] 刘建华，张静之．三菱 FX_{2N} 系列 PLC 应用技术[M]．北京：机械工业出版社，2010.

[12] 张鹤鸣，刘耀元．可编程控制器原理及应用教程[M]．北京：北京大学出版社，2007.

[13] 苏家健．可编程序控制器应用实训[M]．北京：电子工业出版社，2009.

[14] 丁莉君，李宏燕．自由口模式下 S7-200 PLC 与上位机的通信[J]．机床电器，2009(1).

[15] 伍金浩，曾庆乐．电气控制与 PLC 应用技术[M]．北京：电子工业出版社，2009.

[16] 李道霖．电气控制与 PLC 原理及应用西门子系列[M]．北京：电子工业出版社，2006.

[17] 杜逸鸣．电气控制实训教程[M]．南京：东南大学出版社，2006.

[18] 熊琦，周少华．电气控制与 PLC 原理及应用[M]．北京：中国电力出版社，2008.